W0353533

MEDIA

© Verlag KOMPLETT-MEDIA GmbH
2014, München/Grünwald
www.der-wissens-verlag.de
ISBN 978-3-8312-0409-0

Lektorat: Carolina Haut
Design Cover: Josef M. Gaßner
Satz: Josef M. Gaßner
Druck: CPI Books, Ulm
Printed in Germany

Dieses Werk sowie alle darin enthaltenen einzelnen Beiträge und Abbildungen sind urheberrechtlich geschützt. Jede Verwertung, die nicht ausdrücklich vom Urheberrechtsgesetz zugelassen ist, bedarf der vorherigen schriftlichen Zustimmung des Verlages. Das gilt insbesondere für Vervielfältigungen, Bearbeitungen, Übersetzungen, Mikroverfilmungen und die Einspeicherung und Verarbeitung in elektronischen Systemen sowie für das Recht der öffentlichen Zugänglichmachung.

Harald Lesch & Josef M. Gaßner

URKNALL, WELTALL UND DAS LEBEN

Vom Nichts bis heute Morgen

Zweite überarbeitete
und erweiterte Auflage

Inhaltsverzeichnis

Vorwort

„Solange Sie erklären, verstehe ich alles, aber wenn ich dann meinen Freunden davon berichten möchte, ist alles weg."

Wie oft ich diesen Satz schon gehört habe! Wenn Wissenschaftler sich in die Öffentlichkeit begeben, kommen sie zwar nicht darin um, aber sie müssen akzeptieren, dass die komplizierten und komplexen Inhalte der modernsten Forschung sich leider nur sehr unvollständig, um nicht zu sagen unzureichend, transportieren lassen. Fast immer scheitert der Versuch, Wissenschaft der interessierten Öffentlichkeit nahe zu bringen, am hohen Abstraktionsgrad und der fehlenden Anschaulichkeit der wissenschaftlichen Inhalte. Gerade die hochinteressanten Fragen nach dem Allergrößten und dem Allerkleinsten, also dem Universum als Ganzes und der Struktur der Materie, führen oft in regelrechte Abgründe der Unvorstellbarkeit.

Bevor wir ins Unvorstellbare stürzen, klammern wir uns noch an den schwarzen, gestirnten Himmel über uns. Hier bietet der Kosmos zumindest noch die Lichter der strahlenden Sternengasbälle, die sich nicht völlig unserer Vorstellungskraft entziehen. Aber werden wir mit Zahlen konfrontiert, wird vielen von uns schon schwummrig. Ein Gasball, der viele hunderttausend Mal schwerer ist als die Erde und einen Radius von 700.000 Kilometern hat, verschmilzt in seinem Innersten Atomkerne miteinander - das kann man sich einfach nicht mehr vorstellen. Selbst moderne Jumbojets bräuchten Monate für die Umrundung eines solchen Giganten. Und davon soll es hundert Milliarden geben in unserer Milchstraße, die wiederum eine Ausdehnung von hunderttausend Lichtjahren hat? Nein, da hört es mit der Anschaulichkeit aber wirklich auf.

Schön sind sie ja schon, diese kosmischen Gebilde, die Spiralgalaxien, die Molekülwolken oder die Überreste von explodierten Sternen. Die vielen Bilder, die uns die Teleskope liefern, erfreuen das Auge eines jeden Betrachters. So manch einer vermutet da draußen unzählbare rätselhafte Geheimnisse, wenn nicht gar ein mystisches Geschehen in der unendlichen Weite des Weltraumes, in den gewaltigen Tiefen der Zeit. Bei solchen Dimensionen darf man keine Sofortmeldungen erwarten; immer braucht es Zeit, bis uns die Nachrichten vom Rand der erkennbaren Wirklichkeit erreichen. Selbst das Sonnenlicht, das in unser Auge fällt, ist schon acht Minuten alt. Wenn die staunenden Zuhörer erfahren müssen, dass eine Gleichzeitigkeit von kosmischem Geschehen und ihrer Wahrnehmung unmöglich ist, dann blickt der Wissenschaftler oft in völlig fassungslose Gesichter. Wie kann der Laie auch glauben, dass heute noch Objekte am Himmel zu sehen sind, die schon lange nicht mehr existieren? Wenn heute Abend Strahlen unseres nahegelegensten Sterns in unser Auge fallen, so könnten das seine letzten gewesen sein, falls ihre Quelle schon vor Jahren in einer Explosion zerstört worden wäre. Wie soll der Mensch, der gewohnt ist, sich auf seine sieben Sinne zu verlassen, damit klarkommen?

Noch verrückter sind die Vorgänge im Inneren der Materie. Wir bestehen wie alle Materie auf der Erde aus Atomen. Deren Winzigkeit ist so unglaublich, dass unsere Vorstellungskraft unweigerlich versagen muss. Ein Gramm vom Zeigefinger besteht aus hochstrukturierten Molekülen der Haut, die aus zirka einer Billion mal einer Billion Atomen aufgebaut sind. Und jedes dieser Atome besteht aus einem nahezu leeren Raum, mit nichts gefüllt als einem Hauch von Aufenthaltswahrscheinlichkeiten und einem allerwinzigsten Kern, der sich bei genauerer Betrachtung abermals als ein Nichts erweist. Tja, wie soll man das erklären?

Und dann gibt es da noch die wirklich allergrößte Herausforderung für den gesunden Menschenverstand: die Verbindung des Allergrößten mit dem Allerkleinsten, wenn sich das Universum in seine Existenz wirft. Spätestens hier ist Schluss mit lustig!

Oder vielleicht nicht, vielleicht muss man sich gerade im Angesicht solcher Grenzfragen wieder an eine zutiefst menschliche Eigenschaft erinnern: Stellen wir uns doch der Welt mit einer gesunden Portion Humor! Das Absurde der abstrakten Modelle von Kosmos und Materie ist schließlich ganz offensichtlich. Mit unserer normalen Alltagswelt hat das alles nichts zu tun und doch könnte man sich gerade darüber freuen, dass unser Verstand, der ja nur an dieser normalen Alltagswelt getestet worden ist, sich an die Grenzen des gerade noch irgendwie Erkennbaren heranwagt. Und das tut er offensichtlich mit großem Erfolg. Aber warum funktioniert das so gut? Wieso kann der Mensch, selbst ein Teil der Natur, sich nicht nur fragen, was es mit der Natur auf sich hat, warum findet er auch noch Antworten, die er verstehen kann?

Hier eröffnet sich für Wissenschaftler, die an die Öffentlichkeit gehen, eine wichtige Perspektive. Es geht eben nicht nur darum, alle Einzelheiten wahrheitsgetreu zu präsentieren in der Hoffnung, dass alle verstehen, worum es geht. Es geht vielmehr um die Potenz der Vernunft, um die Möglichkeiten, die unser Bewusstsein bietet. Hier fordern wir unsere ganz grundsätzliche Fähigkeit heraus, sich über unsere normalen Sinne und deren Anschauungen hinwegzusetzen. Ein öffentlicher Vortrag über Sachthemen der Wissenschaft kann somit zu einem Fest des Verstandes werden. Traue nicht nur deinen Augen und Ohren, verlange nicht die unmittelbare Einsicht und Anschauung im wörtlichen Sinne, sondern stelle dir vor, es gäbe mehr, als du siehst, riechst, schmeckst und hörst. Stelle dir vor, es gäbe auch das, was du denken kannst. Nicht alles, was du denkst, gibt es auch, aber vieles!

So wie ein Musikliebhaber, der womöglich zuhause am Piano mehr oder weniger gut Musik macht, sich am Spiel eines Virtuosen erfreut und spürt, was musikalisch möglich ist, ohne jedoch selbst in allen Einzelheiten der Kompositionslehre und der Instrumentenbeherrschung ein Experte zu sein, so könnte sich auch der Dialog von Öffentlichkeit und Wissenschaft auf einer Ebene der grundsätzlichen Fragen vollziehen. Deshalb sollten wir Wissenschaftler vor allem Bilder schaffen, Motive, die das Denken anregen. Und wenn das gelungen ist, gilt es die Brücke zu bauen: „Was hat das alles mit mir zu tun?“ Im besten Falle wird der Wissenschaftler zum Reiseführer, der die Besucher durch das faszinierende Reich der abstrakten Modelle geleitet.

Im Dialog mit Josef hat sich die Möglichkeit eröffnet, diese Einblicke tiefer und umfassender darzulegen, als es mir jemals vorher gelungen ist - bis an die Grenzen meiner eigenen Vorstellungskraft. Angesichts der dabei entstandenen großartigen Geschichten vom Rand der Zeit, von den Untiefen der Elementarteilchen, dem kosmischen Materiekreislauf und unserer kosmischen Herkunft ist die Begeisterung garantiert. Ob Sie es am Ende allerdings Ihren Freunden erklären können?

Im Herbst 2014 Harald Lesch

*„Erfolg ist ein Mosaik,
an dem sich viele beteiligen.“*

(Franz Schmidberger)

An einem kalten Wintertag saßen wir uns im Tonstudio gegenüber. Ich hatte noch Haralds aufmunternde Worte im Ohr: „Das wird ganz entspannt – wir quatschen einfach ein bisschen dummes Zeug.“ Vermutlich wollte er mir Mut zusprechen auf meiner Mission Impossible als Medienneuling im direkten Schlagabtausch mit dem Vollblutprofi.

Geplant waren 60 Minuten zum Thema „Das Universum verstehen“. Nachdem Harald – der sich selbst als rhetorisch inkontinent bezeichnet – erst mal losgelegt hatte, waren daraus schnell 260 Minuten geworden und kein Ende in Sicht. Unser besonderer Dank gilt an dieser Stelle dem Produzenten Herbert Lenz, der bewundernswerte Flexibilität und Nervenstärke bewiesen hat. Nach einem weiteren Studiotermin fand das Hörbuch doch noch ein gutes Ende und alle Beteiligten beteuerten, dass sie niemals daran gezweifelt hätten.

Im Anschluss wurden die Dialoge niedergeschrieben, Carolina Haut glättete mit Liebe zum Detail unsere sprachlichen Unzulänglichkeiten, die Kollegen der NASA und ESA stellten großzügig ihr neuestes Bildmaterial zur Verfügung und unser gemeinsamer Freund Jörn Müller brachte seinen Erfahrungsschatz ein, insbesondere sein feines Gespür dafür, wo noch Erklärungsbedarf besteht.

Während des ursprünglichen Dialoges hatten sich drei Schwerpunkte herauskristallisiert: das Urknallmodell sowie der aktuelle Forschungsstand zum Weltall und dem Phänomen Leben. Die Themen unterscheiden sich deutlich im Schwierigkeitsgrad, sind allerdings weitgehend selbsttragend. Wem also der theoretische Hintergrund des

Urknallmodells zu abgedreht erscheint, der kann jederzeit Mut zur Lücke beweisen und unmittelbar zum Kapitel *Weltall* springen.

Die zahlreichen Rückmeldungen haben uns motiviert, unter http://www.Josef-Gassner.de eine Internetseite zum Buch einzurichten, mit stets aktualisierten Beiträgen. Vielen Dank an alle, die dort offene Fragen, Änderungs- und Erweiterungsvorschläge hinterlassen haben und das hoffentlich auch in Zukunft tun werden. Das gesamte Feedback ist in die vorliegende zweite Auflage des Buches eingeflossen. Dabei ist ein vierter Schwerpunkt entstanden, der die aktuellen Grenzfragen der theoretischen Physik behandelt.

Wir hoffen, der Dialog wird Ihnen ebenso viel Freude bereiten wie uns und laden Sie herzlichst ein, die/der Dritte im Bunde zu sein. Aber seien Sie sich des Risikos bewusst: Die Faszination Wissenschaft ist ein trojanisches Pferd, mit dessen Hilfe man in die Köpfe der Menschen gelangt. Sobald Ihnen bewusst wird, welche glücklichen Umstände in diesem Universum vom Urknall bis heute Morgen zusammenspielen mussten, damit das Phänomen Leben und damit unsere eigene Existenz überhaupt möglich ist, werden Sie vielleicht diese Welt und sich selbst mit neuen Augen sehen. Sagen Sie nicht, wir hätten Sie nicht gewarnt!

Im Herbst 2014 Josef M. Gaßner

Prolog

„Auf einem stark abgekühlten Aschehaufen stehend, beobachten wir das allmähliche Erlöschen der Sonnen, und wir versuchen uns des entschwundenen Glanzes des Ursprungs der Welten zu erinnern.“

1.1 *Georges Lemaître (1894 - 1966)*

Gaßner: Spüren Sie, verehrte Leserinnen und Leser, die tiefe Sehnsucht in diesen Worten von Georges Lemaître? Genau diese Sehnsucht ist es, die viele Generationen von Menschen bis heute motiviert, Astronomie und Kosmologie zu betreiben. Es ist der ureigene Wunsch, die Welt zu verstehen, in der wir leben.

Lesch: Genau. Es geht schlichtweg um die Frage, woher alles kommt. Es gilt, die größtmögliche Geschichte zu ergründen und zu erzählen. Das Hauptproblem besteht letztlich darin, dass wir auf die Welt kommen – und die Welt ist schon da. Wir versuchen von Kindesbeinen an, diese faszinierende Welt zu erforschen.

Gaßner: Ein Universum, das in einem Urknall sämtliche Voraussetzungen in sich trägt, nach Jahrmilliarden die unglaubliche Metamorphose von toter Materie zu lebenden Organismen zu vollziehen, ist für reflektierende Lebewesen zwangsläufig ein bestaunenswertes Rätsel.

Lesch: Deshalb ist es ja auch naheliegend, dass der Mensch der Vorzeit bis weit in die Antike die Gründe für die Existenz und Funktionsfähigkeit der kosmischen Vorgänge zunächst im Bereich der Götter und Mythen suchte. Um sich eine vielfältige Welt mit all ihren Einzelheiten zu erklären, bedurfte es Wesen, die das wollten und mittels übermenschlicher Fähigkeiten bewerkstelligen konnten. Dass sich die Welt aus dem Nichts beziehungsweise einem völlig ungeordneten Chaos in einen geordneten Kosmos entwickelt haben könnte, war lange Zeit nicht vorstellbar und ist es im Grunde bis heute nicht. Für den nachfragenden Geist war das ewige Universum aber schon damals eine Provokation. Für weniger kritische Gemüter stellte es jedoch eine große Beruhigung dar.

Gaßner: Für das frühe Interesse der Menschheit an den Vorgängen am Himmel gibt es sogar einen archäologischen Beweis, die *Himmelsscheibe von Nebra*. Sie ist die älteste bekannte Himmelsdarstellung und wurde etwa 2100 bis 1700 v. Chr. von unseren Vorfahren angefertigt. Über ihre genaue Bedeutung gibt es seit ihrem Fund 1999 in einer Steinkammer nahe der heutigen Stadt Nebra in Sachsen-Anhalt die unterschiedlichsten Theorien.

Lesch: Der Anblick des Himmels hat von jeher in den Menschen das tiefe Verlangen ausgelöst zu verstehen. Selbst vor 4.000 Jahren, und da hatte man ja wirklich noch andere Probleme.

Gaßner: Der römische Philosoph Lucio Annaeus Seneca schrieb bereits zu Beginn unserer Zeitrechnung: „Wenn die Sterne nur von einem einzigen Ort aus auf der Erde sichtbar wären, würden die Menschen nie aufhören, dorthin zu reisen, um sie zu sehen.“
Vom Staunen ist es nur ein kurzer Schritt zum Verstehenwollen. Der Durchbruch in puncto „Verstehen“ kam aber erst mit dem Beginn der Neuzeit und den sich entwickelnden empirischen Naturwissenschaften. Die Forschung machte auch vor dem Kosmos als Ganzes nicht mehr halt. Die Entwicklungslinien wurden immer klarer. Letztlich konnte die Vorstellung eines ewigen Kosmos nicht länger aufrechterhalten werden.

1.2 *Die Himmelsscheibe von Nebra. Sie besteht aus etwa 2,3 kg Bronze und ist mit Goldapplikationen versehen, die den Verlauf der Sonnenaufgänge darstellen und Sterne kennzeichnen. Anhand von Verunreinigungen in der Bronze, insbesondere radioaktiver Bleiisotope, konnte die kreisrunde Platte mit 32 cm Durchmesser auf 2100 bis 1700 v. Chr. datiert werden. Am Abend der Sommersonnenwende (21. Juni) wurde die Scheibe auf dem Mittelberg stehend in Richtung Brocken justiert. Die Sonnenuntergänge wanderten anschließend bis zur Wintersonnenwende (21. Dezember) entlang des Horizontbogens und kehrten von dort wieder zum Ausgangspunkt zurück. Ein zweiter, leider nicht mehr erhaltener Horizontbogen kennzeichnete analog die Sonnenaufgänge. Beide spannten jeweils einen Winkel von 82 Grad auf. Der Bogen am unteren Rand stellt vermutlich eine sogenannte Himmelsbarke dar und hatte keine astronomische Bedeutung.*

Lesch: Als in den 20er Jahren des letzten Jahrhunderts immer mehr Beobachtungen sogar auf eine Expansion des Kosmos hindeuteten, kam es zum finalen Aufbäumen der Hypothese vom ewigen Universum. Ihre letzten Protagonisten führten dabei die Idee ins Feld, dass das Universum ständig neue Materie erzeuge. Damit könne man die Entwicklung kosmischer Objekte erklären, ohne auf einen ursprünglichen Anfang des Universums zurückgreifen zu müssen. Quasi ein ständig sprudelndes Füllhorn, dessen Quelle allerdings im Dunkeln blieb.

Gaßner: Ausgerechnet Sir Fred Hoyle, einer der Hauptvertreter dieses statischen Universums, hat in einer Radiosendung das Modell eines sich dynamisch entwickelnden, expandierenden Kosmos mit der abfällig gemeinten Bezeichnung „Big Bang“, also „großer Knall“, abgetan und wurde so unfreiwillig zum Namensgeber dieser bis zum heutigen Tage gültigen Theorie. Das Modell vom Urknall hat sich durchgesetzt. Es ist zum anerkannten Standardmodell der Kosmologie geworden.

1.3 *Sir Fred Hoyle (1915 - 2001)*

Lesch: Das nennt man ein klassisches „Branding“. Das muss an dieser Stelle einmal gesagt werden. Das Urknallmodell war in der Zeit damals ja heiß umstritten und gerade der Herr, den du angesprochen hast, kämpfte noch jahrzehntelang dagegen an.

Gaßner: Die Vorbehalte von Fred Hoyle sind aus damaliger Sicht durchaus nachvollziehbar. Ein Universum, das sich fortwährend ausdehnt, war offensichtlich gestern kleiner und wärmer als heute und letzte Woche noch kleiner und noch wärmer. Konsequent zu Ende gedacht liefert diese rückwärtige Betrachtung immer weiter steigende Temperaturen und Dichten. Man landet zwangsläufig bei einem unvorstellbar heißen und dichten Urknall, mit dem alles seinen Anfang nahm. Damit ist unweigerlich eine Reihe von weitreichenden Fragen verbunden.

Lesch: Die erste Frage ist so sicher wie das Amen in der Kirche. Ich kann jetzt förmlich spüren, was bei Ihnen, liebe Leserinnen und Leser, im Gehirn abläuft. Der Homo sapiens kann gar nicht anders, er muss diese Frage stellen. Wenn ich jetzt behaupte: „Es hat den Urknall gegeben!“, dann stellen Sie sofort die Frage, eine der wichtigsten Fragen: „Und was war vor dem Urknall?“ Habe ich nicht recht?

Gaßner: Aber damit ist noch lange nicht Schluss, weitere bohrende Fragen kommen unweigerlich auf: Wie kann überhaupt irgendetwas aus dem Nichts entstehen, geschweige denn das gesamte Universum, das wir heute beobachten? Woher kommt die notwendige Energie? Wird das

Weltall ewig expanieren oder irgendwann wieder zusammenstürzen? Und last but not least: Wie konnten sich Atome selbst organisieren zu lebenden Organismen?

Lesch: Fragen über Fragen, denen man sich als theoretischer Astrophysiker im Freundes- und Bekanntenkreis zu fortgeschrittener Stunde bei einem Glas Rotwein ausgesetzt sieht. Dann gilt es, Antworten zu finden – allgemein verständlich, ohne wissenschaftlichen Habitus, also ohne dass man sich jetzt so aufführt wie ein Wissenschaftler, also – ganz Mensch eben.

Gaßner: Es sollte aber bitteschön nur soweit vereinfacht sein, dass es wissenschaftlich korrekt bleibt.

Lesch: Das fordert beide Seiten und ist übrigens auch für beide Seiten lehrreich. Bei dem Versuch, die Zusammenhänge für andere klar und anschaulich zu formulieren, stellt sich bei mir oft selbst ein verändertes Verständnis ein.

Gaßner: Bevor wir zwei aber jetzt loslegen und das aktuelle Modell der Kosmologie ausbreiten, gilt es noch eine übergeordnete Frage zu beantworten: Woher wissen wir das alles eigentlich? Wie können wir uns so sicher sein mit dem heißen Urknall? Schließlich war doch niemand dabei. Dafür begeben wir uns weit zurück ins 20. Jahrhundert, dahin, wo alles seinen Anfang nahm.

Lesch: Damals, in den Goldenen Zwanziger Jahren, da konnte es schon mal vorkommen, dass aus einem Boxer und Rechtsanwalt ein Kämpfer für die Naturgesetze wurde.

1

Woher wissen wir das Alles?

Auf den Schultern von Riesen

Gaßner: Es sollte einer jener wenigen, denkwürdigen Tage werden, an denen ein Weltbild zu Fall kommt. Ironischerweise war es ein ehemaliger Preisboxer, der den entscheidenden k.o.-Schlag versetzte.

Edwin Hubble hatte über Jahre hinweg eine besondere Klasse der Riesensterne beobachtet, die sogenannten *Cepheiden*. Sie verändern ihre enorme Helligkeit streng periodisch – typischerweise innerhalb von wenigen Tagen –, wodurch Hubble sie über Millionen von Lichtjahren hinweg bis ins Innere unserer Nachbargalaxien aufspüren konnte. Mit Hilfe der zugrunde liegenden Theorie dieser veränderlichen Leuchtkraft gelang es ihm, Entfernung und Geschwindigkeit dieser Objekte in einem Diagramm zusammenzutragen.

1.4 *Edwin Powell Hubble (1898 - 1953)*

Lesch: Langsam, langsam! Warum hat Hubble sehr leuchtstarke Objekte ausgewählt? Weil die über weite Entfernungen beobachtbar sind. Die Cepheiden sind sehr hell und weisen zusätzlich eine weitere äußerst nützliche Eigenschaft auf: Ihre Leuchtkraft lässt sich theoretisch berechnen.

Gaßner: Und die passende Theorie verdanken wir Henrietta Leavitt.

Lesch: Ja! Endlich taucht auch mal eine Frau auf. Übrigens, die Bibel war in dieser Hinsicht schneller.

Gaßner: Dort liest sich die Schöpfungsgeschichte „Urknall, Weltall und das Leben" auch deutlich kompakter, verglichen mit dem, was wir hier erzählen. Aber nicht ablenken, Harald, jetzt wird es spannend!
Henrietta Leavitt war eine wirklich tragische Figur. Krankheitsbedingt verschlechterte sich ihr Gehörsinn bereits in jungen Jahren so sehr, dass sie ihr Berufsziel – Konzertpianistin – aufgeben musste. Während ihres Musikstudiums hatte sie im Nebenfach Astronomie belegt, weil es ideal in ihren Wochenplan gepasst hatte. Mit zunehmender Behinderung machte sie aus ihrer Not eine Tugend und verdiente ihren Lebensunterhalt am Observatorium in Harvard mit der Auswertung von Photoplatten. Ihre Akribie und Konzentrationsfähigkeit waren legendär und 1912 – tausende ausgewerteter Photoplatten später – erkannte sie eine Beziehung zwischen der Periodizität, mit der Cepheiden strahlen, und ihrer absoluten Leuchtkraft. Benannt sind sie übrigens nach Delta-Cephei im Sternbild Cepheus, dem ersten beobachteten veränderlichen Riesenstern.

1.5 *Henrietta Swan Leavitt (1868 - 1921)*

Lesch: Hubble wusste also, wie stark diese Sterne dort strahlen, wo sie sich befinden. Das hat er verglichen mit der Strahlung, die bei uns ankommt. Aus diesem Verhältnis konnte er die Entfernung bestimmen.

Gaßner: Das Prinzip kennt jeder vom Lagerfeuer. Je weiter man vom Feuer weggeht, umso weniger Wärmestrahlung trifft auf den Körper. Näher am Feuer wird es einem wärmer.

Lesch: In doppelter Entfernung bekomme ich nur noch 1/4 der Strahlung ab. In dreifacher Entfernung 1/9. Die Intensität fällt mit dem Quadrat des Abstands. Daraus lässt sich die Entfernung berechnen

1.6 *Die scheinbare Leuchtkraft nimmt mit dem Quadrat der Entfernung ab. Dargestellt an vier identischen Kerzen in unterschiedlichem Abstand.*

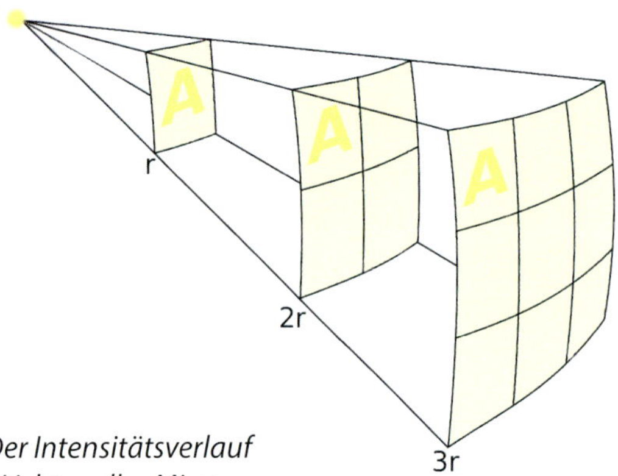

1.7 *Der Intensitätsverlauf einer Lichtquelle. Misst man beispielsweise in einem Abstand* r *die Anzahl der Photonen, die pro Sekunde auf eine Leinwand der Größe A fallen, so ist für dieselbe Anzahl im doppelten Abstand die vierfache und in dreifachem Abstand die neunfache Fläche nötig.*

Gaßner: Vorausgesetzt wir wissen, wie stark die Strahlung direkt am Lagerfeuer beziehungsweise unmittelbar an der Sternenoberfläche ist. Henrietta Leavitt gelang der Durchbruch. Mit der Berechnung der Cepheiden-Leuchtkraft standen standardisierte Leuchtfeuer in zehn Millionen Lichtjahren Entfernung zur Verfügung. Bevor sie ihre Theorie entwickelt hatte, waren Entfernungsmessungen auf hundert Lichtjahre begrenzt. Damals war man sich nicht einmal sicher, ob die Magellanschen Wolken oder die Andromeda-Galaxie zur Milchstraße zählen oder nicht.

Lesch: Leavitt hatte eigens ein neues Meßverfahren entwickelt, das leider nicht nach ihr benannt wurde, sondern die Bezeichnung *Harvard-Standard* erhielt. Frauen hatten Anfang des letzten Jahrhunderts noch einen sehr schweren Stand in der Wissenschaft.

Gaßner: Erst Jahre später wollte das Nobelpreis-Komitee ihre bahnbrechenden Leistungen würdigen; am Ende hatte sie mehr als 2.400 veränderliche Sterne entdeckt und vier Supernovae beobachtet. Allerdings war Henrietta Leavitt bereits vier Jahre vor ihrer geplanten Nominierung im Alter von 53 Jahren an Krebs verstorben und posthum wird die Auszeichnung bekanntlich nicht verliehen. Wie gesagt, sie war in jeder Hinsicht eine wahrlich tragische Figur. Angesichts der strahlenden Entdecker in der Naturwissenschaft vergisst man nur zu leicht die vielen Einzelschicksale im Hintergrund.

Lesch: Apropos strahlender Entdecker – damit wären wir wieder bei Edwin Hubble. Der hat zusätzlich zur Entfernung auch die Fluchtgeschwindigkeit der Objekte bestimmt. Dafür müssen wir einen Blick in die Waschküche der Spektralanalyse werfen. Die Atome der verschiedenen chemischen Elemente geben Strahlung in ganz gewissen Portionen ab, die durch die Energieniveaus in der Elektronenhülle genau definiert sind. Diese Spektrallinien sind gewissermaßen ihr Fingerabdruck, der sich für jede Atomsorte im irdischen Labor messen lässt.

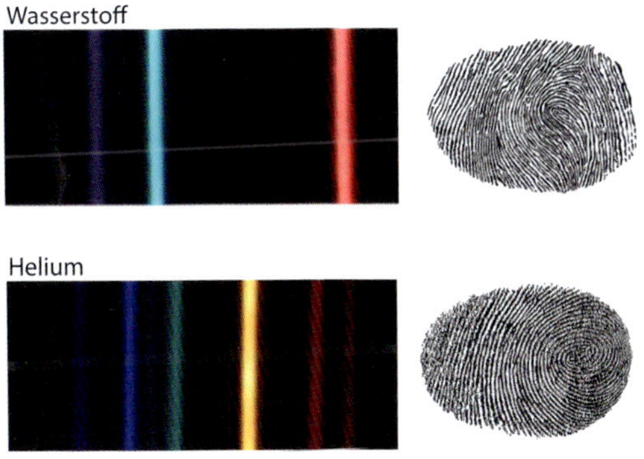

1.8 *Die Emissionslinien von Wasserstoff und Helium als charakteristische Fingerabdrücke.*

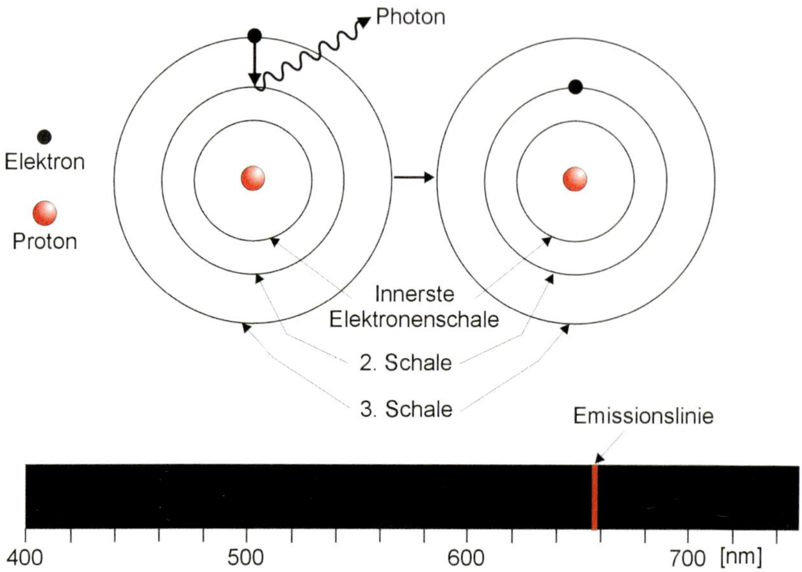

1.9 *Dargestellt ist ein Atom vor und nach dem Übergang eines Elektrons von einer (der dritten) auf eine andere (die zweite) Bahn um den Atomkern. Elektronen auf höheren Bahnen besitzen mehr Energie, entsprechend wird die Differenz beim Übergang in Form eines Photons (Emissionslinie) freigesetzt. Dabei entspricht jede Wellenlänge einer bestimmten Energie. Kurze Wellenlänge bedeutet hohe Energie, große Wellenlänge bedeutet niedrige Energie. Den umgekehrten Vorgang, bei dem Atome aus einem vorgegebenen Spektrum Energie entnehmen, um sie in ihrer inneren Struktur zu verteilen, nennt man Absorption. Dabei wird beispielsweise ein Elektron auf eine höhere Bahn ausgelenkt. Die entsprechende Energie fehlt anschließend im Ausgangsspektrum. Diese charakteristischen schwarzen Linien nennt man Absorptionslinien.Emissions- und Absorptionslinien werden unter dem Oberbegriff „Spektrallinien" zusammengefasst.*

Gaßner: Die Wellenlängen der Spektrallinien weit entfernter Objekte sind gegenüber unseren Laborwerten aber verschoben. Daraus erhält man die Fluchtgeschwindigkeit.

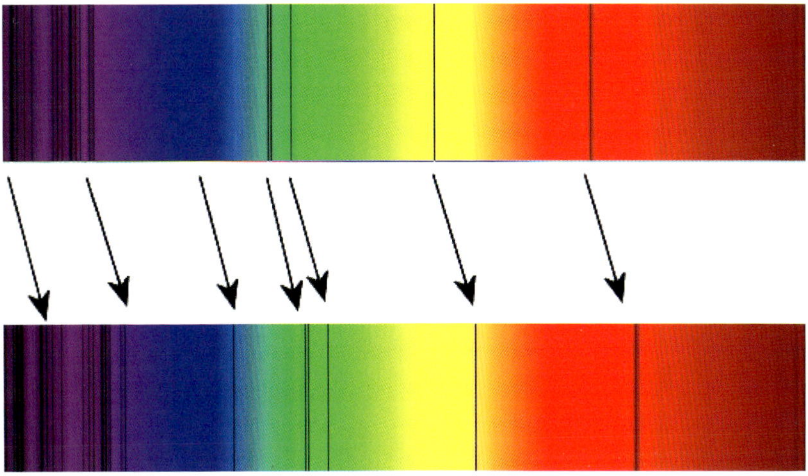

1.10 *Oben ist das Spektrum unserer Sonne dargestellt, unten die Spektrallinien des eine Milliarde Lichtjahre entfernten Superhaufens BAS11. Die Linien weit entfernter Objekte sind gegenüber den Referenzlinien aus den irdischen Labors verschoben.*

1.11 *Für eine ruhende Strahlungsquelle (links) erhält man eine Kugelwelle um den Mittelpunkt, wobei jeweils der Abstand zwischen zwei konzentrischen Kugelschalen die Wellenlänge des abgestrahlten Lichts kennzeichnet. Bewegt man die Strahlungsquelle kontinuierlich nach rechts, erhält man das rechte Bild. In Bewegungsrichtung sind die Wellenlängen verkürzt (blauverschoben), entgegengesetzt sind sie gedehnt (rotverschoben).*

Lesch: Wenn ein Kranken- oder Polizeiwagen mit Sirene an uns vorbeifährt, hören wir diesen sogenannten *Dopplereffekt*. Die Frequenz beziehungsweise die Tonhöhe des Signals ist erhöht, bis das Fahrzeug auf gleicher Höhe mit uns ist. Entfernt es sich von uns, fällt sie sprunghaft auf ein tieferes Niveau ab. Der Österreicher Christian Doppler hat das bereits 1842 vorausgesagt. Natürlich wusste er damals noch nichts von Martinshörnern auf Autos.

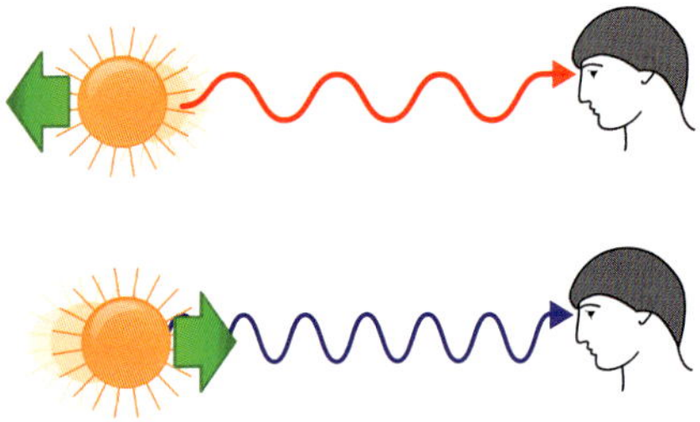

1.12 *Die Relativbewegung einer Lichtquelle (Stern) bewirkt eine Rotverschiebung, wenn sich die Quelle vom Beobachter entfernt und eine Blauverschiebung bei Annäherung.*

Gaßner: Aber wieder zurück zu Edwin Hubble. Mit Hilfe der theoretischen Leuchtkraft der Cepheiden, der zugrundeliegenden Theorie und der Verschiebung der Spektrallinien konnte er nun Punkt für Punkt Entfernung und Fluchtgeschwindigkeit der beobachteten Objekte in einem Diagramm zusammentragen. Anhand ähnlicher Beobachtungen hatte Georges Lemaître bereits 1927 erkannt, dass sich weit entfernte Objekte tendenziell von uns wegbewegen. Damit hatte er dem etablierten Weltbild eines ewig statischen Universums bereits einen empfindlichen Wirkungstreffer verpasst.
Edwin Hubble legte nun ein Lineal an und zeichnete durch seine Messpunkte eine Gerade in sein Diagramm – einen linearen Zusammenhang zwischen Entfernung und Fluchtgeschwindigkeit. Gewissermaßen ein kurzer Strich für einen Menschen, aber eine lange, zukunftsweisende Linie für die Naturwissenschaft!

Lesch Das hast du schön gesagt! Wie viele Punkte hatte Hubble denn in diesem Diagramm?

Gaßner: So drei Dutzend würde ich mal sagen und die waren ziemlich unregelmäßig verteilt.

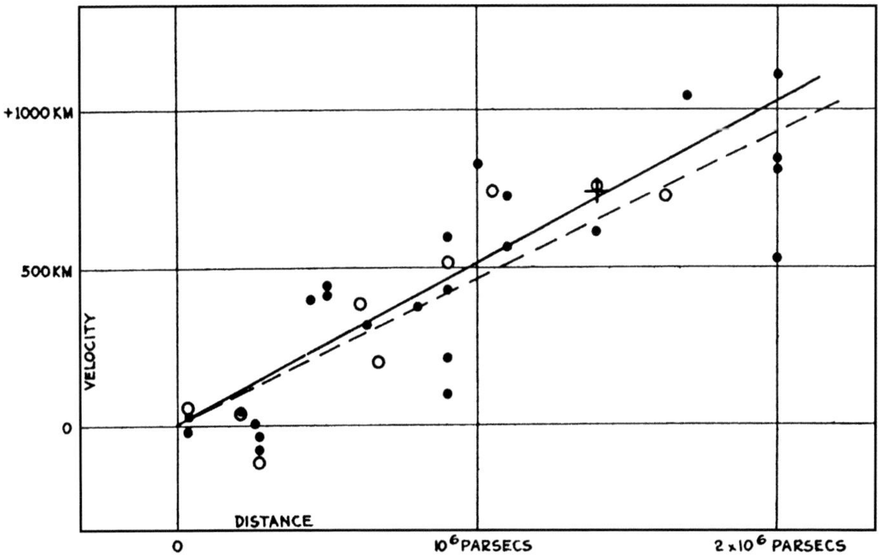

1.13 *Das Hubble-Diagramm: Horizontal ist die Entfernung der Objekte aufgetragen; vertikal die Fluchtgeschwindigkeit (korrigiert um die Eigenbewegung unseres Sonnensystems).*
Schwarze Punkte: Objekte, die individuell gemessen wurden.
Kreise: Nebel, deren Objekte nicht individuell aufgelöst werden konnten.
Kreuz: mittlere Geschwindigkeit von 22 Nebeln, deren Abstände nicht einzeln ermittelt werden konnten.
Die gestrichelte Linie ergibt sich unter Berücksichtigung der Kreise. Die durchgezogene Linie approximiert die schwarzen Punkte. Die Steigungen beider Geraden sind aus heutiger Sicht falsch. Die grundlegende Idee einer Geraden war jedoch bahnbrechend.

Lesch: Ein starkes Stück. Hubble hatte den Mut, durch eine Wolke von Punkten einfach mal einen Strich zu ziehen und dann zu sagen: „So!" Ein mutiger Mann, Preisboxer eben.

Gaßner: Vielleicht sollten wir für die nächste Datenauswertung die Klitschkos einladen.

Lesch: Wie so oft auch in der Wissenschaft: Man muss einfach mal was wagen.

Gaßner: Ein anderer namhafter Preisboxer – Mohammed Ali – hat in jungen Jahren einmal gesagt: „Ich weiß nicht immer genau, wovon ich rede, aber ich weiß, dass ich recht habe." Dieses Selbstvertrauen war wohl auch Edwin Hubble nicht fremd.

Lesch: An dieser Stelle hat Hubble auf alle Fälle Physikgeschichte geschrieben. Er hat dieses Wahnsinns-Diagramm – das später nach ihm benannte *Hubble-Diagramm* – aufgestellt, das den Zusammenhang zwischen Entfernung und Fluchtgeschwindigkeit verdeutlicht.

Gaßner: Die Daten belegten, dass sich Objekte, die man von der Erde aus in beliebigen Richtungen betrachtet, umso schneller von uns wegbewegen, je weiter sie entfernt sind. Dies entzieht der Theorie eines statischen Universums die Grundlage und verdrängt sie durch eine Theorie des expandierenden Universums. Die immerwährende Evolution in der Naturwissenschaft hatte ein weiteres namhaftes Opfer gefordert.

Lesch: Ähnlich den biologischen Organismen, die sich in einem Lebensraum behaupten oder verdrängt werden, so unterliegen auch naturwissenschaftliche Theorien diesem Evolutionsprinzip.
Der natürliche Feind der Theorie ist hierbei nicht eine andere Theorie, sondern das Experiment.

Gaßner: Bereits Jahre vor Hubbles Entdeckung hatte Albert Einstein die Allgemeine Relativitätstheorie entwickelt. Deren Gleichungen beinhalten zwangsläufig ein expandierendes Universum. Nur mit größter Mühe – mit Hilfe eines mathematischen Kunstgriffes in Form einer Kosmologischen Konstante – war die Theorie mit einem statischen Universum vereinbar.

1.14 *Albert Einstein (1879 - 1955)*

Lesch: Er hatte einfach eine Konstante mit der Dimension *inverse Fläche* addiert, und zwar so raffiniert, dass wieder alles passte.

Gaßner: Aber selbst ein Schwergewicht wie die Allgemeine Relativitätstheorie musste sich ohne entsprechende experimentelle Unterstützung dem Dogma eines statischen Universums beugen, während es keine geringere Theorie als die *Newtonsche Mechanik* vergleichsweise mühelos vom Podest stürzte.

Lesch: Also nochmal: Einstein war vor Hubble. Die Allgemeine Relativitätstheorie wurde 1915 veröffentlicht. Erst 14 Jahre später legte Hubble seine wichtigen Beobachtungen vor. Die Theorie schwebte also die ganze Zeit im luftleeren Raum.

Gaßner: Nicht ganz, einige ihrer Vorhersagen waren durch Beobachtungen schon bestätigt worden: die gravitative Beugung des Lichts und die Stärke der *Periheldrehung des Merkurs.*

Lesch: Langsam, langsam. Das ist jetzt vielleicht etwas viel Material auf einmal. Zunächst hat die Allgemeine Relativitätstheorie von Albert Einstein schlicht und ergreifend vorhergesagt, dass, wenn Licht sich an schweren Massen vorbei bewegt – was soll Licht sonst schon machen, Licht muss sich immer bewegen, Licht ist wie ein Hai, das geht gar nicht anders –, dann werden seine Wege gekrümmt. Das nennt man „gravitative Beugung“. Dieser Effekt hat die Allgemeine Relativitätstheorie so berühmt gemacht.

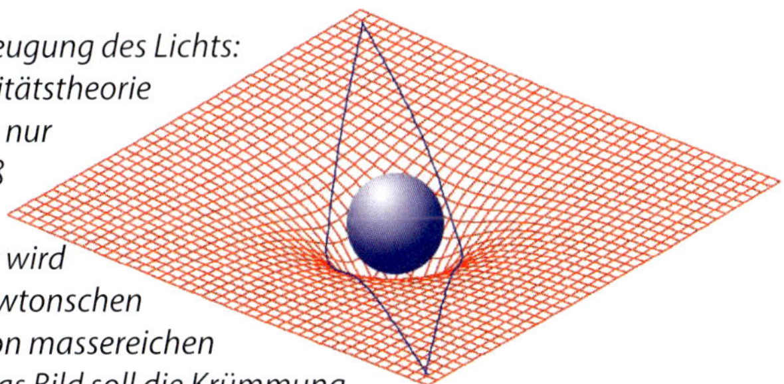

1.15 *Die gravitative Beugung des Lichts: Die Allgemeine Relativitätstheorie sagt voraus, dass nicht nur Masse, sondern gemäß $E = m\,c^2$ auch Energie gravitativ wirkt. Somit wird – im Gegensatz zur Newtonschen Theorie – auch Licht von massereichen Objekten abgelenkt. Das Bild soll die Krümmung des Raumes durch ein massives Objekt geometrisch (zweidimensional) veranschaulichen. Die Photonen wählen den schnellsten Weg. In einer gekrümmten Raumzeit ist dies nicht mehr eine Gerade, sondern eine gekrümmte Linie.*

Gaßner: Und bei der Periheldrehung des Merkurs handelt es sich um die Wechselwirkung des Planeten mit dem Gravitationsfeld der Sonne. Dieses „Eiern" um den Brennpunkt kannte man schon vor Einstein, allerdings gab es zwischen den Messdaten und der theoretischen Berechnung eine Abweichung. Diese konnte erst die Allgemeine Relativitätstheorie erklären. Sie war in der Lage, die Bahnveränderung des innersten Planeten unseres Sonnensystems genauer zu bestimmen als die Newtonsche Mechanik.

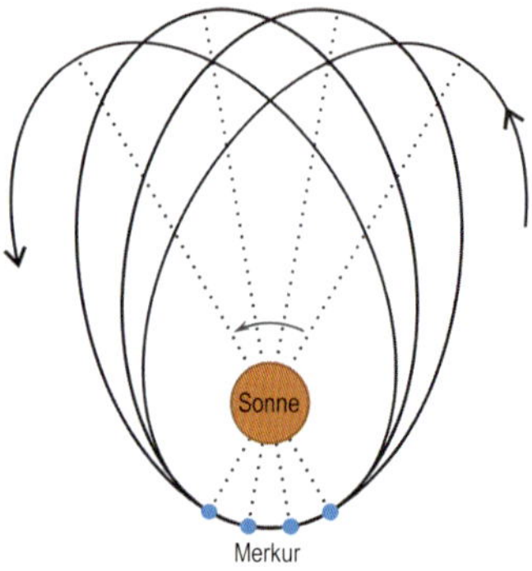

1.16 *Die Periheldrehung des Merkurs*

Lesch: Aber der wirkliche Hammer war natürlich die gravitative Beugung des Lichts. Josef, ich will jetzt hier nicht abschweifen, aber kannst du dir vorstellen, wie das damals gewesen sein muss, als der Arthur Eddington von seiner Afrika-Expedition mit den Daten der Sonnenfinsternis zurückgekommen ist und sie dann in der Royal Society vorgestellt hat. Eddington betritt also die Bühne. Über ihm der Gipskopf von Isaac Newton. Was nun? Es ist ein Drama. Das erlauchte Publikum in London wartet gespannt. Es geht für Einsteins Allgemeine Relativitätstheorie um Kopf und Kragen. Sie hat die klare Vorhersage getroffen, dass Licht an schweren Massen so sehr gebeugt wird, dass die scheinbaren Positionen von den tatsächlichen Positionen der Lichtquellen, also der Sterne, abweichen. Für eine Beobachtung dieses feinen Effekts muss jedoch die alles dominierende Leuchtkraft der Sonne abgedeckt sein – daher die Sonnenfinsternis.

1.17 *Arthur Stanley Eddington (1882 - 1944)*

Gaßner: Und die Natur hat glücklicherweise mitgespielt. Einen Tusch, bitte! Sir Arthur Eddington hatte genau die Daten mitgebracht, die die Theorie bestätigten. Heureka!

Lesch: Die Allgemeine Relativitätstheorie hatte schon vorher vieles erklärt, aber als dann der Hubble mit seinen Beobachtungsdaten kam, gelang ihr der Durchbruch.

Gaßner: Die Art und Weise, mit der die Allgemeine Relativitätstheorie die Newtonsche Mechanik verdrängte, ist übrigens kennzeichnend für eine sanfte Form der Evolution in der modernen Naturwissenschaft. Je besser eine etablierte Theorie durch experimentelle Daten gestützt wird, desto schwieriger wird es, sie in Bausch und Bogen zu verwerfen. Sie findet sich entsprechend aufgenommen wieder und behält als Grenzfall – im Beispiel der Newtonschen Mechanik für kleine und mittlere Massen und Geschwindigkeiten deutlich unterhalb der Lichtgeschwindigkeit – ihre Gültigkeit. In der Autobranche entspräche dies eher einem Facelifting denn einem Modellwechsel.

Lesch: Klar, die Allgemeine Relativitätstheorie hat sozusagen die Newtonsche Mechanik in sich aufgesogen.

Gaßner: Eben! Bei der Rekonstruktion eines Autounfalls muss nicht gleich die Allgemeine Relativitätstheorie ran. Da reicht nach wie vor die ganz normale Newtonsche Mechanik.

Lesch: Obwohl ich es spannend fände, zu sehen, wie so ein Unfall etwas gründlicher untersucht würde. Die Erde hat ja Gravitation und die ist nicht an jeder Stelle gleich. Auch die Autos üben eine Gravitation aus – schwach, aber immerhin, sind sie doch ziemlich leicht im Vergleich zur Erde. Das ist doch ein interessanter Umstand, oder?
Am Ende lässt sich demnach die Schuldfrage nicht eindeutig klären.

Gaßner: Jetzt sollten wir aber wieder zurück auf unsere Spur finden – das Stichwort war Facelifting anstelle von Modellwechsel.

Lesch: Ja, ja. Wir haben es also mit einer Theorieentwicklung zu tun, die, abgesehen von Kopernicus, der die Erde ganz aus dem Zentrum des Weltbildes herausgenommen und dafür die Sonne reingestellt hat, abgesehen von dieser kopernikanischen Revolution eher über Reformen als über Revolutionen vonstattengeht.

Gaßner: Ein heliozentrisches Weltbild gab es übrigens bereits 1800 Jahre vor Kopernicus. Aristarch von Samos hatte es entwickelt, basierend auf Überlegungen von Heraklit und Philolaos. Beobachtet man über Monate den nächtlichen Lauf des Mars vor dem Fixsternhimmel, so scheint er regelrechte Schleifenbewegungen zu vollziehen. Dieses Umkehren und Zurückfliegen, die sogenannte *retrograde Bahn des Mars*, hatte sie stutzig werden lassen.

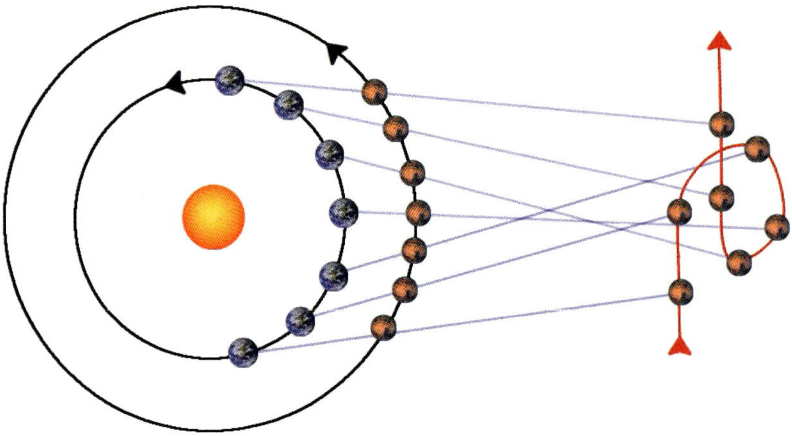

1.18

Im Mittelpunkt links steht die Sonne, umkreist von der blauen Erde und dem roten Mars. Betrachtet man von der Erde aus an sieben charakteristischen Punkten die Projektion des Mars auf den Fixsternhimmel, so ergibt sich eine Schlingerbewegung, die sogenannte retrograde Marsbahn.

Lesch: Dann kam Ptolemäus mit seiner *Epizykeltheorie* und setzte die Erde wieder in den Mittelpunkt. Wie man sieht, gibt es zu jedem beliebig komplizierten physikalischen Problem eine ganz einfache und zugleich völlig falsche Erklärung. Die Epizykeltheorie war noch nicht mal einfach.

Gaßner: Die Naturwissenschaften durchlaufen einen stetigen Anpassungsprozess, in dem sich kleine Mutationen der Theorien als erfolgreicher durchsetzen. Nur von Zeit zu Zeit ereignet sich Spektakuläres, ausgelöst durch schlagartig drastisch veränderte „Lebensbedingungen“.

Einen solchen „Meteoriteneinschlag“ stellten die Beobachtungsdaten von Edwin Hubble dar. Damals starben ganze Spezies an Theorien aus. An ihre Stelle trat ein neues Weltmodell – das expandierende Universum – das, wiederum mit entsprechenden Anpassungen, bis zum heutigen Tag zahllose Bestätigungen erfuhr.

Lesch: Die wichtigste und weitreichendste Bestätigung war die Entdeckung der *Kosmischen Hintergrundstrahlung*. Wenn das Universum in seiner Geburtsphase tatsächlich sehr heiß war, dann musste diese Strahlung auch heute noch nachweisbar sein. Die amerikanischen Physiker Ralph Alpher und Robert Hermann hatten diese Überlegung bereits 1948 angestellt und sogar angegeben, dass die Strahlung aufgrund ihrer extremen Rotverschiebung mittlerweile im Mikrowellenbereich läge, bei einer Temperatur von etwa fünf Kelvin.

Gaßner: Auch der russisch-amerikanische Kernphysiker George Gamov hatte mehrere Arbeiten zu diesem Thema verfasst. Diesen Prognosen wurde allerdings kaum Aufmerksamkeit geschenkt. Die eigentliche Entdeckung war purer Zufall. An den Bell Laboratories in New Jersey waren zwei junge Ingenieure mit der Eichung einer 15 Meter großen Hornantenne zu Gange, die Radiosignale aus der Milchstraße untersuchen sollte. Arno Penzias und Robert Wilson kämpften mit einem rätselhaften Rauschen im Mikrowellenbereich bei 7,35 Zentimeter Wellenlänge, das isotrop, also von allen Seiten gleichermaßen registriert wurde. Nachdem sie ein Jahr lang alle potentiellen Fehlerquellen ausgeschlossen und in ihrer Verzweiflung sogar den Taubenkot aus der Hornantenne entfernt hatten, suchten sie Rat bei der nahen Universität Princeton. Dort erkannte man schnell, dass es sich um die Kosmische Hintergrundstrahlung handelte.

Lesch: Ironie des Schicksals. In Princeton hatte im Frühjahr 1964 ein Forscherteam um Robert Dicke bereits seinerseits eine Antenne gebaut, um gezielt nach der Hintergrundstrahlung zu suchen. Penzias und Wilson waren ihm haarscharf – und fast muss man sagen versehentlich – zuvorgekommen und haben 1978 den Nobelpreis abgeräumt.

Gaßner: Eigentlich ist die Kosmische Hintergrundstrahlung ganz einfach nachzuweisen. Zieht man den Antennenstecker vom Fernseher, dann ist ihr Anteil am rauschenden Bild über ein Prozent.
Man erkennt sie daran, dass sie keinerlei Abhängigkeit von der Position irgendeines Objekts am Himmel zeigt, wie beispielsweise der Sonne oder der Milchstraße. Ein derart gleichmäßiges und isotrop eintreffendes Signal stammt offensichtlich nicht aus unserer Galaxie.

1.19 *Arno Penzias (rechts) und Robert Wilson (links) vor der 15 Meter großen Hornantenne in New Jersey.*

Lesch: In den Folgejahren entwickelte sich ein regelrechter Wettlauf, wer als erster kleinste Abweichungen in der Isotropie der Strahlung nachweisen konnte. Irgendwelche kleinste Abweichungen musste es doch gegeben haben, aus denen später Sterne und Galaxien heranwachsen konnten.

Gaßner: Die ersten Messgeräte wurden mit Ballonen in große Höhen gebracht, um den Einfluss der Erdatmosphäre zu reduzieren. Später wurden eigens Satelliten in die Umlaufbahn geschossen, die tatsächlich Abweichungen in der Temperatur der Kosmischen Hintergrundstrahlung von $5 \cdot 10^{-5}$ Kelvin messen konnten. Das Licht aus diesen Richtungen war geringfügig stärker rotverschoben. Diesen zusätzlichen Energieverlust hatten die Photonen beim Verlassen des Gravitationsfeldes einer winzig kleinen Verdichtung erlitten. Eine Schwankung in der Temperatur der Kosmischen Hintergrundstahlung war also gleichbedeutend mit einer Dichteschwankung im frühen Universum. Die Saatkörner der Galaxien waren gefunden. Beim Thema „Strukturbildung" werden wir genauer auf diesen Zusammenhang eingehen.

Lesch: Für derartige Präzisionsmessungen mussten die Aufnahmen natürlich um jede potentielle Störquelle bereinigt werden, d. h. alle bekannten Quellen für Mikrowellenstrahlung wurden ermittelt und abgezogen. Selbst unsere Bahnbewegung um die Sonne und deren Rotation in der Milchstraße wurden herausgerechnet, weil sie ebenfalls zu Rot- und Blauverschiebungen des Spektrums führen.

Gaßner: Das Ergebnis hat eine neue Ära der Kosmologie eingeläutet: die Präzisionskosmologie. Stephen Hawking hat die Messung der Temperaturabweichungen in der Hintergrundstrahlung in einem Interview mit der *London Times* als „größte Entdeckung des Jahrhunderts, wenn nicht sogar aller Zeiten" tituliert. Entsprechend war auch dafür ein Nobelpreis fällig: 2006 an George Smoot und John Mather.

Lesch: Einschneidende Entdeckungen dieser Art sind allerdings in letzter Zeit eher rar geworden. Je weiter sich die Gegenstände der modernen Forschung von unserer anschaulichen makroskopischen Welt entfernen, umso schwerer fällt es uns, entsprechende Experimente zu entwickeln, d. h. geeignete Fragen an die Natur zur Überprüfung der Theorien zu stellen.

Gaßner: Denk nur an den verzweifelten Versuch, in einem 27 km langen unterirdischen Ring aus supraleitenden Magneten, die konstant nahe dem absoluten Temperatur-Nullpunkt gehalten werden müssen, die Winzigkeiten zweier Protonen wohldefiniert zur Kollision zu bringen. Ihre Energie beträgt dabei jeweils 7 TeV (Tera-Elektronenvolt), oder etwas anschaulicher: Pro Sekunde machen sie 11.000-mal die Runde. Das entspricht 99,9999991 Prozent der Lichtgeschwindigkeit, d. h. wir liegen nur noch 10 km/h darunter.

Lesch: Du sprichst vom *Large Hadron Collider* (LHC), dem gewaltigen Aufbäumen der Experimentalphysiker, die notwendigen Energien bereitzustellen, um noch einmal einen Vorhang zur Seite zu schieben und einen Blick auf das Reich des Allerkleinsten zu erhaschen. Noch einmal will man einen Schritt näher an den Urknall heranrücken.

1.20 *Der 27 km lange, unterirdische Large Hadron Collider (LHC) in der Schweiz und Frankreich.*

Gaßner: Wir haben in den Gewächshäusern der theoretischen Physik unter künstlichen Bedingungen eine Vielzahl exotischer Pflanzen herangezogen. Nur gelingt es uns nicht mehr, sie vor die Tür zu stellen und unter natürlichen Bedingungen zu erproben. Der naturwissenschaftliche Evolutionsmechanismus ist an dieser Stelle ins Stocken geraten und unser Gewächshaus droht aus allen Nähten zu platzen.

Lesch: Nach 13,8 Milliarden Jahren Entwicklungsgeschichte können wir aber auf eine Sache getrost vertrauen: Die Evolution wird einen Weg finden, so wie sie es schon immer getan hat.

Gaßner: Es wird wirklich immer schwieriger, neue Theorien zu etablieren. Wie du gesagt hast – sie müssen die aktuellen Beobachtungsdaten ebenso beinhalten wie die, die wir schon vorher erklären konnten. Das ist in etwa so wie Mikado spielen. Du willst etwas an diesem Gebilde verändern, aber es darf sich möglichst wenig bewegen. Das ist genau das Dilemma.

Lesch: Es gibt diesen wunderbaren Satz: „Wir sind Zwerge auf den Schultern von Riesen."

Gaßner: Isaac Newton.

1.21: *Isaac Newton (1643 - 1727)*

Lesch: Die Wissenschaft selbst wird ja immer umfangreicher. Praktisch an jedem Tag, an dem immer mehr Menschen Wissenschaft betreiben, kommen auch immer mehr Informationen zusammen.
In diesem Zusammenhang ist bemerkenswert, dass es jede Menge – wie soll man sagen – engagierte „Privatmenschen" gibt, die also nicht in Forschungsinstitutionen arbeiten. Die meinen, sie könnten mit einem ganz neuen Ansatz ganz andere Vorstellungen über das Universum entwickeln. Ich erlebe immer wieder, dass so ein „epochaler Weltentwurf" an eine Universitätssternwarte geschickt wird, in 10-Punkt-Schrift ohne Absatz, Punkt und Komma. Da wird erst mal grundsätzlich aufgeräumt, mit diesen ganzen Missverständnissen über die Quantenmechanik, über die Allgemeine Relativitätstheorie. Daran sieht man natürlich auch das Problem. Es wird immer schwieriger für jemanden, der neu auf dieses Feld trifft, überhaupt zu überblicken, was es schon alles an Information gibt. Ich vergleiche das gerne – ich weiß gar nicht, wie der Film heißt, in dem Sean Connery und Catherine Zeta Jones einen Einbruch in ein Museum planen. Dazu muss sie für einen akrobatischen Körpereinsatz trainiert werden.

Gaßner: „Verlockende Falle“ heißt der Film.

Lesch: Seit wann gehst du denn ins Kino? Sie, die Catherine, muss also tausende von Lichtschranken überwinden, ein unglaublicher Tanz! Das gilt auch für die Astrophysik: Früher gab es praktisch nur eine Lichtschranke oder gar keine. Heute gibt es so viele Lichtschranken, dass man sich unglaublich verbiegen muss, um Theorien zu entwickeln, die alle möglichen Bedingungen gleichzeitig erfüllen. Ganz schwierig.

Gaßner: Lieber Harald, darf ich dich an dieser Stelle wieder einfangen, bevor wir völlig abschweifen? „Urknall, Weltall und das Leben“ ist die Marschroute.

Lesch: Ja, du hast natürlich recht – nur, das musste doch mal gesagt werden.

Also los: Der Urknall.

2

Der Urknall

Der Tag ohne gestern

2.1 *Künstlerische Darstellung des Urknalls als Überlagerung von drei Fraktalen.*

Gaßner: Das Universum expandiert. Ein scheinbar harmloser Satz! Der sagt sich so leichtfüßig dahin. Tatsächlich trägt er aber enormen Sprengstoff in sich, denn ein expandierendes Universum muss offensichtlich in der Vergangenheit kleiner und somit heißer gewesen sein. Konsequent zu Ende gedacht, beginnt die Geschichte des Kosmos dann wohl mit einer Singularität, einem Zustand unbeschreiblicher Dichte und Temperatur: dem Urknall!

Lesch: Lass unsere Leserinnen und Leser diesen Gedanken weiterdenken, Josef. Wir warten auf Sie. Ja, richtig – dann muss das Universum einen Anfang gehabt haben. Demnach gibt es einen Tag mit einer einzigartigen Eigenschaft: den Tag ohne gestern.

Gaßner: Diese Schlussfolgerung widerspricht aber unserem Weltbild, wir müssen immer die Frage nach dem Davor stellen und auch auf eine Antwort hoffen können. Der Grund dafür liegt in der evolutionären Entwicklung unseres Gehirns, das sich in der makroskopischen Welt perfekt an das Überleben angepasst hat. Unser Vertrauen darauf, dass vor jeder Wirkung eine Ursache steht, war für unsere Spezies von großem evolutionärem Vorteil. Sämtliche Erfahrungswerte, auf die wir uns dabei stützen, wurden durch Sinnesorgane gewonnen, die ebenfalls evolutionär für das Leben auf unserem Planeten optimiert wurden.

Lesch: Augen sehen beispielsweise im Bereich 380 bis 780 Nanometer, weil unsere Sonne in diesem Bereich ihr Maximum hat.

Gaßner: Ein Verständnis für die Allgemeine Relativitätstheorie stellte dagegen für unsere Vorfahren keinen Überlebensvorteil dar. Auf einem hohen Berg sitzend, vergeht die Zeit sehr wohl schneller als näher am Erdmittelpunkt, wo das Gravitationsfeld die Raumzeit geringfügig stärker krümmt. Diese relativistischen Effekte sind aber vernachlässigbar klein und so war die Ausbildung entsprechender Sinnesorgane nicht lohnend.

Lesch: Auch ein Gespür für mikroskopische Zusammenhänge – allen voran die *Unschärferelation* – bot keinen zählbaren Vorteil in einer Welt voller scharf lokalisierter Feinde, die nach einem klaren, kausalen Prinzip agierten: Erst kommt die Pranke, dann der Schmerz.

Gaßner: Eben! So finden wir uns heute gefangen in einer universellen Weltanschauung, in den Denkstrukturen eines Primaten-Gehirns, das bei genauerer Analyse nur in einem kleinen Geltungsbereich die Realität sinnvoll abbildet. Für uns ist etwas so oder nicht so, etwas geschieht oder geschieht nicht. Der Raum trennt dabei die Objekte, legt fest, wo etwas ist und wo nicht. Alles findet auf einer Bühne aus unveränderlichem Raum und absoluter Zeit statt.

Lesch: Um allerdings die Evolution des Universums verstehen zu können, müssen wir mit diesen wohlvertrauten Erfahrungswerten brechen – gewissermaßen selbst einen evolutionären Schritt vollziehen.

Gaßner: Dass wir dazu überhaupt in der Lage sind, das ist eine unglaubliche Leistung. Kein anderes Lebewesen auf diesem Planeten kann das. Obwohl wir evolutionär begründet sind, können wir weit mehr leisten, als für das schiere Überleben notwendig ist. Die Natur – vielleicht hat sie es ja gar nicht gewollt – hat ein Modell hervorgebracht, das in der Lage ist, seine Erkenntnisse weit über den eigenen Anschauungsraum hinaus auszuweiten.

Lesch: Dann wollen wir das mal versuchen.

Gaßner: Wir müssen für die Expansion des Raumes zwischen den Galaxien ein Gespür entwickeln, für die Expansion des Nichts zwischen dem Etwas. Die Vorstellung eines Urknalls in Form einer Explosion ist dabei irreführend. Das Universum hätte dann einen Mittelpunkt. Nur dort hätte man den Eindruck, dass sich die Dinge in jeder Richtung entfernen und wir könnten ein Schild aufstellen: Hier war der Urknall. Weil wir aber von der Erde aus beobachten, wie sich die Galaxien von uns entfernen, schließen wir daraus, dass es an jedem Ort im Universum so sein muss.

Lesch: Na ja, vielleicht nicht an jedem Ort. Zumindest hat Woody Allen richtig erkannt: „Wenn das Universum wirklich expandiert, warum finde ich dann immer seltener einen Parkplatz?“

Gaßner: Lieber Harald, das ist jetzt ein sehr wichtiger Gedanke für das weitere Verständnis. Es muss eine Art Quelle für das Nichts geben, aus der zwischen dem Etwas fortwährend frisches Nichts entspringt. Ähnlich wie ein frischer Hefeteig aufgeht, breitet sich der Raum zwischen den Galaxien aus. Die Galaxien sind dabei vergleichbar mit Rosinen, die im aufquellenden Teig mitschwimmen. Der Raum treibt sie unaufhörlich voneinander weg.

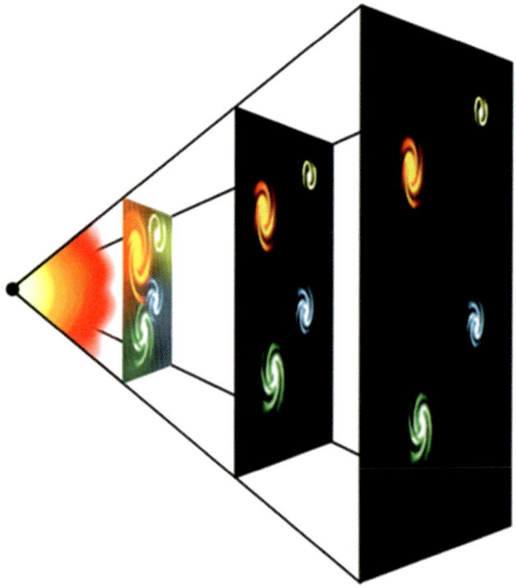

2.2 *Die Expansion des Universums – vereinfacht dargestellt durch drei aufeinanderfolgende Schnitte durch dieselbe Raumregion. Die Galaxien behalten ihre Größe bei; lediglich zwischen ihnen entspringt neuer Raum.*

Lesch: Eine Quelle, aus der frisches Nichts entspringt. Hätten Sie vielleicht noch ein bisschen Nichts? Ich hätte es gerne in Scheiben. Unsere Vorstellungskraft wird dabei vor große Probleme gestellt.

Gaßner: Es kommt noch heftiger: Raum und Zeit sind in der Relativitätstheorie zur sogenannten *Raumzeit* verbunden. Tatsächlich expandiert diese vierdimensionale Raumzeit.

Lesch: Der Zusammenhang lässt sich erahnen, weil alles mit einer bestimmten Geschwindigkeit abläuft und Geschwindigkeit ist Weg pro Zeit. So kommt die Zeit mit ins Boot.

Gaßner: Wobei man sehr vorsichtig sein muss mit dem Begriff der Geschwindigkeit angesichts eines Nichts, das sich zwischen dem Etwas ausbreitet. Die Galaxien bewegen sich nicht wirklich. Sie entfernen sich nur voneinander, weil zwischen ihnen Entfernung entsteht. Die Fluchtgeschwindigkeit in Hubbles Diagramm steigt mit wachsender Entfernung scheinbar immer weiter an. Würden die Galaxien dabei wirklich bewegt, müsste die Lichtgeschwindigkeit eine obere Grenze bilden. Tatsächlich bewegen sich Objekte, wenn sie nur weit genug von uns weg sind, mit jeder beliebigen Überlichtgeschwindigkeit von uns weg. Von deren Warte betrachtet, bewegen auch wir uns mit Überlichtgeschwindigkeit von ihnen weg. In diesem Zusammenhang müsste man die Begriffe „bewegen“, „Geschwindigkeit“ usw. besser in Anführungszeichen setzen.

Lesch: Liebe Leserinnen und Leser, sind Sie noch da? Wird es denn irgendwann auch mal wieder etwas anschaulicher? Was macht man denn jetzt mit dem Nichts? Wie nichtig ist denn das Nichts, das Nichts des Physikers?

Gaßner: Das Nichts ist eines der größten Probleme in der Physik überhaupt. Nichts beschäftigt uns so sehr wie das Nichts.

Lesch: Oh Gott … Wenn uns hier jemand zuhört – oder das gar liest!

Gaßner: So verrückt das auch klingen mag, letztendlich wird sich erweisen, dass sogar die Materie selbst nichts ist. Es bleiben nur ein paar Eigenschaften. Aber dazu kommen wir noch.

Lesch: Ich bleibe dabei, das ist schon heftig. Aber es ist ja wahrscheinlich auch gerade das, was uns so fasziniert. Dass wir als Gattung aus vielen Jahren der Evolution hervorgegangen sind und über ein Instrumentarium verfügen, das uns hilft, im mittleren Raum der mittleren Dinge einigermaßen gut zu überleben. Und jetzt gehen wir an die Grenzen des Kosmos ran. Da muss es ja zu Schwierigkeiten und Verknotungen im Gehirn kommen.

Gaßner: Neulich sind mir auf einer Zugfahrt zwei Ameisen aufgefallen, die sich irgendwie ins Abteil verirrt hatten und mit mir durch die Scheibe auf die vorbeiziehende Landschaft blickten. Das hat mich sehr an die Naturwissenschaftler auf unserem Planeten erinnert. Auch wir rasen mit unvorstellbarer Geschwindigkeit durch das Weltall – mit 30 km/s (mehr als hunderttausend Kilometer pro Stunde) um die Sonne, die wiederum mit 220 km/s ihre Bahnen in der Milchstraße dreht. Die Relativgeschwindigkeit der Milchstraße gegenüber dem Kosmischen Hintergrund beträgt unvorstellbare 627 km/s. Auch wir blicken durch die Fensterscheibe unserer Erdatmosphäre nach draußen und versuchen uns staunend einen Reim auf die Dinge zu machen, die wir beobachten.

Lesch: Ein schönes Sinnbild …

Gaßner: Letztendlich landen wir bei einer expandierenden vierdimensionalen – wenn nicht sogar 11-dimensionalen – Raumzeit, die in einem heißen Urknall aus einer Quantenfluktuation entstand. Das kommt mir vor, als würden die beiden Ameisen darüber philosophieren, dass ihre Reise vermutlich auf einem kugelförmigen Gebilde stattfindet und sie nur lange genug in eine Richtung fahren müssten, um wieder am Ausgangsort anzukommen.
Ein derart komplexes und gleichzeitig schlüssiges, widerspruchsfreies Weltbild zu entwickeln, diese Leistung unserer Gehirne beeindruckt mich schon sehr.

Lesch: Ich finde das auch in philosophischer Hinsicht eine außerordentlich bemerkenswerte Leistung, weil sie nichts damit zu tun hat, welche Art von Sprache wir benutzen. Wir kommen auf die Welt, die Welt ist da und der Kosmos ist eigentlich die Herausforderung schlechthin. Und dann muss man sich mit Methoden auseinandersetzen, die so fürchterlich weit von unserer Anschauung weg sind.
Dass wir jetzt auch noch bei der Expansion der vierdimensionalen Raumzeit angekommen sind, na gut …

Gaßner: Weil wir beide gerade so gemütlich zusammensitzen, Harald, gewissermaßen unter uns: Die Gleichungen der Allgemeinen Relativitätstheorie geben diese Expansion der vierdimensionalen Raumzeit natürlich her. Da ist einfach ein Term, ein Expansionsterm, und der ist nicht null. Der Mathematiker in mir versteht das. Aber ganz ehrlich, wenn ich nachts in den Sternenhimmel schaue und mir vorzustellen versuche, dass das Nichts zwischen den Galaxien entspringt, dann verstehe ich gar nichts. Kannst du dir das vorstellen?

Lesch: Kein bisschen, da geht's mir wie dir. Ich glaube nicht, dass sich irgendjemand eine expandierende Raumzeit bildlich vorstellen kann.

Gaßner: Dann geht's uns doch so wie den zwei bahnreisenden Ameisen …

Lesch: … die überhaupt keine Ahnung haben. Genau. Ich finde ja den Ausdruck „Term" so schön. Ein mathematischer Term. Es gibt ja auch die Therme, in die geht man hinein, um sich zu entspannen. Vielleicht ist ein mathematischer Term auch nichts anderes als eine Art „Therme", in deren warmer Umgebung man sich einfach mal inspirieren lässt. Das Interessante an der Mathematik ist ja, dass sie sich mit Strukturen beschäftigen kann, die gar nicht existieren müssen.
In der Physik allerdings – namentlich, wenn es um den Kosmos geht –, da hat man es mit Strukturen zu tun, die sehr wohl existieren müssen. Physik ist in dem Sinne immer domestizierte, also dressierte Mathematik zum Zwecke der Naturerkenntnis. Als Mathematiker kannst du dir die wildesten Dinge überlegen. Aber wir Physiker…

Gaßner: Du hast anfangs von der Frage gesprochen: Was war vor dem Urknall?

Lesch: Ja. Der Klassiker! Das Amen in der Kirche!

Gaßner: Die nächste Frage, die dann kommt, ist: Wie kann irgendetwas aus Nichts entstehen? Für einen geborenen Bayern wie mich ist das doppelt schwer. Ich bin mit der klaren Vorgabe aufgewachsen: Bua, vo nix kummt nix.

Lesch: Von Nichts kommt nichts, das ist auch für einen geborenen Oberhessen ein Problem. Aber wir zwei, ein Niederbayer und ein Oberhesse, wir können ja mal probieren, ob wir das hinbekommen. Neulich habe ich übrigens in einem der dicksten philosophischen Bücher über das Nichts geblättert – Ludger Lütkehaus: „Das Nichts".

Gaßner: Merken Sie es, liebe Leserinnen und Leser? Genau an dieser Stelle ist der angekündigte evolutionäre Schritt angesagt, damit sich unser Gehirn an ein Gespür herantasten kann. Gut, dass wir dabei auf den Schultern von Riesen stehen. Allerdings nannte selbst ein Einstein, der intuitiv erkannte, dass Raum und Zeit in die Prozesse mit einbezogen werden müssen, die Effekte der Quantenmechanik, über die noch zu reden sein wird, schlichtweg „spukhaft".

Lesch: Da gruselte es sogar den „Großmeister des Lichts".

Gaßner: Die Naturwissenschaft begegnet dieser Problematik mit ihrer Allzweckwaffe: der Mathematik. Nachdem wir über mehrere Jahrhunderte in unserer makroskopischen Welt Vertrauen zu dieser Form der Wirklichkeitsbeschreibung gewonnen haben, tasten wir uns mit diesen Fühlern in Bereiche vor, die nie zuvor ein Mensch „gesehen" hat.

Lesch: Erst im Nachgang lässt sich aus den mathematischen Gleichungen die Entwicklung des Kosmos wieder in die Sprache und die Modelle unserer makroskopischen Welt übersetzen. Um die unvermeidbaren Übersetzungsfehler möglichst gering zu halten, ist es wichtig, die verwendeten Begriffe *Nichts, Quantenfluktuation, Higgsfeld, Masse, Zeit, Phasenübergang* und *Symmetriebrechung* eindeutig festzulegen.
Was genau verstehen wir beispielsweise unter dem *Nichts*, wenn wir uns die Frage stellen, wie unser Universum daraus entstehen konnte?

2.1 Vom Nichts zur Quantenfluktuation

Nichts ist nicht nichts

Gaßner: Am besten beginnen wir mit etwas Handfestem. Harald, hast du schon mal ein Auto geschoben?

Lesch: Leider!

Gaßner: Es ist schon eine gehörige Anstrengung notwendig, um ein Auto aus dem Stand anzuschieben. Ein Erwachsener schafft es gerade eben so. Eine Maus könnte diese Mindestportion an Anstrengung nicht leisten, ganz zu schweigen von einer Ameise oder einem Einzeller. Dementsprechend bliebe das Auto trotz heftigen Bemühens dieser fleißigen Helfer unverändert stehen, denn unterhalb eines Mindestquantums an aufgebrachter Energie verpufft das Bemühen scheinbar wirkungslos.

Lesch: Ich verstehe. Für einen Beobachter ist deshalb ein stehendes Auto unbestimmt, egal ob gerade eine Maus, eine Ameise oder ein Einzeller versuchen, es anzuschieben. Sie alle könnten einzeln oder in Kombination am Heck des Fahrzeugs schieben, ohne dass sich am Zustand „Auto steht" etwas ändert.

Gaßner: Genau. Je nachdem, wer sich gerade am Schiebeversuch beteiligt, wäre jeweils nur noch eine unterschiedliche Differenz zum erfolgreichen Mindestquantum notwendig. Für einen Beobachter wäre das System auch hinsichtlich dieser fehlenden Portion Anstrengung unbestimmt. Diese Unbestimmtheit entsteht, weil die einzelnen Zustände des Systems nicht kontinuierlich ineinander übergehen. Würde jede beliebig kleine Anstrengung eine entsprechende – wenn auch noch so kleine – Veränderung des Systems bedingen, wäre der Fall klar. Wir könnten jederzeit bestimmen, wie viele Mäuse und Mikroben gerade schieben.

Lesch: Das System ist jedoch quantisiert, d. h. es springt erst dann zwischen den Zuständen „Auto steht" und „Auto bewegt sich", wenn ein Mindestquantum an Anstrengung investiert wird.

Gaßner: Und so muss man sich die Welt des Allerkleinsten vorstellen. Auch dort benötigt man ein Mindestquantum an Energie, um einen Zustand zu verändern. Das betrifft das „Anschieben" eines Teilchens ebenso wie seine Drehung, das Herauslösen aus einer Verbindung oder allgemein das Anregen eines wie auch immer gearteten Energiezustandes. Warum das so ist, wissen wir nicht. Führen wir jedoch in unsere Modelle, mit denen wir die mikroskopische Welt beschreiben, die Quantisierung ein – in Form eines minimalen Wirkungsquantums „h" – so erhalten wir eine Theorie, die bislang durch sämtliche Experimente bestätigt wurde. Wir nennen sie die Quantenmechanik, was uns stets an die Quantisierung erinnern soll.
Der Preis, den wir für diesen Erfolg bezahlen, liegt in der Unbestimmtheit, die mit der Quantisierung einhergeht.

2.3 *Max Planck (1858 - 1947)*

Lesch: Mäuse, Ameisen und Mikroben, die ein Auto anschieben wollen – fabelhaft! So hat noch keiner das *Plancksche Wirkungsquantum* erklärt!

Gaßner: Eine Wirkung erzeugt man allgemein, wenn man eine Energie über einen Zeitraum „wirken" lässt. Dementsprechend kann man das Plancksche Wirkungsquantum h als Energie mal Zeit ausdrücken. Über eine Wirkung kleiner als h beziehungsweise Energie mal Zeit kleiner h können wir nichts aussagen. Auf den ersten Blick scheint dies nicht weiter tragisch, weil der Meßwert von h mit $6{,}6 \cdot 10^{-34}$ Joulesekunden extrem klein ist. Energie mal Zeit kleiner h ist aber auch für hohe Energien gegeben, solange nur der Zeitraum kurz genug ist.

Lesch: Für einen beliebig kleinen Zeitraum gestattet die Unbestimmtheit somit eine beliebig große Energie, und aus dieser Energie lässt sich gemäß der berühmten Formel $E = m c^2$ Materie basteln.

Gaßner: Dabei sind der Kreativität der Natur kaum Grenzen gesetzt. Es müssen lediglich grundlegende Symmetrien und Erhaltungssätze eingehalten werden. Mit anderen Worten: Entsteht etwas mit einer bestimmten Ladung, so muss gleichzeitig ein korrespondierendes Etwas mit umgekehrter Ladung entstehen, um die Bilanz wieder auszugleichen. Dieses gegensätzliche Paar nennen wir *Teilchen-Antiteilchenpaar*.
Entsprechend hätten an unserem Auto nicht nur Mäuse und Mikroben, sondern auch jeweils gleich viele Anti-Mäuse und Anti-Mikroben geschoben.

Lesch: Diesen virtuellen Materie-Antimateriepaaren ist nur eine kurze Lebensdauer beschieden. Je mehr Energie für ihre Entstehung notwendig war, umso kürzer ist diese Lebensdauer.

Gaßner: Dieser Vorgang des Entstehens und Vergehens wiederholt sich fortwährend. Genau das nennen wir Quantenfluktuation.

Lesch: Und diese Quantenfluktuationen, die gibt es auch im Nichts.

Gaßner: Langsam! Das ist schon ein großer gedanklicher Schritt. Ich würde erst mal ein kleines Gedankenexperiment vorschlagen: Du bist doch ein alter Aquarianer.

Lesch: Ach was, nur ein Anfänger, und außerdem ist das schon eine Weile her.

Gaßner: Das macht nichts, aber ob es wirklich ein Nichts macht, dazu kommen wir gleich. Nehmen wir gedanklich alle Fische aus deinem Aquarium heraus. Natürlich bringen wir sie an einen sicheren Ort – auch in Gedankenexperimenten dürfen Lebewesen auf keinen Fall zu Schaden kommen. Als nächstes entfernen wir das Wasser, die Pflanzen, den Bodenbelag, die Pumpen, einfach alles. Dann kleben wir einen Deckel darauf und saugen sogar die Luft heraus. Mit anderen Worten, wir erzeugen ein ideales Vakuum. Wäre dann wirklich nichts mehr in deinem Aquarium?

Lesch: Die Wände des Aquariums würden noch Wärmestrahlung emittieren.

Gaßner: Das ist das Schöne an Gedankenexperimenten – sie sind im Handumdrehen angepasst. Wir kühlen also die Wände auf nahezu 0 Kelvin beziehungsweise minus 273,15 Grad Celsius, dann geht keine Wärmestrahlung mehr von ihnen aus.
Haben wir jetzt in diesem idealen Vakuum die Kenntnis darüber erlangt, dass sich an einem bestimmten Ort zu einer bestimmten Zeit exakt ein Nichts mit der exakten Energie null befindet?

Lesch: Die eigenwillige Formulierung dieser Frage legt es bereits nahe: Die Unschärfe steht uns im Wege. Die sogenannte *Heisenbergsche Unschärferelation* verbietet einen derartigen Zustand.

2.4 *Werner Heisenberg (1901 - 1976)*

Gaßner: Das ist der springende Punkt. Was wir aus deinem Aquarium nicht entfernen können, sind die Naturgesetze, insbesondere die Gesetze der Quantenmechanik, wonach sich bestimmte Wertepaare nicht gleichzeitig beliebig genau ermitteln lassen. Das Plancksche Wirkungsquantum setzt ihnen eine Grenze. Üblicherweise handelt es sich bei diesen Paaren um einen Wert und dessen zeitliche Änderungsrate. Namhafte Vertreter sind Ort und Geschwindigkeit, beziehungsweise Ort und Impuls eines Teilchens. Ebenso betroffen sind Stärke und Änderungsrate eines Feldes. Heisenberg konnte darüber hinaus eine Mindestunschärfe in Höhe von $h/4\pi$ mathematisch beweisen, die nicht nur sein *kann*, sondern sein *muss*.
Wie wir bereits gesehen haben, bilden auch Energie und Zeit ein Paar, das der Unschärfe unterliegt, wodurch für sehr kurze Zeiträume die Energie allgemein und im Speziellen auch die des Nichts unbestimmt ist. Damit schließt sich der Kreis zwischen den Mäusen, Ameisen und Mikroben, die versuchen, dein Auto anzuschieben, und den nicht mehr vorhandenen Fischen in deinem Aquarium. So sehr wir uns auch mühen, das vermeintliche Nichts wird stets angefüllt sein mit Quantenfluktuationen.

Lesch: Das sagt sich so leicht: Energie und Zeit bilden ein Paar, das der Unschärfe unterliegt. In unsere makroskopische Erfahrungswelt ist das kaum einzuordnen. Siehst du hier irgendetwas erscheinen und wieder verschwinden?

Gaßner: Natürlich nicht. Wir sind makroskopische Riesen im Verhältnis zur Quantenwelt. Ich würde das folgendermaßen vergleichen: Von großer Höhe aus betrachtet erscheint die Meeresoberfläche flach wie ein Brett. Unmittelbar an der Oberfläche zeigt sich ein völlig anderes Bild. Hier dominieren ausgeprägte Schwankungen um den Nullpunkt – alles ist in Bewegung. Nähert man sich der Quantenwelt, so treten analoge Veränderungen zutage.

Energie und Zeit sind ein Paar, das eine Mindestunschärfe aufweist. Ist das eine fix, so schwankt das andere. Beobachte ich das Nichts an einem bestimmten festen Zeitpunkt, so erhalte ich zwangsläufig eine schwankende Energie. Aus dieser Energie kann gemäß $E = m c^2$ etwas entstehen, eben eine sogenannte *Quantenfluktuation*. Eine Fluktuation mit hoher Energie steht uns nur für kurze Zeit zur Verfügung und Fluktuationen mit niedriger Energie währen länger. Makroskopische Dinge benötigen eine immense Energie für ihre Materialisierung. Prinzipiell könnten durchaus in deinem leeren Aquarium oder auch hier, mitten im Raum, kurzzeitig ein Fisch und sein Antifisch entstehen. Eine derart starke Quantenfluktuation, die wir mit bloßem Auge erkennen könnten, ist jedoch extrem unwahrscheinlich. So etwas werden wir beide hier aller Wahrscheinlichkeit nach nicht beobachten, selbst wenn wir bis zum Ende unserer Tage sitzen blieben.

Lesch: Ich hoffe, du erzählst niemandem von deinen Gedankenexperimenten. Vor allem nicht, dass es weiße Mäuse oder gar Antimäuse sind, die in meinem Aquarium entstehen und womöglich noch mein Auto anschieben wollen – sonst kann ich für nichts garantieren.

Gaßner: Lass es mich nochmal zusammenfassen, damit wir hier ja niemanden verlieren – Quantenfluktuationen sind wirklich starker Tobak: Im Kleinsten entspricht das Nichts einer schaukelnden Wasseroberfläche – die Energie des Nichts schwankt. Teilchen-Antiteilchen-Paare ziehen dem Nichts ein wenig Energie aus der Tasche, wodurch sie sich materialisieren können. Sowohl Materie als auch Antimaterie wirken gravitativ anziehend, entsprechen also einer positiven Energie. Daran ändert auch eine gegebenenfalls gegensätzliche elektromagnetische Ladung der Teilchen und Antiteilchen nichts. Bevor das Nichts sich versieht, zerstrahlen sie wieder zu Energie und zahlen den „Überbrückungskredit" zurück. Die Lebensdauer dieser virtuellen Teilchen ist dabei umso kürzer, je größer ihre Masse beziehungsweise der Energiebedarf für ihre Entstehung ist.

Lesch: Zugegeben, das wirkt wie ein Taschenspielertrick der theoretischen Physik, aber diese Schwankungen des Nichts konnten gemessen werden. Stellt man Atome ins Nichts hinein, dann werden ihre Energieniveaus von den Quantenfluktuationen beeinflusst. Das lässt sich spektroskopisch nachweisen. Willis Eugene Lamb Jr. erhielt hierfür 1955 den Nobelpreis.

2.5 *Willis Eugene Lamb Jr. (1913 - 2008)*

Gaßner: In unserem Gedankenexperiment würde das bedeuten, dass wir jemanden an unser Auto stellen, der ganz knapp *nicht* über die notwendige Energie verfügt, um es aus dem Stand anzuschieben. Gelingt es ihm trotzdem, wäre das ein indirekter Beweis für die Existenz der virtuellen Helfer.

Lesch: Die Quantenfluktuationen sind nicht auf die Energie beschränkt, die sie vom Vakuum entleihen. Führt man von außen ausreichend Energie zu, so entstehen daraus unmittelbar Teilchen-Antiteilchen-Paare. Das erweist sich als äußerst unangenehm bei der Erforschung kleinster Strukturen. Möchte man beispielsweise die Größe eines Elektrons bestimmen, so verwendet man als Maßstab die Wellenlänge des Lichts. Für die Erzeugung eines sehr feinen Maßstabs, gleichbedeutend mit kurzen Wellenlängen, ist jedoch eine hohe Energie notwendig. Halten wir nun diesen hochenergetischen „Zollstock" an ein Elektron, so entstehen um das Elektron herum Quantenfluktuationen aus Elektronen und Positronen. Die Positronen sind die Antiteilchen der Elektronen und tragen entsprechend positive Ladung. Es entsteht ein Tohuwabohu, die sogenannte *Vakuumpolarisation*, in der wir die Ausdehnung des ursprünglichen Elektrons gar nicht mehr identifizieren können.

Gaßner: Im mikroskopisch Kleinsten gibt es kein „Nur-gucken-nicht-anfassen". Das genaue Hinschauen verändert maßgeblich genau das, was man messen möchte. Jede Messung entspricht einem Eingriff in die Natur, dabei ist es nicht einmal von Bedeutung, ob jemand diese Messung überhaupt beobachtet. Jede Wechselwirkung in der Natur wirkt insofern wie eine Messung.

Lesch: Wenn das Nichts also nicht nichts ist, welche Eigenschaften können wir ihm zuordnen?

Gaßner: Lokal betrachtet, in einem beliebig kleinen Volumenelement, befinden sich materialisierte Dinge mit einer positiven Energie sowie ein zugehöriges „ausgequetschtes" Nichts mit entsprechender negativer Energie als „Energiegläubiger", damit die Gesamtbilanz wieder zu Null aufgeht. Und wie das so ist mit den Gläubigern, sobald sie etwas verliehen haben, üben sie Druck aus, um es wieder zurückzuerlangen – die Schuldner empfinden dies naturgemäß als negativen Druck.

Lesch: Das ist ja ein feines Sinnbild. Der Gläubiger sitzt einem im richtigen Leben natürlich im Nacken, aber auch physikalisch trifft es den Nagel auf den Kopf: Energiedichte steht physikalisch für „Energie pro Volumen" oder in Einheiten ausgedrückt „Newtonmeter pro Kubikmeter". Kürzen wir eine Einheit Meter im Zähler und Nenner, so erhalten wir Newton pro Quadratmeter. Das entspricht wiederum einer Kraft pro Fläche, also einem Druck.
Energiedichte und Druck sind somit dasselbe. Ein ausgequetschtes Nichts mit negativer Energie pro Volumen übt also einen negativen Druck aus.

Gaßner: Ich fürchte, das ist alles sehr schwer zu verstehen. Kehren wir nochmals zurück zu unserem Gedankenexperiment und erzeugen wiederum ein Nichts in einem abgeschlossenen Raum – nennen wir es besser ein quantenmechanisches Vakuum, um der Erkenntnis Rechnung zu tragen, dass es mit Quantenfluktuationen angefüllt ist. Denken wir uns eine Wand des Behälters beweglich, wie bei einem Kolben. Dadurch können wir das quantenmechanische Nichts vergrößern, beispielsweise auf das doppelte Volumen. Lokal betrachtet ändert sich auch dann das Verhalten in unserem Behälter nicht. Quantenfluktuationen lassen sich insbesondere nicht verdünnen, ganz im Gegensatz zu Gasen. Die Expansion des Raumes vergrößert lediglich die „Spielwiese" für Quantenfluktuationen. Neue Teilchen-Antiteilchen-Paare füllen den zusätzlichen Raum aus. Ein Gas würde sich durch die Expansion abkühlen, der Druck beziehungsweise die Energie pro Volumen würde abnehmen. In unserem quantenmechanischen Vakuum bleiben diese Werte jedoch konstant. Ein doppeltes Volumen enthält die doppelte Energie. Die Expansion um den Faktor zwei hat unser ursprüngliches Nichts gewissermaßen dupliziert. Dies ist nicht weiter tragisch, solange seine Energie um den Nullpunkt schwankt: Zweimal null gibt wieder null.

Lesch: Aber was passiert, wenn sich das quantenmechanische Nichts – warum auch immer – in einem falschen Zustand mit positiver Energie befindet?

Gaßner: Dann hätte unsere Kolbenbewegung diese Energie verdoppelt. Selbstverständlich kann Energie nicht einfach entstehen. Um den Kolben herauszuziehen, mussten wir exakt die Energie aufwenden, die im Inneren hinzugewonnen wurde. Mit anderen Worten: Das quantenmechanische Vakuum hat unserer Expansion eine Kraft entgegengesetzt, es übt also einen „Sog", einen negativen Druck auf den Kolben aus. Schlimmer noch: Dieser negative Druck bleibt konstant, völlig unbeeindruckt von der Expansion.

Lesch: Dies ist ein richtiger Knaller unter den Eigenschaften des Nichts und das im doppelten Sinne: der „Ur-Knaller!"

Gaßner: Seit Einstein wissen wir nämlich, dass positive Energie gemäß $E = m c^2$ gravitativ anziehend wirkt. Ebenso entspricht ein negativer Druck einer negativen Energie pro Volumen und wirkt gravitativ abstoßend.

Lesch: Hier haben wir es also mit einer antigravitativen Energiefreisetzung aus dem Vakuum zu tun, die selbst unter extremster Expansion des

Raumes nicht abgeschwächt wird. Darauf werden wir bei der Suche nach dem „Knall" des Urknalls noch einmal zurückkommen.

Gaßner: Ja, ja, liebe Leserinnen und Leser. Ich ahne schon, wie Sie zweifeln: Das Nichts übt einen negativen Druck aus? Sie hätten gerne Beweise? Bitteschön: Hendrik Casimir hat bereits 1948 einen Versuchsaufbau beschrieben, in dem sich zwei parallele, leitende Platten im Vakuum gegenseitig stärker anziehen, als es die Gravitation allein erklären könnte (Abbildung 2.7). Dieser negative Druck zwischen den Platten entsteht, weil elektromagnetische Wellen nicht in leitende Medien eindringen können. Die möglichen Quantenfluktuationen zwischen den Platten sind somit in Form und Anzahl beschränkt. Außerhalb unterliegen die Quantenfluktuationen nicht dieser Einschränkung, dort existieren mehr Möglichkeiten. Die zahlenmäßige Überlegenheit der äußeren Fluktuationen übt einen Druck auf die Platten aus. Dank stark verbesserter Messgeräte konnte dieser *Möglichkeitsdruck* mittlerweile mit hoher Genauigkeit bestätigt werden. Bei Platten in der Größe einer Handfläche entspricht der negative Druck bei einem Abstand von einem zehntausendstel Zentimeter etwa dem Gewicht eines Wassertropfens. Dieser Effekt ist sogar von praktischer Bedeutung. Er setzt der immer weiter fortschreitenden Miniaturisierung von Maschinen eine theoretische Grenze, ab der bewegliche Teile miteinander verkleben.

2.6 *Hendrik Casimir (1909 - 2000)*

Lesch: Zwischen den leitenden Platten sind trotz der Begrenzung unendlich viele Quantenfluktuationen möglich. Aber wie können außen mehr als unendlich viele sein?

Gaßner: In beiden Fällen sind es unendlich viele. Trotzdem sind es außen mehr als innen. Ein Beispiel: Es gibt unendlich viele ganze Zahlen, -3, -2, -1, 0, 1, 2, 3 usw. Ebenso gibt es unendlich viele rationale Zahlen, d. h. solche, die auch Nachkommastellen haben können. Von beiden gibt es unendlich viele, aber von den rationalen Zahlen mehr.

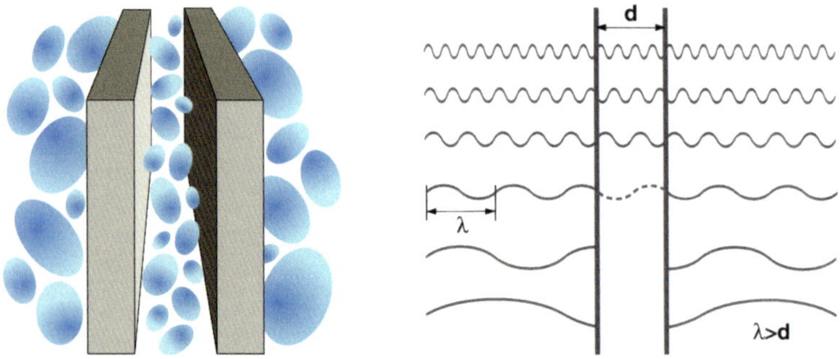

2.7 *Erzeugt man in einem Vakuum künstliche Randbedingungen, beispielsweise durch leitende, parallele Platten, dann unterliegen die Quantenfluktuationen zwischen den Platten Einschränkungen, die es außerhalb nicht gibt. In der Folge sind zwischen den Platten weniger Quantenfluktuationen möglich als außerhalb und dieser Möglichkeitsdruck ist messbar.*

Lesch: Puh! Das ist schon ein hartes Stück: Unendlich ist mehr als unendlich, Quantenfluktuationen, die einen Sog ausüben, antigravitative Energiefreisetzung aus dem Vakuum!

Gaßner: Wem der Möglichkeitsdruck zu abgedreht erscheint, der kann alternativ über die Energie argumentieren. Je näher die Platten beieinander sind, um so weniger Fluktuationen haben zwischen ihnen Platz. Das verringert die Nullpunkt-Energie. Diese Energiedifferenz wird in Form von Bewegungsenergie auf die Platten übertragen. Das erzeugt den negativen Druck und schon bist du wieder bei der antigravitativen Wirkung.

Lesch: Wirklich einfacher wird es dadurch aber auch nicht. Außerdem werden die Platten doch zusammengedrückt, wie soll das eine Expansion beweisen?

Gaßner: Der *Casimir-Effekt* beweist erst mal nur, dass es überhaupt einen negativen Druck gibt und dass er durch Quantenfluktuationen erklärt werden kann. Dafür teilt man das Vakuum, mithilfe der leitenden Platten, in einen Bereich mit höherer (außerhalb) und einen mit niedrigerer Vakuumenergie (zwischen den Platten). Dieser Druckunterschied bewegt die Platten aufeinander zu, so wie Wolken vom

Hochdruck- ins Tiefdruckgebiet wandern. Die Expansion, auf die wir hinauswollen, vollzieht sich jedoch im Vakuum – ohne irgendwelche Platten und ohne ein Druckgefälle. Egal ob positiv oder negativ und egal wie hoch der Druck absolut ist, solange er überall gleich ist, bewegt er rein mechanisch erst mal nichts. Aber – und das ist jetzt das entscheidende Aber – Druck entspricht ganz allgemein einer Energiedichte und Energie wirkt gravitativ: positive Energie gravitativ anziehend, negative Energie antigravitativ. Einzig diese antigravitative Wirkung des negativen Drucks treibt die Expansion an.

Lesch: Es ist schon beruhigend, dass es experimentelle Beweise für die Eigenschaften des Vakuums gibt und es sich nicht um rein theoretische Überlegungen handelt.

Gaßner: Experiment und Berechnung sind das Entscheidende in der Quantenmechanik. Es gibt ja diesen berühmten Satz unter Quantenmechanikern: „Shut up and calculate". Das soll so viel heißen wie: „Zeig mir einfach, was du ausgerechnet hast und versuch gar nicht erst, mir etwas mit Worten plausibel zu machen." Sobald man versucht, mit Anschauung an die Sache heranzugehen, muss man zwangsläufig scheitern, weil die Quantenmechanik eben nicht anschaulich ist.

Lesch: Josef, weißt du, woran man erkennt, dass sich eine Gesprächsrunde mit Quantenmechanik beschäftigt hat? Nachdem die Leute stundenlang diskutiert haben, verlassen alle kopfschüttelnd den Raum.

Gaßner: Alles schwankt eben, selbst die Köpfe derer, die sich damit beschäftigen.

Lesch: Sogar die Altvorderen sind an der Anschauung gescheitert. Erwin Schrödinger soll mal gesagt haben: „Wenn es bei dieser verdammten Quantenspringerei bleiben soll, so bedaure ich, mich mit der Quantentheorie überhaupt befasst zu haben."

2.8 *Erwin Schrödinger (1887 - 1961)*

Gaßner: Legendär ist das Zitat von Albert Einstein, das man heute gerne in der Version: „Gott würfelt nicht" findet. Tatsächlich war er weniger zurückhaltend: „Die Quantenmechanik ist sehr achtungsgebietend. Aber eine innere Stimme sagt mir, dass das noch nicht der wahre Jakob ist. Die Theorie liefert viel, aber dem Geheimnis des Alten (Gott) bringt sie uns kaum näher. Jedenfalls bin ich überzeugt, dass der Alte nicht würfelt."

Lesch: Das macht es so schwierig. Wenn man sich überlegt, dass wir den Anfang des Universums beschreiben müssen mit Schwankungen von etwas, das sich nicht fassen lässt, dass – selbst wenn es nicht da ist – da immer noch was schwankt, das macht natürlich jede kosmologische Theorie der Moderne zu einem fast unverständlichen mathematischen Kunstwerk. Das einzige, woran man sich noch festhalten kann, sind Experimente. In diesen Experimenten hat man genau die Effekte gefunden, die man möglicherweise bräuchte, um das Universum in seinem Anfang zu verstehen. Ohne Experiment geht gar nichts!

Gaßner: Experimente liefern uns das Geländer, an dem wir uns am Abgrund der wissenschaftlichen Erkenntnis gerade noch festhalten können.

Lesch: Man könnte auch sagen: Jenseits von Gut und Böse bleibt immer noch das Geländer des Experiments. Das hätte Nietzsche gut gefallen.

2.2 Die Grenze der Erkenntnis

Auf in die Planckwelt!

Gaßner: Aber dieses Schwanken, von dem du sprichst, das ist genau der Grund, warum es überhaupt einen Abgrund gibt, an dem wir stehen. Es ist doch prickelnd, darüber nachzudenken, warum es überhaupt eine Grenze der physikalischen Erkenntnis gibt. Man würde doch meinen: O. k., wenn wir irgendwas noch nicht so genau wissen, dann bauen wir eben ein größeres Gerät, ein besseres Instrument und messen die Stelle nach dem Komma. Dann wissen wir es etwas besser.

Lesch: Ja, klingt doch gut und eingängig.

Gaßner: Ist es aber nicht. An dieser Stelle lauert eine Klippe mit ihrer Kante. Und die entsteht, weil hier die Quantenmechanik die Schwankungen postuliert und die Allgemeine Relativitätstheorie, die genauso universell gültig ist, also ebenfalls in allen Bereichen gelten sollte, diese Schwankungen nicht unterbringt. Hier stoßen eine quantisierte und eine kontinuierliche Theorie aufeinander. Normalerweise sind sie friedlich voneinander getrennt – die Quantenmechanik zuständig im Kleinsten, die Allgemeine Relativitätstheorie zuständig bei den größten Energien. Im Urknall haben wir etwas ganz Kleines und trotzdem eine unglaublich hohe Energie. Genau das ist die Kante!

Lesch: An ihr entlang wandeln wir auf den Spuren von Max Planck. Dem war als Erstem diese Grenze unserer naturwissenschaftlichen Erkenntnis aufgefallen. Deshalb nennt man diese „Terra incognita“ jenseits der Grenze die *Planckwelt*.

Gaßner: Dazu grüßt die Heisenbergsche Unschärferelation – oder besser noch Unbestimmtheitsrelation: Ort und Geschwindigkeit lassen sich nicht gleichzeitig beliebig genau bestimmen, d. h. wenn wir immer genauer und genauer an einen bestimmten Ort schauen wollen, dann wird die Unschärfe der Geschwindigkeit und somit die Bewegungsenergie dessen, was immer wir dort betrachten, in gleichem Maße größer. Jede Energie entspricht nun gemäß $E = m\,c^2$ einer Masse und wirkt gravitativ, wodurch das Unheil seinen Lauf nimmt. Die Gravitation dieses Ortes unserer Neugierde steigt immer weiter an, bis die Anziehungskraft selbst das Licht nicht mehr entkommen lässt. Aus der Energie der Unschärfe ist ein *Schwarzes Loch* geworden.

Dieser Umstand ist in der bayerischen Mundart tief verwurzelt: „Nix Gwies woas ma ned" – oder wie es die Physiker vornehmer ausdrücken: Der Ort hat seinen Ereignishorizont „ausgestülpt".

Lesch: Dieses Mindestmaß an Länge, mit dem wir gerade noch umgehen können, beträgt 10^{-35} Meter. Das ist wirklich unvorstellbar klein. Selbst ein Atomkern ist 10^{20}-mal größer. Das entspricht dem Verhältnis der Entfernung Erde-Sonne zu einem Nanometer.

Gaßner: Aber diese sogenannte Plancklänge ist eben nicht null. Das ist die Grenze der physikalisch erforschbaren Wirklichkeit. Dahinter löst sich alles auf. Bei derartigen Grenzübergängen muss man sich sehr vor gedanklichen Trugschlüssen hüten. Hierzu hat der englische Physiker Michael Berry ein sehr anschauliches Beispiel ersonnen: Nachdem er einen halben Apfel gegessen hat, findet er im Rest einen halben Wurm. Das ist eklig. Hätte er einen viertel Wurm gefunden, wäre es noch ekliger gewesen usw. Demnach müsste beim Grenzübergang, d. h. wenn er in der verbleibenden Apfelhälfte null Wurm findet, sein Ekel am größten sein.

Wie man sieht, ist die Extrapolation beim Grenzübergang gegen null nicht zwangsläufig möglich. Das gilt nicht nur für die Plancklänge. Auch am anderen Ende der Temperaturskala – dem absoluten Nullpunkt – gibt es ähnliche Probleme.

Lesch: Für uns sind diese Grenzen der Welt einfach „unmenschlich“, will sagen, wir gehören da nicht hin. Wir können zwar hinschauen und wir können versuchen, sie zu erforschen – vielleicht finden wir sogar etwas heraus –, aber uns in diese Welt hineinversetzen können wir nicht, da sind wir wirklich bar jeder Vorstellung. Labile Geister könnten dabei dem Wahnsinn anheimfallen!

Gaßner: Neben der Plancklänge lassen sich auf analoge Weise die *Planckmasse*, die *Planckenergie* und die *Planckzeit* herleiten. Die Planckzeit entspricht eben genau der Zeit, die das Licht benötigt, um eine Plancklänge zu durchfliegen. Zu diesen sogenannten natürlichen Einheiten gibt es ein wunderschönes Zitat von Max Planck:
„Diese Größen behalten ihre natürliche Bedeutung solange bei, als die Gesetze der Gravitation, der Lichtfortpflanzung im Vakuum und die beiden Hauptsätze der Wärmetheorie in Gültigkeit bleiben. Sie müssen also, von den verschiedensten Intelligenzen nach den verschiedensten Methoden gemessen, sich immer wieder als die nämlichen ergeben.“

Lesch: Langsam wird’s mir in dieser Planckwelt und mit den Quantenfluktuationen unheimlich. Lass uns doch zum nächsten Begriff kommen, da kenne ich mich aus. Ich meine, wenn ich mich morgens auf die Waage stelle, dann weiß ich doch, was ich für eine Masse – nein, stimmt nicht, was ich für ein Gewicht habe.

2.3 Die Masse

Materie besteht nicht aus Materie

Gaßner: Wenden wir uns also dem nächsten wichtigen Begriff zu – der Masse. Makroskopisch sind wir damit bestens vertraut. Unsere Welt besteht augenscheinlich aus unterschiedlicher Materie, die jeweils eine bestimmte Masse aufweist.

Ein erstes Unwohlsein befällt uns bei der Vorstellung, dass Energie und Masse gemäß $E = m\,c^2$ einander äquivalent sind mit einem „Umtauschkurs" in Form des Quadrats der Lichtgeschwindigkeit.

Das abstrakte Phänomen Energie und unsere wohlvertraute, massebehaftete Materie, an deren harten Ecken wir uns zuweilen schon den Kopf angeschlagen haben, sollen zwei Seiten derselben Medaille sein? Dieses scheinbare Paradoxon lässt sich erst durch ein mikroskopisch tiefgehendes Verständnis des Materieaufbaus lüften.

Lesch: Nehmen wir ein beliebiges Stück Materie – beispielsweise ein Buch – und vergrößern wir es vor unserem geistigen Auge immer weiter, bis wir in seine Substruktur eintauchen. Selbst die glatteste Oberfläche wird zunehmend rau und verwandelt sich schließlich in eine bizarre Schluchtenlandschaft. Allmählich erscheinen Gitterstrukturen aus Molekülen, die sich wiederum aus Atomen zusammensetzen.

Fokussieren wir nun eines dieser Atome, erkennen wir einen winzigen Atomkern, in dem sich nahezu die vollständige Masse zusammendrängt. Umkreist wird er von Elektronen in vergleichsweise riesigem Abstand. Vergrößern wir gedanklich dieses Atom weiter auf die Ausmaße eines Fußballstadions, so entspräche dieser kompakte Kern aus Protonen und Neutronen gerade mal einem Reiskorn im Anstoßkreis.

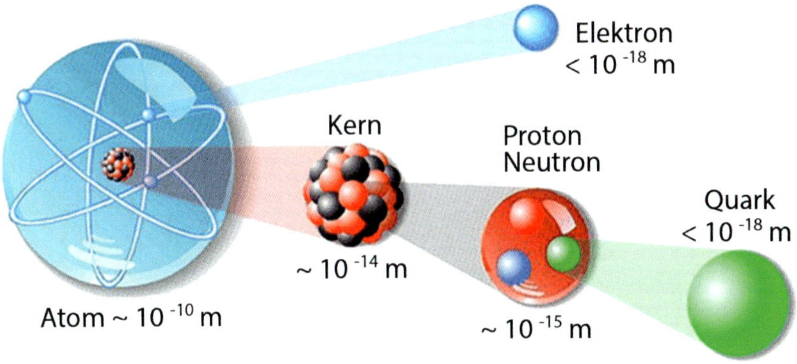

2.9 *Ein Atom setzt sich zusammen aus einem oder mehreren Elektronen in der Hülle und einer Kombination aus Protonen und Neutronen im Kern. Letztere sind wiederum aus drei punktförmigen Quarks zusammengesetzt, die elektrische Ladungen (+ $\frac{2}{3}$ und – $\frac{1}{3}$ des Betrages der Elementarladung) tragen und von der starken Kernkraft durch sogenannte Gluonen zu Protonen oder Neutronen zusammengehalten werden.*

Gaßner: Unsere Suche ähnelt mehr und mehr dem Öffnen russischer *Matroschka-Puppen*, die ja in ihrem Inneren stets neue Puppen enthalten. Nehmen wir einen der Kernbausteine unter die Lupe – gleichgültig ob wir ein Neutron oder ein Proton wählen –, welche Substruktur erwartet uns dann? Beeindruckenderweise haben Experimentalphysiker selbst hierfür eine Antwort parat: Protonen und Neutronen bestehen aus jeweils drei Quarks und einer Vielzahl masseloser, punktförmiger Teilchen, die eine anziehende Kraft ausüben, was ihnen die Bezeichnung *Gluonen* (englisch glue = kleben) eingebracht hat. Damit sind wir bei unserer Suche nach dem Phänomen „Masse" an der innersten Matroschka angelangt: den *Quarks* – genauer gesagt bei den *Up-* und *Down-quarks.* Unglücklicherweise ergeben deren Massen jedoch weniger als ein Hundertstel der Protonen- beziehungsweise Neutronenmasse. Schlimmer noch, wenn die theoretische Physik recht behält, sind selbst diese geringen Massen der Quarks, ebenso wie die sämtlicher Elementarteilchen, de facto null. Der Eindruck massebehafteter Elementarteilchen entsteht demnach durch ein überall vorhandenes „zähes" Etwas, das ihrer Beschleunigung entgegenwirkt. Wir nennen es das *Higgsfeld*, nach einem der sechs Begründer dieser Theorie, dem schottischen Physiker Peter Higgs.

2.10 *Peter Ware Higgs (geb. 1929) bei einem Besuch des Large Hadron Collider.*

Lesch: Mit zähen Medien, die ihrer Durchquerung einen Widerstand entgegensetzen, sind wir in unserer makroskopischen Welt bestens vertraut. Jeder hat schon einmal einen Löffel durch ein Honigglas bewegt oder die Hand durch ein Wasserbecken.

Gaßner: Aber Vorsicht! Hierbei bremst das Medium, d. h. es verursacht Reibung, die der Geschwindigkeit entgegen wirkt. Ohne äußere Kräfte behalten Teilchen im Vakuum jedoch, trotz Anwesenheit eines Higgsfeldes, ihre Geschwindigkeit bei – Stichwort *Impulserhaltung*. Das Higgsfeld wirkt also keineswegs der Geschwindigkeit, sondern ausschließlich der Beschleunigung entgegen. Bei manchen Teilchen etwas mehr, dann spricht man von einer starken Kopplung an das Higgsfeld, und bei manchen etwas weniger, die erscheinen uns dann entsprechend weniger träge gegenüber Beschleunigung. Diese Trägheit gegenüber einer Beschleunigung charakterisieren wir mit dem Begriff *Masse*.

Lesch: Wir könnten also in unserem Honigglas den Löffel kräftefrei mit konstanter Geschwindigkeit bewegen, aber während einer Beschleunigung wäre plötzlich ein Widerstand zu spüren, bis wir den Löffel wieder konstant bei der nun höheren Geschwindigkeit bewegen. Hierzu haben wir in unserer reibungsbehafteten, anschaulichen Welt doch nichts Vergleichbares anzubieten.

Gaßner: Je tiefer wir in die Materiestruktur vordringen, umso mehr rinnt uns das Phänomen „Masse“ wie Sand durch die Finger. Unser scheinbares Ausgangsparadoxon löst sich in Wohlgefallen auf, weil die Masse der Materie gar nicht aus Masse besteht, sondern aus der Bewegungs- und Bindungsenergie der beteiligten Substruktur und der Kopplung an ein geheimnisvolles Higgsfeld.
Es bleibt die Erkenntnis: Masse entspricht nicht nur einer bestimmten Energie gemäß $E = m\,c^2$, Masse *ist* Energie und die Bewegungsenergie der masselosen Gluonen trägt den Löwenanteil dazu bei. Konsequent zu Ende gedacht landen wir damit – jetzt musst du sehr stark sein, Harald – beim Leitspruch der Esoterik: Alles ist Energie.

Lesch: Wie war das noch mal mit dem Kopfanschlagen an harter Materie?

Gaßner Wieso siehst du mich dabei an?

Lesch: Nur so. Jetzt, da wir wissen, dass es sich sowohl bei den Bestandteilen unseres Kopfes als auch den Bestandteilen eines Buches letztendlich um Energie handelt, überprüfen wir misstrauisch den Sachverhalt und schlagen dieses schöne Buch vorsichtig gegen unseren Kopf. Merken Sie es? Sie spüren einen Widerstand – wie ist das möglich?

Gaßner: Enrico Fermi entdeckte, dass es unter den mikroskopischen Teilchen zwei Lager gibt, abhängig von einer quantenmechanischen Eigenschaft, dem *Spin*. Die einen, die *Bosonen*, kann man beliebig auf engstem Raum zusammendrängen, während die anderen, die *Fermionen*, diese Geselligkeit vermissen lassen. Letztere setzen näher rückenden identischen Teilchen einen sogenannten *Fermidruck* entgegen, eine Art „Klaustrophobie“, mit der sie ein Mindestmaß an Raum für sich beanspruchen. Zusätzlich stoßen sich Teilchen aufgrund gleichnamiger Ladungen ab, so dass beide Effekte zusammengenommen eine Barriere entstehen lassen, an der wir uns den Kopf anschlagen.

2.11 *Enrico Fermi (1901 - 1954)*

Die Zutaten

- Energie,
- elektrische Ladung,
- Kopplung an ein überall präsentes Higgsfeld und
- das klaustrophobische Verhalten der weniger geselligen Sorte der beiden Teilchenarten

„gerinnen" zu etwas Handfestem, das wir Materie nennen.

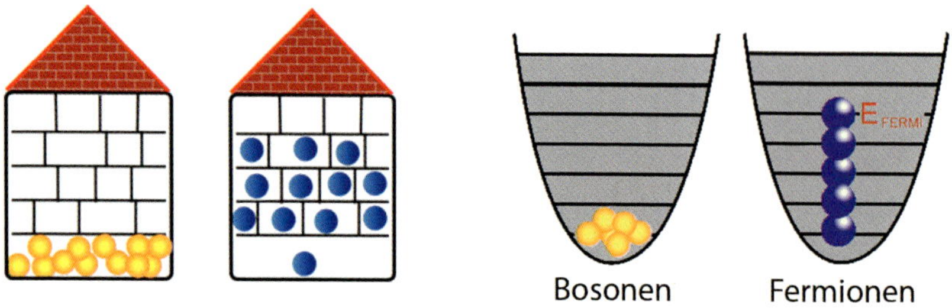

2.12 *Bosonen lassen sich in beliebiger Anzahl in den Zustand niedrigster Energie versetzen. Entsprechend ist keine Energie notwendig, um weitere Bosonen aufzunehmen. Fermionen beanspruchen immer einen Quantenzustand für sich alleine. Diese grundlegende quantenmechanische Eigenschaft wurde 1925 von Wolfgang Pauli hergeleitet und trägt deshalb die Bezeichnung „Pauliprinzip". Ist das niedrigste Energieniveau bereits besetzt, so müssen zusätzliche Fermionen die sogenannte Fermienergie aufwenden, um auf höhere Niveaus auszuweichen. Dieser Energiebedarf erzeugt bei sehr dicht gepackten Fermionen einen Druck, den sogenannten Fermidruck.*
Das linke Bild soll diesen Umstand anhand eines Hotels ohne Aufzug veranschaulichen, das abwechselnd von Bosonen (links) und Fermionen (rechts) bewohnt wird. Zieht jeweils ein zusätzlicher Gast ein, so muss der Portier bei den Fermionen deutlich mehr Arbeit leisten.

Lesch: Hoffentlich hat unser kleines Experiment jetzt keine handfeste Beule auf Ihrem Kopf hinterlassen.

Gaßner: Am besten, wir vermerken im Kleingedruckten: Zu Risiken und Nebenwirkungen bei Gedankenexperimenten fragen Sie Ihren Physiker.

Lesch: Jetzt war das Nichts schon schwierig – die Materie macht es uns auch nicht gerade leichter. Das Schöne ist, wenn wir auf die Welt kommen, müssen wir das gar nicht wissen. Je mehr man aber eindringt in diese existenziellen Fragen (jetzt nicht existenziell für den Menschen, aber immerhin existenziell für die Existenz an sich), umso merkwürdiger kommt einem das vor. Das sind doch alles abstrakte Begriffe, völlig ohne Anschauung! Tatsache ist, wenn ich eine Flasche Cognac trinke, bin ich besoffen. Wie kann das sein, wenn doch in der Flasche gar nichts drin ist?

Gaßner: Das liegt am Zusammenspiel der Atome untereinander, an ihren Molekülverbindungen.

Lesch: Ja, du hast natürlich recht, worauf ich aber hinaus möchte, ist: Wir erzählen die ganze Zeit von diesen abstrakten Modellen, als ob die Welt tatsächlich so wäre. Eigentlich – ein schönes deutsches Wort –, eigentlich müssten wir doch den ganzen Text im Konjunktiv mit den Formen „würden, könnten, hätten, sollten" verfassen, dagegen tun wir so als ob. Darüber muss sich unsere Leserschaft im Klaren sein.

Gaßner: Glücklicherweise bedingen und erklären diese abstrakten Dinge, diese Kalküle, die man sich in der theoretischen Physik zusammenreimt, am Ende immer wieder nachweisbare Effekte. Unser rettendes Geländer ist immer in Reichweite. Wir können sie nicht nur messen, sondern Ingenieure entwickeln daraus Geräte, die wir auf makroskopischer Ebene verwenden. Unsere Unterhaltungselektronik beruht beispielsweise auf quantenmechanischen Effekten und niemand zweifelt daran, dass Elektronen über Leiterplatten huschen, obwohl sie niemals jemand mit eigenen Augen gesehen hat.

Lesch: Das ist wahrscheinlich das wirkliche Geheimnis und gleichzeitig ein so staunenswertes Wunder: Es konnten auf unserem Planeten Lebewesen entstehen und derartig merkwürdige Verfahren entwickeln, die so aussagekräftig sind, dass sie sich mit den Grenzen der Wirklichkeit beschäftigen.

Gaßner: Die Grenzen der Wirklichkeit entstehen durch das quantenmechanische Schwanken. Gleichzeitig ist dieses Schwanken Grundvoraussetzung für stabile Materie. Klassisch betrachtet würde ein positiv geladener Atomkern elektromagnetisch Elektronen an sich binden. So weit so gut. Diese Kraft übt allerdings eine Beschleunigung aus auf die geladenen Elektronen und beschleunigte Ladungen strahlen. Dadurch würden die Elektronen fortwährend Energie in Form von elektromagnetischer Strahlung verlieren und innerhalb von 10^{-9} Sekunden in den Kern stürzen. Was sie tatsächlich auf ihren Bahnen hält, ist die Quantenmechanik. Demnach besitzen Elektronen Teilchen- und Welleneigenschaften gleichermaßen.

Lesch: Sie sind nicht Teilchen oder Welle, sondern „Telle und Weilchen" – will sagen, eher eine Art Zwittererscheinung.

Gaßner: Stellen wir die Aufenthaltswahrscheinlichkeit eines Elektrons als Welle dar, dann ergeben sich Knoten, d. h. Orte, an denen sie den Wert null annimmt. Räumlich gedacht gibt es also „verbotene" Bereiche, an denen die Aufenthaltswahrscheinlichkeit null ist. Der Atomkern ist eine solche verbotene Zone. Das ist wie mit dem Schild „Hunde müssen draußen bleiben" vor der Metzgerei. Elektronen müssen draußen bleiben!

Lesch: Die Stabilität der Materie setzt das Schwanken im Kleinsten voraus. Unschärfe bedingt harte, langlebige Strukturen.

Gaßner: Langsam verstehen wir, was Einstein mit „spukhaft" meinte. Damit sind wir an der Grenze der Wirklichkeit angelangt.

Lesch: Noch so eine Grenze der Wirklichkeit kann man bei sich selber im Badezimmer jeden Morgen feststellen. Ein Blick in den Spiegel und man stellt fest, die Zeit vergeht. Die Zeit ist vielleicht eine der gravierendsten Erfahrungen, die wir Menschen machen, unsere Zeit läuft ab. Aber in der Physik ist natürlich alles ganz anders. Reden wir über die Zeit.

2.4 Die Zeit

Ordnung ist das halbe Leben

Lesch: Schwer zu greifen ist der Begriff der Zeit. So philosophierte schon Augustinus in seinen *Confessiones*: „Solange mich niemand danach fragt, ist's mir, als wüsste ich's; doch fragt man mich und soll ich es erklären, so weiß ich's nicht."

Gaßner: In unserer makroskopischen Welt erleben wir Zeit als eine Taktrate, in der Prozesse sich entwickeln. Dabei wird mit jedem Takt aus einer Vielzahl möglicher zukünftiger Zustände genau einer zur Gegenwart auserkoren und schon im nächsten Augenblick als Vergangenheit dokumentiert. Diese Projektion ist nicht mehr zurückzuführen. In der Physik heißt das, sie ist irreversibel und deshalb prägt sie dem Geschehen eine Richtung auf: den Zeitpfeil.
Um dieses Phänomen physikalisch packen zu können, bedient man sich der sogenannten *Entropie*, einem Maß für die Unordnung eines Systems, ein Relikt aus der Zeit der Dampfmaschine. Damals hatte man erkannt, dass das Fortschreiten der Zeit unweigerlich mit einer Zunahme der Unordnung verbunden ist, solange bis sich der Zustand höchster Unordnung – das Gleichgewicht – eingestellt hat. Dieser zweite Hauptsatz der Thermodynamik – der Energieerhaltungssatz ist der erste Hauptsatz – stellt kein unumstößliches Naturgesetz dar, sondern entspricht bei genauer Betrachtung einer Wahrscheinlichkeitsaussage und hängt von einigen Rahmenbedingungen ab.

Lesch: Hierzu folgen Sie mir bitte zu einem kleinen Gedankenexperiment: Wir nehmen die ersten 100 Seiten dieses Buches wohlsortiert aus dem Kopierer. Das Manuskript befindet sich im Zustand minimaler Unordnung, d. h. minimaler Entropie. Unachtsam, wie wir manchmal so sind, fällt uns der Stapel zu Boden und wir müssen alle Blätter wieder zusammensammeln. Jetzt gibt es zwei Möglichkeiten:

1) der Stapel ist wiederum wohlsortiert oder
2) der Stapel ist in einen Zustand höherer Entropie, beispielsweise mit zwei, drei oder vielen vertauschten Seiten, übergegangen.

Der Fall 1 ist prinzipiell durchaus möglich. Er ist allerdings extrem unwahrscheinlich, verglichen mit der gewaltigen Anzahl aller anderen möglichen Zustände. Wenn uns einmal etwas runtergefallen ist, dann ist es entweder kaputt oder es ist so durcheinander, dass man eine Menge Arbeit damit hat, es wieder so zu sortieren, wie man es gerne hätte.

Gaßner: Es ist also kein Naturgesetz, sondern eine Wahrscheinlichkeitsaussage, wenn wir den Fall 2 als natürliches Ergebnis unseres Experiments erwarten.

Lesch: Genau. Wir überprüfen den Stapel und zählen 10 falsch angeordnete Seiten. Nun könnten wir auf die Idee kommen, der ursprünglichen Reihenfolge dadurch wieder näher zu kommen, dass wir die Blätter erneut in die Luft werfen und wieder zusammensammeln. Die Chancen für dieses Unterfangen stehen jedoch ziemlich schlecht, da wiederum eine kleine Anzahl Zustände mit geringerer Unordnung (keine oder zwei bis neun falsch platzierte Seiten) einer deutlichen Übermacht an Zuständen größerer Unordnung (11 oder mehr falsch angeordnete Seiten) gegenübersteht. Der Zustand 3 unseres Experiments wird somit sehr wahrscheinlich eine höhere Entropie als Zustand 2 aufweisen. Tatsächlich ergibt die Kontrolle 22 falsch angeordnete Seiten. Die Entropie hat also schrittweise zugenommen. Allein damit hätte man die drei Zustände in die richtige zeitliche Abfolge stellen können, ohne unmittelbare Beteiligung am Experiment.

Gaßner: Die Schwächen des zweiten Hauptsatzes werden ebenfalls offenbar: Je näher wir uns der maximalen Entropie nähern, umso mehr verliert er an Durchschlagskraft. Ebenso benötigt er – wie jede statistische Aussage – eine ausreichende Grundgesamtheit. Ein Stapel aus zwei Blättern erlaubt keine sinnvolle Aussage.

Lesch: In unserer wohlvertrauten makroskopischen Welt sind diese Einschränkungen allerdings nur Spitzfindigkeiten. Der zweite Hauptsatz der Thermodynamik bestimmt das Geschehen. Er verhindert reversible Prozesse und das sagenumwobene *Perpetuum mobile*.

Gaßner: Für spätere Zwecke weise ich vorsorglich darauf hin, dass die Wahrscheinlichkeiten einzelner Zustände durch die Anwesenheit von Kräften maßgeblich verändert werden. So würde im kräftefreien Raum beispielsweise eine größere Anzahl Teilchen, die in einer Ecke eines Volumens losgelassen wird, allmählich den gesamten zur Verfügung stehenden Raum ausfüllen. Der Zustand höchster Entropie wäre somit die gleichmäßige Verteilung. Könnten wir anschließend eine anziehende Kraft zwischen den Teilchen – beispielsweise die Gravitation – einschalten, würde das die Situation umkehren. Die Zustände stärkerer Verklumpung wären nun erzwungenermaßen wahrscheinlicher. Die gleichmäßige Verteilung wäre der Zustand niedrigster Entropie, während das allmähliche Verklumpen die Entropie erhöht und damit die Richtung des Zeitpfeils vorgibt. Mit welchem Ziel? Tja, wenn genügend Masse vorhanden ist, dann wird es zappenduster. Der Zustand höchstmöglicher Entropie unter Anwesenheit der Gravitation wäre – ein Schwarzes Loch!

Lesch: Die Entwicklungsgeschichte jedes physikalischen Prozesses wird also maßgeblich von den beteiligten Kräften beeinflusst, wobei die Marschrichtung stets lautet: Gehe den Weg ansteigender Entropie!

Gaßner: Das hat was Knackiges. Zur Zeit der Dampfmaschinen war die Physik eben noch anschaulich. Da konnte man sozusagen schon mal mit dem Fuß dagegentreten. Das ist etwas ganz anderes als Mikrokosmos, Urknall und Higgsfelder.
Aus meiner Sicht ist es trotzdem schwierig zu verstehen, dass dieser Zeitpfeil nur eine Wahrscheinlichkeitsaussage ist. Im Raum können wir uns in jede beliebige Richtung bewegen – nach links oder rechts, nach oben oder unten und auch wieder rückwärts. In der Zeit ist die Richtung allerdings immer vorgegeben, es gibt kein Zurück. Begründet liegt das letztendlich in der Entropie.

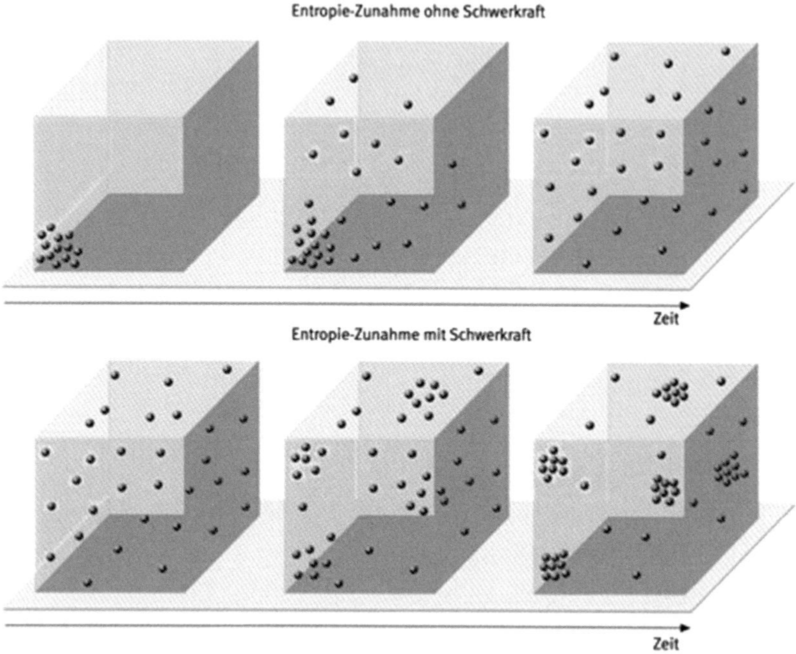

2.13 *Setzt man in einer Ecke eines Behälters Gasmoleküle frei, werden sie mit fortschreitender Zeit beziehungsweise zunehmender Entropie den Raum vereinnahmen, bis hin zur homogenen Verteilung. Befinden sich hingegen in einem Behälter schwere Teilchen und berücksichtigt man die Gravitation, so ist die fortschreitende Verklumpung der Weg ansteigender Entropie.*

Lesch: Im Prinzip ist es möglich, aber dann doch wiederum nicht. Letztlich gilt immer „Murphys Law“: Alles, was passieren kann, passiert auch – und meistens, das wissen wir inzwischen, geht irgendetwas dabei kaputt. Und wenn es die Ordnung ist.

Gaßner: Es ist jammerschade, dass uns der Rückweg in der Zeit versperrt ist. Am Computer gibt es ja die Möglichkeit, mit „Bearbeiten-Rückgängig" die letzte Aktion rückgängig zu machen. Wie sehr vermisse ich diese Option im täglichen Leben, schnell mal ein unbedachtes Wort, eine Unaufmerksamkeit oder einen Fehler ungeschehen zu machen. Aber „Life is live", es gibt keinen doppelten Boden und keine Sicherungskopie. Halten wir also fest: Die Zeit ist die Buchhalterin der Veränderung und die anwesenden Kräfte bestimmen, wie die Veränderung aussieht.

2.5 Vom Phasenübergang zur Symmetriebrechung

Welches Schweinderl hätten S' denn gern?

Gaßner: Zu guter Letzt benötigen wir für unsere bevorstehende Expedition zum Urknall noch den Begriff des *Phasenübergangs*. Dabei können wir getrost auf Erfahrungswerte zurückgreifen, die uns durch den Übergang von Dampf zu Wasser und schließlich zu Eis bestens bekannt sind. Die Abkühlung des Dampfes verringert die Bewegungsenergie der H_2O-Moleküle immer weiter, bis es der „hauchzarten" *Wasserstoff-Brückenbindung* gelingt, kleinere Verbände zu bilden.

Lesch: Warte mal! Weiß jeder, was mit Wasserstoff-Brückenbindung gemeint ist? Diese Bindung zwischen den Molekülen ist elektromagnetischer Natur und entsteht, weil das Sauerstoff-Atom die Elektronen der beiden Wasserstoff-Atome zu sich heranzieht, um seine äußere Atomhülle vollständig mit Elektronen zu besetzen. Durch diese Ladungsverschiebung entstehen Wassermoleküle mit einer leicht positiv und einer leicht negativ geladenen Seite, so dass sie sich gegenseitig anziehen und Strukturen bilden können.

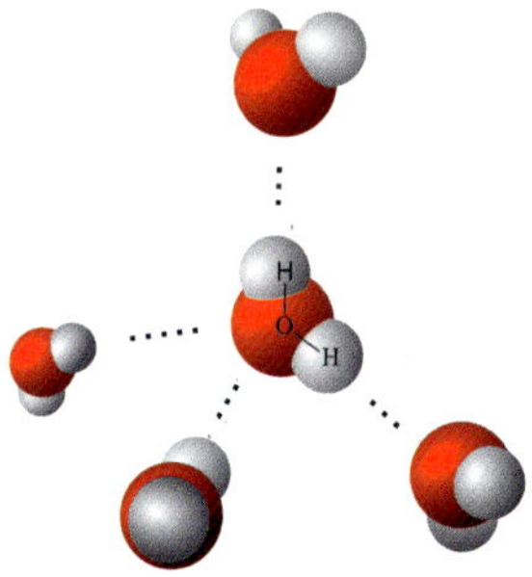

2.14 *Die Wasserstoff-Brückenbindung: Die Sauerstoff-Atome ziehen die Elektronen der beiden Wasserstoff-Atome zu sich heran, wodurch das H_2O-Molekül geometrisch einen Winkel von 104,45 Grad annimmt. Positive und negative Seiten dieser Dipole gehen elektromagnetische Bindungen untereinander (typische Bindungslänge 0,18 nm) oder mit anderen Molekülen ein.*

Gaßner: Das zur Brückenbildung. Werden nun immer mehr ursprünglich freie Moleküle in diesen Strukturen gefangen, bilden sich Kondensationströpfchen. Unterhalb der kritischen Temperatur von 100 Grad Celsius – abhängig von den Druckverhältnissen – ist der Phasenübergang zu flüssigem Wasser vollzogen. Daran erkennt man sehr schön, dass Phasenübergänge stets mit sogenannten *Symmetriebrüchen* einhergehen. Im dampfförmigen Zustand war es den Molekülen freigestellt, sich um jede beliebige Symmetrieachse zu drehen. Gefangen in einem Verbund, sind die verbliebenen freien Drehachsen beschränkt auf die Drehungen des gesamten Verbundes. Schon haben wir einen Symmetriebruch!

Lesch: Genau, und beim Übergang von Wasser zu Eis gehen diese freien Drehungen der einzelnen Molekülverbände in einer Gitterstruktur wieder verloren. Also ein weiterer Symmetriebruch. Bei jedem dieser Phasenübergänge wird Energie freigesetzt. Im Falle des Wassers sind es *Verdampfungs-* und *Kristallisationswärme.* Sie entsprechen jeweils der verringerten Bewegungsenergie, die das jeweils stärker gebundene System freisetzen muss.

Gaßner: Symmetriebbrüche setzen dabei sozusagen eine Entscheidung voraus, welche neue Konfiguration unter einer Vielzahl von Möglichkeiten nun tatsächlich angenommen werden soll.

Lesch: Dabei muss ich an die Geschichte vom faulen Esel denken, der sich möglichst wenig bewegen will und deshalb fast zwischen zwei Heuballen verhungert, die exakt im gleichen Abstand links und rechts neben seinem Kopf liegen. Er möchte unbedingt den kürzesten Weg wählen – welchem Heuballen soll er sich also bei perfekter Symmetrie zuwenden?

Gaßner: Unsere H_2O-Moleküle stecken in einem ähnlichen Dilemma: Welchem Molekülverband sollen sie sich anschließen? – Wer macht überhaupt den Anfang? Je höher die Symmetrie des Ausgangszustandes und je geringer die Veränderung der äußeren Bedingungen, umso schwieriger gestaltet sich die „Entscheidungsfindung“. Auf makroskopischer Ebene ist dies tatsächlich von Relevanz.

Kühlt man beispielsweise hochreines Wasser so vorsichtig und langsam wie nur möglich ab, bleibt es unterhalb des uns bekannten Gefrierpunkts flüssig. Der Rekord für dieses Kunststück liegt derzeit bei minus 17 Grad Celsius. Zur besseren Unterscheidung spricht man von *unterkühltem Wasser*, weil es sich sozusagen in einem falschen Zustand befindet.

Lesch: Um unseren Esel am Leben zu erhalten: Erst ab einem bestimmten „Leidensdruck" entscheiden sich sowohl der Esel als auch die H_2O-Moleküle, die Symmetrie zu brechen. So wird der Esel satt und das Wasser gefriert schlagartig, wobei es die Kristallisationswärme mit zeitlicher Verzögerung am Ende doch freisetzt.

Gaßner: Auch ein Feld kann einen Phasenübergang vollziehen. Ordnet man jedem Punkt im Raum einen Wert zu, die Mathematiker sprechen von einem *Skalar*, so erhält man ein sogenanntes *Skalarfeld*. Beispielsweise könnte man in einem Konzertsaal die Lautstärke an jedem Sitzplatz messen und als Feldstärke interpretieren.

Lesch: Skalare Felder sind regelrecht zum Lieblingswerkzeug im Theoriebaukasten der modernen Physik und Kosmologie aufgestiegen.

Gaßner: Glücklicherweise können wir für unsere Betrachtungen im frühen Universum von einem sehr einfachen Skalarfeld ausgehen, das sich an jedem Punkt identisch verhält. Wir hätten es also mit einem idealen Konzertsaal zu tun. An jedem Sitzplatz – egal ob nahe am Konzertgraben oder weit davon entfernt – wäre die Lautstärke stets identisch. Dementsprechend wäre auch vor dem Beginn des Konzerts der Pegel der Hintergrundgeräusche überall gleich hoch – unser Feld wäre im Grundzustand. Lediglich die Gesetze der Quantenmechanik würden stets für eine kleine Schwankung sorgen. Nun betritt die spätere Hauptdarstellerin die Bühne, um sich warmzusingen. Je stärker sie sich ins Zeug legt, bezeichnen wir ihr Bemühen mit dem griechischen Buchstaben ϕ, umso höher wird die Lautstärke E an jedem Sitzplatz. Der Zusammenhang muss nicht unbedingt linear sein. Auch unser menschliches Gehör nimmt doppelte Energie nicht als doppelt so laut wahr. Das Feld erweist sich gewissermaßen als störrisch gegenüber

Veränderungen seiner Feldstärke. Diese spezifische Feldeigenschaft – wenn man so will das Ausmaß seiner Sturheit – nennt man Potential. Der Potentialverlauf kann dabei beliebig kompliziert sein. Beispielsweise könnte er wie ein *harmonischer Oszillator* aussehen:

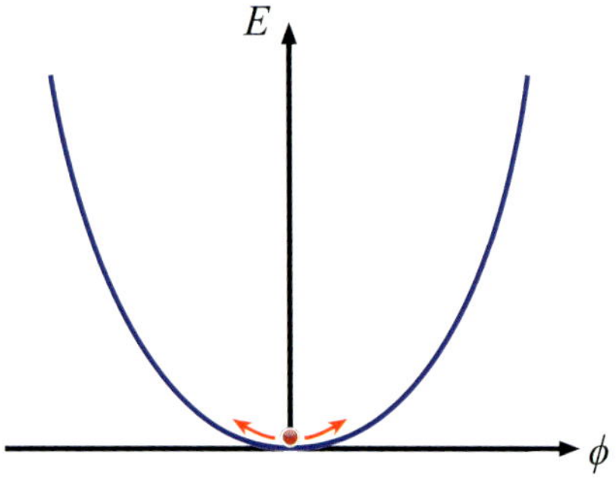

2.15 *Der harmonische Oszillator: Dieser Potentialverlauf wird in der Physik gerne verwendet, weil sich quantenmechanische Schwankungen darin natürlicherweise unterbringen lassen. Es existiert stets eine lineare rücktreibende Kraft, wodurch die Feldstärke sinusförmig um den Grundzustand schwingt.*

Lesch: Ein schwingendes Federpendel wäre ein Beispiel für einen harmonischen Oszillator. Die rücktreibende Kraft ist stets proportional zur Auslenkung.

Gaßner: Aber Vorsicht – ganz wichtig! Während ein Federpendel im Raum schwingt, sprechen wir immer noch von der Sturheit oder dem Widerstand, den ein Feld *an jedem einzelnen Punkt* im Raum einer Erhöhung des Grundzustandes entgegensetzt. Es schwingt also nichts im Raum umher, sondern die Feldstärke an jedem Punkt schwingt rauf und runter. Der Zustand niedrigster Energie kennzeichnet das Vakuum.

Dieser Potentialverlauf kann nun von weiteren Faktoren abhängen, beispielsweise von der Temperatur. In einem warmen Konzertsaal könnte der Zusammenhang von stimmlichem Aufwand der Sängerin und Lautstärkepegel an den Sitzplätzen ein anderer sein (Abbildung 2.16).

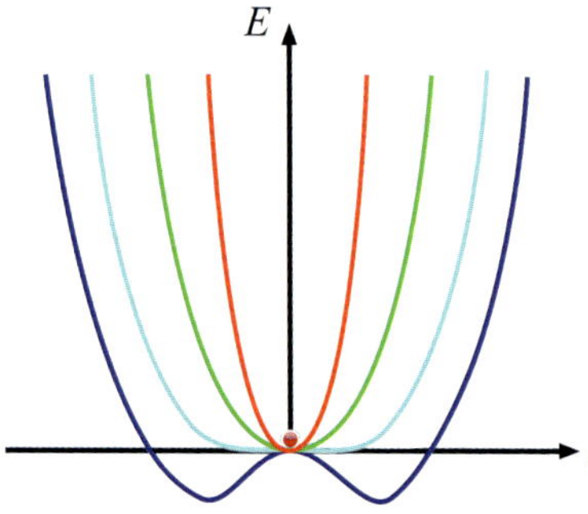

2.16 *Unterschiedliche Potentialverläufe in Abhängigkeit der Temperatur (rot: heiß; blau: kalt).*

Der rote Verlauf charakterisiert das Feld für sehr hohe Temperatur. Nach entsprechender Abkühlung wird das Feld durch den grünen, flacheren Verlauf dargestellt, wobei das Vakuum als niedrigster Wert unverändert im Mittelpunkt der Funktion sitzt. Bei Erreichen einer Grenztemperatur (hellblaue Kurve) wird dieser Punkt niedrigster Energie immer mehr in die Breite gewalzt. Unterhalb dieser kritischen Temperatur bildet das Potential neue Punkte niedrigster Energie (dunkelblauer Graph). Mathematisch lässt sich dieser Verlauf einfach erreichen durch eine Funktion $a\,\phi^4 + b(T - T_{kritisch})\,\phi^2$. Für ϕ größer 1 zieht ϕ^4 den Funktionsverlauf immer nach oben. Solange ϕ^4 und ϕ^2 das selbe Vorzeichen tragen sowieso, aber auch in der Konstellation $\phi^4 - \phi^2$. Anders sieht es aus für ϕ kleiner 1, weil hier jeder Betrag dreimal mit sich selbst multipliziert kleiner wird als einmal mit sich selbst multipliziert. ϕ^2 kann also nahe am Grundzustand bei negativem Vorzeichen den Funktionsverlauf unter die Null-Lage ziehen. Das Vorzeichen wechselt genau bei $T = T_{kritisch}$.

Lesch: Josef, ich hoffe, du kriegst hier noch die Kurve! Brauchen wir das alles für das weitere Verständnis?

Gaßner: Nicht unbedingt. Unabdingbar ist allerdings, dass unterhalb einer kritischen Temperatur – warum auch immer – das Potential neue Punkte niedrigster Energie bildet (dunkelblaue Kurve in Abbildung 2.16). Im symmetrischen Zustand – mit der Feldstärke null im Koordinatenursprung – befindet sich das Feld also nicht mehr im Grundzustand, sondern in einem falschen, höheren Zustand. Das wäre in unserem Konzertsaal vergleichbar mit einem Offiziellen, der die Bühne betritt um etwas anzukündigen. Er räuspert sich kurz und plötzlich verringern sich die Hintergrundgeräusche und es wird deutlich leiser.

Lesch: Dieser neue niedrigere Lautstärkepegel ist der neue Grundzustand?

Gaßner: Ja. Damit sind wir fast am Ziel. Es gilt lediglich noch zu berücksichtigen, dass mehrere Parameter den Potentialverlauf beeinflussen können. Wenn sich beispielsweise zwei Sänger ϕ_1 und ϕ_2 auf der Bühne warmsingen, hätte der Funktionsverlauf von Abbildung 2.15 wie in Abbildung 2.17 aussehen können:

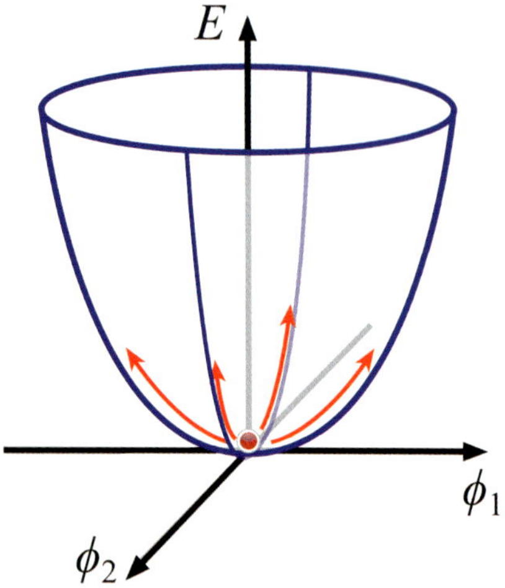

2.17 *Potentialverlauf für zwei Veränderliche ϕ_1 und ϕ_2.*

Die dunkelblaue Kurve aus Abbildung 2.16 wird dann ebenfalls dreidimensional und sieht aus wie ein Sombrero. Weinkenner mögen sich auch an den Boden einer teuren Flasche erinnert fühlen.

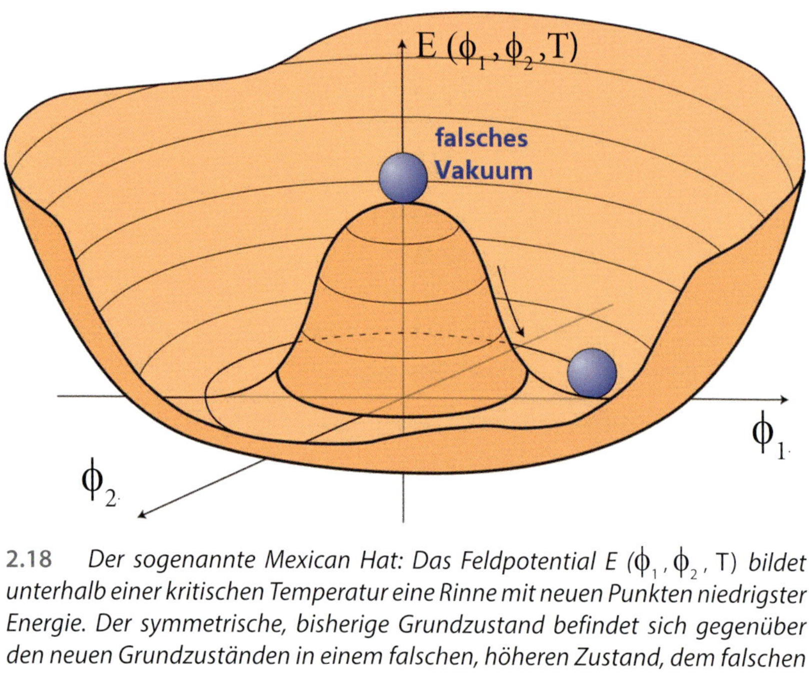

2.18 *Der sogenannte Mexican Hat: Das Feldpotential $E(\phi_1, \phi_2, T)$ bildet unterhalb einer kritischen Temperatur eine Rinne mit neuen Punkten niedrigster Energie. Der symmetrische, bisherige Grundzustand befindet sich gegenüber den neuen Grundzuständen in einem falschen, höheren Zustand, dem falschen Vakuum.*

Gaßner: Beim Übergang vom bisherigen – nunmehr falschen Grundzustand – zum neuen Grundzustand gibt es ein Problem, das man in der Graphik schön erkennt: In der Rinne stehen beliebig viele gleichberechtigte Punkte für den neuen Grundzustand zur Auswahl. Das System muß eine folgenschwere Entscheidung treffen, welchen Zustand es auswählt: Es muss einen spontanen Symmetriebruch begehen.

Lesch: Hier kommt wieder unser Esel ins Spiel.

Gaßner: Genau so stellen wir uns die Entwicklung des Vakuums im frühen Universum vor. Das Vakuum wird in Abbildung 2.18 symbolisiert durch die blaue Kugel, die für einen kurzen Zeitraum im symmetrischen, falschen Zustand verharrt. Es bedarf einer Entscheidung, in welche Raumrichtung die Symmetrie gebrochen wird beziehungsweise die Kugel nach unten in einen der richtigen, niedrigsten Energiezustände rollt. Für die Dauer dieser Entscheidungsfindung, oder genauer gesagt bis zum endgültigen Erreichen des niedrigsten Niveaus, besitzt das falsche Vakuum gegenüber dem wahren Vakuum eine positive Energie und das an jedem Punkt im Raum!

Lesch: Schön und gut, aber der temperaturabhängige Potentialverlauf mit exakt diesen Eigenschaften wirkt auf mich schon äußerst willkürlich konstruiert.

Gaßner: Wohl wahr – die Antwort darauf wird uns ein Schimpanse geben.

Lesch: Ein was?

Gaßner: Dazu kommen wir gleich, ich möchte nur vorab nochmals kurz zusammenfassen, weil wir doch mittlerweile viele Begriffe eingeführt haben.

Lesch: Gut, gönnen wir uns eine geistige Verschnaufpause.

2.6 VERSCHNAUFPAUSE

Wo stehen wir – wo wollen wir hin?

Gaßner: An dieser Stelle sollten wir ein gedankliches Basislager aufschlagen, bevor wir zur Expedition an den Rand der Erkenntnis aufbrechen. Werfen wir nochmals einen Blick auf unser bisheriges Rüstzeug:

- Das Nichts ist eine brodelnde Spielwiese, auf der für kürzeste Zeit alles entsteht und vergeht, was sich aus Energie basteln lässt: Teilchen, Felder und Dinge, von denen wir heute noch gar nicht wissen, dass es sie gibt.
- Sollte die Energie des Nichts nicht um den Nullpunkt, sondern um einen falschen höheren Wert schwanken, so würde eine Expansion des Nichts sich immer weiter antigravitativ verstärken.
- Zusammengesetzte Materie besteht überwiegend aus der Bindungsenergie seiner Bestandteile, wobei die masselosen Gluonen den Löwenanteil beitragen. Mit anderen Worten: Materie besteht nicht aus Materie.
- Elementarteilchen besitzen - entgegen unseren Messdaten - keine Ruhemasse. Der Eindruck einer Masse entsteht durch eine Kopplung an ein omnipräsentes Higgsfeld. Es muss überall sein, zumindest überall dort, wo Elementarteilchen sind.
- Die Statistik zwingt jeden Prozess in Richtung zunehmender Entropie. Das Universum besitzt einen Zeitpfeil.
- Phasenübergänge können durch Symmetriebrechungen Energie freisetzen, wobei ein kurzzeitiger „falscher" Zwischenzustand auftreten kann.

Lesch: Das hast du jetzt aber wirklich wunderbar kurz und herrlich knackig gesagt. Bleibt nur noch anzumerken, dass, ob wir wollen oder nicht, jeder physikalische Vorgang ohne äußeres Zutun den Zustand minimaler Energie annehmen wird, den sogenannten *Grundzustand*. Dies erweist sich als äußerst hinderlich bei unserem Bestreben, das ewig währende Nichts in das Abenteuer eines Urknalls zu locken.

Gaßner: Unsere Interpretation des Nichts als quantenmechanische Spielwiese erscheint auf den ersten Blick hilfreich. Immerhin entsteht fortwährend etwas, was immer es auch sein mag. Schon im nächsten Augenblick vergeht es allerdings wieder, ohne irgendwelche Spuren zu hinterlassen. Bei einem reversiblen Prozess, der stets zum identischen Ausgangszustand zurückkehrt, bleibt die Entropie konstant. Der Zeitpfeil bleibt im Köcher.

Lesch: Damit können wir immerhin eine erste Ernte einfahren, nämlich die Antwort auf die Frage: „Was war vor dem Urknall?" Allerdings fällt die Antwort anders aus als erwartet, der Begriff „davor" hat keine Gültigkeit, weil die Zeit davor nicht vergeht.

Gaßner: Folgerichtig muss der erste Evolutionsschritt – neben dem Etwas, das es dann zu entwickeln gilt – auch den zugehörigen Taktgeber, die Zeit, erst mitkreieren.
Vor dem Urknall befindet sich das Universum somit in einem Zustand, der sich zwar laufend ändert, aber doch ewig besteht.

Lesch: Wunderbar. Dann hätten wir das schon mal abgehakt. Ich hoffe, dass Sie das genauso sehen, verehrte Leserinnen und Leser, ansonsten lesen Sie es einfach nochmal und nochmal … und täglich grüßt das Murmeltier! Irgendwann müssen Sie dann natürlich wieder aus dieser Endlosschleife raus. Manche Sachen muss man eben auch zwei bis n-mal lesen – um es mathematisch zu formulieren. Für „n" können Sie irgendeine natürliche Zahl einsetzen.

Gaßner: Die Entstehung der Zeit ist für unsere kausal denkenden Gehirne wirklich eine Herausforderung. Umso mehr erstaunt mich der Weitblick des heiligen Augustinus, der bereits im 5. Jahrhundert schrieb: „Welt und Zeit hatten einen gemeinsamen Anfang. Die Welt wurde

erschaffen, nicht zu einer Zeit, sondern gleichzeitig mit der Zeit.“ Trotzdem machst du mir jetzt ein ganz mulmiges Gefühl. Hoffentlich haben wir unterwegs niemanden verloren. Liebe Leserinnen und Leser, die Geschichte vom Urknall bis zum Leben ähnelt sehr dem Schwierigkeitsprofil einer Höhenwanderung. Am Anfang geht's steil rauf – der Urknall ist wahrlich keine leichte Kost –, aber dann folgt ein ganz entspannter Höhenweg, auf dem wir nur mehr die grandiosen Ausblicke genießen. Lassen Sie sich also bitte nicht entmutigen!
Vielleicht hätten wir das schon viel früher sagen sollen, Harald.

Lesch: Notfalls kann man ja den Urknall überspringen – gewissermaßen mit der Seilbahn zum Höhenweg hochfahren.
Aber jetzt mal los. „Die Entstehung von Allem aus dem Nichts“, da bin ich schon mal sehr gespannt. Jetzt fängt es eigentlich erst richtig an, spannend zu werden. Josef, halt mich fest!

Gaßner: Harald, ich bin an deiner Seite! Jetzt haben wir so viele Begriffe eingeführt – notgedrungen. Wir werden sie aber alle brauchen. Es bedarf einer konzertierten Aktion mit unserem gesamten Rüstzeug, um das Nichts aus seinen virtuellen Fantastereien hinein in die Realität zu locken. In ein Etwas, für das fortan die Zeit vergeht, weil es über niedrige Entropie verfügt, die wir fortan über Milliarden von Jahren allmählich erhöhen können.

Lesch: Komm, jetzt lassen wir's krachen.

Gaßner: Im wahrsten Sinne des Wortes. Wobei, eigentlich ist es ja ein lautloses Knallen – aber dazu kommen wir gleich.

2.7 Die Entstehung von allem aus dem Nichts

Mit unendlich vielen Affen zur Inflation

Gaßner: Stellen wir uns vor, wir wären Zeugen des Urknalls. Wir beobachten geduldig das ständige Werden und Vergehen der Quantenfluktuationen des Nichts, bis etwas entsteht, das vor seiner Vernichtung einen Phasenübergang vollzieht. Dabei wird Energie freigesetzt. Unglücklicherweise reicht diese Energie jedoch nicht aus, den Überbrückungskredit für die Materialisierung des Etwas zurückzuzahlen. Wir geraten in die „Energie-Insolvenz" und landen wieder im Nichts. Das Spiel beginnt von Neuem.

Lesch: Merken Sie, wie hilfreich unsere Begriffs-Grundausstattung jetzt ist?

Gaßner: Gleich werden wir unser gesamtes Arsenal benötigen. Das war immerhin ein erster Vorgeschmack davon, wie es laufen könnte. Wir bräuchten lediglich ein Etwas, das beim Phasenübergang mehr Energie freisetzt, als zu seiner Entstehung notwendig war. Physiker nennen dieses Etwas ein *Inflatonfeld*.

Lesch: Zusätzlich müssten die Fantastereien des Nichts unsere vier wohlvertrauten Grundkräfte liefern.

Gaßner: Zumindest die Gravitation und eine vereinheitlichte, „gezippte" Kraft, die sogenannte *GUT-Kraft* (*Grand Unified Theory*). Bei niedrigeren Temperaturen lässt sich daraus die elektromagnetische Kraft, die starke und schwache Kernkraft „entpacken".

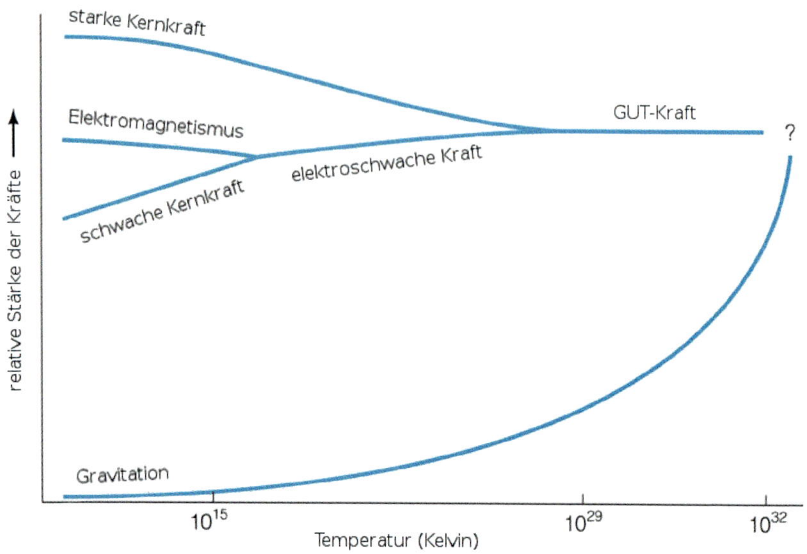

2.19 Das Universum wird von vier Grundkräften bestimmt:

- *Die Gravitation ist die schwächste Kraft. Trotzdem ist sie für die großflächigen Strukturen verantwortlich, weil ihre unendliche Reichweite auf alle Teilchen wirkt und sich nicht abschirmen lässt.*
- *Die Reichweite der elektromagnetischen Kraft ist ebenfalls unendlich, allerdings wirkt sie nur auf geladene Teilchen: Gleichnamige Ladungen stoßen sich ab, entgegengesetzte ziehen sich an. Obwohl die elektromagnetische Kraft 10^{36}-mal stärker ist als die Gravitation, ist ihr Einfluss bei großflächigen Strukturen begrenzt auf Strahlungsprozesse, elektrische Ströme und Magnetfelder. Große Ansammlungen von Teilchen sind nämlich nach außen hin elektrisch neutral, weil sie aus gleich vielen positiven wie negativen Ladungen bestehen.*
- *Die starke Kernkraft sorgt dafür, dass Atomkerne zusammenhalten. Es gelingt ihr, die elektromagnetische Abstoßung der gleichnamig geladenen Kernbausteine zu überwinden, weil sie um einen Faktor 100 stärker wirkt. Ihre Reichweite ist dabei allerdings auf 10^{-15} Meter begrenzt. Das bestimmt die Größe der Atomkerne.*
- *Nochmals kürzer ist die Reichweite der schwachen Kernkraft. Sie ist mit 10^{-18} Metern auf das Innere der Kernbausteine begrenzt und ermöglicht dort die Umwandlung zwischen verschiedenen Quarksorten. Nach außen hin äußert sich dies durch radioaktiven Zerfall.*

Diese vier fundamentalen Kräfte, die unterschiedlicher kaum sein könnten, sollen gemäß der Grand Unified Theory (GUT) aus einer gemeinsamen Urkraft entstanden sein. Mit fallender Temperatur hätten sich demnach zuerst die Gravitation und eine vereinheitlichte GUT-Kraft voneinander abgespalten. Letztere wurde in die starke Kernkraft und eine elektroschwache Kraft aufgeteilt, woraus letztendlich in einem weiteren Phasenübergang die elektromagnetische Kraft und die schwache Kernkraft hervorgegangen sind. Zumindest dieser letzte Schritt scheint durch die Theorie von Sheldon Glashow, Abdus Salam und Steven Weinberg gesichert, wofür sie 1979 den Nobelpreis erhielten.

Lesch: Aus dem Nichts soll etwas entstehen, das am Ende mehr liefert, als für seine Erzeugung nötig war – das erinnert stark an die Finanzkrise im guten, alten Europa der Schuldnerländer.

Gaßner: Jetzt nicht auch noch die Finanzkrise. Dann geraten wir ja völlig ...

Lesch: Doch, doch! Gerade im Zusammenhang mit den Finanzkrisen spielen diese Theorien, zum Beispiel die Quantenmechanik, eine Rolle. Die Geld-Jongleure arbeiten ja zwischenzeitlich mit Computern und die sind nun einmal quantenmechanische Geräte. Die gierigen Herrschaften könnten ja heute gar nicht so viel verzocken, wenn wir nicht diese verdammte – Entschuldigung! –, diese wahnsinnige Quantenmechanik erfunden hätten. Die macht das ja alles erst möglich. Auch deswegen verstehen wir Sparer und Steuerzahler die Finanzwelt nicht mehr, weil diese Herrschaften sie selber nicht mehr verstehen …

Gaßner: Eigentlich sollten wir Astrophysiker zusätzlich beleidigt sein. Wir waren früher diejenigen, die mit Mega-Zahlen hantierten. „Astronomisch große Zahlen", hieß es einmal angesichts einer Milliarde oder einer Billion. Mittlerweile haben Staatsverschuldungen längst galaktische Dimensionen erreicht.

Lesch: Zurück zum Anfang – nun sammle *ich* uns auch mal wieder ein. Wir waren stehengeblieben bei der großen vereinigten Theorie, der „Grand Unified Theory" beziehungsweise bei der inflationären Expansion.

Gaßner: Sozusagen: Alles wird GUT. Spielen wir wieder Mäuschen beim Urknall. Wir beobachten geduldig dieses brodelnde Etwas, bis es soweit ist und das Richtige entsteht. Das Richtige heißt: etwas, das bei einem anschließenden Phasenübergang mehr Energie freisetzt, als zu seiner Entstehung notwendig war und gleichzeitig eine GUT-Kraft enthält, aus der später die bekannten Grundkräfte entstehen können.

Lesch: Da kann ich genauso auf ein Universum warten, in dem der 1. FC Köln Tabellenführer in der Fußball-Bundesliga ist.

Gaßner: Ich gebe ja zu, das ist eine sehr exotische Quantenfluktuation, auf die wir es abgesehen haben. Entsprechend lange werden wir darauf warten müssen. Aber was heißt das schon angesichts einer Ewigkeit, die uns zur Verfügung steht? Der Umgang mit Ewigkeiten und Unendlichkeiten ist uns fremd. Wir sind es nicht gewohnt, so lange zuzuschauen, bis wir höchst unwahrscheinliche Dinge beobachten können.
Setzen wir beispielsweise einen Schimpansen an eine Schreibmaschine und warten, bis er eine Taste drückt. Mit welcher Wahrscheinlichkeit wird er dann ein „u" wählen? Lassen wir der Einfachheit halber Groß- und Kleinschreibung außer Acht und nehmen wir an, unsere Tastatur hätte 50 Tasten. Die Wahrscheinlichkeit für ein „u" wäre demnach 1/50. Das ist nicht null, d. h. irgendwann wird es passieren. Nach dem „u" hätten wir gerne ein „r", wiederum mit der Wahrscheinlichkeit 1/50. Für die Zeichenfolge „ur" wäre somit die Wahrscheinlichkeit 1/50 mal 1/50 beziehungsweise $(1/50)^2$. Die sieben Buchstaben u,r,k,n,a,l,l wird der Affe mit einer Wahrscheinlichkeit von $(1/50)^7$ schreiben. Auch diese geringe Wahrscheinlichkeit ist nicht null. Natürlich wird der Schimpanse zwischendurch stundenlang nur Unsinn schreiben, aber wenn wir lange genug warten ...

Lesch: Langsam, Josef! Lass unsere Leser mal kurz spüren, welche faszinierende Mächtigkeit eine beliebig lange Zeitspanne verleiht.

Gaßner: Sie ahnen es sicher schon längst: Wenn wir sehr lange warten – und mit sehr lange meine ich seeehr lange – wird der Affe fehlerfrei den gesamten Inhalt dieses Buches schreiben: „urknall, weltall und das leben ...". Gleichgültig, wie unwahrscheinlich ein Effekt auch ist, solange er eine Wahrscheinlichkeit größer null aufweist und wir eine Ewigkeit darauf warten können, wird er geschehen. So ist es auch mit einer beliebig komplizierten Quantenfluktuation. Man nennt das bezeichnenderweise das *infinite monkey theorem*.

2.20 *Das infinite monkey theorem: Unendlich viele Affen oder ein Affe mit unendlich viel Zeit zur Verfügung erzeugen durch zufälliges Tippen auf einer Schreibmaschine jeden beliebig unwahrscheinlichen Text.*

Lesch: Das Theorem des endlos tippenden Affen – fabelhaft!

Gaßner: Streng mathematisch geht es zurück auf das Lemma von Emile Borel und Francesco Cantelli, aber der Schimpanse macht es griffiger.

Lesch: Also gut – egal wie exotisch unsere „Wunsch-Quantenfluktuation“ auch ausgestattet sein mag, wenn wir lange genug warten können, wird sie passieren.

Gaßner: Wir legen uns also wieder auf die Lauer und verfolgen abermals geduldig das Treiben der Quantenfluktuationen. Eine Ewigkeit vergeht, ohne dass der Begriff „Zeit“ eine Berechtigung hätte.
Endlich ist es soweit: Der Tag ohne gestern beginnt! Ein Universum, bestehend aus Inflatonfeld und GUT-Kraft, entsteht. Nach 10^{-35} Sekunden beginnt ein Phasenübergang. Die zugehörige Symmetrie-

Brechung bedingt eine zeitliche Verzögerung um ca. 10^{-32} Sekunden, in der sich das quantenmechanische Nichts – vergleichbar mit dem unterkühlten Wasser – in einem falschen Zustand befindet, dem sogenannten *falschen Vakuum*. Solange der Phasenübergang nicht vollständig vollzogen ist, schwankt die Nullpunkt-Energie dieses falschen Vakuums um einen falschen höheren Wert.

Lesch: Und was das bedeutet, wissen wir ja bereits: Die antigravitative Expansion des quantenmechanischen Vakuums verstärkt sich immer weiter. Dieses exponentielle Wachstum bläht tatsächlich das Universum innerhalb der unvorstellbar kurzen Zeit von 10^{-32} Sekunden um den noch weniger vorstellbaren Faktor 10^{50} auf.

Gaßner: Dies ist der lautlose Knall des Urknalls! Ja, so was gibt's, denn es existiert noch nicht einmal ein Medium, das einen Schall hätte tragen können. Physiker nennen diese Phase *kosmische Inflation*.

Lesch: Ewigkeit ohne Zeit und dann ein lautloser Knall! Liebe Leser – sind Sie noch alle da? Denn das, was mein Kollege Ihnen hier präsentiert, ist Kosmologie vom Feinsten.

Gaßner: Vielen Dank, Harald! Wobei das Lob eigentlich Alan Guth und Andrei Linde gebührt, die diese Ideen in den 80er Jahren entwickelt haben. Also: Nach wie vor ist das Universum nicht gefeit gegen eine Energieinsolvenz, wie wir sie bereits erlebt haben. Jeden Augenblick könnte alles Bemühen wieder im Nichts enden. Diesmal jedoch erwirtschaftet der Phasenübergang genügend Energie, um den Kredit zu tilgen. Den Überschuss legt das Universum in Sachwerten an, den Elementarteilchen.

Lesch: Daran sieht man übrigens, dass sich Krisen nicht dadurch bewältigen lassen, dass man spart und spart. Man braucht auch Wachstum, ohne Wachstum geht auch beim Universum nichts. Ich möchte nur wissen, wie der EZB-Präsident bei den universellen Krisen heißt. Vielleicht UZB-Präsident? Jedenfalls legt das Universum den Überschuss in Sachwerten an. Das ist ja auch im Rahmen der Finanzkrise durchaus zu empfehlen. Aber für solche Einsichten fehlt uns wohl die „Größe".

Gaßner: Wo du gerade von Größe sprichst: Die Entropie steigt mit der Entstehung dieser 10^{80} Elementarteilchen – einer 1 mit 80 Nullen – drastisch an. Zwischen ihnen verteilt sich der expandierende Raum nahezu homogen im Universum. Genau an dieser Stelle wird die Uhr unseres Universums aufgezogen. Diese Gleichverteilung bildet zusammen mit der Gravitationskraft jenen Zustand extrem niedriger Entropie, der sich über Jahrmilliarden allmählich erhöhen kann. Nur weil die Entropie hier am Anfang so niedrig ist, bleibt so viel Zeit für die Entwicklung des Universums. Mit einer hohen Anfangsentropie hätte der Zeitpfeil das unabwendbare Gleichgewicht entsprechend früher erreicht. Vielleicht zu früh, um dem uns bekannten Leben auf dem Planeten Erde eine Chance zu geben.

Lesch: Gibt es zu diesem Zeitpunkt eigentlich schon Masse?

Gaßner: Ich nehme an, du meinst die Ruhemasse. An dieser Stelle muss man wirklich sehr päpstlich sein, weil wir grundsätzlich gemäß $E = m c^2$ allem und jedem mit einer Energie ungleich null eine Masse zuordnen können. Beispielsweise verfügen auch Photonen über eine entsprechende relativistische Masse. Anders sieht es aus mit der Ruhemasse. Wir haben gesehen, dass diese bei zusammengesetzten Teilchen in erster Linie der Bewegungs- und Bindungsenergie ihrer Bestandteile entspricht. Bislang gibt es aber nur Elementarteilchen – die eben nicht aus Bausteinen zusammengesetzt sind. Sämtliche Elementarteilchen erhalten ihre Ruhemasse erst später durch Wechselwirkung mit dem Higgsfeld. Ohne das Wirken eines Higgsfeldes sind sie bislang masselos. Noch findet der Begriff *Ruhemasse* also keine Anwendung.

Lesch: Dies ändert sich erst schlagartig mit einer weiteren Symmetriebrechung nach spätestens 10^{-10} Sekunden. Aus heiterem Himmel taucht ein den gesamten Raum durchziehendes Higgsfeld auf, das von nun an der Beschleunigung der Elementarteilchen einen Widerstand entgegensetzt. Wie ist das möglich? Wie können mittels Symmetriebrechung Kräfte entstehen?

Gaßner: Tatsächlich entstehen sie dabei auch gar nicht, ebenso wenig wie ein Higgsfeld plötzlich auftaucht. Beide existieren bereits. Sie treten nur in dieser Form nicht in Erscheinung.

Lesch: Auch das noch. Gerade hast du doch gesagt, dass die Elementarteilchen noch masselos sind, weil noch kein Higgsfeld existiert.

Gaßner: Weil es noch nicht wirkt. Wenn sich Wolken abkühlen und es zu regnen beginnt, weil Wassertröpfchen kondensieren, dann sind die H_2O-Moleküle dabei auch nicht erst entstanden, sondern treten lediglich in veränderter Form zu Tage. Ebenso können auch Kräfte beziehungsweise Feldlinien „kondensieren" und bei höheren Temperaturen wieder „verdampfen". Schöne Beispiele sind Magnete, die unterhalb einer kritischen Temperatur magnetische Feldlinien aufweisen und eine entsprechende Kraft ausüben, oberhalb dieser sogenannten *Curie-Temperatur* verschwinden die Feldlinien allerdings wieder und das Medium wirkt magnetisch neutral – obwohl die magnetischen Eigenschaften prinzipiell noch angelegt sind. Sobald man unter die kritische Temperatur abkühlt, treten die Feldlinien wie von Geisterhand wieder in Erscheinung.

Lesch: Bei einer gewissen Temperatur legt jemand den Schalter um?

Gaßner: Genau! In ähnlicher Weise kondensieren in mehreren Schritten aus der GUT-Kraft das Higgsfeld, die starke Kernkraft, die schwache Kernkraft sowie die elektromagnetische Kraft bei entsprechenden kritischen Temperaturen. Das Universum bildet eine expandierende Ursuppe aus Teilchen, Antiteilchen und Photonen, in der nach und nach die vier fundamentalen Kräfte zu werkeln beginnen.

Lesch: Das ist ein schönes Wort, „werkeln". Das beschreibt den Zustand sehr passend, denn tatsächlich ist jetzt alles ständig „am Machen und Tun". Die Bestandteile der Ursuppe verwandeln sich fortwährend ineinander, aus Strahlung entstehen Teilchen-Antiteilchen-Paare, während an anderer Stelle umgekehrt diese Paare wieder zu Photonen zerstrahlen. Genau genommen liefern Teilchen und Antiteilchen beim Zusammenstoß mehr Energie, als für ihre Erzeugung notwendig ist, da sie neben ihrer Ruhemassenenergie auch über Bewegungsenergie verfügen. Allerdings entstehen bei der Zerstrahlung jeweils zwei Photonen, die sich diese Energie teilen müssen.

Gaßner: Aber das ist oberhalb einer kritischen Temperatur nicht nachhaltig von Bedeutung, weil hier sämtliche Bestandteile der Ursuppe fortwährend miteinander wechselwirken, sich gewissermaßen gegenseitig „in den Hintern treten", wodurch ein einheitlich hohes Energieniveau erhalten bleibt.

Lesch: Da sieht man wieder, was ein nachdrücklicher Tritt doch Segensreiches bewirken kann. Natürlich gibt es hierfür auch wissenschaftliche Bezeichnungen: Man spricht von einem *thermischen Gleichgewicht*, wenn schwächere Photonen bei *inverser Comptonstreuung* einen energetisierenden Stoß bekommen. So, das klingt doch schon etwas akademischer.

Gaßner: Unterhalb des besagten kritischen Temperaturniveaus reichen die Stöße in Anzahl und Intensität nicht mehr aus, um die Photonen mit ausreichend Energie für die Paarbildung zu versorgen. Genau genommen gibt es für die verschiedenen Teilchensorten – Quarks, Gluonen und Elektronen – unterschiedliche kritische Niveaus, je nachdem, wie viel Energie zu ihrer Paarbildung notwendig ist. Das Gleichgewicht bröckelt und immer mehr Photonen bleiben übrig. Nach und nach würden alle Teilchen mit ihren Antiteilchen zerstrahlen und aus der Ursuppe würde eine langweilige Photonensuppe, wenn nicht, tja, wenn nicht das Universum ein unerklärliches Faible für Materie hätte. Tatsächlich bleibt am Ende im Meer der Kosmischen Hintergrundstrahlung ein wenig Materie übrig. Aus etwa einer Milliarde Teilchen findet jeweils eines kein Antiteilchen. Die einen nennen es einen Webfehler, die anderen einen Schmutzeffekt. Tatsache ist: Aus diesem geheimnisvollen Überschuss entstehen eines Tages alle Sterne und Galaxien, unser Heimatplanet Erde und auch wir.

Lesch: Bin ich jetzt die Folge eines handwerklichen Fehlers? Das klingt ja nicht gerade berauschend.
Die Geschichte mit der inversen Comptonstreuung sollten wir nochmal aufgreifen. Keine Ahnung, wer überhaupt weiß, was Comptonstreuung ist, aber wenn die Comptonstreuung auch noch invers wird, dann wird es ganz pervers.

Ganz kurze Erklärung: Wenn Photonen mit Materie wechselwirken, also wenn Strahlung mit Materie wechselwirkt, dann kann es dazu kommen, dass beide die gleiche Temperatur haben. Wenn die Photonen eine höhere Energie haben als die Materie, dann wird die Materie aufgeheizt und die Photonen kühlen sich ab. Das kann natürlich auch umgekehrt passieren. Wenn also die Photonen von den materiellen Bauteilchen Energie bekommen, genau das nennt man dann inverse Streuung.

All das sind natürlich nur Details, aber dieser Webfehler in der Materie und Antimaterie, das ist schon – wie ich finde – ziemlich erschütternd. Dass da so etwas ganz Kleines – ein Hauch von Asymmetrie – ein Hauch von einem Ungleichgewicht ist. Und nur deswegen gibt es uns überhaupt. Das ist schon…

Na gut, jetzt gehen wir weiter in der Geschichte des Universums.

2.8 Die primordiale Nukleosynthese

Warten auf das Sensibelchen

Gaßner: Alles, wovon wir bislang berichtet haben, fand in den ersten Sekundenbruchteilen nach dem Urknall statt!

Aus der ursprünglichen „Quark-Gluonen-Elektronensuppe" haben sich bereits die ersten massebehafteten Protonen und Neutronen gebildet. Bis daraus jedoch wiederum nachhaltig Atomkerne entstehen können, muss das Universum für weitere drei Minuten abkühlen. Gemessen an den bisherigen Zeitskalen ist dies eine halbe Ewigkeit.

Lesch: Ursache hierfür ist der einfachste zusammengesetzte Kern, das *Deuteron*. Man nennt es auch *Schwerer Wasserstoff*.

Normaler Wasserstoff hat ja nur ein Proton im Kern. Das Deuterium, naja, so ein „etepetete" Wasserstoff, hat ein Proton und ein Neutron im Kern. Das Deuteron ist extrem schwach gebunden, es steht immer kurz vor dem Auseinanderbrechen. Da reicht ein kleiner Schubser von einem Photon und zack ... In den frühen Zeiten des Universums, als es noch diese ganz harten Photonen gab, hatten die Deuteronen keine Überlebenschance.

Gaßner: So ein Deuterium ist eher etwas für ein lauwarmes Universum. Ein echtes Sensibelchen eben. Sämtliche weiterführenden Fusionsreaktionen sind jedoch auf das Deuteron als Zwischenprodukt angewiesen. Erst nachdem die Hintergrundstrahlung weit genug abgekühlt ist und genügend Deuteronen zur Verfügung stehen, kann die sogenannte *primordiale Nukleosynthese* – also die erste Verschmelzung von Protonen und Neutronen zu Atomkernen – Fahrt aufnehmen.

Der Startschuss ist gefallen. Die Fusion setzt unvermittelt, förmlich peitschenartig ein und erzeugt die Atomkerne des *Deuteriums, Heliums, Lithiums* und *Berylliums*. Der Fusionsweg hin zu schwereren Kernen ist versperrt, weil Beryllium schneller zerfällt, als es potentiellen Fusionspartnern gelingt, mit ihm zusammenzustoßen.

Lesch: Die primordiale Nukleosynthese unterliegt einem hohen Zeitdruck. Freie Neutronen zerfallen nämlich nach einer mittleren Lebensdauer von etwa 15 Minuten zu je einem Proton, einem Elektron und einem *Anti-Neutrino*. Um dem Schicksal dieses sogenannten *Beta-Zerfalls* zu entrinnen, müssen sie eine Verbindung mit Protonen eingehen. Zur Unterscheidung nennt man diese stabilen Neutronen in Atomkernen *gebundene Neutronen*.

Gaßner: Es gilt also möglichst viele freie Neutronen in den sicheren Hafen der Atomkerne zu bringen, bevor es dafür zu spät ist. Nach ca. 20 Minuten ist die Uhr abgelaufen. Nach dem Zerfall der freien Neutronen stehen jedoch nurmehr geladene Fusionspartner zur Verfügung, und deren abstoßende Kraft kann aufgrund der weiter fortgeschrittenen Abkühlung nicht mehr überwunden werden. Die gewaltigste Fusionsparty in unserem Universum findet ein jähes Ende und ihr Kehraus präsentiert eine Materiezusammensetzung, die sich für eine lange Zeit bis zur Entstehung der ersten Sterne – abgesehen von ein paar untergeordneten Zerfallsprozessen – nicht mehr ändern wird.

Lesch: Das war's erst mal. Viel Lärm um nicht viel – wobei damals sowieso nicht viel zu hören war. Sie erinnern sich an den Big Bang ohne Ton.

Gaßner: In den ersten 20 Minuten entstehen die Kerne der leichten Elemente des Periodensystems: Wasserstoff, Helium, Lithium, Beryllium und noch etwas Bor. Seither besteht das Universum im Wesentlichen aus Wasserstoff und Helium im Massenverhältnis drei zu eins. Alle anderen Elemente zusammen bringen es nicht einmal auf ein Prozent.

Lesch: Aber jetzt wird alles wunderbar. Jetzt beginnt eine neue Ära.

Gaßner: Nicht nur im Kosmos, sondern auch für uns Wissenschaftler! Zu den ersten Sekunden nach dem Urknall haben wir nämlich nur theoretische

Modelle. Das sollten wir an dieser Stelle nochmals explizit klarstellen. Ohne experimentelle Beweise schwankt der Boden unter unseren Füßen. Alles schwankt eben im frühen Universum.
Mit der primordialen Nukleosynthese betreten wir endlich gefestigtes Terrain, denn die Häufigkeiten dieser Elemente lassen sich heute noch bestimmen. Die ein oder andere Häufigkeit wurde in den 13,82 Milliarden Jahren natürlich verändert, aber alle diese Prozesse sind uns wohlbekannt. Entsprechend können wir deren Einfluss herausrechnen und erhalten korrigierte Beobachtungsdaten, die mit den theoretischen Werten in beeindruckender Weise übereinstimmen. Unser Geländer rückt endlich in Reichweite.

Lesch: Genau, diese Messungen sind eine erste vertrauensbildende Maßnahme, ein erster indirekter Beweis dafür, dass die Modelle so falsch nicht sein können. Und wenn sie falsch sind, dann sind sie verdammt gut falsch.

Gaßner Für den ersten direkten Beweis – in Form eines Fotos vom frühen Universum – müssen wir aber noch die sogenannte *Rekombination* abwarten. Dafür muss das Universum gehörig abkühlen.
Was in der Zwischenzeit folgt – für einen Zeitraum von 380.000 Jahren –, ist gähnende Langeweile und lässt sich mit zwei Worten beschreiben: Expansion und Abkühlung. Jede noch so kleine Abweichung vom Einheitsbrei aus Atomkernen und Elektronen wurde sofort von Zusammenstößen untereinander oder aufgrund der allgegenwärtigen, hochenergetischen Strahlung zerstört. Es herrschte strenges Versammlungsverbot – selbst minimale Verklumpungen lösten sich wie Eissplitter in kochendem Wasser wieder auf. Die Atomkerne warteten geduldig auf das Absinken der Temperatur unter die magische Grenze von 4.000 Kelvin.

Lesch: Die Geduld muss man erst mal haben – 380.000 Jahre lang! Das wäre nichts für mich. Dabei fällt mir ein: Kennst du das langweiligste naturwissenschaftliche Experiment, das je durchgeführt wurde?

Gaßner: Was kommt jetzt? Willst du mir die Langeweile des sich abkühlenden Kosmos durch andere Langeweile vertreiben?

Lesch: Langeweile und Pech können sehr lehrreich sein, es geht um das sogenannte *Pechtropfen-Experiment*. Thomas Parnell hat an der Universität von Queensland, Australien, 1927 einen Trichter voll Pech aufgestellt. Er wollte den Beweis antreten, dass Pech tatsächlich eine Flüssigkeit ist und kein Festkörper. Drei Jahre hatte er den Trichter verschlossen, damit sich das Pech setzen konnte. 1930 ging es dann in die heiße Phase, der Trichter wurde an der Unterseite geöffnet. Im Dezember 1938 fiel auch schon der erste Tropfen in das Becherglas. Es folgte jeweils im Abstand von etwa 100 Monaten ein weiter Tropfen. Das nenne ich Geduld!

Gaßner: Ja, stimmt, ich habe davon gelesen. Vor knapp 20 Jahren wurde eine Kamera installiert, um endlich eine Aufnahme eines fallenden Tropfens zu dokumentieren. Leider hatten sie Pech mit ihrem Pechtropfen: Am 28. November 2000 war es wieder soweit und genau an diesem Tag war die Kamera ausgefallen.
Es ist sogar eine Musik-Band nach dem Experiment benannt: *The Pitch Drop Experiment.* Ihre bisherigen Songs sind „First Drop“, „Second Drop“ und…

2.21 *Das Pechtropfen-Experiment an der Universität von Queensland in Brisbane, Australien.*

Lesch: „Third Drop“?

Gaßner: Woher weißt du das?

Lesch: Physiker können nicht nur erzählen, sondern auch zählen. Ich glaube, jetzt sollte ausnahmsweise ich mal die Rückkehr zum Thema anmahnen.

Gaßner: Du hast natürlich recht – zurück zum Thema „Die Rekombination 380.000 Jahre nach dem Urknall“.

2.9 Die Rekombination

Das Atom betritt die Bühne

Gaßner: Bereits unterhalb von 16.000 Kelvin hatten die Protonen begonnen, freie Elektronen elektromagnetisch einzufangen. Deren Bewegungsenergie war hierfür bereits weit genug gesunken. Das war eine rechte Sisyphus-Arbeit, weil jeder dieser Versuche im nächsten Augenblick von der energiereichen Hintergrundstrahlung wieder zerschlagen wurde. Die Atome wurden wieder ihrer Elektronen beraubt, diesen Vorgang nennt man *Ionisation*.

Erst unterhalb von 4.000 Kelvin war nun endlich die Bedrohung durch Strahlung auf ein erträgliches Maß abgefallen, so dass sich erstmals nachhaltig Protonen und Elektronen verbinden konnten.

esch: Denken Sie sich bitte einen Tusch an dieser Stelle – Tataa! Das erste wirklich über längere Zeit elektrisch neutrale Atom betrat die Bühne: der Wasserstoff.

Gaßner: Und das war die Geburtsstunde eines der wichtigsten Elemente für alles Leben, wie wir es kennen. Jede Pflanze, jedes Tier enthält Wasser (H_2O), die Verbindung aus zwei dieser uralten Wasserstoff-Atome und einem Sauerstoff-Atom, das erst später im Inneren von Sternen entstand. Wir bestehen zu etwa acht Prozent aus Wasserstoff-Atomen, die allesamt Relikte dieser frühen Phase des Universums sind. Wenn sie könnten, würden sie uns eine uralte 13 Milliarden Jahre umfassende Geschichte erzählen. Eine Abfolge von Sternenleben und Organismen, die sie bereits durchlaufen haben. Auch unser Körper ist da nur eine Durchgangsstation. Das Universum ist ein Meister des Recyclings – alles wird wiederverwertet, nichts geht verloren. Daran sollten wir uns hier auf der Erde ein Beispiel nehmen.

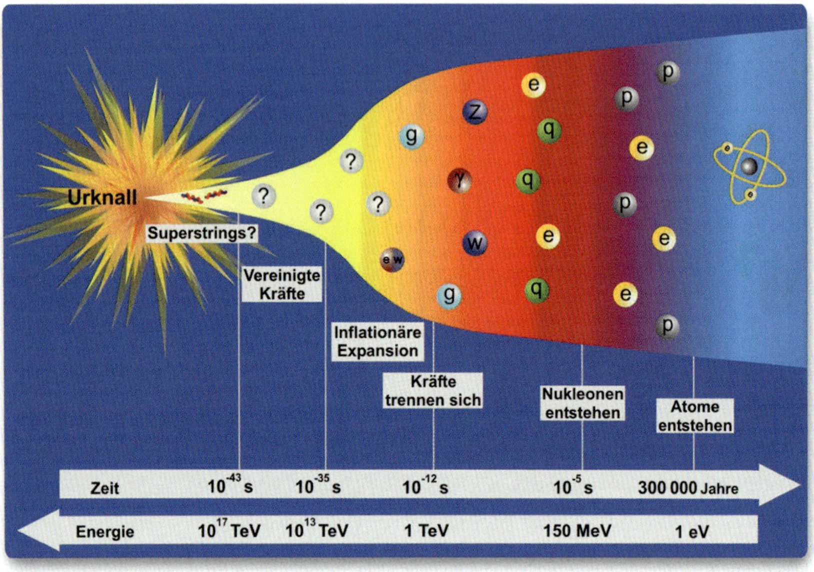

2.22 *Der chronologische Verlauf vom Urknall zur Rekombination mit dem jeweiligen Inhalt des Universums: W-Bosonen (W), Z-Bosonen (Z), Gluonen (g), Photonen (γ), Elektronen (e), Quarks (q) und Protonen (p).*

Lesch: Wo sollte es auch hingehen, denn das Universum ist alles, was ist, da kommt nix weg, wie in jedem guten, geordneten Haushalt. Gerade im frühen Kosmos, da war ja auch noch viel zu tun, denn ab jetzt hatten die Photonen ihre wichtigsten Wechselwirkungspartner verloren, die Elektronen waren weg. Photonen stoßen nämlich millionenfach wahrscheinlicher mit freien Elektronen als mit Atomen oder Atomkernen zusammen. Das ist auf den ersten Blick verblüffend – sind doch Atome und selbst ihre Kerne wesentlich größer als Elektronen. Außerdem verschwinden die Elektronen nicht, wenn sie in Atomen eingefangen werden, sondern sind lediglich an Kerne gebunden. Warum kam es kaum noch zu einem „Rendezvous" für Photonen und Elektronen, warum trafen sich die beiden nicht mehr?

Gaßner: Des Rätsels Lösung liegt im Begriff „treffen", der in der mikroskopischen Welt keinen Zusammenprall beschreibt. Es ist vielmehr ein „sich so sehr gegenseitig beeinflussen", dass man von einer Wechselwirkung sprechen muss. Wenn wir jemanden in der Stadt treffen, bedeutet das ja auch nicht zwangsläufig, dass sich alle Beteiligten dabei eine blutige Nase holen. Eine Wechselwirkung wäre aber durchaus trotz räumlicher Trennung bis hinüber zur anderen Straßenseite möglich, je nach Art des Zusammentreffens zum Beispiel in Form eines Grußes oder einer Beschimpfung. Die Wechselwirkung zwischen Photonen und Elektronen geschieht in ähnlicher Weise berührungslos. Nicht durch Worte oder Gesten, sondern elektromagnetisch. Aufgrund seiner Ladung ist das Elektron von einem Feld umgeben. Mit dessen Feldlinien wechselwirkt das Photon – es „zupft" gewissermaßen an diesen gedachten unsichtbaren Fäden.

Lesch: Dieses Zupfen beschleunigt die Elektronen und jede beschleunigte elektrische Ladung setzt eine Strahlung charakteristischer Wellenlänge frei. Wir kennen das von Radiowellen und Mobilfunk.

Gaßner: Reicht das Zupfen aus, um das Elektron so weit in Schwingung zu versetzen, dass die freigesetzte Strahlung das ursprüngliche Photon erkennbar beeinflusst, spricht man von einer Wechselwirkung.
Ein Volltreffer wäre dann gegeben, wenn das Photon vollständig in Schwingungsenergie des Elektrons umgewandelt und erst beim Rückfall in den Ruhezustand mit derselben Wellenlänge, aber veränderter Richtung wieder freigesetzt würde.
Für einen entfernten Beobachter entsteht in beiden Fällen der Eindruck, ein Photon träfe auf ein Elektron und würde, durch den Zusammenstoß abgelenkt, den Ort des Geschehens auf einer veränderten Bahn wieder verlassen.
Damit verstehen wir, warum freie Elektronen wesentlich stärker mit Photonen wechselwirken als ihre gebundenen Kollegen, die mit einem schweren Atomkern im Schlepptau bei vergleichbarer Energie kaum zu nennenswerten Schwingungen zu bewegen sind.

Lesch: Im frühen Kosmos bedeutete das Verschwinden der freien Elektronen, dass sich die Photonen der kosmischen Hintergrundstrahlung völlig frei bewegen konnten. Es lichtete sich ein Vorhang. Eine große Trennungsfeier muss da stattgefunden haben, glaubst du nicht?

Gaßner: Gut möglich. Nach 380.000 Jahren gingen Atome und Strahlung erstmals getrennte Wege und das heißt vor allem, ihre jeweilige Temperatur entwickelte sich von nun an unterschiedlich. Die Strahlung hatte sich seit Anbeginn der Zeit stärker abgekühlt als die Materie, weil sie neben der Verdünnung der Photonen durch die räumliche Expansion zusätzlich eine Vergrößerung ihrer Wellenlänge erfuhr. Die Strahlungsenergie ist aber umgekehrt proportional zur Wellenlänge, d.h. eine Vergrößerung der Wellenlänge entspricht einer Energieverringerung. Eine gemeinsame Temperatur konnten Strahlung und Materie nur durch fortwährende Wechselwirkungen bewahren, bei der im Mittel Energie von der Materie auf die Strahlung übertragen wurde.

Lesch: Und warum sagen wir hier im Mittel? Weil Strahlung einer bestimmten Temperatur als kontinuierliches Spektrum vorliegt, d. h. die einzelnen Photonen können jede beliebige Energie aufweisen. Statistisch verfügen jedoch die meisten von ihnen über Energien innerhalb eines schmalen Korridors, der sich mit fallender Temperatur immer weiter in Richtung niedriger Energie verschiebt.
Schnell hatte so die vormals zerstörerische Strahlung ihren Schrecken verloren. Die Materie begann sich durch ihre gravitative Anziehung mancherorts munter zu verdichten – bis hin zu Galaxien.

Gaßner: Moment, jetzt geht es zu schnell, langsam! Wie entsteht überhaupt irgendetwas, ich meine erste winzige Unregelmäßigkeiten, gewissermaßen Saatkörner, aus denen später Gaswolken, Sterne und Galaxien werden? Die Expansion des Raumes treibt doch alles auseinander.

Lesch: Grundsätzlich schon, aber die kosmische Expansion hat einen Gegenspieler: die Gravitation. Je höher die Dichte in einem Gebiet, desto stärker ist die Schwerkraft und ab einer gewissen Mindestdichte obsiegt sie der Expansion. Die Gravitation ist die einzige Kraft, die nicht abschirmbar ist. Die ist immer anziehend, die kennt keine Diät – die will immer nur mehr, mehr, mehr, schwerer, schwerer, schwerer. Damit also überhaupt etwas im Universum entstehen konnte, musste es von Anfang an etwas geben, was praktisch ein Ungleichgewicht war. Es musste mindestens an einer Stelle ein bisschen dichter sein als drum herum. Stimmst du mir da zu?

Gaßner: Ja. Und das ist ein großes Problem. Nämlich: Wie soll ein solches Sandkorn im Getriebe der Gleichförmigkeit entstehen? Wir brauchen ein erstes Saatkorn, das im weiteren Verlauf anwachsen kann, also eine Störung im Gleichgewicht…

Lesch: Störung – genau, danach habe ich gesucht.

Gaßner: Nur wie kommen wir dahin? Wir haben ja schon erklärt, dass sich das Universum innerhalb kürzester Zeit rasant aufgebläht hat. Wenn du jetzt einen Luftballon mit beliebig vielen Runzeln und Falten nimmst und bläst den immer weiter auf das 10^{50}-fache auf…

Lesch: … dann sind die Falten weg!

Gaßner: Genau. Und das ist unser Problem. Nach dieser gewaltigen Expansion ist von den ursprünglichen Dingen grundsätzlich nichts mehr da.

Lesch: Aber woher soll denn dann eine erste Störung kommen, die sich im weiteren Verlauf der kosmischen Entwicklung deshalb verstärkt, weil mehr und mehr Materie in diese Störung hineinfällt?

Gaßner: Das Aufblähen selber – der Vorgang des Aufblähens aus den Quantenfluktuationen heraus – der muss schon Störungen in sich tragen. Schwankungen im Inflaton-Feld würden beispielsweise dazu führen, dass das richtige Vakuum nicht überall gleich schnell erreicht wird.

Lesch: Selbst das Aufblähen kann also nicht völlig gleichmäßig abgelaufen sein, sondern an manchen Stellen eben ein bisschen mehr oder weniger. Selbst das Blähen wäre… Oh, Gott! Jetzt muss ich aufpassen, dass ich mich hier nicht in eine kosmische Flatulenz verwickle… Das Blähen selber wäre also nicht überall gleich blähend gewesen, nicht gleichermaßen raumgreifend.

Gaßner: Alles schwankt und Quantenfluktuationen sind immer und überall vorhanden. Das ist nun einmal das Credo, mit dem wir begonnen haben. Die gewaltige Expansion könnte nun winzigste Quantenfluktuationen um viele Größenordnungen aufgebläht haben bis hin zu makroskopischen Störungen des Gleichgewichts.

Lesch: Bei der Gelegenheit könnte man übrigens die Leserinnen und Leser mal fragen: Es gibt ja den berühmten Satz von Heraklit „Panta rhei“, alles fließt. Aber was heißt „alles schwankt“ auf Griechisch? Das lässt sich bestimmt herausfinden. (Anmerkung zur 2. Auflage: Als Übersetzungsvorschlag wurde „Panta saleuei“ genannt.)
Alles schwankt – das ist genau das, was tatsächlich dahinter steckt. Das alles erfassende Schwanken führt dazu, dass tatsächlich am Ende Heraklit recht hat. Dass sich überhaupt etwas verändern und damit weiterentwickeln kann. Das meinte der alte Grieche mit seinem berühmten Satz vom immerwährenden Fluss der Geschehnisse. Wenn nämlich am Anfang nicht Energie und Materie geschwankt hätten, dann wäre ja nie was geworden. Nie hätte irgendetwas unter seiner eigenen Schwerkraft zusammenfallen können – ob das jetzt leuchtende oder dunkle Materie ist, egal was.

Gaßner: Da sprichst du einen sehr interessanten Punkt an. Aristoteles war davon überzeugt – als jemand, der im öffentlichen Dienst tätig war –, dass der natürliche Zustand jeder Materie der in Ruhe sei. Nur wer, bitte, bewegt dann die Objekte am Himmel? Und selbst wenn es einen solchen Beweger gäbe, wer bewegt dann den Beweger? Aus seiner Sicht führte kein Weg vorbei an einem unbewegten Erstbeweger, weil er eben keine Ursache gefunden hatte, die ihrerseits ohne Ursache möglich ist.

Lesch: Genau. Selbst mit unseren tollsten kosmologischen Theorien kommen wir im Grunde daran nicht vorbei. Wir brauchen heutzutage eine Störung. Wir sagen dann: Naja, die Quantenmechanik… da schwankt alles. Und wenn alles schwankt, dann ist ja wirklich alles in Bewegung. Sogar das blähende Universum schwankt. Dann ist auch klar, woher die Störung, dieser Stolperer kommt. Das finde ich schon irgendwie erschütternd.

Gaßner: Genau das missfällt mir auch an unserem Weltbild. Wir erheben notwendigerweise die Gesetze der Quantenmechanik zu etwas, das bereits – jetzt hätte ich fast „vor dem Urknall“ gesagt, aber ein Vorher gibt es ja nicht –, das also ursächlich für den Urknall ist. Die Quantenmechanik ist unser Erstbeweger. Kein unbewegter, sondern ein schwankender.

Lesch: Wenn man diese Kröte geschluckt hat, lässt sich die Chronologie des Universums mit den naturwissenschaftlichen Modellen erfolgreich beschreiben. Der Erfolg heiligt wieder einmal die Mittel.

Gaßner: 380.000 Jahre nach dem Urknall konnte sich nun die Strahlung ungehindert auf den Weg machen, die Penzias und Wilson entdeckt und Smoot und Mather mitsamt den enthaltenen Temperaturschwankungen „fotografiert" haben.

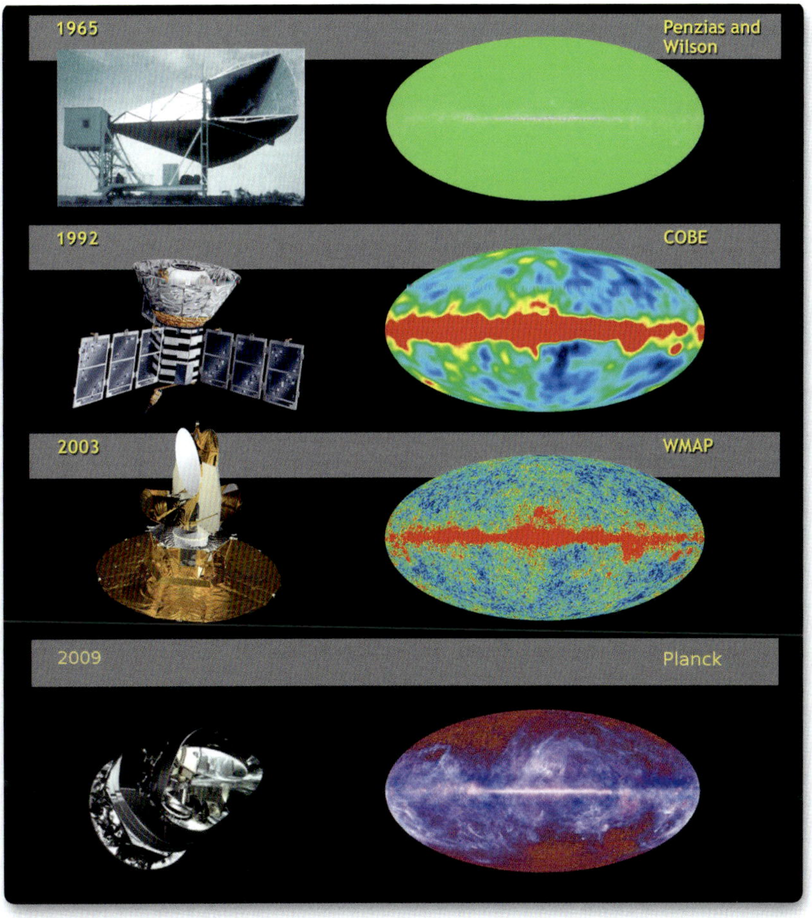

2.23 *Misst man in jeder Richtung (isotrop) die mit etwa 2,725 Kelvin einfallende Mikrowellenstrahlung, so erhält man eine hochrotverschobene Aufnahme des Universums, aus der Zeit 380.000 Jahre nach dem Urknall. Dies ist das am weitesten zurückreichende Bild, weil sich Photonen erst seit dieser Phase*

(der Rekombination) über weite Strecken ungehindert bewegen können. Die Bildcollage zeigt chronologisch die schrittweise verbesserte Auflösung der zweidimensionalen Projektion der Kosmischen Hintergrundstrahlung. Seit ihrer Entdeckung durch Penzias und Wilson, mit Hilfe der riesigen Hornantenne, wurden die Satelliten COBE (Cosmic Background Explorer), WMAP (Wilkinson Microwave Anisotropy Probe) und Planck eingesetzt. Das elliptische Bild ist analog zur Mercator-Projektion der Erdoberfläche auf einen zweidimensionalen Atlas zu interpretieren. Farbunterschiede symbolisieren den Temperaturunterschied von einem Zwanzigtausendstel Kelvin (blau kälter, rot wärmer). Der störende Einfluss der Milchstraße zeigt sich in Form eines horizontalen Balkens in den Aufnahmen. Für eine reine Darstellung des Kosmischen Hintergrundes werden deshalb die Mikrowellenstrahlung aus der Milchstraße und andere bekannte Störquellen abgezogen.

Lesch: Das Beweisfoto: Unser Universum auf frischer Tat bei der Rekombination ertappt! Endlich lichtet sich der Nebel. Aus der Zeit vorher ist einfach kein Foto möglich. Das ist eine reine Hin- und Herschubserei, ein Brodeln und Sprudeln, ein Hin- und Herstreuen. Aber dann kommt endlich der große Moment ...

Gaßner: Die Analyse der Kosmischen Hintergrundstrahlung erweist sich bis heute als wahre Fundgrube. Bereits 1967 erkannten Rainer Kurt Sachs und Arthur Michael Wolfe, dass die ersten Verdichtungen im frühen Universum an den Photonen der Hintergrundstrahlung eine Signatur hinterlassen haben. Grundsätzlich gewinnen Photonen Energie bei der Annäherung an Masse und verlieren diese Gravitationsenergie wieder, sobald sie sich entfernen. Anschaulich gesprochen „fallen" die Photonen in eine Vertiefung hinein, einen sogenannten Potenzialtopf, und „klettern" anschließend wieder heraus. Wird nun in der kurzen Verweildauer des Photons im Potentialtopf dessen Form verändert – beispielsweise wird die Vertiefung durch die Expansion des Raumes flacher –, so ist für das Herausklettern weniger Energie notwendig und es bleibt ein Netto-Energiegewinn. Entsprechende Messungen belegen diesen sogenannten *Sachs-Wolfe-Effekt* und stützen die Hypothese einer expandierenden Raumzeit.

Lesch: Im Frühjahr 2014 konnte erstmals ein Nachweis zur kosmischen Inflation geführt werden. Bis dato kannten wir nur indirekte Hinweise auf diese frühe Phase, bei der das Universum mit Überlichtgeschwindigkeit expandiert haben soll. Insbesondere lieferte die Hypothese eine Erklärung für die beobachtete Flachheit des Universums und den scheinbaren Widerspruch, dass Gebiete über identische Temperaturen verfügen, die weiter als 13,8 Mrd. Lichtjahre voneinander entfernt sind und deshalb bei maximaler Expansion mit Lichtgeschwindigkeit niemals in kausalem Kontakt gestanden haben konnten. Woher wusste ansonsten in einem 46 Mrd. Lichtjahre großen Volumen die Fraktion links außen, welche Temperatur rechts außen herrscht?

Gaßner: Gemessen hatten die Kollegen vom Südpol den Effekt bereits ein Jahr zuvor, sie haben aber vorsorglich gewartet, bis sie die Katze aus dem Sack gelassen haben. Das gemessene Signal war nämlich stärker als erwartet, weshalb man sich zu einer eingehenden Prüfung entschloß, solange bis auch die Beobachtungen der neueren Geräte die Messungen bestätigten. Längst war ein Wettlauf entbrannt mit den Daten der Planck-Mission, den *Bicep* (Background Imaging of Cosmic Extragalactic Polarization) zeitlich für sich entscheiden konnte. Allerdings bleiben Fragezeichen. Die gemessenen Polarisationen könnten auch von anderen Effekten verursacht worden sein, insbesondere durch Staub in der Milchstraße. Deshalb bleibt die Planck-Mission im Rennen, weil der Satellit die Hintergrundstrahlung in unterschiedlichen Frequenzbändern analysiert und damit potentielle Störquellen besser identifizieren kann. Es bleibt spannend. Wer den Nachweis der Inflation für sich beanspruchen kann, darf sich berechtigte Hoffnungen auf eine Einladung nach Stockholm machen.

Lesch: Was hat Bicep nun wirklich beobachtet?

Gaßner: Seit drei Jahren nutzen Forscher die besonders trockene Luft am Südpol, in 2.800 Meter Höhe, um zwei Prozent des Himmels nach besonderen Mustern in der Hintergrundstrahlung abzusuchen. Anfangs mit dem Prototyp Bicep1 (98 Detektoren, 2006 – 2008, Frequenzen von 100 und 150 GHz), später mittels Bicep2 (512 supraleitende Detektoren, Anfang 2010 bis Ende 2012, bei 150 GHz) und zukünftig mit Bicep3 (2560 Detektoren bei 100 GHz). Spezielle Muster in der Hintergrundstrahlung, sogenannte *B-Moden* in der Polarisation, weisen zwei Phänomene mit einem Schlag nach: Die Inflationsphase im frühen Kosmos und die Existenz von Gravitationswellen.

2.24 *Die Bicep (Background Imaging of Cosmic Extragalactic Polarization) Forschergruppe am Südpol (linkes Gebäude)*

Lesch: Polarisation ist die Eigenschaft elektromagnetischer Strahlung, bevorzugt in einer Richtung zu schwingen. Wechselwirkungen mit Materie beeinflussen die Polarisation, wodurch sich Materieverteilungen nachweisen lassen.

Gaßner: Auch Gravitationswellen beeinflussen die Polarisation. Starke Gravitationswellen entstehen beispielsweise, wenn Massen extrem beschleunigt werden, wie etwa bei Supernova-Explosionen oder Kollisionen von Neutronensternen oder Schwarzen Löchern ...

Lesch: ... oder während der kosmischen Inflationsphase.

Gaßner: Jawohl. Und diese Gravitationswellen aus der kosmischen Inflation sollten nun theoretisch ein charakteristisches Muster in der Polarisation der Hintergrundstrahlung hinterlassen haben. Man unterscheidet dabei sogenannte *E-Moden* und *B-Moden*. E-Moden wurden bereits 2002 – ebenfalls am Südpol – genauer am *Degree Angular Scale Interferometer* (DASI) – gemessen und liefern Information über Unterschiede in der Materiedichte. Die wirbelartige Struktur der nunmehr analysierten B-Moden in der Hintergrundstrahlung liefert Information über Störungen in der Raumzeit.

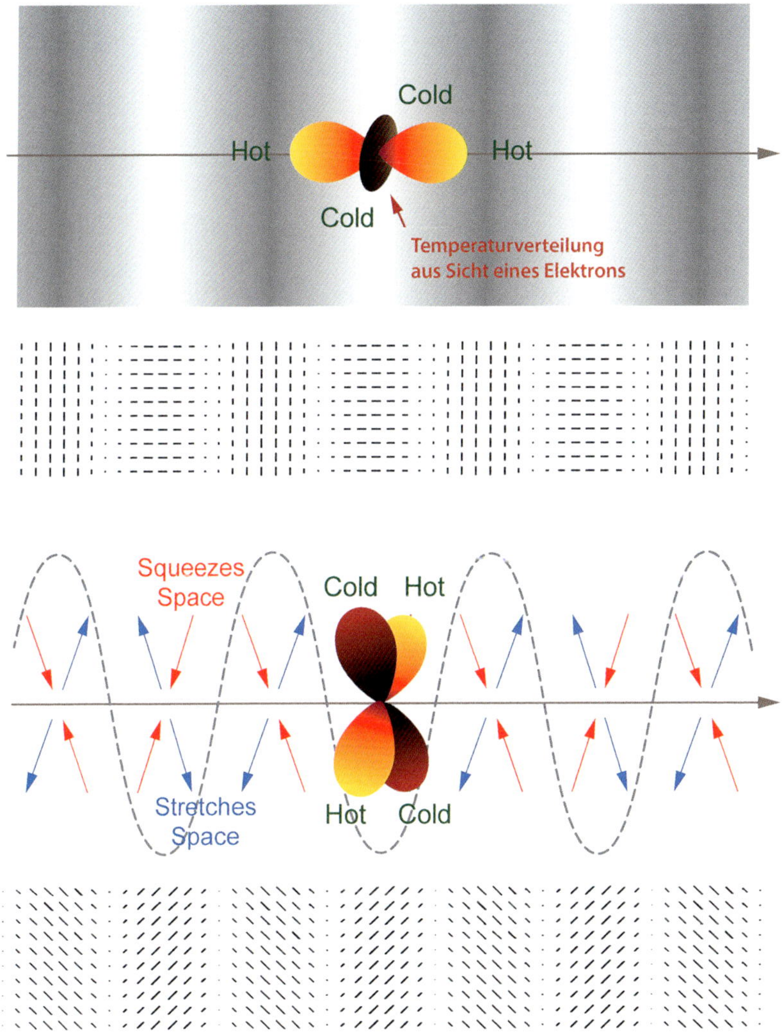

2.25 *Bild oben: Eine ebene Dichtewelle, die senkrecht von links einfällt, verursacht an einem beliebigen Raumpunkt eine veränderte Temperaturverteilung und eine charakteristische Polarisation. Diese sogenannten E-Moden sind durch Striche dargestellt.*

Bild unten: Eine Gravitationswelle, die von links einfällt, verursacht wirbelartige B-Moden in der Polarisation, weil der Raum abwechselnd gestaucht und gestreckt wird.

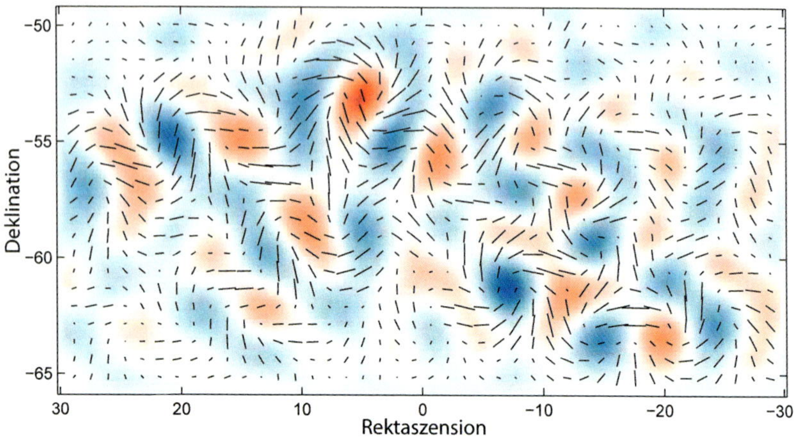

2.26 *Die Messungen des Projektes Bicep2, aufgetragen in Polarkoordinaten. Die Orientierung der schwarzen Linien zeigt die Polarisationsrichtung der Photonen in der Kosmischen Hintergrundstrahlung. Je dunkler die rote oder blaue Färbung, desto intensiver die Verdrehung im Uhrzeigersinn (blau) oder gegen den Uhrzeigersinn (rot).*

Lesch: Puh! Erst der Sachs-Wolfe-Effekt, dann Polarisationen in der Kosmischen Hintergrundstrahlung – das ist schon sehr schwere Kost.

Gaßner: Zum Glück wird es in der Geschichte unseres Universums jetzt endlich anschaulicher. Bald kommen die ersten Brösel, die man in die Hand nehmen könnte.

Lesch: Nach Brodeln und Sprudeln kommen jetzt die Brösel. Da fällt mir mein neues Lieblingswort „werkeln" wieder ein, es passt so gut hierher. Leider wird es viel zu selten verwendet, wo es doch so treffend klar macht, dass sich etwas tut. Unter „werkeln" stelle ich mir viele kleine Handwerksbetriebe vor – hier wird dieses gedrechselt, dort wird jenes geschnitzt. So ist es im Universum jetzt, also damals, eigentlich auch. Es wird sehr heftig an der Strukturbildung gewerkelt.

3

Das Weltall

Alles, was ist – nicht mehr, aber auch nicht weniger

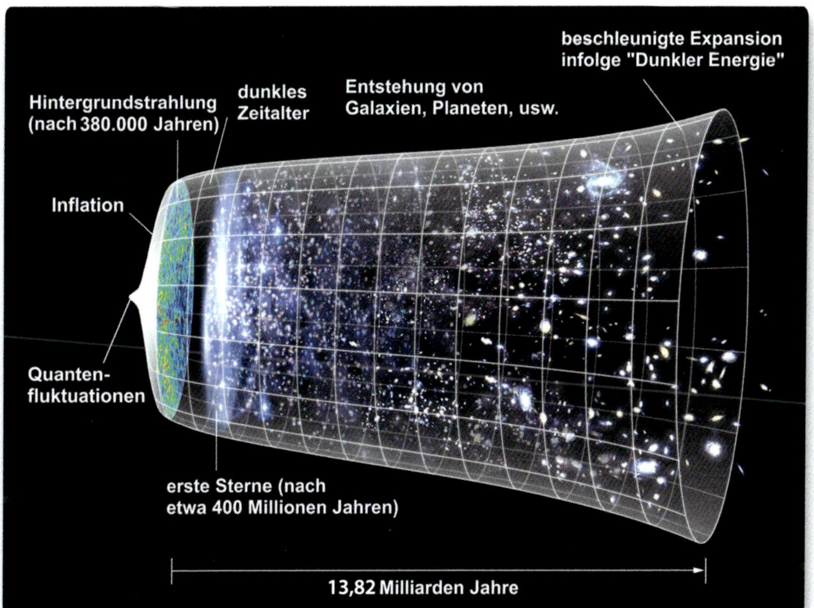

3.1 *Die Entwicklung des Weltalls geometrisch dargestellt. Jede vertikale Scheibe repräsentiert das Universum zu einem festen Zeitpunkt. Die Scheibenradien (Größe des Universums) wachsen während der kosmischen Inflation schlagartig und im weiteren Verlauf verhältnismäßig langsam an. Ab etwa der Hälfte des Alters des Universums beschleunigt sich die Expansion wiederum.*

3.1 Die Strukturbildung

Aus Bröseln werden Sterne

Gaßner: Genau, hier wird es richtig spannend. Wie kann sich Materie verdichten, während sich der Raum im Universum ständig ausbreitet?

Lesch: Hier hat sich das Schicksal des Universums entschieden! Sein oder nicht sein – das war schon damals die Frage.

Gaßner: Es war eine wichtige Gabelung. Stand doch die Entstehung von Strukturen auf des Messers Schneide. Sterne entstehen, weil Gaswolken oberhalb einer Dichte von 5.000 Molekülen pro cm^3 unter ihrem eigenen Gewicht zusammenfallen. Dies kann aber nur dann passieren, wenn die Expansion des Raumes langsam genug vonstattengeht. Eine zu schnelle Expansion hätte die Dichte schneller verringert, als die Schwerkraft sie erhöhen kann.

Lesch: Das Universum meinte es gut mit uns und ließ an den Orten ausreichend hoher Materiedichte die Gravitation im Kampf „Verklumpen versus Verdünnen" obsiegen. Die anfänglich fast gleichmäßig verteilte Materie begann sich zu organisieren. Einmal in Gang gesetzt, war dieser Mechanismus selbst verstärkend. Der gravitative Druck komprimierte das Gas, heizte es dabei auf und erhöhte stetig den inneren Gegendruck. Ein erlösendes Gleichgewicht konnte sich jedoch nie einstellen, weil ebenso stetig Strahlung nach außen verloren ging.

Gaßner: Wann immer sich im Inneren ein ebenbürtiger Druck gebildet hatte, musste die Gravitation nur einen Wimpernschlag abwarten, bis der Gegner durch die Abstrahlung von Wärmeenergie ausreichend geschwächt war. Eine neue Kompressionsrunde konnte beginnen. Die Materieinseln zogen immer mehr Gas zu sich heran und entleerten dabei regelrecht die Zwischenräume. Die Königin der Kräfte, die Gravitation, hatte das Regiment vollständig übernommen. Das Ende der Geschichte wäre ein alles verschlingendes schwarzes Loch gewesen. Niemals hätte ein Lebewesen sich die Frage gestellt, warum die Welt so ist wie sie ist – hätte, wäre, wenn… Noch einmal meinte das Universum es gut mit uns. Der unaufhaltsam steigende Druck rief nach etwa 20 Millionen Jahren eine Kraft auf den Plan, die nur dann wirkt, wenn sich Atomkerne zu nahe kommen.

3.2 *Der Adlernebel in einer Entfernung von ca. 7.000 Lichtjahren im Sternbild Schlange ist ein Paradefall für ein Sternentstehungsgebiet. Er besteht überwiegend aus molekularem Wasserstoff und seine Ausdehnung beträgt fast 20 Lichtjahre. Die ausfransenden Filamente sind Orte verstärkter Sternentstehung bei einem mittleren Sternenalter unter einer Million Jahre.*

Lesch: In den kollabierenden Wolken mussten sich die Wasserstoff-Atome angesichts der immensen Temperatur in positiv geladene Protonen und negativ geladene Elektronen auflösen. Diesen Materiezustand, bei dem Elektronen und Atomkerne eigenständig existieren, nennt man *Plasma*.

Gaßner: Die Protonen kamen sich nun so nahe, dass die anziehende Kraft ihrer Quarks – die starke Kernkraft – trotz ihrer extrem kurzen Reichweite auch auf die Quarks der jeweils anderen Protonen wirken konnte. Hatte sie erst einmal zugepackt, überwand die starke Kernkraft spielend die elektromagnetische Abstoßung zwischen den gleichnamig geladenen Protonen und verschmolz sie. Sobald die ursprünglich getrennten Bestandteile eine neue und stabil gebundene Konfiguration eingegangen waren, wurde die Energie freigesetzt, die das Zupacken der Starken Kernkraft geliefert hatte. Auf diesen Prozess werden wir beim Thema *stellare Nukleosynthese* noch genauer eingehen. Diese freiwerdende Fusionsenergie ist es, die dem kollabierenden Gas im scheinbar ausweglosen Kampf gegen die Gravitation gewissermaßen als weißer Ritter zur Seite springt und die Gravitation für eine sehr lange Zeit in die Schranken weist. Diese Konstellation nennen wir einen Stern.

Lesch: Die Geschichte ist allerdings damit nicht zu Ende, Josef. Die Gravitation wartet geduldig auf den Tag, an dem die Fusion ihr Material letztendlich verbraucht haben wird. Wer zuletzt lacht, lacht am besten! Bis dahin wird allerdings noch sehr viel Zeit vergehen, viele Milliarden Jahre – je nach Masse des Sterns. In dieser Zeit wird die Gravitation weiter zahllose dieser Stern-Fusionsreaktoren zu Galaxien und Superhaufen zusammenziehen, getrennt durch schier endlose Weiten leeren Raumes. Dies ist das Weltall, wie wir es heute beobachten…

Gaßner: …und wie Harald es liebt! Jetzt bist du zu Hause angekommen, man merkt's.

Lesch: Ach, ist das schön! Man kann das alles da draußen sehen, man schaut in den Himmel und sieht – Sterne. Und die kann man ja nur sehen, weil dazwischen nichts ist, was einem das Licht verdecken könnte. Es ist zwar ganz schön leer da draußen, aber es ist doch immerhin etwas da, das sich mit bloßem Auge beobachten lässt. Jetzt ist man endlich weg vom Nichts. Was für eine Galaxie können wir von unserem Standort aus sehen?

Gaßner: Ich nehme an, du meinst nicht die Milchstraße. Die Magellanschen Wolken sieht man nur von der Südhemisphäre aus. Es bleibt noch Andromeda. Aber auch nur, wenn es extrem dunkel ist und wenn man vielleicht ein bisschen was getrunken hat.

3.3 *Die Andromeda-Galaxie (M 31). Sie ist mit 2,5 Millionen Lichtjahren das entfernteste Objekt, das mit bloßem Auge beobachtet werden kann.*

Lesch: Gut. Das ist jetzt schon mal der Himmel, wie wir ihn beobachten. Das ist doch schon mal was.

Gaßner: Damit wären wir bei den Sternen angelangt beziehungsweise bei der *stellaren Nukleosynthese*.

3.2 Leben und Sterben der Sterne

Ganz großes Kino!

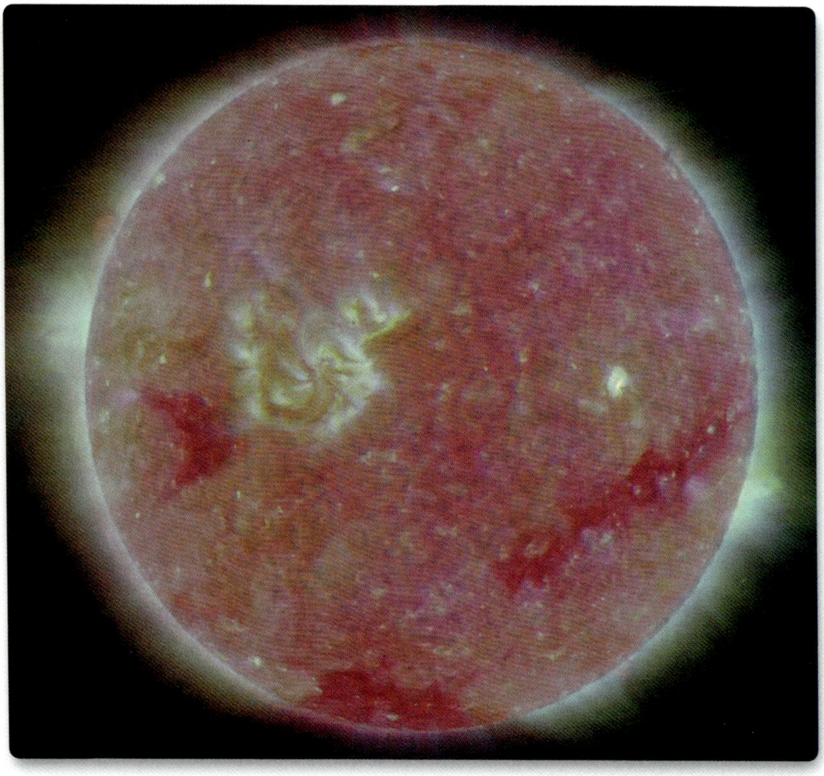

3.4 *Eine Überlagerung mehrerer Aufnahmen unserer Sonne bei Wellenlängen von 304, 195 und 171 Angström vom SECCHI Extreme UltraViolet Imager (EUVI) verdeutlicht die Temperaturunterschiede an der Oberfläche.*

3.2.1 Die stellare Nukleosynthese

Es werde Licht

Lesch: Sterne verdienen eine genauere Betrachtung, sind sie doch die Brutstätten des Lebens. Vor ihrem Auftauchen gab es nur eine Handvoll Elemente im Universum. Erst die Kernfusion in ihrem Inneren – die sogenannte *stellare Nukleosynthese* – erzeugte die Vielfalt der chemischen Elemente, wie wir sie kennen.

Gaßner: Menschen bestehen zu 92 Prozent aus dem Staub der Sterne, aus Kohlenstoff, Stickstoff, Sauerstoff, Phosphor, Eisen, Calcium, Zink, Selen und einigen anderen Elementen. Wie sagte Novalis einst: „Einen Körper berühren ist wie den Himmel berühren." Wir wissen heute, wie recht er damit hatte.

Lesch: Mengenmäßig spielen die schweren Elemente aus der stellaren Nukleosynthese zwar eine verschwindende Rolle – nach wie vor besteht das Universum zu 99 Prozent aus Wasserstoff und Helium. Für die Entstehung von Leben allerdings sind die schweren Elemente unentbehrlich. Genau darin liegt ihre große Bedeutung.

Gaßner: Ein Stern beginnt seine Elemente-Produktion mit der Verschmelzung von vier Protonen zu einem Heliumkern. Dafür muss die elektromagnetische Abstoßung der gleichnamigen Ladungen überwunden werden. Die starke Kernkraft ist hierzu in der Lage, jedoch ist ihre Reichweite sehr begrenzt. Druck und Temperatur im Inneren des Sterns lassen die Protonen in den Einflussbereich der starken Kernkraft geraten. Die Kernkraft greift sich die Teilchen und zwingt sie zum Atomkern zusammen. Genau betrachtet sind es die Quarks, die innerhalb der einzelnen Protonen durch den „Kernkleber" – die Gluonen – aneinander haften und die nunmehr den Quarks der anderen Protonen so nahe kommen, dass der Kleber auch sie festhält. Die schwache Kernkraft tut ihrerseits ein Übriges und lässt zwei Protonen zu Neutronen zerfallen – fertig ist ein Heliumkern. So weit, so gut.

Nur warum setzt dieser Prozess Energie frei und woher stammt sie? Die Protonen und Neutronen werden im Heliumkern vom Kleber zusammengehalten, es wäre also folgerichtig eine Energie nötig, um den Kern wieder in seine Bestandteile zu zerlegen. Exakt diese Energiemenge ist es nun, die bei der Fusion freigesetzt wird. Diese sogenannte *Bindungsenergie* kann man am Heliumkern auch ablesen. Weil Energie gleich Masse ist, beziehungsweise $E = m c^2$, wiegt der fusionierte Kern 0,66 Prozent weniger als die Summe seiner Ausgangsteile.

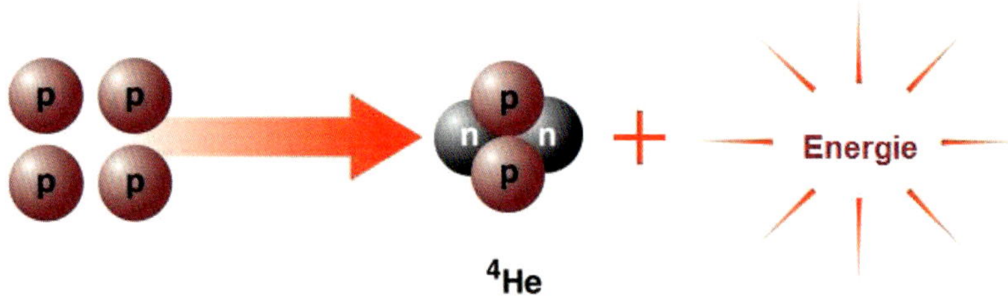

3.5 *Bei der sogenannten Proton-Proton-Kette fusionieren vier Wasserstoffkerne beziehungsweise Protonen in mehreren Zwischenschritten zu einem Heliumkern. Der zusammengesetzte Kern wiegt dabei 0,66 Prozent weniger als die Ausgangsprodukte. Dieser Massendefekt wird in Form von Energie freigesetzt.*

Man muss sich das mal vorstellen: Unsere Sonne verschmilzt auf diesem Wege pro Sekunde gigantische 564 Millionen Tonnen Wasserstoff (Protonen) zu ca. 560 Millionen Tonnen Helium. Die Differenz von 4,3 Millionen Tonnen wandelt unser Mutterstern pro Sekunde in Strahlung um. Dies ist mehr Energie, als die Menschheit in ihrer gesamten Entwicklungsgeschichte freigesetzt hat, alle unrühmlichen Atomwaffentests mit einbezogen.

Lesch: Seit viereinhalb Milliarden Jahren hat unsere Sonne in ihrem Zentrum – nur dort sind Druck und Temperatur ausreichend hoch – die Bindungsenergie unzähliger fusionierter Heliumkerne in Form harter Gammastrahlung auf den Weg geschickt. Diese stößt unmittelbar auf die Teilchen im umgebenden Plasma und übt einen Druck aus, der das Plasma gegen sein eigenes Gewicht stabilisiert.

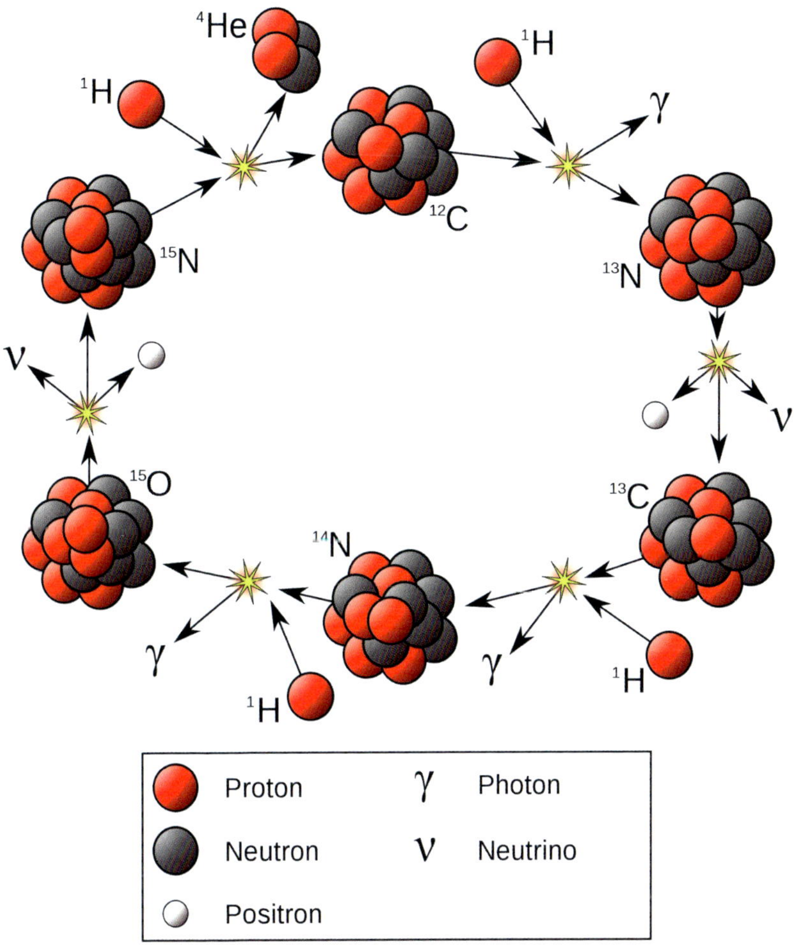

3.6 *In massereichen Sternen wird die Wasserstofffusion durch den sogenannten CNO-Zyklus dominiert. In einer geschlossenen Reaktionskette werden sukzessive vier Protonen an Isotope des Kohlenstoffs, Stickstoffs und Sauerstoffs angelagert. Zwei Protonen werden wiederum zu Neutronen umgewandelt und letztendlich ein Heliumkern abgespalten. Dieser zusätzliche Fusionskreislauf verkürzt das Leben massereicher Sterne dramatisch, neben den ohnehin bei entsprechend hohen Temperaturen beschleunigt ablaufenden Prozessen. In der Sonne spielt dieser, nach seinen Entdeckern auch Bethe-Weizsäcker-Zyklus genannte Fusionskreislauf, mit 1,6 Prozent eine untergeordnete Rolle.*

Gaßner: Bei jedem Zusammenstoß übertragen die Photonen Energie an ihre Lieblings-Wechselwirkungspartner, die freien Elektronen. Diese wiederum reichen die Energie durch Stöße an das restliche Plasma weiter. Die Strahlung wird also durch die Plasmateilchen in ihrer direkten Ausbreitung stark behindert und irrt innerhalb der Sonne, von zahllosen Stoßablenkungen fehlgeleitet, für Jahrmillionen umher. Und das mit Lichtgeschwindigkeit wohlgemerkt! Dieser Odyssee verdanken wir unser aller Leben. Verliert doch so die ehemals tödliche Gammastrahlung, die sich im Zentrum des Sterns forsch auf den Weg machte, unterwegs nahezu ihre gesamte Energie und schleppt sich mit letzter Kraft als nunmehr lebensfreundliches, sichtbares Licht an die Oberfläche. Zusammen mit der thermischen Strahlung des Plasmas bildet sie dort den Anteil, der dem Stern effektiv an Energie verloren geht. Der Rest verbleibt für den Kampf gegen den Gravitationskollaps, abgesehen von etwas Neutrinoenergie, die den Stern ungehindert verlassen kann.

3.2.2 Neutrinos

Den Ignoranten auf der Spur

Lesch: Die geheimnisvollen Neutrinos sind Elementarteilchen, sie enthalten also keine Bestandteile, in die man sie zerlegen könnte – keine Substruktur. Ihre Masse ist nahezu null und sie tragen keine Ladung. Sie entstehen allgemein bei Zerfallsprozessen. Im Falle der Heliumfusion ist es die Umwandlung der Protonen zu Neutronen, die jeweils ein Neutrino mit annähernder Lichtgeschwindigkeit freisetzt.

Gaßner: Die scheuen Gesellen sind die Ignoranten unseres Universums, sie kümmern sich um fast nichts und niemanden. Diese extrem niedrige Wechselwirkungsrate ist es, die sie selbst aus dem dichten Inneren unserer Sonne mühelos entkommen lässt. Ihre Reise durch den Glutball dauert weniger als drei Sekunden. Mit ihnen geht etwas mehr als ein Prozent der Fusionsenergie verloren.

Lesch: Einmal auf der Sonnenoberfläche angelangt, ist es sowohl für die Photonen als auch für die Neutrinos nur mehr ein Katzensprung zu uns auf die Erde – nach rund 8,3 Minuten treffen sie bei uns ein. Während die Neutrinos auch unseren Planeten ungehindert durchfliegen, werden die Photonen bereits händeringend von Pflanzen erwartet, die mittels Wasser, Kohlendioxid und mit Hilfe eines Farbstoffes daraus Sauerstoff und Zucker gewinnen.

Gaßner: Apropos Neutrinos. Als ich während des Physikstudiums zum ersten Mal mit Neutrinos in Kontakt kam, da habe ich mir gedacht: Das ist völlig verrückt! Wenn du nur mal den Daumen Richtung Sonne hältst …

Lesch: Also Pi mal Daumen …

Gaßner: … dann rasen durch deinen Daumennagel pro Sekunde 10-mal mehr Neutrinos, als es Menschen auf diesem Planeten gibt. 70 Milliarden pro Sekunde!

Lesch: Eine irre Geschichte. Den Beta-Zerfall eines freien Neutrons in ein Proton, ein Elektron und ein Anti-Neutrino haben wir ja bereits bei der primordialen Nukleosynthese kennengelernt. Bei der Entdeckung dieses Zerfallsprozesses, zu Anfang des letzten Jahrhunderts, wusste man allerdings noch nicht um die Existenz der Neutrinos. Sowohl die Protonen als auch die Elektronen konnte man bereits im Labor nachweisen. Man kannte die Energie der Neutronen auf der einen Seite und hatte deshalb eine klare Vorstellung davon, welche Energie die Zerfallsprodukte auf der anderen Seite haben sollten. So nach dem Motto: Wenn ich ein Steak bestelle, das medium ist, dann erwarte ich auch, dass ein Steak kommt, das medium ist und nicht eines, das total roh ist. Es schien aber, als ob die Teilchen, die bei diesem Zerfall entstanden, eben nicht medium waren, sondern roh. Die hatten nicht genug Energie. Man suchte nach Erklärungen: Entweder fehlt da noch Energie oder – und das war natürlich eine aberwitzige Vorstellung – man müsste den Energieerhaltungssatz bei diesen Zerfallsprozessen auf der Ebene der kleinsten Teilchen, die man damals kannte – Atome und Atomkerne –, aufgeben.

Und dann kam unter uns gesagt mein Held: Wolfgang Pauli. Eine echte Granate! Pauli erfand einfach diese Neutrinos, weil er sie brauchte, um den Energieerhaltungssatz zu retten. Ein sehr mutiger Mann!

3.7 *Wolfgang Ernst Pauli (1900 - 1958)*

Gaßner: Als die Neutrinos 20 Jahre nach seiner mutigen Prognose tatsächlich nachgewiesen wurden, soll er gesagt haben: „Alle Dinge erreichen denjenigen, der es versteht zu warten.“
Mittlerweile kennen wir drei verschiedene Arten von Neutrinos und deren Antiteilchen. Sie sind also real. Das Verrückte an dem Ganzen ist, dass wir in jedem Augenblick von einer Unzahl dieser Neutrinos durchschlagen werden, man könnte fast ein bisschen Angst bekommen. Wir sind es ja gewöhnt, uns von allem möglichen abzuschirmen. Wenn wir uns vor Gamma-Strahlung schützen wollen, bauen wir einfach eine geeignete Bleiwand auf. Wenn wir vor den Neutrinos in Deckung gehen wollten, könnte man jetzt auch auf die Idee einer Schutzwand kommen. Aber selbst wenn wir den gesamten Raum zwischen Sonnenoberfläche und unserem Planeten mit Blei ausgießen könnten, wären wir nicht nennenswert geschützt.

Lesch: Blei ist ja bekanntermaßen sehr dicht, aber diese Neutrinos machen sich gar nichts draus. Wenn sie aber fast gar nichts machen, wie kann man sie dann feststellen?

Gaßner: Damit überhaupt eine Wechselwirkung stattfindet, muss natürlich eine riesige Masse bereitgestellt werden. Die Mutter aller dieser Experimente ist *Kamiokande*, das *Kamioka-Nucleon-Decay-Experiment* aus dem Jahr 1982. Nahe der japanischen Gemeinde Kamioka wurde in einer ausgedienten Mine einen Kilometer unter der Erde ein Behälter mit 3.000 Tonnen hochreinem Wasser aufgestellt. Bei der Weiterentwicklung 1996 (*Super-Kamiokande*) waren es dann schon 50.000 Tonnen.

3.8 *Die ausgediente japanische Kamioka-Mozumi-Mine 1.000 Meter tief unter einem Bergmassiv vor dem Bau des Neutrinodetektors und nach der Installation von mehr als 11.000 Photomultiplier.*

3.9 *Im Endausbau mit 50.000 Tonnen hochreinem Wasser gefüllt (oben).*

Vor dem Befüllen und während Revisionen werden die Photomultiplier gereinigt. (rechts)

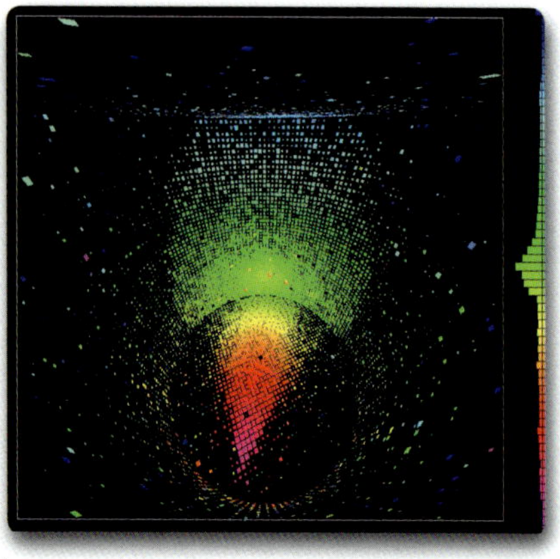

3.10 *Der Lohn für die Anstrengungen. Originalaufnahme eines Photonenschauers, ausgelöst durch eine Neutrino-Reaktion. In unterschiedlichen Reaktionen werden geladene Teilchen produziert (Elektronen oder Myonen), die sich im Wasser mit Überlichtgeschwindigkeit ausbreiten. Im Vorbeiflug an den Wassermolekülen lenken sie deren Elektronen aus und der anschließende Rückgang in den Grundzustand setzt Photonen frei. Diese Strahlung würde üblicherweise mit Lichtgeschwindigkeit destruktiv interferieren, d. h. sich gegenseitig auslöschen. Durch die Ausbreitung der geladenen Teilchen mit Überlichtgeschwindigkeit im Medium wird Strahlung schneller angeregt, als sie interferieren kann. Die Teilchen jagen diesen kegelförmigen Lichtblitz vor sich her, ähnlich einer Stoßwelle eines Überschallflugzeuges in Luft. Das resultierende bläuliche Licht nennt man Cherenkov-Licht, nach seinem Entdecker Pawel A. Cherenkov.*

Lesch: Das konnten sich auch nur die Japaner leisten – heute wäre das vermutlich nicht mehr finanzierbar. Warum gingen sie so weit unter die Erde in eine alte Mine?

Gaßner: Das Messverfahren ist so sensibel, dass es von der kosmischen Strahlung abgeschirmt werden muss, die überall auf der Erdoberfläche auftritt. Den Anfang hatten die Amerikaner in einem Bergwerk in South Dakota gemacht, der 1.500 m tiefen *Homestake-Mine*. Dort stellten sie einen Tank mit 380.000 Litern *Tetrachlorethen* auf – also Abflussreiniger. Alle heiligen Zeiten einmal wandeln Neutrinos darin ein ^{37}Chlor-Atom in ein ^{37}Argon-Atom um.
Ein ähnliches Verfahren verwandelt ^{71}Gallium zu ^{71}Germanium. Das passiert in Italien unter dem gewaltigen Bergmassiv *Gran Sasso* in einem Tunnelsystem. Das Labor ist praktischerweise über die Autobahn zu erreichen, die mitten durch den Berg verläuft.

Lesch: Josef, lass mich unserer Leserschaft zur Sicherheit die vermutlich verwirrenden Nukleonenzahlen vor den Elementen erklären. Jedes Element hat eine bestimmte Anzahl von Protonen im Kern, das legt seinen Platz im Periodensystem fest. Chlor besitzt beispielsweise 17

Protonen. Die Anzahl der Neutronen ist nicht eindeutig festgelegt. Die meisten Chlor-Atome bestehen aus 18 Neutronen, aber jedes vierte besitzt 20 davon. Zur Unterscheidung dieser sogenannten Isotope stellt man deshalb den Elementen eine Nukleonenzahl voran, welche die Gesamtanzahl von Protonen plus Neutronen angibt. Im Falle von ^{37}Chlor zum Beispiel handelt es sich um ein Chlor-Isotop mit 17 Protonen und 20 Neutronen.

Gaßner: Danke, Harald, in meiner Neutrino-Euphorie war ich wieder mal betriebsblind. Die Suche in den ausgedienten Minen wird schließlich noch von dem Experiment *IceCube* übertroffen, das seit wenigen Jahren am Südpol läuft. Dort hat man einen Kubikkilometer Eis mit Messgeräten ausgestattet. Dafür wurden zunächst mit heißem Wasser 86 Löcher gebohrt und über 5.000 Messgeräte versenkt. Diese weisen den schwachen Lichtkegel nach, den die Neutrinos extrem selten im Eis hinterlassen. Das ganze findet in einer Tiefe zwischen 1,5 und 2,5 km statt, weil dort das Eis wegen des hohen Drucks so dicht wird, dass es für diese Messgeräte ausreichend durchsichtig ist. Typische Weglängen, die Licht in einer solchen Umgebung unbeschadet durchläuft, betragen etwa 100 Meter. Bis dahin muss es einen der Photomultiplier erreicht haben, die das zarte Cherenkov-Licht zu einem handfesten Signal verstärken. Verblüffenderweise hat sich während des Betriebs herausgestellt, dass extrem hochenergetische Neutrinos im Eis sogar einen akustischen Knall freisetzen können. Ob dieses Signal ebenfalls zur Detektion beitragen kann, wird noch überprüft.
Weltweit sind wir mit diesen Detektoren gut aufgestellt. Tag für Tag weisen wir das ein oder andere Neutrino nach.

Lesch: Das ein oder andere! Jeden Tag eines! Man kann es per Handschlag begrüßen. „Mensch, Neutrino, komm doch rein". Man kennt sich persönlich. Norbert, das Neutrino…

Gaßner: In der Tat. Es wird da nicht viel gemessen. Haim Harari, ein israelischer Elementarteilchenphysiker, hat mal gesagt: „Neutrinophysik ist zum großen Teil die Kunst, eine Menge zu lernen, in dem man nichts beobachtet." Oder wie du mal in einem Vortrag so schön ein Karl-Kraus-Zitat abgewandelt hast: „Neutrinophysik ist die Kunst, auf einer Glatze Locken zu wickeln."

3.11 *Einer von 5.000 Photonen-Vervielfachern, die zwischen 1.450 und 2.450 Metern Tiefe am Südpol versenkt wurden.*

Lesch: Karl Kraus hat viele wunderbare Sachen gesagt. Obwohl er keine Ahnung von Neutrinos hatte.

Gaßner: Wir haben es also mit einem Teilchen zu tun, das zunächst erfunden worden ist, um etwas zu erklären. Dann ist es entdeckt worden. Die ersten Experimente sind rund 20 Jahre nach seiner offiziellen Erfindung gemacht worden. Dann kommen die Astronomen und sagen: Ja, wenn es diese Neutrinos gibt, dann müssten sie doch bei den Kernprozessen in den Sternen entstehen. Wenn es uns gelänge, diese Neutrinos nachzuweisen, dann könnten wir endlich in das Innere der Sonne schauen. Dann hätten wir endlich einen direkten Beweis dafür, dass unsere Sonne ein Fusionsreaktor ist.

Lesch: Ein Kernverschmelzungsapparat, in dem Neutrinos in unglaublicher Menge entstehen! Wie hast du vorhin gesagt: Pro Daumennagel etwa 70 Milliarden pro Sekunde und ohne dass man es merkt. Auch wenn der Daumen unten ist. Natürlich haben sie das IceCube-Experiment am Südpol installiert und nicht am Nordpol. Am Nordpol wird der Klimawandel ja dazu führen, dass das Eis irgendwann gar nicht mehr da ist. Auch Elementarteilchenphysiker müssen sich danach richten, wie das Klima der Erde in Zukunft aussehen wird.

Gaßner: Auch am Südpol wird IceCube nicht ewig arbeiten können. Die natürliche Drift des Eises wird das Experiment voraussichtlich in 10 Jahren zerstört haben.

Lesch: Bis dahin haben wir hoffentlich genug gemessen. Wie ist das mit der Masse der Neutrinos? Was ist der Stand der Dinge?

Gaßner: Wir wissen, dass sie nicht masselos sind. Zumindest zwei davon. Es gibt ja drei verschiedene Neutrino-Familien. Wir wissen, dass es einen Masse-Unterschied zwischen ihnen geben muss.

Lesch: Also, die einen sind schwerer als die anderen.

Gaßner: Genau. Sonst könnten sie sich nicht ohne weiteres ineinander umwandeln.

Lesch: Die Neutrinos verwandeln sich auf dem Weg von der Sonne zu uns auch noch?

Gaßner: Genau das hat man festgestellt, die sogenannte *Neutrino-Oszillation*. Der Vorteil von Kamiokande und IceCube liegt übrigens darin, dass sich aus der Leuchtspur die Richtung bestimmen lässt, aus der die detektierten Neutrinos kommen. Damit die Neutrinos überhaupt ein solches Cherenkov-Licht erzeugen, müssen sie allerdings über mindestens fünf MeV (Mega-Elektronenvolt) – also eine sehr hohe Energie – verfügen. Unterhalb dieser Schwellenenergie sind die Wassertanks für Neutrinos blind. Bei den chemischen Verfahren zur Transformation von Chlor zu Argon und Gallium zu Germanium liegt die Schwellenenergie wesentlich niedriger, typischerweise bei einigen hundert keV (Kilo-Elektronenvolt), dafür kann man sie nur zählen. Da ist man sich nicht einmal sicher, ob die Neutrinos von oben oder von unten, also durch den ganzen Planeten geflogen kamen.

Lesch: Wahre Geisterteilchen!

Gaßner: Und hier kommt noch ein Kuriosum für dich: Neutrinos sind meines Wissens die einzige Möglichkeit, zwischen links und rechts im Universum zu unterscheiden. Sollten wir wirklich einmal mit Außerirdischen kommunizieren und ihnen erklären wollen, wie unsere Uhren laufen, dass nämlich der Uhrzeigersinn hier rechts herum geht, dann würden mir nur Neutrinos dazu einfallen. Haben die Neutrinos doch die Eigenschaft, dass sie in Flugrichtung immer links drehen.

Lesch: Aha! Alle?

Gaßner: Die Neutrinos links. Die Anti-Neutrinos rechts.

Lesch: Die Neutrinos drehen sich nie rechts herum?

Gaßner: Genau. Das ist eine quantenmechanische Eigenschaft von ihnen, die sogenannte *Helizität*. Gemessen hat das ein Herr namens Maurice Goldhaber.

Lesch: Der Schrauben-Sinn – das ist etwas verschraubt, wie so vieles in der Teilchenphysik. Das Irre ist aber, dass es irgendwie zu stimmen scheint.

Gaßner: Wobei wir auch schon kapitale Böcke geschossen haben. Ich sage jetzt bewusst „wir", weil bei allen positiven Errungenschaften der Naturwissenschaft auch immer von „wir" die Rede ist. Der Erfolg hat immer viele Väter, der Misserfolg nur einen. Ich erinnere nur an das *Opera-Experiment*. Ein halbes Jahr lang war man der Überzeugung, Neutrinos könnten sich mit Überlichtgeschwindigkeit bewegen. Von der Schweiz bis zum Gran Sasso wurde eigens eine Rennstrecke mit 730 km Länge vermessen. Die Neutrinos nahmen dabei natürlich den kürzesten Weg durch die Erdkruste. Tatsächlich schienen die Neutrinos um 60 Nanosekunden zu früh anzukommen, d. h. mit 1,0025-facher Lichtgeschwindigkeit.

Lesch: Am Ende war einfach nur ein Kabel für die Zeitnahme defekt. Das war wirklich peinlich für die gesamte Wissenschaftsgemeinschaft. Bei seriöser, handwerklich sauberer Forschung wäre das zu vermeiden gewesen. Versteh mich nicht falsch, Josef, natürlich passieren immer wieder Irrtümer, sie sind sogar der Motor der Wissenschaft. Aber bevor man mit einer Publikation an die Öffentlichkeit geht, sollte man seine Hausaufgaben gemacht haben.

Gaßner: Da hättest du dich mit Erich Kästner gut verstanden: „Irrtümer haben ihren Wert, jedoch nur hie und da. Nicht jeder, der nach Indien fährt, entdeckt Amerika."

Allerdings verstehe ich nicht, wie sich dieser Fehler so lange hat halten können. Wir Astronomen konnten doch eine eindeutige Beobachtung dagegenhalten. Die Neutrinos und die Photonen der Supernova 1987A haben uns praktisch zeitgleich erreicht. Wenn es den Neutrinos auf diesem 160.000 Lichtjahre-Marathon nicht gelang, die Photonen abzuhängen, wieso sollten sie dann beim Kurzsprint über 730 km die Nase vorn haben?

Lesch: Dafür hätte man erst mal in der wissenschaftlichen Gemeinde Rat einholen müssen. Das setzt Vertrauen voraus in einer Zeit, in der die Ökonomisierung der Wissenschaft immer mehr Wettbewerb erzeugt, in der es immer öfter darauf ankommt, der Erste zu sein und das dann auch noch möglichst öffentlichkeitswirksam unter die Leute zu bringen. Da werden die wissenschaftlichen Standards schon mal geopfert. Da geht es mehr um Public Relation als um saubere Analysen und differenzierte, kritische Untersuchungen. Mehr Hollywood als Wissenschaft.

Gaßner: Zumindest erfährt der Steuerzahler auf diesem Wege, was mit seinem Geld gemacht wird, und das auch was dabei raus kommt.

Lesch: Das ist aber auch das einzig Positive daran. Teilweise führt es dazu, dass ähnlich wie in der Wissenschaft, schon mal die ein oder andere Zahl frisiert wird. Selbst Wissenschaftsspionage ist mittlerweile ein Thema. Vielleicht wird man in Zukunft alle Zuhörer eines Vortrags darauf hinweisen, dass niemand Mitschnitte, Fotos oder sonstige elektronische Kopien anfertigen darf. Das wäre dann das Ende der transparenten Forschung nach den Grundlagen der Welt.

Gaßner: Aber wie können wir der Ökonomisierung der Wissenschaft entgegentreten? Wie wollen wir uns die Erkenntnis als eigene Währung bewahren und nicht mit gleicher Münze bezahlten wie in der Wirtschaft? Wissenschaft kostet nunmal Geld.

Lesch: Das geht vor allem nur dann, wenn wir uns nicht am Wettbewerbsdenken beteiligen. In dem Moment, wo ich eine andere Gruppe von Wissenschaftlern nicht mehr als Kollegen, sondern als Konkurrenten empfinde, bin ich ja bei meiner Suche nach Erkenntnis nicht mehr frei.

Im schlimmsten Fall muss ich sogar Ergebnisse verschweigen, damit die anderen keinen Vorteil daraus ziehen.
Genau deshalb ist es so wichtig, diesem System die blanke, vielleicht naive Grundhaltung entgegenzustellen, dass wir Wissenschaftler uns nicht bestechen lassen von den Geldversprechungen der Mittelverteiler. Und dazu gehört, dass man etwas zunächst in der wissenschaftlichen Gemeinde veröffentlicht und diskutiert, dass man die Kollegen über die Verfahren, Ergebnisse und vor allem auch kritischen Punkte des Forschungsinhaltes informiert. Man wartet erst mal auf die Kommentare der Anderen. Dann kann man immer noch an die Öffentlichkeit gehen und mit allem Tschingerassabumm und Feuerwerk die neuesten Ergebnisse präsentieren.

Gaßner: Die renommierten Wissenschaftspreise und Ehrungen gießen zusätzlich Öl ins Feuer. Allein die Auszeichnung des russischen Investors Juri Milner ist mit drei Millionen US-Dollar dotiert und auch der Nobelpreis hat längst die Eine-Millionen-Euro-Schranke durchbrochen. Das steigert durchaus das Interesse daran, die oder der Erste zu sein. Wissenschaftler sind eben auch nur Menschen.

Lesch: Das sind fast schon unmoralische Angebote. Wissenschaft ist mittlerweile wirklich eine wilde Angelegenheit. Da lobe ich mir die fundierte gute alte Physik der Sterne. Sterne sind unbestechlich. Vier Protonen fusionieren zu einem Heliumkern, da weiß man, was man hat. Sternphysik ist Kernphysik.

Gaßner: Und so führst du uns mit anspruchsvoller Reimkunst – Erich Kästner wäre vor Neid erblasst – wieder zurück zur stellaren Nukleosynthese.

Lesch: Ach, richtig! Wir waren bei der Entstehung des Sonnenlichts im Inneren unseres Plasmasterns stehen geblieben. Man stelle sich das mal vor: Man startet im Inneren eines Sterns als Gamma-Quant. Hochenergetisch und wild will man die Welt durchdringen. Man kommt oben am Stern raus und hat alles verloren. Am Anfang verfügte man über so viel Energie und jetzt hängt man in den Seilen, der totale Loser! Aber immerhin wird man dann nach kurzem Flug von den Pflanzen auf dem Planeten Nummer drei mit Hurra und Jubel aufgenommen: „Gut, dass du kommst. Ich wollte meine Zuckermoleküle schon längst gemacht haben." Ist es nicht eine wunderbare Geschichte, dass das, was noch eben als der Totalverlust galt, an anderer Stelle der Totalgewinn ist? Das ist großartig! Ich verstehe gar nicht, dass du das so ruhig vortragen konntest.

Gaßner: Vor allem fasziniert es mich, wenn ich die Wärme der Photonen direkt auf meiner Haut spüre. Dann denke ich manchmal nach über die gewaltige Zeit, die sie durch unsere Sonne unterwegs waren, permanent gestreut und irregeführt. Letztendlich, nach Jahrmillionen, treffen sie auf mein Gesicht auf und ich frage mich: Auf wen werden die Photonen treffen, die sich jetzt auf den Weg machen?

Lesch: Du meinst diejenigen, die nach ihrer Odyssee in ein paar Millionen Jahren hier auftreffen werden?

Gaßner: Ob es dann noch Menschen gibt auf diesem Planeten?

Lesch: Jemanden, der sich dann über einen Sonnenbrand beschweren wird? Wenn man sich auf diese mikroskopische Welt einlässt, dann schwirrt einem schnell der Kopf. Man merkt, wie eng wir mit dieser gesamten kosmischen Evolution verbunden sind, wie wir da mitten in diesem Energiestrom drin stecken. Wir sind eben doch Kinder der Sterne, wie es so schön heißt. Da hilft alles nichts. Und was für eine wahrhaft kosmische Verbindung vom Licht eines Sterns zu einer voll erblühten Rose auf dem Planeten Erde! Doch was passiert, wenn der Protonenvorrat im Zentrum des Sterns komplett zu Helium verwandelt ist?

Gaßner: Glücklicherweise wird das in unserer Sonne frühestens in fünf Milliarden Jahren der Fall sein. Bedanken können wir uns bei der schwachen Kernkraft, die für einen erfolgreichen Fusionszyklus die besagten zwei Protonen in zwei Neutronen verwandeln muss. Dieser Prozess ist derartig ineffizient, dass nur einer von einer Trillion (10^{18}) Versuchen zur Fusion führt. Würde man im Stern ein ganz bestimmtes Proton verfolgen und darauf warten, dass es sich endlich entsprechend umwandelt, so müsste man ungefähr das Alter des Universums absitzen. Diese Spaßbremse sorgt für einen sparsamen Umgang mit dem Brennstoff und garantiert damit der Sonne ein langes Leben. Dass überhaupt ein Prozess ablaufen kann, der für einen Zwischenschritt durchschnittlich mehr Zeit braucht, als vom Beginn des Universums bis heute vergangen ist, ist wirklich bemerkenswert. Aber so ein Stern ist schon ein sturer Hund. Mit seinen mindestens 10^{56} Protonen unternimmt er in jeder Sekunde dermaßen viele Anläufe, dass es am Ende doch zu ausreichend hohen Fusionsraten kommt.

Lesch: Irgendwann ist natürlich auch diese Party zu Ende. Nach dem Zapfenstreich gehen die Protonen im Zentrum zur Neige und der Stern gerät in eine Krise, eine Energiekrise. Ohne die Heizleistung der Fusion gewinnt die Schwerkraft wieder die Oberhand. Sie lässt die Riesenkugel unter ihrem eigenen Gewicht zusammenfallen. Dabei steigen Dichte und Temperatur im Zentrum erneut.

Gaßner: Ab etwa 100 Millionen Kelvin kann der „zweite Gang" der Kernfusion eingelegt werden – die Verschmelzung der schweren Heliumkerne, vor allem zu Kohlenstoff und Sauerstoff. Die Energie, die bei diesen Prozessen frei wird, stoppt die Kontraktion des Zentrums und stabilisiert den Stern erneut. Diesmal dauert es aber nur einige Millionen Jahre, bis der Heliumvorrat ebenfalls verbraucht ist, denn jede Fusionsrunde im Stern ist weniger effizient als die vorhergehende.

Lesch: Der weitere Verlauf wird nun vor allem von der Masse des Sterns bestimmt. Die Sternmasse legt die Geschwindigkeit fest, mit der die Elemente erzeugt werden. Eine höhere Masse drückt stärker auf den zentralen Glutofen und erhöht so die Verschmelzungsrate. Für unsere Sonne wird es keine weiteren Brennphasen geben. Wir haben einen Stern der gehobenen Mittelklasse. Zusätzliche Brennphasen gibt es nur in der schweren Luxusklasse.

Gaßner: Ein Stern der Luxusklasse, der beispielsweise doppelt so schwer ist wie die Sonne, kann nur eine Milliarde Jahre alt werden – unsere Sonne wird immerhin zehn Milliarden Jahre scheinen. Rund die Hälfte davon hat sie bereits hinter sich. Es gibt sogar Sterne, die 50 bis 100-mal schwerer sind als die Sonne. Die leben dann nur wenige Millionen Jahre.

Lesch: Eine deutlich geringere Lebenserwartung dank Übergewicht. Es geht den Sternen wie den Menschen!

Gaßner: Die große Masse heizt also den Kern stark auf. Dadurch verlaufen die temperaturabhängigen Fusionsprozesse deutlich effizienter. Obwohl mehr Material vorhanden ist, reicht somit der Vorrat nur für kürzere Zeit. Da passt gut der Vergleich mit den Luxusautos. Die verbrauchen auch viel Treibstoff und obwohl sie einen größeren Tank besitzen, ist ihre Reichweite vergleichsweise kurz, kein Wunder bei der Höchstgeschwindigkeit und dem Gewicht.

Lesch: Wie schwer ist denn der dickste Brummer, den wir bislang gefunden haben?

Gaßner: Die Europäische Südsternwarte entdeckte 2010 in der Großen Magellanschen Wolke, genauer gesagt im Tarantelnebel, den Stern *R136a1*. Im zarten Alter von einer Million Jahren führt er bereits die Charts hinsichtlich Helligkeit und Masse an. Er lebt auf großem Fuß: Satte 55 Sonnenmassen hat er bereits verprasst. Trotzdem bringt er noch unglaubliche 265 Sonnenmassen auf die Waage.

Lesch: Im Inneren eines solchen Sterns können beinahe spielend alle Fusionsreaktionen gezündet werden. Bei unserem vergleichsweise zierlichen Energiespender ist nach dem Heliumbrennen die Geschichte zu Ende. Die Sonne wird sich zu einem Roten Riesen aufblähen und anschließend zusammenfallen, um als sehr heiße, im Durchmesser nur wenige tausend Kilometer große Materiekugel langsam auszukühlen.

3.2.3 Vom Roten Riesen zum Weißen Zwerg

Gullivers Reisen

Gaßner: So ohne weiteres ist jetzt noch nicht klar, warum sich ein Stern plötzlich gewaltig aufblähen soll. Da besteht noch Erklärungsbedarf, meinst du nicht, Harald?

Lesch: Richtig. Dann will ich das mal übernehmen. Grundsätzlich ist nur im Kern die Temperatur hoch genug, um erfolgreich Fusion zu betreiben. Dort ist der Brennstoff allerdings verbraucht, d. h. sämtliches Helium zu Kohlenstoff oder Sauerstoff umgewandelt. Die Gravitation komprimiert den Stern wieder und heizt ihn auf. Das geht solange, bis in einer Schale um den Kern herum, wo es bislang zu „kühl" war und deshalb noch Helium vorhanden ist, die Temperatur zur Fusion ausreicht.

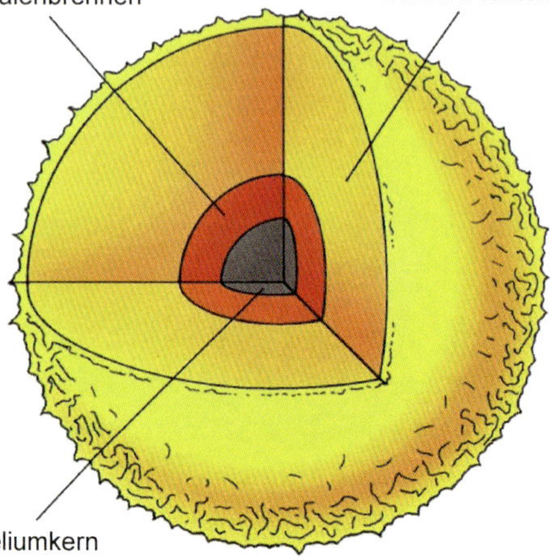

3.12 *Wasserstoff-Schalenbrennen: Nachdem der Wasserstoff im Zentrum des Sterns zu Helium fusioniert wurde, heizt die gravitative Kontraktion den Stern weiter auf. Bevor die Kerntemperatur jedoch 100 Millionen Kelvin erreicht, die Mindesttemperatur, um den zweiten Gang einzulegen, d. h. Helium zu Kohlenstoff zu fusionieren, zündet in einer Kugelschale um den ursprünglichen Kern herum die Fusion von Wasserstoff zu Helium. Die veränderten Druckverhältnisse durch das allmähliche Wandern der Brennschale nach außen blähen den Stern auf.*

Lesch: Sobald diese Schale aufgebraucht ist, heizt die Gravitation erneut, bis in der angrenzenden, weiter außen liegenden Schale die Fusion möglich wird. Die Brennschale wandert langsam nach außen.

Gaßner: Das Zünden der Heliumschalen erfolgt sehr abrupt. Je weiter draußen diese *Flashes* stattfinden, umso weniger Masse drückt von außen dagegen. Das Plasma folgt den Druckwellen, bis sich die nach innen und die nach außen gerichteten Kräfte an jedem Ort wieder im Gleichgewicht befinden. Der Stern nimmt dabei eine neue, wesentlich größere Konfiguration ein: einen Roten Riesen. Man muss sich das mal vorstellen, unsere Sonne wird in diesem Stadium fast bis an unseren Planeten heranreichen. Dann wird es hier sehr ungemütlich. Das Leben auf der Erde wird ein Ende finden: „In the long run we are all dead" (John Maynard Keynes: Auf lange Sicht sind wir alle tot).

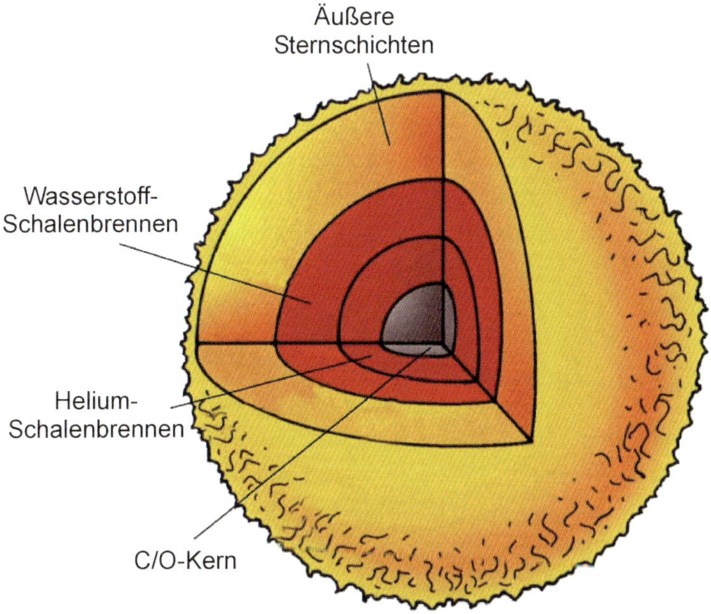

3.13 *Helium-Schalenbrennen: Nachdem das Helium im Kern zu Kohlenstoff beziehungsweise Sauerstoff verschmolzen wurde, zündet der Gravitationskollaps wiederum Fusionsreaktionen in Kugelschalen um den Kern. Dies bläht den Stern erneut auf. Der Wechsel vom Wasserstoff-Schalenbrennen zum unvermittelt hart einsetzenden Helium-Schalenbrennen destabilisiert den Stern und kann vom allmählichen Abdriften bis hin zum völligen Absprengen der Hüllen als Planetarer Nebel führen.*

Lesch: Also, für alle Urlaubsbanausen: Bis dahin müssen wir auf alle Fälle von hier weg sein. Aber wir wissen ja dank Douglas Adams Roman „Per Anhalter durch die Galaxis", dass es prima Fluchtwege gibt. Die intergalaktische Umgehungsstraße wird ja schon gebaut und dann machen wir uns eben vom Acker und suchen uns halt was Neues. Unsere Suche nach bewohnbaren Planeten ist in vollem Gange und bis es soweit ist, haben wir mindestens einen passenden Planeten gefunden – keine Frage. Als Problem könnte sich höchstens erweisen, dass die Computer, deren Entwicklung wir ja so vorantreiben, am Ende schlau genug sind und uns gar nicht mehr an Bord lassen. Die wollen dann hier weg und wir müssten hier bleiben.

Gaßner: Wollen wir's mal nicht hoffen. „Schicker Zweitwohnsitz im ewigen Sommer von Gliese 667Ce." So ähnlich könnte in ein paar Millionen Jahren eine Anzeige im intergalaktischen Immobilienanzeiger lauten. Der Planet befindet sich in Co-Rotation mit einem seiner drei Muttersterne, d. h. er zeigt dem Stern bis auf kleine Schwankungen stets dieselbe Seite. Wer's gerne warm und sonnig mag, sollte also dringend auf die Lage des Grundstücks achten. Morgens kommt man ein bisschen schwer aus dem Bett, bis man sich an die höhere Anziehungskraft gewöhnt hat. Dafür gibt es abends von der Terrasse aus gleich mehrere Sonnenuntergänge zu bewundern.

Lesch Als schwachen Trost für die Heimatvertriebenen bietet unser Muttergestirn am Ende seines Riesenstadiums eine kosmische Lasershow: einen Planetaren Nebel. Die Bezeichnung ist irreführend, mit Planeten hat das nichts zu tun. Tatsächlich nimmt die gravitative Bindung der äußeren Schichten immer mehr ab, je weiter sich der Riesenstern aufbläht. Zusätzlich destabilisiert den Stern der mehrmalige Wechsel vom Wasserstoff-Schalenbrennen zum schlagartig einsetzenden Helium-Schalenbrennen. Die Hülle kann dabei allmählich abdriften oder völlig abgesprengt werden, bis nur mehr der heiße Kern in Form eines Weißen Zwerges zurückbleibt. Seine Oberflächentemperatur kann durchaus 100.000 Kelvin betragen. Die entsprechende Strahlung regt die abgesprengte Hüllenmaterie zu einem grandiosen Leuchtspektakel an, das typischerweise bis zu 50.000 Jahre anhält.

Lesch: Mittlerweile haben wir über 200 dieser Planetaren Nebel beobachtet und allesamt bieten sie ein Schauspiel ohne Gleichen. Mein persönlicher Favorit ist der *Helixnebel*. Er ist mit 700 Lichtjahren Entfernung der nächstgelegene Planetare Nebel.

Gaßner: Wunderschön und zugleich bizarr sind sie allesamt. Wie ihre teils faszinierenden Formen zustande kommen, ist noch nicht vollständig geklärt. Vermutlich spielen Magnetfelder eine wichtige Rolle. Wenn ich einen Planetaren Nebel herausgreifen müsste, wäre es der *Südliche Ringnebel*.

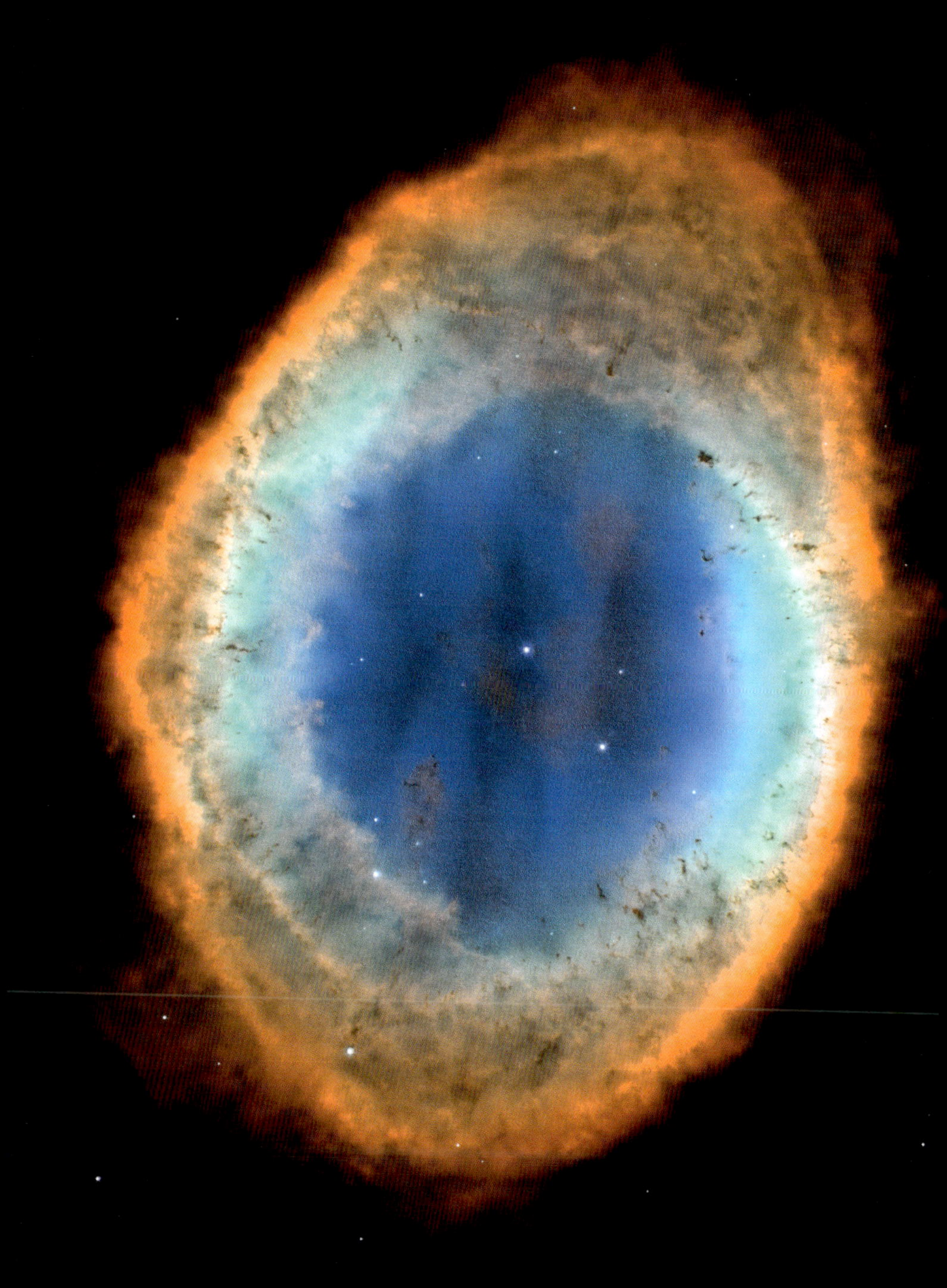

3.14 *NGC 6720 (2.500 Lichtjahre entfernt) entstand vor ca. 20.000 Jahren. Seine Gashülle breitet sich mit 19 km/s aus. Seine dreidimensionale Struktur entspricht einem Torus mit 1,3 Lichtjahren Durchmesser, in dessen Zentrum ein Weißer Zwerg mit 70.000 Grad Oberflächentemperatur thront.*

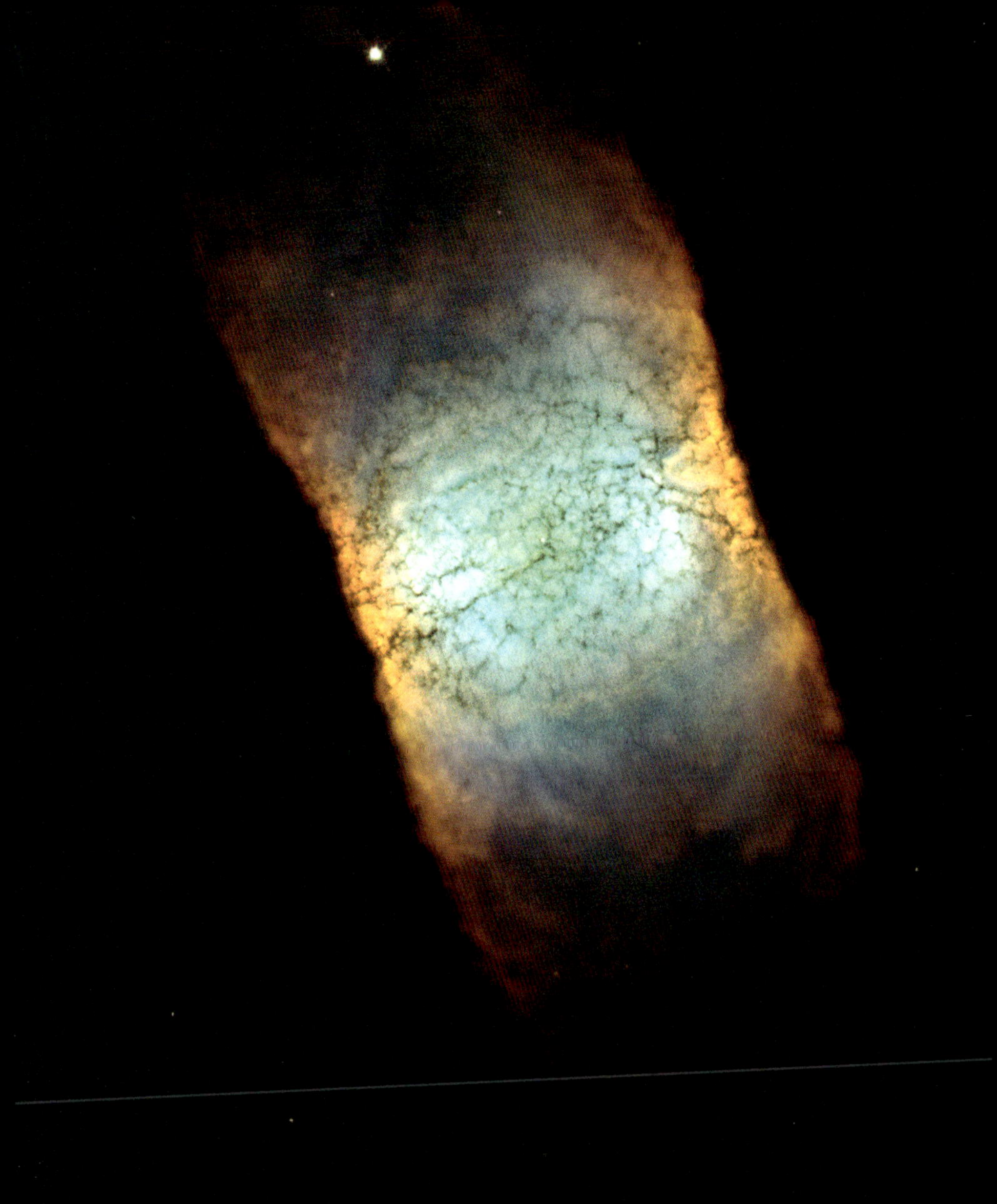

3.15 Links: *Der Helixnebel NGC 7293 ist mit 700 Lichtjahren Entfernung der nächstgelegene Planetare Nebel. Die enorme Strahlung des Weißen Zwerges im Zentrum lässt bereits seit 12.000 Jahren den umgebenden Sauerstoff blau, Wasserstoff gelb und Stickstoff rot leuchten. Mit Hilfe mehrerer Teleskope konnte ein Modell für die Seitenansicht des Nebels entwickelt werden (links oben).*

3.16 Oben: *Der Retinanebel (IC 4406) im Sternbild Wolf bildet einen Torus um seinen ausgebrannten Zentralstern. Das Hubble-Weltraumteleskop zeigt die Seitenansicht dieses Ringes.*

3.17 *Der südliche Ringnebel NGC 3132 im Sternbild Antlia, 2.000 Lichtjahre entfernt. Der helle Stern in der Bildmitte befindet sich in der Sichtlinie zwischen uns und dem Nebel, er steht der eigentlichen Beobachtung gewissermaßen im Weg. Der Weiße Zwerg von NGC 3132 ist trotzdem als kleiner Punkt dicht neben dem Störenfried erkennbar.*

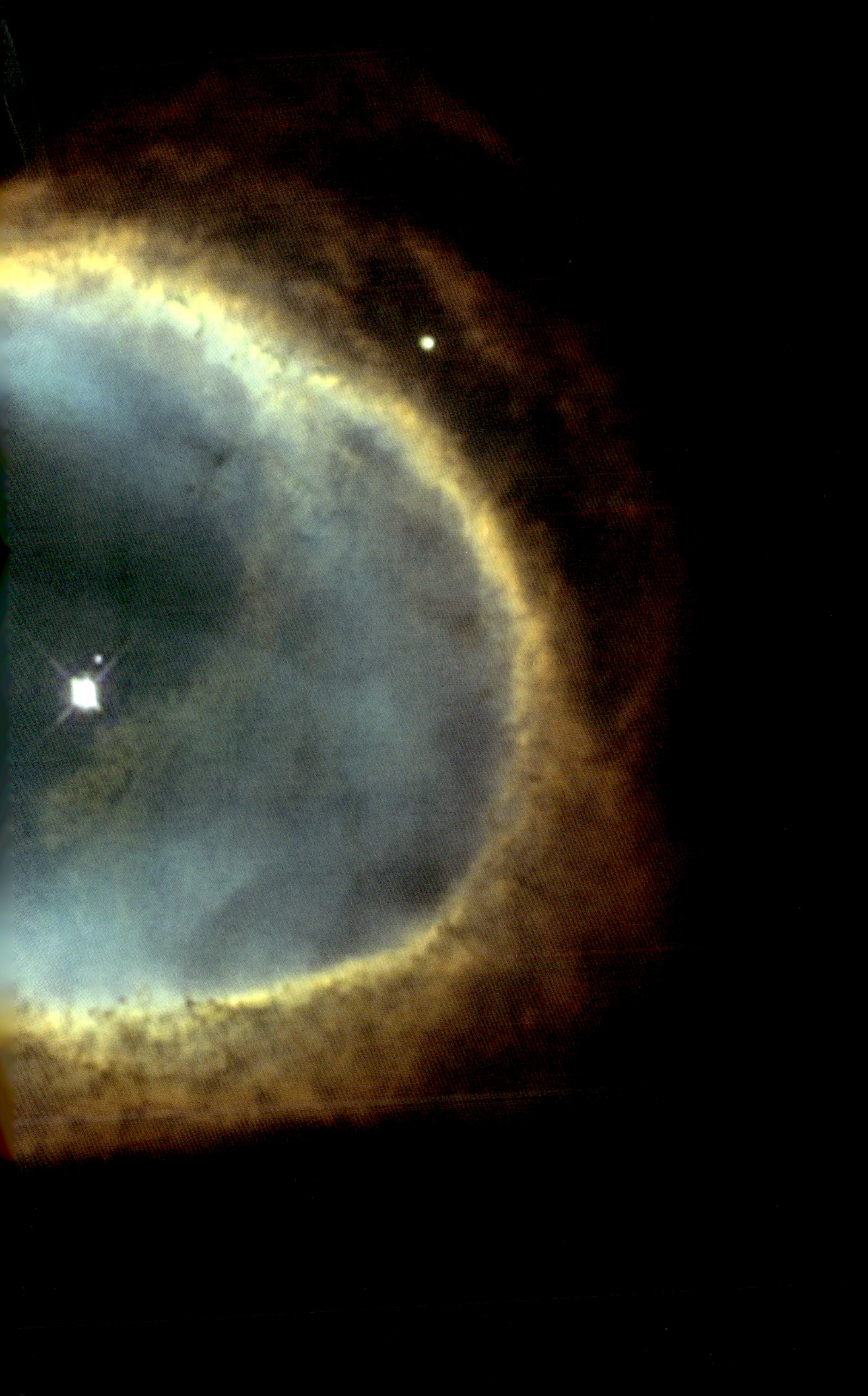

3.18 *Der Hantelnebel M27 im Sternbild Füchslein, 1.360 Lichtjahre entfernt. Er wurde bereits 1764 als erster Planetarer Nebel von Charles Messier entdeckt. Seine bipolare Hantelform könnte durch Magnetfelder entstanden sein. Dies ist Gegenstand der Forschung.*

3.19 *Der Ameisennebel Menzel 3 im Sternbild Winkelmaß, 3.000 Lichtjahre entfernt, 1,6 Lichtjahre groß. Ausbreitungsgeschwindigkeit: 50 km/s. Entdeckt 1922 von Donald Menzel.*

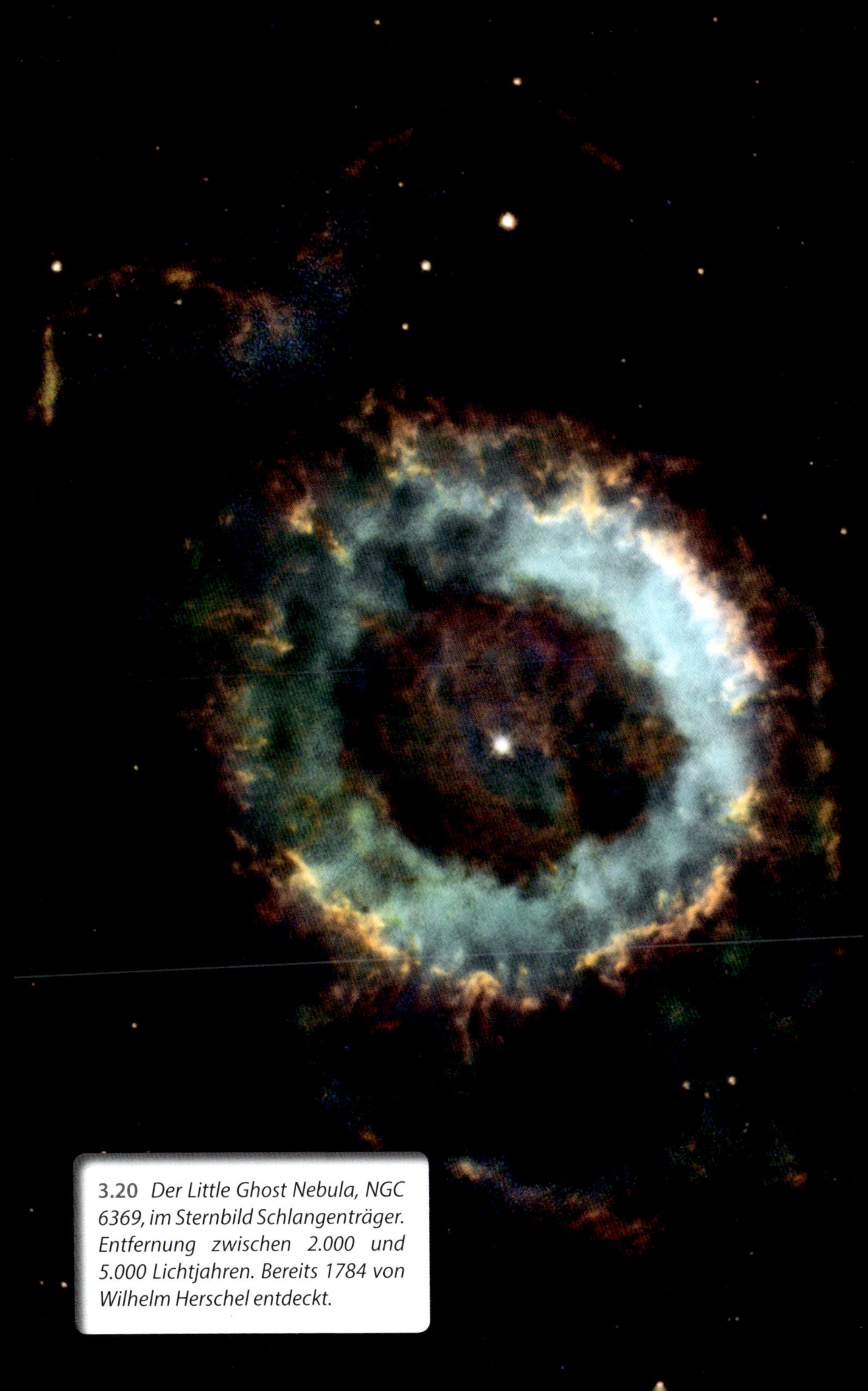

3.20 *Der Little Ghost Nebula, NGC 6369, im Sternbild Schlangenträger. Entfernung zwischen 2.000 und 5.000 Lichtjahren. Bereits 1784 von Wilhelm Herschel entdeckt.*

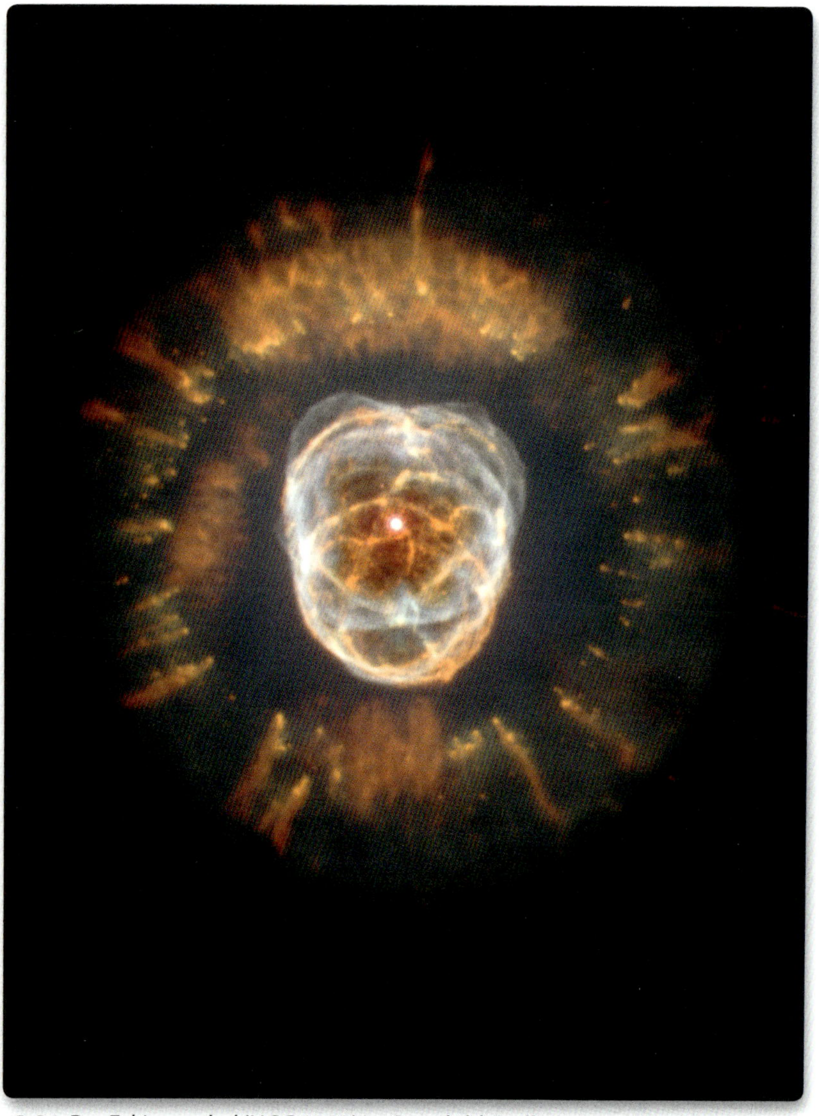

3.21 *Der Eskimonebel (NGC 2392) im Sternbild Zwillinge, etwa 3.000 Lichtjahre entfernt, wurde bereits 1787 vom Astronomen Wilhelm Herschel entdeckt.*

3.22 *Der Katzenaugennebel (NGC 6543) in einer Entfernung von ca. 3.000 Lichtjahren. Der sterbende Zentralstern hat vermutlich das eigenartige Muster durch regelmäßige Erschütterungen seiner äußeren Schichten erzeugt.*

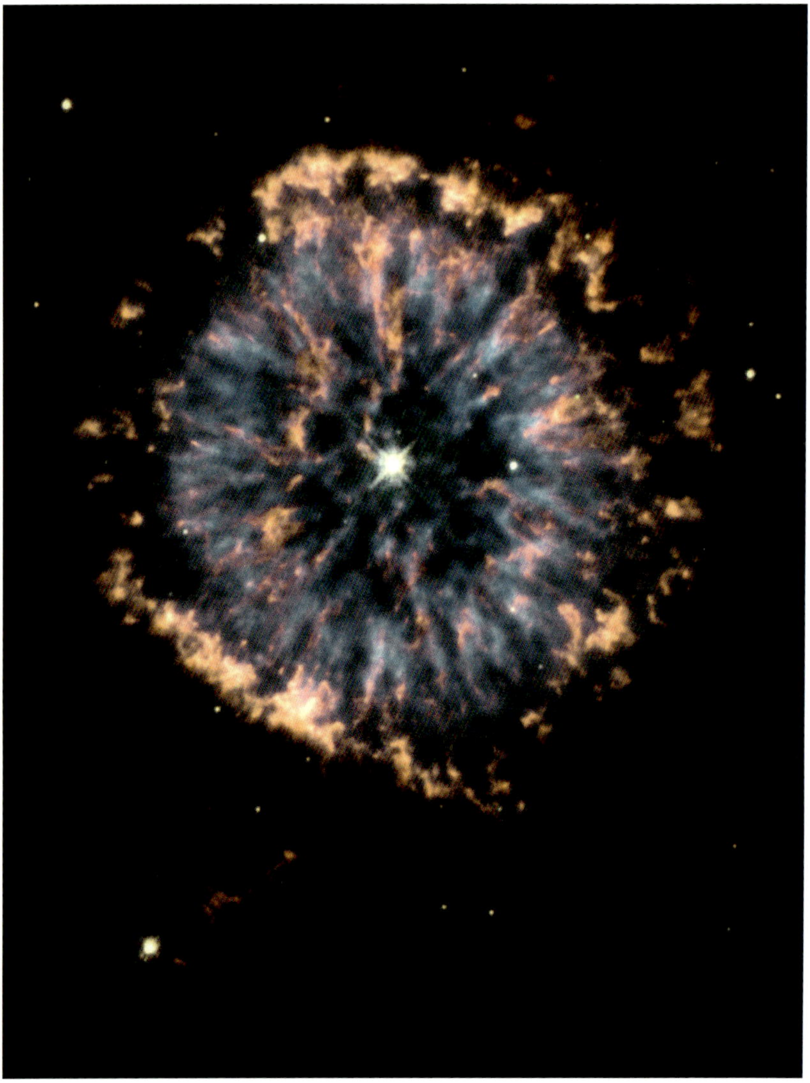

3.23 *Das leuchtende Auge NGC 6751 im Sternbild Adler ist ein Gasauswurf des heißen Sterns im Zentrum. Entfernung ca. 6.500 Lichtjahre, Ausdehnung 0,8 Lichtjahre, Ausbreitungsgeschwindigkeit 400 km/s. Entdeckt 1863 von Albert Marth.*

3.24 *Der Schmetterlingsnebel (NGC 6302) im Sternbild Skorpion, ca. 4.000 Lichtjahre entfernt; aufgenommen vom Hubble-Weltraumteleskop. Die Oberflächentemperatur des Weißen Zwerges im Zentrum liegt bei ungewöhnlich hohen 250.000 Kelvin und lässt ihn im ultravioletten Licht hell strahlen (verborgen durch einen dichten Staubring).*

3.2.4 Supernova

Der ganz große Zapfenstreich

Gaßner: Soweit zu unserer Sonne, doch wie ist es jetzt mit Sternen, die deutlich mehr Masse aufweisen?

Lesch: Bei schwereren Sternen mit mindestens acht Sonnenmassen geht das Schmieden der Elemente munter weiter. Sie zünden nacheinander Kohlenstoff, Neon, Sauerstoff und Silizium. Immer wieder bricht der Brennvorgang im Zentrum zusammen, wieder und wieder zieht sich der Kern des Sterns zusammen, wird heißer und dichter und zündet neue Verschmelzungsprozesse. Das Fusions-Karussell dreht sich immer schneller, die letzte Reaktion dauert nur noch wenige Stunden.

Gaßner: Beim Element Eisen ist Schluss, weil schwerere Elemente bei ihrer Fusion keine Energie mehr freisetzen. Am Ende befindet sich im Kern eine Kugel aus Eisen. Daran grenzen verschiedene Schalen an, in denen jeweils die Temperatur für eine bestimmte Fusionsreaktion gerade noch ausreicht. Der Sternaufbau ähnelt einer Zwiebel.

Lesch: Jetzt werden Sie einwenden: „Moment mal, es gibt doch Elemente, die schwerer sind als Eisen, zum Beispiel Gold, Silber und Blei.“ Genau, aber die stammen aus einer ganz besonderen Phase eines Sternenlebens: einer Supernova-Explosion.

Gaßner: Wenn sich im Inneren eine Eisenkugel gebildet hat und keine weiteren Brennphasen mehr möglich sind, dann kollabiert der Stern endgültig. Seine äußeren Hüllen stürzen auf den zentralen Bereich und komprimieren dessen Bestandteile – in erster Linie Eisenkerne und Elektronen – immer weiter. Was nun passiert, haben wir in abgeschwächter Form bereits kennengelernt. Erinnern Sie sich daran, warum wir uns an einem Buch den Kopf anstoßen? Es war zum einen der Fermidruck – wir hatten es eine Art Klaustrophobie genannt –, wodurch die Elektronen bei

Kompression ein Mindestmaß an Abstand einfordern, und zum anderen die gegenseitige Abstoßung der gleichnamigen Ladungen. In Summa beider Effekte entsteht eine Barriere. Unser Kopf kann nicht beliebig tief in das Buch eindringen. Mit anderen Worten: Wir schlagen uns den Kopf an.

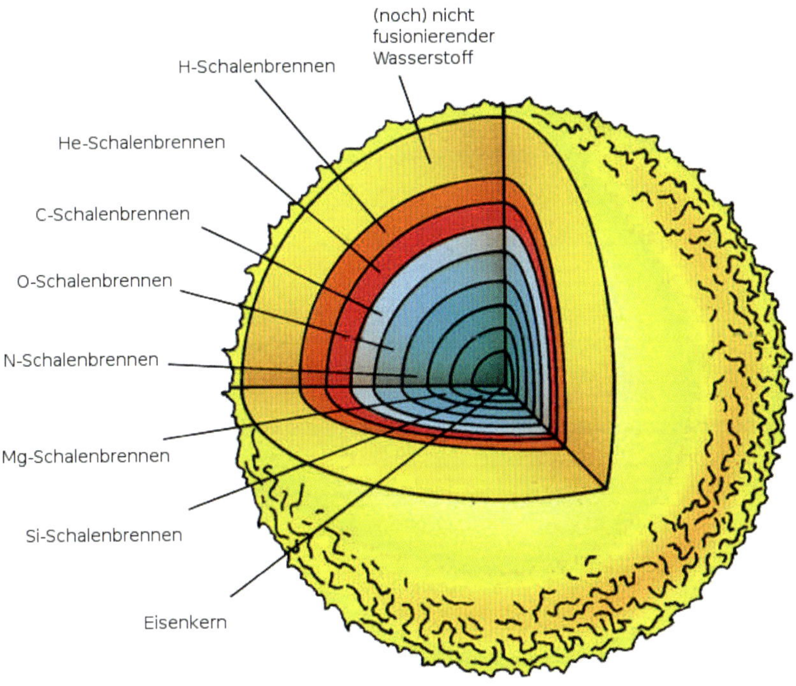

3.25 *Sehr massereiche Sterne durchlaufen sämtliche Fusionsprozesse bis zur Bildung von Eisen im Kern. Die Temperatur im Stern fällt nach außen hin ab. Entsprechend vollziehen sich in den Kugelschalen um den Kern die Fusionsreaktionen, die bei den jeweiligen Temperaturen gerade eben bewerkstelligt werden können. Das Resultat ist eine Zwiebelstruktur.*

Lesch: Ähnlich muss es auch den einstürzenden Sternhüllen ergehen, auch sie können nicht beliebig tief in den zentralen Bereich aus Eisenkernen und Elektronen eindringen.

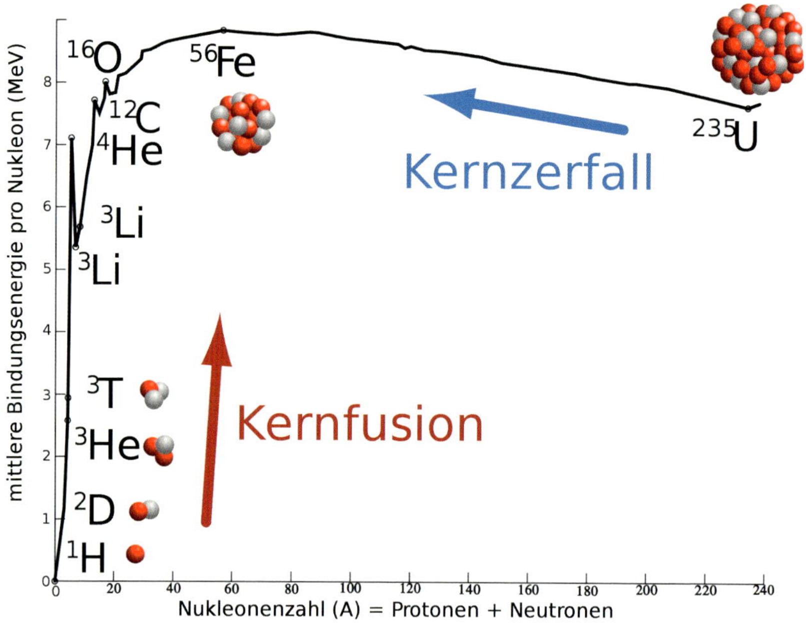

3.26 *Die bei Kernprozessen freigesetzte Energie entspricht im Wesentlichen der unterschiedlichen Bindungsenergie von Ausgangsprodukten zu Endprodukten. Die mittlere Bindungsenergie pro Nukleon steigt vom Wasserstoff bis zum Eisen an, d. h. in diesem Bereich weisen zusammengesetzte Kerne eine höhere Bindungsenergie auf als die Summe ihrer Ausgangsprodukte. Diese Energie kann durch Fusion freigesetzt werden.*
Oberhalb von Eisen nimmt die mittlere Bindungsenergie pro Nukleon immer weiter ab bis hin zum Uran. In diesem Bereich ist es energetisch lohnend, schwere Kerne in leichtere zu spalten.

Gaßner: Was nun folgt, ist vergleichbar mit einem Trampolineffekt. Prinzipiell gäbe es eine Gleichgewichtslage zwischen inneren und äußeren Kräften, ähnlich einem Turner, der ruhig auf einem Trampolin steht und das Tuch dabei entsprechend seinem Körpergewicht verformt. Springt derselbe Turner nun aus großer Höhe – also mit entsprechender Bewegungsenergie – auf das Trampolin, so „überschießt" er diese Gleichgewichtslage und er wird anschließend zurückgeschleudert. Für die einstürzenden Sternhüllen bedeutet dies jedoch ein Zurückgeschleudert-Werden mit mehreren tausend Kilometern pro Sekunde.

Dabei prallen sie auf weiter einstürzendes Material. Der Stern wird dabei so stark aufgeheizt, dass innerhalb von wenigen Minuten in einer explosiven Brennphase schwerere Elemente als Eisen erzeugt werden. Erst die Energiezugabe durch die Explosion ermöglicht diese Fusionsreaktionen. Dabei wird eine große Anzahl an Neutronen freigesetzt und unmittelbar an Kerne angelagert. Zerfallsprozesse sorgen im Anschluss für eine große Elementvielfalt.
Schließlich schleudert diese sogenannte Supernova Typ II ihre Fracht – bestehend aus allen Elementen des Periodensystems – in das Weltall.

Lesch: Ich bin immer wieder beeindruckt, wie man das alles so erzählen kann, ohne dass einem der Schweiß ausbricht. Wenn Sie es auch kaum glauben können, aber diese ganzen Prozesse sind richtig gut untersucht und verstanden. Also noch einmal: Sternphysik ist Kernphysik und Kernphysik kann ich im Labor untersuchen. Das ist die zentrale Voraussetzung dafür, Objekte zu verstehen, die Lichtjahre von uns entfernt sind. Das finde ich schon gut.

Gaßner: Ja, und natürlich stellt sich die Frage, wie wir eine Geschichte von etwas erzählen können, das sich über Jahrmillionen abspielt. Offensichtlich konnte niemand das jemals beobachten. Tatsächlich beobachtet man beliebig viele Zwischenschritte dieses Effekts und fügt sie dann zueinander wie ein Daumenkino und schaut sich am Ende den gesamten Prozess an.

Lesch: Genau, das Universum gleicht wirklich einem großen Kino. Es gibt eine Menge zu beobachten, eine Vielzahl von Objekten in allen möglichen Entwicklungsphasen. Obwohl, bei den Supernovae muss man manchmal lange warten, bis man mal eine richtig dicke…

Gaßner: Theoretisch findet pro Sekunde eine ganze Handvoll davon statt. Nur in unserer Milchstraße sind es entsprechend wenige – ein bis zwei pro Jahrhundert.

Lesch: Gott sei Dank!

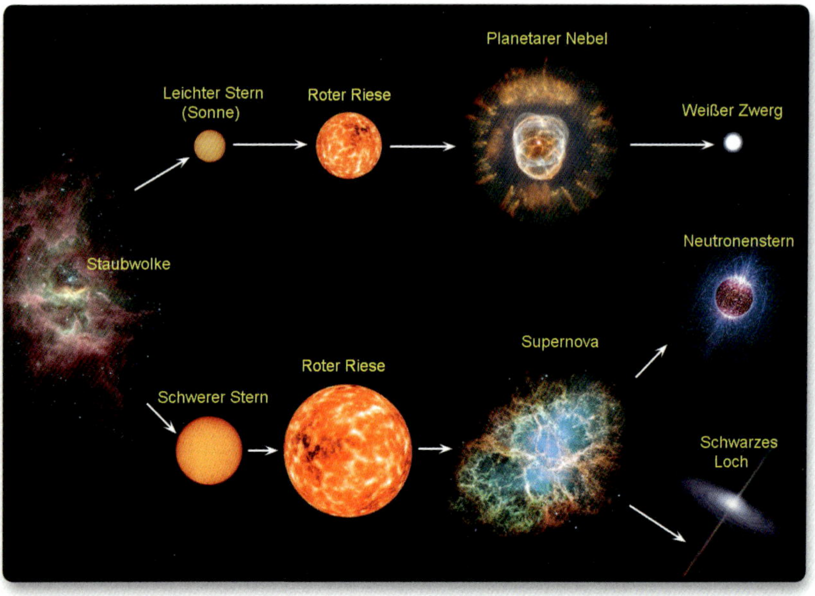

3.27 *Der Lebenszyklus der Sterne, abhängig von ihrer Ausgangsmasse: Die Leuchtkraft nimmt stetig zu bis hin zum Roter-Riese-Stadium. Unsere Sonne wird anschließend ihre Hüllen als Planetarer Nebel verlieren und es verbleibt ein Weißer Zwerg. Massereiche Sterne enden nach einer Supernova-Explosion als Neutronensterne oder Schwarze Löcher.*

3.2.5 Vom Gleichgewicht der Kräfte zu den Sternleichen

In the long run we are all dead

Lesch: Ein paar interessante Randerscheinungen drohen fast bei unserer rasanten Zirkusvorstellung der Materie unterzugehen. Die Rede ist von der Bedeutung der an einem Stern beteiligten Kräfte. Erinnern wir uns: Die Schwerkraft ist die schwächste aller Kräfte im Universum.

Gaßner: Dieser Schwäche verdanken wir viel, vielleicht sogar alles. Denn wäre die Schwerkraft nicht so schwach, dann wären Sterne nicht so unermesslich groß. Weil sie so schwach ist, müssen in einem Stern mindestens 10^{56} Protonen zusammenkommen, damit er leuchten kann. Nur dann ist die Schwerkraft des ganzen Gasballs groß genug, um ihn unter seinem eigenen Gewicht zusammenfallen zu lassen und in seinem Inneren eine so hohe Temperatur und Dichte aufzubauen, dass Atomkerne miteinander verschmelzen.

Lesch: Wäre die Schwerkraft etwas stärker, würden schon viel weniger Atome ausreichen, um eine Gaskugel zu einem Stern werden zu lassen. Die Sterne hätten dann weniger Material. Mit Hilfe einer stärkeren Gravitation würden sie jedoch dieselbe Kerntemperatur und somit dieselbe Fusionseffizienz erreichen. Die Folge wäre ein deutlich kürzeres Sternenleben. In einem Universum mit stärkerer Schwerkraft könnte es deshalb keine Planeten geben, auf denen sich Leben innerhalb von Milliarden Jahren von Einzellern zu Pflanzen und Tieren entwickelt. Die Energie spendenden Sterne würden gar nicht lange genug existieren.

Gaßner: Ähnliche Überlegungen sind auch für die anderen Kräfte interessant, denn ein Stern ist das Ergebnis konkurrierender Kräfte. Er wird bestimmt von der Schwerkraft und dem Strahlungsdruck, der durch die Kernfusionsprozesse im Zentrum des Sterns entsteht. Die Effizienz der Kernfusion hängt aber von der Stärke der Kernkraft und von der Stärke der elektromagnetischen Kraft ab. Die eine packt zu, wenn sich die Protonen sehr nahe kommen und verbindet sie mit Hilfe der schwachen Kernkraft, die eines der beiden Protonen in ein Neutron verwandelt, zu einem neuen Atomkern. Die andere Kraft sorgt dafür, dass sich Protonen nur sehr selten nahe kommen, weil sich gleichnamige Ladungen bekanntermaßen abstoßen. Nur das ausgewogene Wechselspiel der Kräfte macht Sterne zu den sehr langlebigen Energiespendern für Leben jeglicher Art.

Lesch: Und auf Basis dieses Wissens kann man jetzt die Phantasie spielen lassen: Wäre die elektromagnetische Abstoßung zweier gleichnamiger Ladungen nur um ein Winziges schwächer, würden viel mehr Atomkerne miteinander verschmelzen und der Brennstoff des Sterns wäre in wesentlich kürzerer Zeit verbrannt. Eine stärkere Kernkraft hätte eine raschere Verschmelzung von Atomkernen zur Folge und wieder wäre der Stern schneller ausgebrannt.

Gaßner: Pflanzen, Tiere, Menschen und Leben im Allgemeinen gibt es nur, weil die Kräfte im Universum Sterne ermöglichen. Sie sind die zentrale Energiequelle. Wären die Kräfte anders, gäbe es uns nicht.

Lesch: Klar, man sollte sich nicht darüber wundern, dass die Katze dort die Löcher im Fell hat, wo sie ihre Augen hat. Aber interessant ist es schon, wie die vier fundamentalen physikalischen Kräfte miteinander kooperieren. Die physikalische Welt zeichnet sich durch eine enorme Abstimmung aus – sie ist sehr fein austariert. Da greift ein Rädchen exakt ins andere.

Gaßner: Ja, das ist wirklich faszinierend, zeigt uns doch das Universum auf den ersten Blick ein äußerst lebensfeindliches Bild, angefüllt mit Furcht erregenden Strukturen: die zahllosen Plasmasterne mit ihren gewaltigen Temperaturen, die Pulsare mit ihren zerstörerischen Magnetfeldern und die ewig hungrigen Schwarzen Löcher, die scheinbar nur danach trachten, alles zu vernichten, was sich in ihre Nähe wagt.

Lesch: Schlimmer noch: Der Raum zwischen all diesen Bedrohungen ist auf unvorstellbar großen Skalen leer und kalt und verstärkt diese Eigenschaften mit jedem Augenblick.

Gaßner: Und doch ist eben dieses Universum zur Heimat für intelligentes Leben geworden. Das fein justierte Zusammenspiel von Kräften, Proportionen und Anfangsbedingungen hat Strukturbildung ermöglicht und sorgte für eine komplexe Chemie in Verbindung mit ausreichender Stabilität. Die scheinbar lebensfeindlichen Strukturen sind in Wirklichkeit nur Ausdruck der äußerst schwachen Gravitationskraft, die mit den restlichen Kräften ein Gleichgewicht aushandeln muss. Dazu benötigt sie eine Unmenge an Masse. Das lässt beispielsweise die Sterne zu ihren gewaltigen Ausmaßen anwachsen. Wie gesagt bedarf es mindestens 10^{56} Protonen, um gravitativ gegenüber der elektromagnetischen Abstoßung der gleichnamig geladenen Protonen im Inneren zu obsiegen. Deshalb sind Sterne so groß, so heiß und so schwer. Aber diese immense Masse kann sich nun am Ende des Sternenlebens nicht einfach in Wohlgefallen auflösen. Alles, was nicht abgestoßen werden kann, verbleibt in einer extrem kompakten Sternenleiche – einem Weißen Zwerg oder einem Pulsar –, wobei die Gravitation diesmal ein Gleichgewicht mit den Kräften der Quantenmechanik aushandelt.

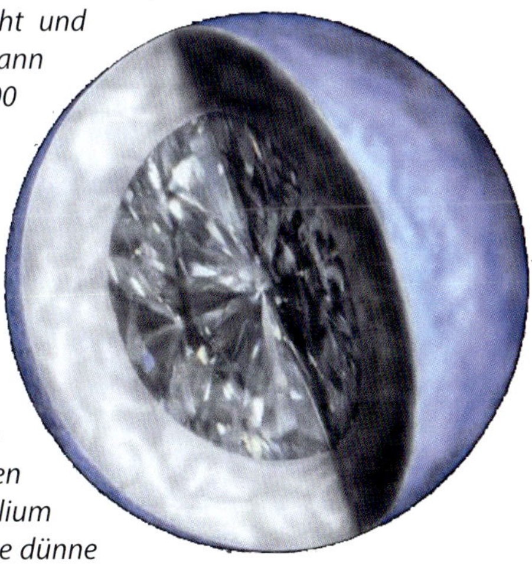

3.28 *Weiße Zwerge sind typischerweise so groß wie unser Planet Erde. Gleichzeitig besitzen sie etwa eine Sonnenmasse, d.h. ihre Materie ist extrem dicht und ihre Oberflächentemperatur kann bei ihrer Entstehung über 250.000 Kelvin betragen. Deshalb strahlen sie weißes Licht ab, während sie sich immer weiter abkühlen. Modellrechnungen legen nahe, dass der innere Aufbau stark durch das Atomgewicht der Bestandteile Sauerstoff und Kohlenstoff dominiert wird. Mit anderen Worten: Ein Kern aus Sauerstoff, umgeben von einem riesigen Diamanten. Geringe Reste von Helium und Wasserstoff bilden darauf eine dünne Kruste.*

Gaßner: Am Beispiel der Pulsare kann man die Erhaltungssätze der Physik sehr schön nachvollziehen. Die Erhaltung des Drehimpulses ermöglicht einem Eiskunstläufer, sich schneller zu drehen, wenn er die Arme seitlich anlegt. Ebenso ergeht es einem kollabierenden Stern, der gewissermaßen seine äußeren Hüllen immer näher an sein Zentrum drückt. Gleichzeitig bleibt die Anzahl der Magnetfeldlinien des Sterns erhalten. Die Oberfläche des kollabierenden Sterns wird jedoch fortwährend kleiner. Damit rücken die Feldlinien dichter zusammen, d. h. die magnetische Feldstärke nimmt zu. Das Ergebnis ist eine extrem schnell rotierende Sternleiche mit immensem Magnetfeld: ein Pulsar.

Lesch: Ich glaube, Rekordhalter ist immer noch ein Pulsar im Sternbild Schütze, mit unglaublichen 716 Rotationen pro Sekunde. Das ist dem theoretischen Maximalwert von ca. 1.000 Umdrehungen pro Sekunde schon sehr nahe. Oberhalb dieser rechnerischen Grenze zerreißen die Fliehkräfte den Pulsar.

Gaßner: Der Pulsar stabilisiert sich gegen die Gravitation in erster Linie mit Hilfe des Fermidrucks. Diesmal ist es aber nicht die Klaustrophobie der Elektronen – wie im Fall des Weißen Zwerges – sondern die der Neutronen. Die Schwerkraft hat nämlich derart überhandgenommen, dass die Elektronen bereits in die Protonen hinein gequetscht wurden. Die entgegengesetzten Ladungen neutralisieren sich, wodurch dieser sogenannte *inverse Betazerfall* Neutronen erzeugt. Die Klaustrophobie der Neutronen ist noch stärker.

Lesch: Hinzu kommt noch, dass die Drehachse des Pulsars nicht mit der magnetischen Achse übereinstimmt. Für den Beobachter entsteht durch diesen schiefen Kreisel ein pulsierender Charakter, d. h. ein abwechselnd starkes und schwaches Signal wie bei einem Leuchtturm. Daher rührt auch sein Name: *pulsating source of radio emission*. Stark ist das Signal dann, wenn die magnetische Achse genau in Richtung des Beobachters zeigt.

Gaßner: Die harte elektromagnetische Strahlung entsteht durch geladene Teilchen, die in Sichtlinie stark beschleunigt werden. Der genaue Prozess ist ziemlich kompliziert, aber das Grundprinzip kennt jeder vom Fahrraddynamo. Wird ein Magnet gedreht und kreuzen seine Feldlinien einen Leiter, so wird darin ein Strom induziert. Im Falle des Pulsars entspricht dieser Strom einer Vielzahl von geladenen Teilchen, die sich entlang der Drehachse als sogenannte Jets in das interstellare Medium hinaus bohren.

Lesch: Die starke Beschleunigung der geladenen Teilchen in diesen Jets erzeugt sogenannte *Synchrotronstrahlung* und die beobachten wir mit unseren Teleskopen.

Gaßner: Der Pulsar ist die „letzte Ausfahrt“ vor dem Sternengau. Ist die verbleibende Masse selbst dafür zu groß, dann ist unter den vier Grundkräften kein Konsens mehr möglich. Nichts kann der Gravitation mehr Einhalt gebieten. Es entsteht ein Schwarzes Loch.

Lesch: Ein Schwarzes Loch ist der Paradefall für ein lebensfeindliches Objekt. Es vernichtet alles, was sich in seine Nähe wagt.

Gaßner: Ein solches stellares Schwarzes Loch, es gibt auch noch galaktische, kann aus seiner Umgebung immer weiter Masse anziehen und wird dabei immer schwerer. Aus der Ferne betrachtet sieht es aus wie ein kosmischer Abfluss, um den die todgeweihte Materie unaufhaltsam nach innen spiraliert.

Lesch: Durch die gravitative Wirkung auf seine Umwelt können wir ein Schwarzes Loch überhaupt erst erkennen. Das Ding selber lässt ja keine Photonen mehr entkommen. Wird aber etwas hineingerissen, dann gibt es eine Lichtshow erster Güte. Die Gezeitenkraft zerfetzt die Materie bereits vor dem Überschreiten des Ereignishorizonts und setzt dabei bis zu 43 Prozent der Ruhemasse in Form von Strahlung frei. Man nennt es etwas martialisch den finalen Todesschrei der Materie.

Gaßner: Den Begriff *Gezeitenkraft* sollten wir der guten Ordnung halber kurz erklären. Die Gravitation verringert sich allgemein mit dem Quadrat der Entfernung zur anziehenden Masse. Für einen Fallschirmspringer, der mit den Füßen voran auf die Erde zustürzt, bedeutet das, dass auf seine Füße eine stärkere Gravitationskraft wirkt als auf seinen Kopf. Die Füße sind eben schon eine Körperlänge näher an der anziehenden Masse – der Erde – dran. Tatsächlich bemerkt er davon nichts, weil die Kräfte, die seinen Körper zusammenhalten, viele Größenordnungen stärker sind. Je größer allerdings die Ausdehnung des einstürzenden Körpers und je schwerer die anziehende Masse ist, desto stärker wirkt diese sogenannte Gezeitenkraft. Das kann letztendlich den Körper extrem verformen bis hin zum Zerreißen, wie beim Sturz in ein Schwarzes Loch.

Lesch: Im Englischen gibt es dafür den passenden Begriff *spaghettify*.

Gaßner: Die Effizienz der Energiefreisetzung ist schon beeindruckend. Erinnern wir uns zum Vergleich an die Fusionsenergie im Inneren unserer Sonne. Dort wird gerade mal 0,7 Prozent der Ruhemasse in Energie umgewandelt. Die hohe Energiefreisetzung ist übrigens auch ein Nachweis dafür, dass sich Schwarze Löcher drehen. Für ruhende Schwarze Löcher läge die theoretische Effizienz bei etwa 7 Prozent der Ruhemasse des einstürzenden Körpers.

Lesch: Für eine Abschätzung der Effizienz muss man wissen, wie groß das Ding ist. Wie kann man denn die Größe eines Objekts bestimmen, das so weit entfernt ist, dass noch gerade mal ein paar Photonen hier eintreffen?

Gaßner: Die Intensität der empfangenen Strahlung schwankt innerhalb einer charakteristischen Zeit. Gleichgültig, welcher Prozess dort draußen das Objekt dazu bringt, seine Strahlungsleistung zu verändern, die maximale Geschwindigkeit, mit der sich diese Veränderung im Objekt ausbreiten kann, ist die Lichtgeschwindigkeit. Schwankt also die Intensität beispielsweise innerhalb einer Stunde, dann ist das Objekt höchstens eine Lichtstunde groß. Das lieferte bei der Entdeckung dieser Strahlung den entscheidenden Hinweis, dass es sich nicht um Sternenlicht handeln konnte. Ein Objekt, das milliardenfach heller als unsere Sonne strahlt, gleichzeitig aber nur wenige Lichtstunden groß ist, das konnte nicht stellaren Ursprungs sein, was ihm den Namen *Quasar* für *quasi-stellar radio source* einbrachte.

Lesch: Die um Quasare rotierenden Scheiben erzeugen wiederum Jets. Wie du ja gerade bei den Pulsaren erklärt hast, immer wenn sich was dreht und Magnetfelder beteiligt sind, entstehen Strömungen in Richtung der Drehachse. Sogar unsere Sonne stößt kleine Jets in ihre unmittelbare Umgebung hinaus.

Gaßner: Damit jetzt kein falscher Eindruck entsteht: Das Magnetfeld der Sonne beträgt nur etwa ein Gauß, während wir bei Pulsaren durchaus von Billionen Gauß sprechen.

Lesch: Immerhin gehört unsere Sonne damit auch zum Jetset im Universum. Das sollte man durchaus mal erwähnen. Man gönnt sich ja sonst nichts. Unangefochtene Spitzenreiter sind allerdings die Quasare. Das Material ihrer Scheiben rotiert um den Ereignishorizont wie die Katze um den heißen Brei. Die resultierenden Jets rammen geladene Teilchen mit nahezu Lichtgeschwindigkeit über Millionen von Lichtjahre weit in das intergalaktische Medium hinein.

Gaßner: Der Ereignishorizont Schwarzer Löcher – gewissermaßen der Ort ohne Wiederkehr – stellt wieder eine interessante Kante in unserem Universum dar. Wir hatten ja bereits über die Planckwelt und den Zeitpfeil gesprochen, die Kanten für Raum und Zeit im Urknall-Modell. Hier bei den Schwarzen Löchern schließt sich der Kreis wieder. In unserer „normalen" Welt ist es uns freigestellt, in jede beliebige Raumrichtung und auch wieder zurück zu gehen. In der Zeitdimension verbietet der Zeitpfeil ein „Rückwärts". Nach dem Überqueren des Ereignishorizonts gibt es nur mehr eine mögliche Bewegungsrichtung: ins Zentrum des Schwarzen Loches. Die extreme Krümmung der Raumzeit lässt zudem die Zeit nicht mehr vergehen. Der Zeitpfeil wird zu einem „Raumpfeil". Es ist, als würden Raum und Zeit die Rollen tauschen.

Lesch: Natürlich sind das alles nur theoretische Modelle. Genau werden wir wohl nie erfahren, wie es beim Überqueren des Ereignishorizonts aussieht. Zumindest wird uns niemand mehr davon berichten können. Aber irgendwie muss es ja weitergehen – klar, hinterm Horizont geht's weiter, hat ja schon Udo Lindenberg erkannt.

Gaßner: Der muss es wissen. Ungeschminkt könnte man ihm sogar abkaufen, dass er schon dort war.

Lesch: Wem die stellaren Schwarzen Löcher nicht ausreichen, für den hätten wir in unserem „Bauchladen" der Astronomie noch deren große Brüder anzubieten, die *galaktischen Schwarzen Löcher*. Im Zentrum unserer Milchstraße lauert beispielsweise eines mit über vier Millionen Sonnenmassen. Es trägt den unscheinbaren Namen *Sagittarius A**.

3.29 *Die mit 12 Millionen Lichtjahren Entfernung am nächsten gelegene aktive Galaxie: Centaurus A. Unten in verschiedenen Wellenlängen aufgenommen (Optisch ESO, Radio VLA und Röntgen Chandra-Teleskop). Die Überlagerung der Aufnahmen (oben) zeigt einen energiereichen Jet, der sich, ausgehend vom Schwarzen Loch im Zentrum der Galaxie, über 13.000 Lichtjahre ins intergalaktische Medium erstreckt.*

Gaßner: Im Augenblick ist es auf Diät, allerdings ist bereits ein 15 Sonnenmassen schwerer Stern in seine gravitativen Fänge geraten. Mit einer Geschwindigkeit von 5.000 km/s hat er sich schon auf 90 astronomische Einheiten angenähert (eine astronomische Einheit AE entspricht dem Abstand Erde-Sonne). Bei zwei AE schlägt sein letztes Stündlein. Die Gezeitenkraft von Sagittarius A* wird dann jene Kräfte übersteigen, die den Stern in seiner Struktur zusammenhalten.Vorher – in etwa 75.000 Jahren – gibt es als Horsd'oeuvre für unser nimmersattes Schwarzes Loch eine Staubwolke, deren Schicksal ebenfalls bereits besiegelt ist.

Lesch: Na, dann guten Appetit! In der Milchstraße lauern ja einige Dutzend dieser supermassiven Schwarzen Löcher. Zum Glück sind sie weit genug von uns entfernt, nicht dass unser Sonnensystem ebenfalls zum Häppchen wird.

3.30 *Sagittarius A* im Zentrum der Milchstraße. Ein supermassives Schwarzes Loch mit mehr als vier Millionen Sonnenmassen.*

3.3 Das anthropische Prinzip

Das Universum mag uns

Gaßner: Man kann sich diesen scheinbaren Widerspruch gar nicht oft genug vor Augen führen: Es sind wahrlich lebensbedrohliche Strukturen, die wir da draußen beobachten, und doch sind all diese Phänomene, selbst die Schwarzen Löcher, nur Ausdruck dafür, dass die Kräfteverhältnisse so verteilt sind, wie wir sie unbedingt für die Entstehung von Leben benötigen. Bedrohlich bleiben sie damit nach wie vor – nur erscheinen sie nunmehr in einem neuen Licht: Ein Universum ohne die bestehenden Kräfteverhältnisse wäre zwangsläufig auch ein Universum ohne uns. Man muss schon einen zweiten, genauen Blick auf unser Universum werfen, um es besser zu verstehen: Es ist von der Sorte „Raue Schale – weicher Kern". Fast möchte man sich an dieser Stelle beim Universum entschuldigen.

Lesch: Zum Glück sind die Entfernungen zu diesen Objekten so gewaltig, dass eine friedliche Koexistenz mit den gefährlichen Sternleichen möglich ist. Das Universum hat in 13,8 Milliarden Jahren Expansion reichlich Wohnraum bereitgestellt.

Gaßner: Das ist nur eine von vielen angenehmen Eigenschaften. Je weiter wir in die Geheimnisse der Physik vordringen, umso mehr verstärkt sich der Eindruck, dass das Universum gewissermaßen auf uns gewartet hat. Arthur Eddington hat es einmal treffend auf den Punkt gebracht: „Wir haben an der Küste des Unbekannten einen seltsamen Fußabdruck gefunden. Wir haben tiefsinnige Theorien aufgestellt, eine nach der anderen, um seinen Ursprung zu erklären. Schließlich ist es uns gelungen, das Wesen zu rekonstruieren, das den Abdruck hinterlassen hat. Und siehe da – es ist unser eigener."

Lesch: Brandon Carter hat diese Gedanken unter dem sogenannten *anthropischen Prinzip* zusammengefasst. Demnach stehen wir staunend vor dem Wohlwollen, das dieses Universum uns entgegenbringt, weil in einem anderen Universum ohne diese fein abgestimmten Prozesse eben niemand da wäre, der sich wundern könnte.

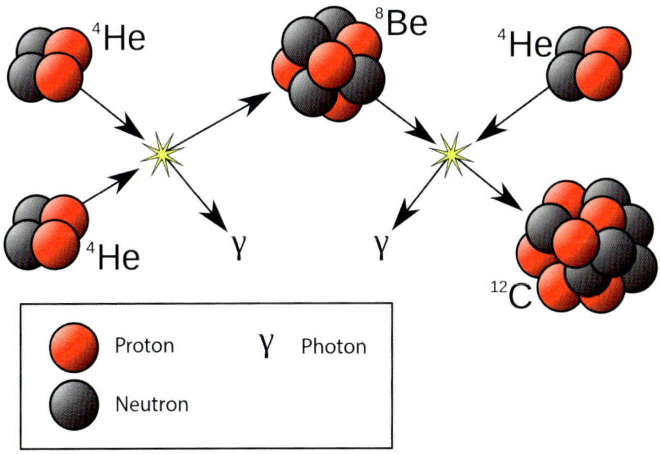

3.31 *Der Triple-Alpha-Prozess fusioniert drei Heliumkerne über den Zwischenschritt Beryllium zu Kohlenstoff.*

Gaßner: Dieser Denkansatz hat sogar zu konkreten wissenschaftlichen Entdeckungen geführt. Der berühmteste Fall betrifft das Resonanzniveau bei der Fusion von drei Heliumkernen zu einem Kohlenstoffkern, dem sogenannten *Tripel-Alpha-Prozess.*

Lesch: Die Bezeichnung *Alphateilchen* für Heliumkerne rührt daher, dass sie auch beim radioaktiven Zerfall auftreten. Dort werden sie als Alphastrahlung bezeichnet.
Im Triple-Alpha-Prozess verschmelzen drei dieser Kerne miteinander, im ersten Schritt zwei von ihnen zu dem Zwischenprodukt Beryllium, und im nächsten Schritt fusioniert das Beryllium mit dem dritten Heliumkern.

Gaßner: Dass dieser Vorgang die zentrale Rolle im Roter-Riese-Stadium von Sternen spielt, das wissen wir bereits. Auch Fred Hoyle war dieser

Zusammenhang Anfang der 50er Jahre bestens bekannt. Allerdings gaben ihm die theoretischen Berechnungen zur Häufigkeit des produzierten Kohlenstoffs Rätsel auf. Die Beobachtungsdaten wurden um Größenordnungen verfehlt.

Lesch: Spaßbremse in seinen Berechnungen war der besagte Berylliumkern, der im Mittel bereits nach $2{,}6 \cdot 10^{-16}$ Sekunden wieder in seine Ausgangsprodukte – die beiden Heliumkerne – zerfällt. Schraubte Hoyle die Reaktionstemperatur nach oben, so dass mehr Stöße zwischen den Heliumkernen stattfinden konnten, dann führte das zu einem Kohlenstoffkern mit sehr hohem Energieüberschuss. Damit kann der Kohlenstoffkern aber nichts anfangen und wird gewissermaßen zu Folgereaktionen genötigt: Er zerplatzt.

Gaßner: Auf diese Weise konnten nachhaltig nur derart geringe Mengen an Kohlenstoff gebildet werden, dass die Entstehung des Lebens auf der Basis von Kohlenwasserstoff-Molekülen insgesamt unmöglich erschien. Dass es aber eben dieses Leben gibt im Universum, davon konnte sich Hoyle täglich im Spiegel vergewissern. Er löste das Problem kurzerhand, indem er eine fehlende Zutat zur Reaktionskette hinzufügte, die dem Prozess gewaltig auf die Sprünge half. Bei einem Energieüberschuss von 7,65 MeV sollte der Prozess resonant ablaufen, also stark begünstigt, weil Kohlenstoff diese Energie in seiner inneren Struktur in quantenmechanischen Portionen „verteilen" kann. Selbst dann überlebt nur einer unter tausenden von fusionierten Kohlenstoffkernen – aber die beobachteten Häufigkeiten waren damit theoretisch erreichbar.

Lesch: Das zeugt von gesundem Selbstbewusstsein. Man macht eine Berechnung, die um mehrere Größenordnungen daneben liegt und sagt dann: Leute, da muss es ein Resonanzniveau geben bei 7,65 MeV, sucht mal danach. Der Erfolg hat ihm recht gegeben – das Resonanzniveau wurde experimentell bestätigt.

Gaßner: Die Überlegung mit den 7,65 MeV war folgende: Addiert man die Ruheenergie der drei Heliumkerne und zieht die des entstandenen Kohlenstoffkerns ab, bleibt ein Überschuss von 7,275 MeV. Die Bewegungsenergie der Reaktionspartner trägt bei einer typischen

Temperatur von 250 Millionen Kelvin weitere 0,1 MeV bei. Zu guter Letzt muss man ein paar Prozent unterhalb des idealen Niveaus liegen, damit die Reaktion nicht zu resonant verläuft, d. h. mehr Kohlenstoff produziert wird als beobachtet. Diese Energiedifferenz ist extrem fein abgestimmt. Verschiebt sich die Gesamtenergie der Reaktionspartner nur um einen Prozentpunkt, bricht die Kohlenstoffproduktion auf ein Dreiunddreißigstel ein.

Lesch: Dieser Punktlandung verdanken wir allesamt unsere Existenz. Fred Hoyle hat später dazu bemerkt, nichts hätte seinen Atheismus so sehr erschüttert wie diese Erkenntnis.

Gaßner: Bei genauer Betrachtung ist es sogar noch verblüffender. Das Fusionskarussell bleibt an dieser Stelle ja nicht stehen. In weiteren stellaren Prozessen wie beispielsweise der Fusion von Kohlenstoff mit einem weiteren Heliumkern zu Sauerstoff wäre unser wertvolles Element prinzipiell in höchster Gefahr. Diese Reaktionen verfügen sogar über ein analoges Resonanzniveau, das allerdings knapp unterhalb der Differenz der Ruheenergien liegt. Deshalb ist es nicht möglich, durch Zugabe von Bewegungsenergie näher an das Niveau heranzurücken – ganz im Gegenteil, mit jeder zusätzlichen Energie entfernt sich der Prozess vom Optimum. Deshalb übersteht eine große Menge Kohlenstoff die stellaren Strapazen und reichert am Ende des Sternenlebens das interstellare Medium an.

Lesch: Da sieht man mal wieder: Es ist eine große Kunst, Kohle zu machen.

Gaßner: Doch jetzt zurück ins kosmische Zirkuszelt, die Vorstellung geht weiter. In der nächsten Abteilung sehen wir einen gewaltigen Materiekreislauf am Werk, der die Galaxien stetig weiterentwickelt und mit ihnen unsere Heimat – die Milchstraße.

Lesch: Ja. Hier im Zirkuszelt, da scharre ich schon mit den Hufen, denn so wunderbar fein das Universum aufeinander abgestimmt ist, es muss ja auch etwas darin passieren. Und namentlich die Anreicherung der Galaxien mit schweren Elementen gehört mit zu den schönsten Geschichten, die man aus dem Universum – aus dem Zirkuszelt der kosmischen Entwicklung – erzählen kann.

3.4 Die Anreicherung der Galaxien mit schweren Elementen

Der Stoff, aus dem die Helden sind

Lesch: Wie bereits erwähnt, sind nicht alle Sterne gleich. Es gibt große und kleine. Die schweren großen Sterne sind schnelllebig und sehr heiß. Viele von ihnen explodieren als Supernova und geben die in ihnen erbrüteten Elemente an das Medium zwischen den Sternen zurück.
Große Exemplare sind viel schwerer als unsere Sonne. Von ihnen gibt es nur relativ wenige in der Milchstraße, ganze 10 Prozent.
Die Mehrheit ist kleiner und leichter. Sie leben viel länger als die Sonne, erzeugen aber auch nur wenige Elemente in ihrem Innern. Ihre Masse kann im Zentrum keinen hohen Druck für die fortgeschrittenen Brennphasen aufbauen. Meistens ist nach der Verschmelzung von Helium zu Kohlenstoff und Sauerstoff Schluss. Die kleinen Sterne glühen dann einfach aus.

Gaßner: So wird mit der Zeit immer mehr Gas in Sterne verwandelt. Da die meisten Sterne einfach verglühen, nimmt der Gasvorrat einer Galaxie stetig ab. Wie erwähnt, sind die großen Sterne zwar nicht sehr zahlreich, sie reichern aber das interstellare Gas mit neuen, schweren Elementen an und treiben den großen Kreislauf der Materie an. Sie sind gewissermaßen das Salz in der interstellaren Suppe.

Lesch: Das heiße Gas der explodierten großen Sterne kühlt sich im Weltraum ab und es bilden sich neue Gaswolken. Sie übernehmen die Funktion kosmischer Komposthaufen. Die Gasmasse der neuen Wolken wächst solange an, bis sie erneut unter ihrer eigenen Schwerkraft zusammenbricht. Aus den Überresten der alten Generation bilden sich wieder die jungen Sterne.

Gaßner: Sterne entstehen grundsätzlich nicht allein auf weiter Flur. Das liegt an den verschiedenen Parametern, die dabei eine Rolle spielen. Der gravitative Kollaps einer kosmischen Gaswolke hat mehrere Gegenspieler: den thermischen Druck, weil sich das Gas erhitzt, den magnetischen Druck, weil sich die Feldlinien immer näher kommen und die Zentrifugalkraft, weil der Drehimpuls der Staubteilchen erhalten bleibt. Das Aufbrechen der gesamten Wolke in viele Fragmente, die eigenständig kollabieren, erleichtert die Aufgabe. Erhalten bleibt nur der Drehimpuls der gesamten Wolke, nicht der Drehimpulsanteil eines jeden Fragmentes. Deshalb hilft die immer weiter fortschreitende Fragmentierung, den hinderlichen Drehimpuls innerhalb der Wolke in die Rotation ganzer Bezirke umzuverteilen. In Folge entstehen viele benachbarte Sterne; zwei Drittel von ihnen formieren sich in Doppelsternsystemen.

Die Theorie des gravitativen Kollaps verdanken wir Sir James Hopwood Jeans. Früher oder später formen die Staubteilchen eine rotierende Scheibe. Verantwortlich dafür ist der Anfangsdrehimpuls, der sich allein aus der zufälligen Bewegung jeder Staubwolke ergibt. Die langsame Rotation kennzeichnet eine Drehachse. Entlang dieser Achse wird der gravitative Kollaps der Staubteilchen in Richtung Zentrum begünstigt. Senkrecht zur Achse müssen die Staubteilchen nämlich zusätzlich zum inneren Druck auch die Zentrifugalkraft überwinden. In der Folge verflacht sich die Wolke immer weiter bis zu einer Scheibe.

Lesch: Es zeigt sich auch, dass bevorzugt kleine und nur wenige große Sterne entstehen. Die großen Sterne erreichen sehr schnell ihr Lebensende und ihre Supernovae reißen mit den davonrasenden Überresten die noch verbliebene Gaswolke auseinander.

Gaßner: Durch Verdichtungen in den benachbarten Gaswolken lösen die Druckwellen der Explosionen häufig einen neuen Gravitationskollaps aus. Ein besonders schöner Vertreter kosmischer Komposthaufen ist der *Pferdekopfnebel* im Sternbild *Orion*.

3.32 *Der Pferdekopfnebel (Infrarot-Aufnahme des Hubble-Teleskops), 1.500 Lichtjahre entfernt im Sternbild Orion. Seine Ausdehnung beträgt 3 Lichtjahre, die Gesamtmasse 27 Sonnenmassen.*

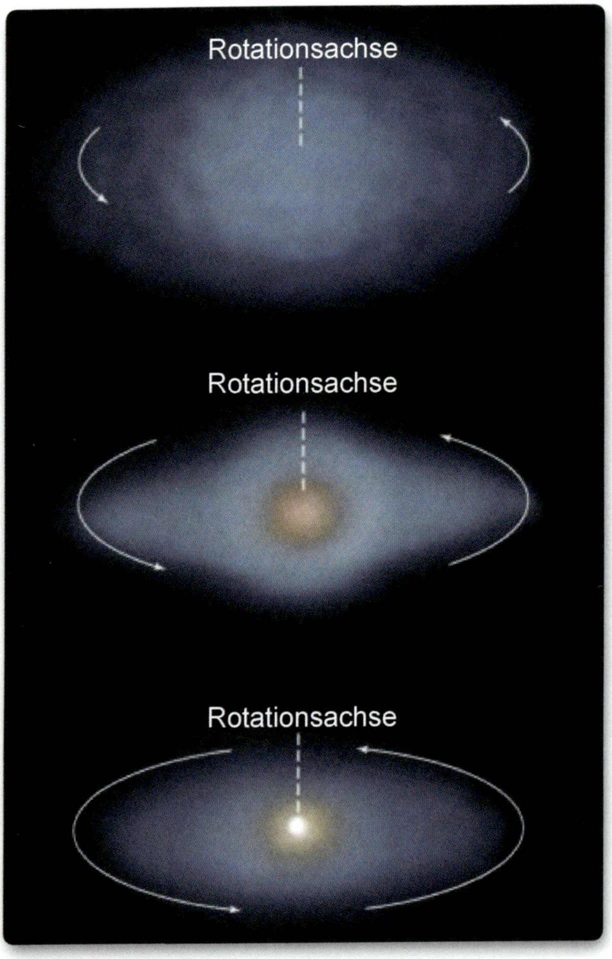

3.33 *Eine rotierende Staubwolke wird bei ihrem gravitativen Kollaps immer mehr zu einer Scheibe geformt. Senkrecht zur Drehachse müssen die Staubteilchen zusätzlich zum inneren Druck auch die Zentrifugalkraft überwinden. Entlang der Achse ist der Kollaps somit effektiver.*

3.34 *Infrarot-Aufnahme des Weltraumteleskops Spitzer von einem Teilbereich des Sternentstehungsgebietes W5 (IC 1848) im 6.500 Lichtjahre entfernten Sternbild Cassiopeia. Die massereichen Sterne im Zentrum leerer Bereiche sind deutlich älter und haben vermutlich die Bildung der jüngeren Sterne an den Rändern ausgelöst. (rot = Staub, weiß und grün = dichte Gaswolken)*

Lesch: Moment, jetzt muss ich mal überlegen. Damit sind Supernovae keine Geburtshelfer, sondern sie induzieren Sternentstehung, sie sind der Auslöser.

Gaßner: Stimmt, Sternentod und Sternengeburt können ganz nahe beieinander liegen. Die alte Sternengeneration gibt die schweren Elemente an die nächste weiter und deshalb werden die jüngeren Gaswolken immer mehr schwere Elemente enthalten als die älteren. Ein ungeschriebener Generationenvertrag zwischen den Sternen sozusagen.

Lesch: Unkündbar! Eine schöne Vorstellung: Eine Allgenerationen-Galaxie.

Gaßner: Apropos Galaxie, lass uns nun zu unserer galaktischen Heimat, der Milchstraße, weiterziehen.

Lesch: Gerne, nur eine Frage hätte ich noch zu den Sternen: Welcher ist denn nun der älteste von allen?

Gaßner: Der Methusalem unter den Sternen ist *HD140283* im Sternbild *Waage*. Er ist annähernd so alt wie das Universum, allerdings weist diese Datierung einen beachtlichen Fehlerbalken auf. Trotz seines greisenhaften Alters ist er mit 1,2 Millionen km/h noch flott auf den Beinen. Das Schöne ist, er befindet sich nur 190 Lichtjahre entfernt in unserer galaktischen Nachbarschaft und kann mit einem gewöhnlichen Fernglas beobachtet werden. Vermutlich wurde er vor 12 Milliarden Jahren von der Milchstraße verschluckt.

3.5 DIE MILCHSTRASSE

und ihre bucklige Verwandtschaft

Gaßner: Galaxien gibt es in den unterschiedlichsten Formen. Die grobe Einteilung erfolgt in drei Schubladen: Ellipsen, Scheiben und irregulär, also ganz was anderes. Für weitere Untergliederungen spielen dann Spiralarme, Wulste, Buckel und vieles mehr eine Rolle.

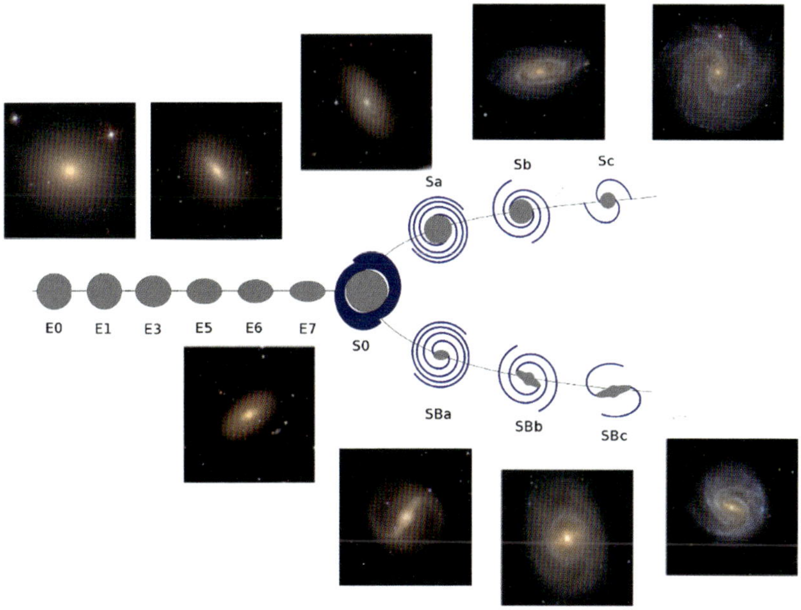

3.35 *Einteilung der Galaxien nach ihrem äußeren Erscheinungsbild:* ***Elliptische Galaxien*** *mit zunehmender Abplattung von E0 bis E7.* ***Spiralgalaxien*** *mit abnehmendem Verhältnis von zentralem Wulst zur Gesamtausdehnung der Scheibe von Sa bis Sc.* ***Balkenspiralgalaxien*** *mit abnehmendem balkenförmigen Wulst und ausgeprägteren Armen von SBa bis SBc. Außerdem gibt es noch diverse* ***Übergangstypen*** *(S0) sowie Zwerg- und* ***irrgeluläre Galaxien*** *(nicht abgebildet).*

3.36 *Arp 273 im Sternbild Andromeda (300 Mio. Lichtjahre). Die kleinere Galaxie, UGC 1813 (unten), hat vermutlich die größere, UGC 1810 (oben) durchquert.*

3.37 *Die Whirlpool-Galaxie im Sternbild Jagdhunde (25 Mio. Lichtjahre) hält NGC 5195 (die kleinere Galaxie unten) gravitativ an sich gebunden.*

3.38 *NGC 4258 im Sternbild Canes Venatici (24 Mio. Lichtjahre).*

3.39 *Das Stephans Quintett ist eine Gruppe von Galaxien im Sternbild Pegasus (300 Mio. Lichtjahre). NGC 7320 (links oben) befindet sich in unserer Sichtlinie mit 40 Mio. Lichtjahren deutlich näher.*

3.40 *Die Antennen-Galaxie. Im Sternbild Rabe (65 Mio. Lichtjahre) haben sich NGC 4038 und NGC 4039 seit hunderten von Millionen Jahren in einem gravitativen Tauziehen gegenseitig Sterne entrissen, die nun eine Brücke zwischen ihnen bilden.*

Gaßner: Unsere Milchstraße lässt sich am besten als eine Scheibe beschreiben. Genau genommen handelt es sich um eine Balkenspiralgalaxie vom Typ SBc. Gesehen oder gar fotografiert hat das natürlich noch niemand; wir sitzen ja mitten drin und sehen den Wald vor lauter Bäumen nicht.

Lesch: Die Idee einer Scheibe stammt übrigens von Immanuel Kant, er hat sie bereits 1755 formuliert. Er entwickelte diese Hypothese, weil die Sterne der Milchstraße an unserem Himmel in einem breiten Streifen erscheinen, der zweidimensionalen Projektion einer Scheibe. In seiner Theorie des Himmels hat er damit die Position des Sonnensystems bestimmt.

3.41 *Immanuel Kant (1724 – 1804)*

Gaßner: Allerdings konnte er damals noch nichts vom elliptischen Wulst im Zentrum der Milchstraße wissen, der aus sehr vielen, ziemlich dicht gepackten Sternen besteht. Weiter draußen läuft die Galaxie in Spiralarmen aus. Für uns heute ist diese Verteilung einfach zu verstehen: Im Zentrum wirkt die Schwerkraft der Milchstraße am stärksten, deshalb war dort auch von Anfang an die Gasdichte am höchsten. Es bildeten sich rasch sehr viele Sterne und entsprechend schnell wurde das Gas in Sterne verwandelt. Im Randbereich der sich drehenden Gasscheibe war die Dichte niedriger, mit entsprechend niedrigerer Sternentstehungsrate. Hier ging es erst mit Verzögerung los, nämlich als sich genügend Gas angesammelt und verdichtet hatte.

Lesch: In der Scheibe einer Galaxie, vor allem in den Spiralarmen, vollzieht sich durch Gasverdichtungen und Sternexplosionen der von uns eben angesprochene große Kreislauf der Materie. Man kann ausrechnen, dass so ein Zyklus dieses Kreislaufs ca. 50 Millionen Jahre dauert.

Gaßner: Die Milchstraße ist mindestens 11,4 Milliarden Jahre alt, der Beryllium-Anteil einiger Kugelsternhaufen lässt sogar auf 12,5 Milliarden Jahre schließen. In jedem Fall wurden bereits viele Zyklen des Materiekreislaufs durchlaufen. Immer wieder haben sich neue Sterne gebildet, wovon einige dem interstellaren Gas ihre mit schweren Elementen angereicherten Hüllen in gewaltigen Explosionen zurückgegeben haben. Wie Springbrunnen mit ihren Fontänen Wasser verteilen, so haben die Explosionswolken der Supernovae ihre Hüllen in die galaktische Scheibe regnen lassen.

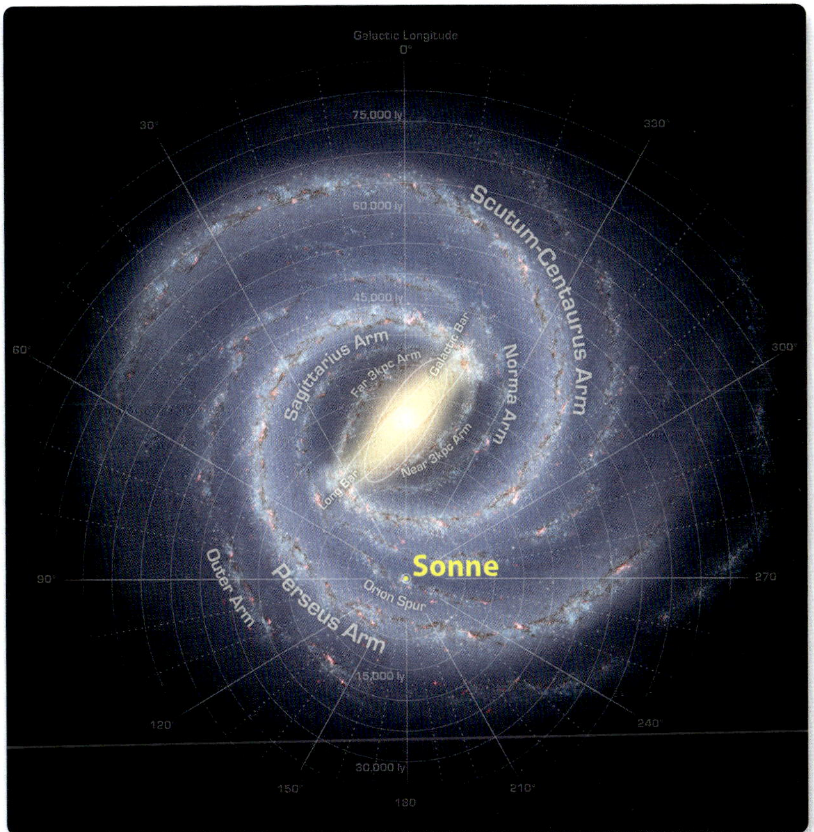

3.42 *Ein Modell der Milchstraße (Balkenspiralgalaxie Typ SBc) mit dem Wulst im Zentrum und den angrenzenden Spiralarmen. Unser Sonnensystem befindet sich im Orion-Arm, mindestens 26.000 Lichtjahre vom Zentrum entfernt. Die Gesamtausdehnung beträgt 100.000 Lichtjahre bei einer Dicke von 3.000 Lichtjahren am Rand und 16.000 Lichtjahren im Wulst.*

Lesch: Man spricht in Expertenkreisen sogar wirklich vom *galactic fountain*. Das mit schweren Elementen angereicherte heiße stellare Gas steigt über der galaktischen Scheibe auf, kühlt sich ab und fällt wieder in die Scheibe zurück. Dieser große Kreislauf verteilt seit vielen Milliarden Jahren Materie, die in Millionen von Sternen immer wieder aufs Neue durch die Elementschmiede der Kernverschmelzung geschickt wird. Jede Sternengeneration verändert die Milchstraße, verarbeitet ihr Gas und reichert es immer mehr an.

Gaßner: Das gilt gerade auch für unsere Sonne. Sie ist nämlich erst viereinhalb Milliarden Jahre alt, d.h. die Milchstraße war schon rund sieben Milliarden Jahre alt, als das Sonnensystem entstand. Die Sonne ist ein Nachfolger von etlichen Sterngenerationen. Sie besteht zwar überwiegend aus Wasserstoff und Helium, enthält aber auch schwerere Elemente, die sie von anderen bereits lange vor ihrer Zeit explodierten Sternen übernommen hat.

Lesch: Man kann sogar ziemlich genau sagen, wie es damals vor 4,567 Milliarden Jahren gewesen sein muss. Spezielle Meteoriten, sogenannte *kohlige Chondrite*, dienen als Kronzeugen der Geburtsphase. Ihre Zusammensetzung verrät ziemlich genau, dass rund zwei Millionen Jahre vor der Entstehung des Sonnensystems ein oder zwei Sterne mit ca. 25 Sonnenmassen explodiert sein müssen. Nur solche Sternexplosionen waren in der Lage, bestimmte Eisenisotope zu erzeugen. Und genau die finden sich in den Meteoriten.

Gaßner: Gemäß diesen Untersuchungen scheinen 85 Prozent aller schweren Elemente unseres Sonnensystems aus einem gemeinsamen Vorgängerstern zu kommen. Unsere Atome haben sich also schon mal getroffen.

Lesch: Das erklärt auch, wieso man manchmal das Gefühl hat: Den kenn' ich doch irgendwoher ...

Gaßner: Und hat man auch Anhaltspunkte zur kosmischen Nachbarschaft? Heute sind die nächsten Sterne ja mindestens vier Lichtjahre von der Sonne entfernt, war das damals genauso?

Lesch: Nein! Sterne von über 25 Sonnenmassen sind ziemlich selten, die gibt es nur in großen Sternhaufen. Neueste Beobachtungen heutiger Sternhaufen und ihrer stellaren Bevölkerung lassen vermuten, dass die Sonne in einem Sternhaufen mit einigen Tausend Sternen entstanden sein muss.

Gaßner: Da waren die Sterne dann aber ziemlich nahe beieinander und hätten sich durch ihre gegenseitige Schwerkraftwirkung ordentlich stark beeinflusst. Wie konnten dann die Planeten ihre fast kreisförmigen Bahnen einnehmen?

Lesch: Tja, mein Lieber. Das ist mal wieder eine dieser unglaublichen Geschichten. In der Tat standen die Sterne sich in diesem Sternhaufen ziemlich nahe. Es ist sogar ziemlich wahrscheinlich, dass mindestens ein Stern sehr nahe am sich gerade bildenden Sonnensystem vorbeigezogen ist und viele kleine Zwergplaneten auf ihre exzentrischen Bahnen hinausgetrieben hat. Diese Zwergplaneten hat man in den letzten 20 Jahren tatsächlich entdeckt. Die Sonne hat sich seit ihrer Geburt rund 22-mal ums galaktische Zentrum bewegt. Ihr Geburtssternhaufen hat sich seitdem aufgelöst und die Abstände zwischen den Sternen haben sich dermaßen vergrößert, dass sich die Himmelskörper heute kaum noch direkt beeinflussen.
Aber zurück zur Geschichte der Milchstraße. Ist dir was aufgefallen?

Gaßner: Nein, was denn?

3.6 Wie konstant sind Naturkonstanten wirklich?

Auf diese Steine können Sie bauen

Lesch: Wir sind ziemlich schnell durch die Entwicklungsgeschichte unserer Milchstraße geeilt. Dabei haben wir immer wieder eine Hypothese verwendet, ohne sie ausdrücklich zu erwähnen. Die Hypothese lautet: Die Naturgesetze, die wir auf der Erde durch Beobachtungen und Experimente entdeckt haben, gelten überall im Universum. Dann und nur dann können wir nämlich überhaupt die Physik des Weltalls, also Astronomie betreiben. Wir können nur dann Vorgänge im Universum verstehen, wenn wir von dem, was wir von der Physik der Materie auf der Erde kennen, darauf schließen, was sich im Weltraum, in den Sternen oder im Gas zwischen den Sternen abspielt.

Gaßner: Stimmt, für uns Physiker ist der Zusammenhang ganz klar. Wir können uns dessen so sicher sein, weil diese Hypothese einfach viel zu oft bestätigt worden ist. Aber das war nicht immer so, in den Zeiten des kalten Krieges haben manche Forscher in der Tat daran gezweifelt. Einige waren doch tatsächlich der Meinung, die Naturkonstanten in kapitalistischen Ländern und in sozialistischen Labors seien nicht dieselben. Heutzutage wirkt das nur noch grotesk.

Lesch: Ja, Gott sei Dank sind diese Zeiten vorbei. Heute ist die These von den überall gültigen Naturgesetzen ziemlich unumstritten. Ist ja auch klar, für die Teilchenarten, die Atome, deren Atomkerne und Elektronen, aus denen Sterne oder Gaswolken bestehen, muss es doch völlig unerheblich sein, ob sie sich auf unserem Planeten befinden oder irgendwo in einer beliebigen Galaxie. Sie verhalten sich immer gemäß den naturgesetzlichen Zusammenhängen, die ihnen unter den jeweiligen Umständen gestatten, sich entweder zu Atomen oder sogar zu Molekülen zu verbinden. Auch das Licht, das die Teilchen abstrahlen, hat überall im Universum die gleichen Eigenschaften wie hier auf der Erde.

Gaßner: Genau das ist der springende Punkt. Die Atome der verschiedenen chemischen Elemente geben Strahlung in ganz gewissen Portionen ab. Diese Spektrallinien werden durch die Energieniveaus in der Elektronenhülle genau festgelegt. Das ist gewissermaßen ihr Fingerabdruck. Man kann im irdischen Labor für jede Atomsorte diese Strahlung in Abhängigkeit von der Temperatur und Dichte messen. Ein Vergleich mit dem Licht der Sterne erlaubt es schließlich, die physikalischen Bedingungen des Gases an der Sternenoberfläche abzuleiten. In diesen Linienspektren ist die gesamte notwendige Information enthalten, vergleichbar einem Barcode beim Discounter um die Ecke. Astronomen sind quasi Barcode-Leser.

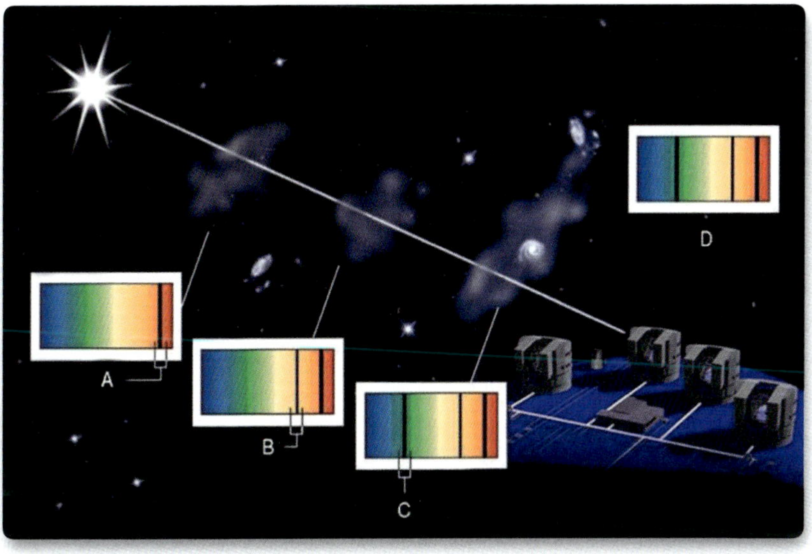

3.43 *Das Licht einer bestimmten Wellenlänge beziehungsweise Farbe entspricht einer zugehörigen Energie. Atome und Moleküle können wiederum nur bestimmte Energien in ihrer inneren Struktur aufnehmen, beispielsweise durch den Übergang eines Elektrons auf eine höhere Bahn. Dadurch „verraten" sich unterschiedliche Atom- und Molekülsorten, indem sie aus dem vollen Spektrum einer fernen Quelle charakteristische Wellenlängen aufnehmen. Damit lässt sich die Zusammensetzung verschiedener Nebel bestimmen, die sich in direkter Sichtlinie zwischen der Lichtquelle und unseren Teleskopen befinden.*

Lesch: Besser gefällt mir der Ausdruck „Lichtdeuter", uns Astronomen geht schließlich ständig ein Licht auf. Für uns ist Licht nämlich die einzige wirkliche Informationsquelle und wir können überhaupt nur deshalb daraus lernen, weil hinter der Deutung der Himmelslichter immer die Vorstellung steckt, dass das Licht der Sterne genau denselben Gesetzen gehorcht wie das Licht hier unten auf unserer Erde.

Gaßner: Die Astronomie, als die Physik des Universums, verlangt sogar noch mehr als die Gültigkeit der Naturgesetze überall im Weltall. Sie verlangt auch die Gültigkeit der Naturgesetze zu jeder Zeit. Die Naturgesetze müssen immer und überall gültig sein. Dann – und nur dann – kann das Universum naturwissenschaftlich untersucht werden.

Lesch: Warum jetzt auch noch die ewige Gültigkeit?

Gaßner: Weil das Licht der Sterne und Galaxien Zeit braucht, bis es unsere Fernrohre auf der Erde erreicht. Das Sonnenlicht ist 8,3 Minuten bis zur Erde unterwegs, das Licht des nächsten Sterns benötigt schon 4,2 Jahre. Das berühmte Sternbild *Großer Wagen* besteht aus Sternen, deren Licht schon 100 Jahre bis zur Erde auf Reisen war.

Lesch: Solche Zahlen sind noch ganz gut vorstellbar, weil sie mit unserer Lebensspanne vergleichbar sind. Aber wenn man bedenkt, dass das Licht der größten Nachbargalaxie, Andromeda, schon 2,5 Millionen Jahre braucht, um zur Erde zu gelangen, dann ist unsere Vorstellungskraft hoffnungslos überfordert.

Gaßner: Dieser Brunnen der Vergangenheit ist einfach viel zu tief und zu dunkel für unsere Augen. Das Licht, das wir heute von dieser Galaxie empfangen, wurde zu einem Zeitpunkt abgestrahlt, als sich in Ostafrika gerade die Vorläufer des Menschen entwickelten.

Lesch: Welche Galaxie ist eigentlich am weitesten von uns entfernt? Was ist denn da der Stand der Dinge?

Gaßner: *UDFj-39546284*. Sie ist auf dem sogenannten *Hubble Ultra Deep Field* zu sehen, einer Aufnahme, die wir dem Hubble-Weltraumteleskop verdanken. Dafür wurde im Januar 2004 ein besonders dunkles Gebiet am Himmel ausgewählt – ohne störende Sterne im Vordergrund – und eine Million Sekunden lang belichtet. Damit hat man möglichst alles rausgekitzelt, was an Photonen ankommt. Natürlich hält das Hubble Teleskop diese 11,3 Tage nicht still, deshalb mussten 800 Bilder aus 400 Erdumkreisungen zusammengefasst werden.

Seit 2009 sind einzelne Galaxien mit Hilfe der neuen Wide Field Camera detailliert aufs Korn genommen worden. 2014 wurde die Aufnahme nochmals um Ultraviolettdaten ergänzt. Die höchste Rotverschiebung beträgt ungefähr 10.

Lesch: Wie weit ist das in Lichtjahren?

Gaßner: Über 13 Milliarden Lichtjahre!

Lesch: Wow! Und man muss sich das mal klar machen: Das Licht von einem so weit entfernten Objekt kann nur deshalb unbeschadet durch diese endlosen Weiten zu uns gelangen, weil dort draußen praktisch nichts ist. Weniger als ein Hunderttrillionstel der Atemluft! Wären wir umgeben von einer dicken Suppe, könnten wir keine vernünftige Astronomie betreiben. Das Universum ist ein grauenhaft leerer Abgrund von Raum und Zeit.

3.44 *Das Hubble Ultra Deep Field (links) zeigt die mit 13,2 Milliarden Lichtjahren am weitesten entfernte Galaxie UDFj-39546284 (rechts vergrößert).*

Gaßner: Je weiter wir ins Weltall schauen, desto tiefer werden die zeitlichen Abgründe. Es gibt Galaxien, die sind so weit von uns entfernt, dass ihre Strahlung zu einer Zeit entstand, als es das Sonnensystem und die Erde noch gar nicht gab. Wenn wir das Licht heute in unseren Fernrohren empfangen und zerlegen, dann gehen wir davon aus, dass auch schon damals alle uns bekannten Naturgesetze genauso gültig waren wie heute. Lange bevor es Leben gab in unserer Galaxis.

Lesch: Die Stabilität der Naturgesetze können wir auch am eigenen Leib überprüfen. Dafür müssen wir nicht in den Weltraum blicken. Die materiellen Bausteine, aus denen wir bestehen, bleiben immer gleich. Wir altern zwar, aber das liegt im Zusammenspiel der Moleküle untereinander begründet. Die einzelnen Bauteile bleiben dieselben. Vom Staube kommen wir und zu Staube werden wir, atom- und kernphysikalisch ist das völlig korrekt ausgedrückt.

Gaßner: Jeder unserer Atemzüge beweist, dass sich die grundlegenden Gesetze der Materie und des Lichts zumindest während unseres Lebens nicht verändern. Wenn die Sauerstoffmoleküle, die wir durch unsere Lungen aufnehmen, sich plötzlich nicht mehr mit dem Hämoglobin in unserem Blut verbinden würden, müssten wir ersticken. Aber sie verbinden sich, nichts kann ihre Bindungsfähigkeit ändern, sie funktionieren nach genau abgestimmten Gesetzen.

Lesch: Nur zur Erinnerung: Der Sauerstoff, den wir atmen, wird von Pflanzen durch Photosynthese freigesetzt. Sie verwenden dafür das Licht der Sonne. Der Sauerstoff selbst aber stammt von Sternen, die es schon lange nicht mehr gibt. Sie haben sich schon längst in gewaltigen Explosionen in Gas aufgelöst, das sich an anderen Stellen wieder zu neuen Sternen verdichtete. Einer davon ist unsere Sonne.

Gaßner: Die Voraussetzung, dass die Naturgesetze unveränderlich wirken, ist das wichtigste Fundament naturwissenschaftlicher Forschung. Wäre die Natur total chaotisch oder würden sich die Gesetze des Aufbaus der Materie ständig verändern, gäbe es keine nachhaltig stabilen materiellen Strukturen.

Lesch: Für uns Physiker ist das klar. Besonders schwer scheint es für Politiker zu sein, die Unveränderlichkeit der Naturgesetze zu akzeptieren. Dazu gibt es eine unglaubliche Geschichte, die muss ich jetzt kurz erzählen. Auf einer Kommission der Europäischen Union zur Stabilität der Stromnetze hatte ein Sachverständiger zum Transport elektrischer Energie vorgetragen. Dabei bezog er sich mehrfach auf die physikalischen Begrenzungen, die sich aus den *Kirchhoffschen Gesetzen* ergeben. Daraufhin hat sich ein Politiker zu Wort gemeldet: „Wenn das offensichtlich so ein Problem ist mit den Gesetzen von diesem Herrn Kirchhoff, dann müssen wir die halt ändern."

Gaßner: Oje, den Gesichtsausdruck des Sachverständigen hätte ich gern gesehen. Ein Meteorologe dagegen hat mit den Naturgesetzen kein Problem, da käme niemand auf die Idee, mit einem Wirbelsturm, der auf die Küste zurast, zu verhandeln: „Hey, Wirbelsturm, heute passt es uns gerade gar nicht – könntest du nicht ein andermal ..."

Lesch: Warum sind wir uns eigentlich so sicher, dass die Naturkonstanten auch über lange Zeiträume wirklich konstant sind? Die paar Jahrhunderte, in denen wir jetzt Physik betreiben, sind doch nur ein Wimpernschlag auf kosmischen Zeitskalen.

Gaßner: Wir haben Laboratorien, die viel älter sind als unsere Naturwissenschaften.

Lesch: Und wer hat dort experimentiert?

Gaßner: Die Natur. In Gabun, Westafrika, gibt es ein Gebiet namens *Oklo*, das aus mehreren Uranminen besteht. Seine Berühmtheit verdankt der Ort dem Franzosen Henri Bouzigues, der 1972 eine erstaunliche Entdeckung machte, als er die dort abgebauten Uranerze untersuchte. Eigentlich hatte Bouzigues zum Ziel, die Tauglichkeit des Rohstoffs für die französische Nuklearindustrie zu prüfen. Für die Kernkraftwerke sind 99 Prozent des abgebauten Urans wertlos. Lediglich der geringe Anteil von 0,720 Prozent liegt in Form des Isotops ^{235}Uran vor und kann gespalten werden.

Lesch: Ist der Anteil auf der Erde überall gleich?

Gaßner: Grundsätzlich ja – Messungen in den verschiedenen Abbaugebieten und sogar an Meteoriten- und Mondgestein liefern immer dasselbe Ergebnis. Nur eben nicht in Oklo, dort lag der Anteil an ^{235}Uran bei 0,717 Prozent.

Lesch: 0,717 statt 0,72 – das hört sich erst mal nicht nach einem großen Aufreger an.

Gaßner: Und ob! Chemische Prozesse im Erdinneren verändern das Isotopenverhältnis nicht – sie wirken unabhängig vom Atomgewicht. Das Rätsel konnte erst gelüftet werden, als man in den Gesteinsschichten von Oklo typische Kernspaltprodukte entdeckte. Vor etwa 1,8 Milliarden Jahren hatten dort alle notwendigen Voraussetzungen zufällig zusammengespielt und zur Spaltung von ^{235}Uran geführt – ein natürlicher Kernreaktor.

Lesch: Warum kam es dann nicht zu einer ungeordneten Kettenreaktion? Ein Kernkraftwerk ohne Steuerung und Regelung würde doch allzu schnell explodieren. Die schrecklichen Bilder von Fukushima haben wir alle noch vor Augen.

Gaßner: Tatsächlich wurde der unterirdische Reaktor vom Sickerwasser gesteuert. Wurde die Reaktion zu stark, verdampfte das Wasser und die Reaktion kam zum Erliegen. Nach ausreichender Abkühlung hat nachrückendes Sickerwasser die Kettenreaktion wieder in Gang gebracht, das war ein Stop-and-Go alle 20 bis 30 Minuten.

Lesch: Fast im U-Bahn-Takt. War ja auch unterirdisch. Könnte das heute noch genauso passieren?

Gaßner: Nein, die heutigen 0,72 Prozent an ^{235}Uran reichen bei weitem nicht aus für eine Kettenreaktion, deshalb müssen wir die Konzentration ja für die Nutzung in den Kernkraftwerken aufwendig anreichern – auf mindestens 3 Prozent. Zur Zeit der Oklo-Reaktoren war die natürliche Konzentration an spaltbarem Uran noch hoch genug, weil ^{235}Uran wesentlich schneller zerfällt (Halbwertszeit 710 Mio. Jahre) als ^{238}Uran (Halbwertszeit 4,5 Mrd. Jahre). Je weiter man also in der Vergangenheit zurückgeht, umso mehr verschiebt sich das Verhältnis.

Lesch: Eine tolle Geschichte, aber wolltest du nicht eigentlich etwas über Naturkonstanten erzählen?

Gaßner: Die Pointe kommt doch gleich. Mit Oklo haben wir ein uraltes Labor, einen Kernreaktor, der vor 1,8 Milliarden Jahren Spaltprodukte erzeugt hat. Viele sind heute noch vorhanden. Mit Atommüll haben wir leider reichlich Erfahrung. Aus den Ergebnissen der Kernreaktionen – insbesondere einem Element namens *Samarium* – können wir sehr genau festlegen, dass sich die Elementarladung von Elektron und Proton, die Lichtgeschwindigkeit und das Plancksche Wirkungsquantum seither nicht geändert haben.

Lesch: Na, das ist schon mal eine Hausnummer. Gibt es Erkenntnisse, die noch weiter zurückreichen?

Gaßner: Um zeitlich noch weiter zurückzugehen, müssen wir unseren Blick wieder ins Weltall richten. Selbst in Spektren, deren Entstehung mehr als 10 Milliarden Jahre zurückreicht, ist bislang keine Abweichung der Naturkonstanten gefunden worden.

Lesch: Auf die Naturkonstanten ist eben Verlass. Es würde die Astronomie auch gehörig verkomplizieren, wenn sich die Konstanten mit der Zeit laufend änderten.

Gaßner: Darauf hätte das Universum wohl kaum Rücksicht genommen.

Lesch: So aber geht es in der Natur mit „rechten Dingen" zu. Nur weil sich die verschiedenen unveränderlichen physikalischen Grundkräfte in einem ewigen Wettbewerb befinden, gibt es überhaupt etwas. Die Sonne als Gasball ist da, weil ihr innerer Druck der eigenen Schwerkraft die Waage hält. Der Druck aber entsteht durch die Kernkräfte im Zentrum. Sie verschmelzen Atomkerne miteinander. Die bei der Kernfusion freiwerdende Energie heizt das Gas des Sterns auf und lässt es leuchten.

Gaßner: Letztlich ist auch der Mensch, der sich an ihrem Anblick erfreut, Teil dieser Evolution. Er besteht aus Bestandteilen, die vom Himmel kommen. Wie gesagt, wir sind Kinder der Sterne.

Lesch: In der Milchstraße war schon viel passiert, bis es endlich zur Bildung eines Planetensystems kommen konnte. Auf dessen drittem Planeten sind sich nach über viereinhalb Milliarden Jahren Lebewesen ihres Daseins bewusst geworden. Denen ist damals wohl auch ein Licht aufgegangen.

Gaßner: Kommen wir zur nächsten Abteilung, der Bildung des Sonnensystems und seiner Planeten.

3.45 *Das Sonnensystem (Entfernungen nicht maßstabsgetreu): Mit 99,86 Prozent befindet sich der weit überwiegende Teil der Masse im Inneren der Sonne.*

3.7 Unser Sonnensystem

Home sweet home

Innen kreisen die vier Felsenplaneten Merkur, Venus, Erde und Mars. Außen befinden sich die Gasriesen Jupiter, Saturn, Uranus und Neptun sowie die Zwergplaneten Ceres, Pluto und Haumea (2003 UB_{313}).

Lesch: *Coming home* sozusagen. Nach einer ewig langen Reise endlich nach Hause kommen. Endlich an den Platz, an dem wir nicht nur leben, sondern von dem wir inzwischen auch so viel verstehen, dass wir mehr und mehr bewusst wahrnehmen, wie wichtig alles für uns ist.

Gaßner: Du hast ja vorhin schon erklärt, wie es möglicherweise gewesen sein könnte, damals vor 4,567 Milliarden Jahren. Die dahinrasenden Hüllen aus der Explosion zweier Supernovae haben den Bereich einer Gaswolke zusammengepresst und „den Stein ins Rollen gebracht".

Lesch: Ja, genau so war es: Die Geschwindigkeiten der Sternenreste liegen im Überschallbereich, was zu starken Gasverdichtungen führt. Das kennen wir hier auf der Erde nur zu gut – denken Sie an die Überschallflugzeuge. Wenn sich verdichtetes Gas schlagartig wieder verdünnt, verursacht das in unserer Atmosphäre einen Knall. Das interstellare Gas hingegen kühlt sich bei einer Verdichtung sogar ab, denn es verliert Energie durch Strahlung. Je dichter es wird, umso stärker strahlen die Atome. Und deshalb kühlt eine Gaswolke im interstellaren Medium durch Verdichten ab.

Gaßner: Und wenn Gas kühler wird, verringert sich seine thermische Energie. Wurde genügend Gas zusammengepresst und die Abkühlung ist weit genug fortgeschritten, dann kann es unter seiner eigenen Masse kollabieren. Dieser Kollaps heizt das Gas wiederum auf, weil die freiwerdende Strahlung nicht mehr ungehindert aus dem Gas entweichen kann. Das geht solange weiter, bis durch die Verschmelzung von Atomkernen im Zentrum der Stern zu strahlen beginnt. Eine runde, strahlende Gaskugel.

Lesch: So einfach ist das mit Gaskugeln. Die Entstehung von Planeten ist viel schwerer zu erklären, stellen sie doch im Vergleich zu den heißen Sternen eine viel differenziertere Form der Materie dar. Josef, lass uns jetzt mal von unserem Sonnensystem ausgehen, „nullachtfünfzehn" – ein kosmischer Normalfall sozusagen. Wie ist es hier gelaufen?

Gaßner: Zuerst die Fakten: Im Zentrum des ganzen Systems thront die Sonne. In ihr sind mehr als 99 Prozent der Gesamtmasse des Sonnensystems vereinigt: Ihre Masse ist über 1000-mal schwerer als die Masse der sie umgebenden Planeten zusammengenommen. Deshalb sagt ihre

Schwerkraft den Planeten, wo es langgeht: Sie müssen die Sonne in einer Ebene auf leicht elliptischen Bahnen umkreisen, es bleibt ihnen gar nichts anderes übrig.

Lesch: Das sagt sich so leicht dahin: elliptische Bahnen. Auf einem Blatt Papier aufgezeichnet, lässt sich mit bloßem Auge ein Unterschied zwischen einem Kreis und den Bahnen der meisten Planeten kaum erkennen; bestenfalls für Merkur und den degradierten Pluto, dem ja der Planetenstatus aberkannt wurde. Nun muss er sein Dasein als Zwergplanet fristen. Aber ich will nicht abschweifen, obwohl…, ich finde das wirklich schade. Pluto wurde 1930 vom amerikanischen Astronomen Clyde Tombaugh entdeckt. Dem Pluto hätte man ruhig noch ein bisschen Zeit mit den „Großen" lassen können, hat er doch seit seiner Entdeckung noch nicht einmal einen Umlauf um die Sonne geschafft! Jetzt aber zurück, Entschuldigung!

Gaßner: Die Sonne und ihre Planeten bilden ein zusammenhängendes System mit einer gemeinsamen Entstehungsgeschichte. Unterteilt wird das Sonnensystem in Planeten und deren Begleiter, die Monde sowie Asteroiden und Kometen. Die Planeten treten in zwei Gruppen auf, als erdähnliche Planeten und als Gasplaneten. Erdähnlich werden die genannt, die in ihrem Aufbau der Erde relativ ähnlich sind.

Lesch: Ach was, da wär' ich ja gar nicht drauf gekommen.

Gaßner: Ja, ja. Sie bestehen also aus gesteinsartigem Material und Metallen. Ihre Dichte ist hoch, die Oberfläche fest und die Zahl der Monde gering. Zu dieser Gruppe gehören die vier der Sonne am nächsten stehenden Planeten Merkur, Venus, Erde und Mars.

Lesch: Jupiter, Saturn, Uranus und Neptun zählen hingegen zu den Gasplaneten und umkreisen die Sonne in zunehmend größeren Abständen. Sie bestehen fast nur aus Gas, vorwiegend aus Wasserstoff und Helium. Ihre Dichte ist eher gering und mit Wasser vergleichbar. Sie drehen sich recht schnell um ihre Achse.

Gaßner: Der am weitesten entfernte Planet, der arme Pluto, der ja von der Internationalen Astronomischen Union im Jahr 2006 so schmählich behandelt wurde, ist ein Felsbrocken, der wahrscheinlich einmal ein Mond von Neptun war.

Lesch: Unser Sonnensystem erstreckt sich über Milliarden von Kilometern in den Weltraum hinaus. Jenseits des Planeten Neptun schließt sich der sogenannte *Kuipergürtel* an, eine ringförmige Ansammlung von Felsbrocken, die sich bis auf etwa 70 Milliarden Kilometer, der 500-fache Abstand Erde-Sonne, ausdehnt.

Gaßner: Wenn wir jetzt noch die *Oortsche Wolke* hinzurechnen, einen kugelförmigen Bereich um die Sonne, angefüllt mit Felsbrocken aller Art, den Resten aus der Entstehungszeit des Sonnensystems, dann reicht es sogar bis etwa zehn Billionen Kilometer – anders ausgedrückt anderthalb Lichtjahre – ins All hinaus. Das Licht benötigt 18 Monate, um von der Sonne zur Oortschen Wolke zu gelangen.

Lesch: Für einen Sonnenbrand am Strand wird es da draußen sicher nicht mehr reichen, aber dort gibt es ja auch keinen Planeten mehr.
Kurz nochmal zum Alter unserer galaktischen Heimat: Das Sonnensystem ist ca. 4,56 Milliarden Jahre alt. Woher wissen wir das? Diese Altersbestimmung ergibt sich, wie erwähnt, aus Analysen von Meteoriten, den vagabundierenden Überbleibseln aus der Entstehungsphase des Sonnensystems. Sie sind zur gleichen Zeit entstanden wie die Planeten und die Sonne.

Gaßner: Das Alter der Meteoriten kann man anhand des Zerfalls radioaktiver Elemente ziemlich genau messen. Die Hälfte der Atomkerne von Uran und Thorium zerfallen innerhalb von Milliarden Jahren, sie sind die ältesten „Uhren“ des Universums. Aus dem Verhältnis der zerfallenen zu den noch nicht zerfallenen Atomkernen ergibt sich das Alter des Gesteins.

Lesch: Aus den Gesteinsanalysen lässt sich folgendes Bild der Geschichte des Sonnensystems zeichnen: In einer Ebene von einigen Milliarden Kilometern Durchmesser bewegen sich Planeten auf fast kreisrunden Bahnen seit mehr als viereinhalb Milliarden Jahren um die Sonne. Donnerwetter! Jetzt müssen wir aber aufpassen, dass wir nicht ins Schwärmen geraten. Aber unter uns, liebe Leserinnen und Leser, Sie wundern sich doch sicher auch, wie für so lange Zeit etwas so stabil bleiben konnte? Dazu gleich mehr. Vorher stelle ich eine wissenschaftliche Frage, das „kühlt“ unsere staunenden Gehirne etwas ab: Wie entstand das Sonnensystem?

Gaßner: Vor 4,56 Milliarden Jahren wächst im Inneren einer zusammenstürzenden Gaswolke die Sonne heran. Um den jungen Stern konzentriert sich ein Teil des Wolkengases in Form einer flachen, um den Stern rotierenden Gas- und Staubscheibe. Ihre Masse ist zwar nur ein winziger Bruchteil der Sonnenmasse, aber sie erstreckt sich auf 15 Milliarden Kilometer in den Raum hinaus. In dieser Scheibe entstehen alle Planeten. Deshalb bewegen sie sich auch noch heute praktisch in einer Ebene um die Sonne.

Lesch: Die Entstehung der Planeten läuft in zwei Phasen ab. In Phase eins beginnt die Entwicklung mit zufälligen Zusammenstößen der anfangs gleichmäßig über die Scheibe verteilten Staubpartikel. Die kleben zusammen und bilden immer größere Klümpchen. Daraus werden schließlich Klumpen und immer größere Brocken. Innerhalb von wenigen Millionen Jahren – praktisch ein galaktischer Wimpernschlag – bilden sich aus den Brocken die Vorläufer von Planeten, die sogenannten *Planetesimale*, von denen einige zu dieser Zeit schon etliche hundert Kilometer groß sind.
In Phase zwei vereinigen sich mehrere dieser Planetesimale zu noch größeren Objekten. Die schwersten Planetesimale wachsen aufgrund ihrer größeren Masse viel schneller als die leichteren Planetenvorläufer. Es entstehen die Felsenplaneten Merkur, Venus, Erde und Mars. Ihr Wachstum endet erst nach 100 Millionen Jahren, wenn fast aller Staub aus der Scheibe verbraucht ist.

Gaßner: Gasplaneten hingegen können sich nur in den äußeren Bereichen der Scheibe bilden. Dort ist die Temperatur und damit die Bewegungsenergie der Gasmoleküle so niedrig, dass sie von den Felsenkernen späterer Gasriesen gravitativ festgehalten werden können. Jenseits der sogenannten *Schneegrenze* gefriert das Gas sogar und erhöht dabei seine Dichte. Das erleichtert es den äußeren Planeten, große Mengen an Gas aufzusammeln. Jupiter wächst in weniger als einer Million Jahre auf 317 Erdmassen an.

Lesch: Die Planeten, die wir heute im Sonnensystem beobachten, sind also die übrig gebliebenen Gewinner der vielen Zusammenstöße ganz am Anfang. Für Körper, die auf sehr elliptischen Bahnen durchs Sonnensystem vagabundierten, bestand eine viel größere Wahrscheinlichkeit, mit anderen Planeten zusammenzustoßen. Deshalb sind sie längst verschwunden, entweder bei einem Crash zerborsten, in die Sonne gefallen, oder sie haben das Sonnensystem längst verlassen. Nur noch ganz kleine Felsbrocken durchkreuzen als Kometen oder Asteroiden das Sonnensystem auf sehr elliptischen Bahnen. Die übrigen Planeten hingegen sind auf fast kreisförmige Bahnen festgelegt. Die Form der Bahn ist von weitreichender Bedeutung, wirken sich kreisförmige Bahnen doch sehr positiv auf die Stabilität eines Planetensystems aus.

Gaßner: Wahrlich ein Grund zum Staunen: Unser Sonnensystem ist schon seit 4,56 Milliarden Jahren stabil. So lange bewegen sich die Planeten um die Sonne, ohne dass sich ihre leicht elliptischen Bahnen merklich verändert haben. Woher wissen wir das? Ganz einfach: Weil es uns gibt!

Lesch: Allerdings erst seit ein paar zehntausend Jahren. Mit der Stabilität selbst hat der Homo sapiens nichts zu tun.

Gaßner: Natürlich nicht, aber dass es den Menschen gibt, dahinter steckt eine ganze Menge. Wir Menschen sind Teil der Natur und damit das Ergebnis einer sehr langen biologischen Entwicklung, die niemals stattgefunden hätte, wenn sich die Entfernung unseres Planeten zur Sonne merklich verändert hätte. Eine deutliche Verringerung des Abstands der Erde zur Sonne hätte unseren Planeten in eine lebensfeindliche Zone verwandelt und das Wasser der Ozeane zum Kochen gebracht. Wäre andererseits der Abstand größer geworden, wäre die Erde eingefroren. Der rekonstruierte Verlauf der Erdgeschichte und alle Untersuchungen des Gesteins lassen nur einen Schluss zu: Der Abstand Erde-Sonne ist seit einer Ewigkeit nahezu unverändert. Im kosmischen Sinne ist diese Zeitspanne natürlich winzig.

Lesch: Auch alle anderen Planeten sind seit ihrer Entstehung mit annähernd denselben Entfernungen auf ihrer Rundreise um die Sonne unterwegs. Ansonsten wären sie ebenfalls mit anderen Planeten zusammengestoßen oder in die Sonne gestürzt.

Gaßner: Vermutlich gab es solche Katastrophen. Was wir heute beobachten, sind die Sieger dieses Verdrängungswettbewerbs.

Lesch: Woher kommt die unglaubliche Stabilität dieser Überlebenden?

Gaßner: Zunächst verlieren die Planeten keine Drehenergie mehr. Die Gasdichte zwischen den Planeten ist so niedrig, dass sie sich daran nicht mehr nennenswert reiben. Auch die Beeinflussung durch die Schwerkraft der anderen Planeten ist so gering, dass sie nicht weiter ins Gewicht fällt. Dass alles „rund" läuft, ist offenbar lediglich dem Umstand zu verdanken, dass sich kleine Störungen nicht aufschaukeln.

Lesch: So richtig überzeugen kann mich das aber nicht. Es hätte auch ganz anders kommen können. In ausführlichsten Untersuchungen der Planetenbewegungen konnten die sicheren Bahnen lediglich für die nächsten ca. 200 Millionen Jahre berechnet werden. Das ist zwar bemerkenswert, aber auch etwas beunruhigend, findest du nicht?

Gaßner: Schon, aber über diese Zeit hinaus kann man die Stabilität nicht genau vorhersagen, weil sich eben einfach nicht kalkulieren lässt, ob sich die winzigen Störungen durch die anderen Planeten nicht eines Tages doch so summieren, dass sie letztlich leichte Verzerrungen der ursprünglich stabilen Planetenbahnen hervorrufen. Ein Planet könnte somit geringfügig näher in den Anziehungsbereich eines anderen Planeten rücken. Auf diese Weise würden die Bahnen der Planeten immer weiter deformiert und es könnte zu Zusammenstößen kommen.

Lesch: Oder die Kräfte wachsen irgendwann einmal so sehr an, dass sie einen Planeten ganz aus seiner Bahn zerren. Wir stehen hier vor einem echten Rätsel. Ganz ist die Gefahr sich langsam immer weiter verstärkender Störungen nicht auszuschließen, obwohl es seit 4,56 Milliarden Jahren gottseidank gut gegangen ist.

Gaßner: Da stellt sich natürlich sofort die Frage, ob der Ansatz, unser Sonnensystem sei der kosmische Normalfall, wirklich richtig ist. Die fast kreisförmigen Umlaufbahnen der Planeten lassen zumindest Zweifel daran aufkommen.

3.8 Exoplaneten

Strangers in the night

Lesch: Da muss ich dir recht geben. Die letzten zehn Jahre haben uns Astronomen das Staunen gelehrt. Mittlerweile entdecken wir fast täglich neue Exoplaneten, d. h. Planeten in fremden Sonnensystemen. Fast zweitausend Stück haben wir schon ausfindig gemacht. Deren Bahnen sind meist viel elliptischer als die Bahnen der Planeten in unserem Sonnensystem.

Gaßner: Seit 1995 ist es möglich, Exoplaneten indirekt nachzuweisen. Jeder Stern wackelt ein wenig um den gemeinsamen Schwerpunkt, wenn er von einem oder mehreren Planeten umkreist wird. Das verrät ihn. Mit sehr viel Glück lassen sich auch Planeten aufspüren, weil sie unsere Sichtlinie zum Stern kreuzen und somit eine minimal schwankende Helligkeit verursachen. Die NASA hat 2009 eigens den fünf Meter hohen und mehr als eine Tonne schweren Satelliten Kepler in den Orbit geschossen. Mit seiner 95-Megapixel-Kamera hielt er bis August 2013 Ausschau nach einer neuen Bleibe für uns – oder einem schicken Zweitwohnsitz. Dabei war er wahrlich effizient. Mehr als 100.000 Sterne konnte Kepler gleichzeitig auf Helligkeitsschwankungen untersuchen, bis ihn zwei defekte Steuerungsrädchen außer Gefecht gesetzt haben. Es besteht allerdings noch Hoffnung. Zwei Rädchen sind noch funktionsfähig und hinter den Kulissen wird eifrig nach einer Möglichkeit gesucht, in Kombination mit Höhenregeldüsen oder gar dem Sonnenwind die Lage des Telekops im Raum wieder zu stabilisieren. In der Zwischenzeit wurden die bisherigen Daten ausgewertet. Anfangs konnten wir nur sehr große, massereiche Gasriesen ausmachen, vergleichbar dem Jupiter oder Saturn. Mittlerweile stoßen wir aber auch in die Bereiche erdähnlicher Kandidaten vor und hier wird es richtig interessant.

Lesch: *Gliese 581d* war ein solcher Aufreger. Bei seiner Entdeckung 2007 wurde er gar als zweite Erde ausgerufen. Er befindet sich nämlich in der bewohnbaren, der sogenannten *habitablen Zone*. Das ist der Bereich um einen Stern, wo die Temperatur flüssiges Wasser zulässt. Das ist eine wichtige Voraussetzung für die Entstehung von Leben, wie wir noch sehen werden.

Gaßner: Später wurde vermeldet, Gliese 581 hätte noch weitere Planeten, bis hin zu Gliese 581g. Die Euphorie auf der Pressekonferenz war kaum mehr zu bremsen. Einer der Entdecker – Steven Vogt – meint gar, die Chance für Leben auf diesem Planeten wäre 100 Prozent.

Lesch: Da ist der liebe Kollege im Eifer des Gefechts wohl übers Ziel hinausgeschossen. Mittlerweile lassen genauere Analysen der Spektren Zweifel daran aufkommen, ob es den Planeten überhaupt gibt. Es könnte sich bei den Daten auch um anderweitige Störungen der Sonnenoberfläche handeln. Immerhin beobachten wir die radialen Schwankungen des Sterns mit einer Genauigkeit von fast einem Meter pro Sekunde.

Gaßner: Faszinierend, dass man Bewegungen eines fernen Sterns im Bereich der Schrittgeschwindigkeit messen kann. Eine kurze Randbemerkung zur Notation, sonst wird es etwas verwirrend. Exoplaneten werden zumeist in der Form „Name, Nummer, Buchstabe“ benannt. Name und Nummer legen den Mutterstern fest, meist anhand eines Sternenkatalogs oder des entsprechenden Beobachtungsgeräts. In unserem Beispiel ist es der Stern 581 im Sternenverzeichnis Gliese der erdnahen Sterne. Die Planetenkandidaten werden dann beginnend mit dem Buchstaben „b“ hochgezählt. Gliese 581g war also der 6. Kandidat, wird sich aber, wie du ja gerade gesagt hast, vermutlich als Irrtum erweisen.

Lesch: Was denkst du, werden wir einen Planeten mit Leben finden oder sind wir allein im Universum?

Gaßner: Karl-Heinz Karius hätte darauf geantwortet: „Vermutlich sind wir allein im Universum. Nur der fehlende Konkurrenzdruck kann unsere Schwächen erklären.“ Aber ernsthaft – diese Frage ist unglaublich spannend. Die Vorstellung, dass dort draußen in den Tiefen des Weltalls jemand den Himmel mit Teleskopen absucht und sich im Licht einer fernen Sonne dieselben Gedanken wie wir hier macht ... Sollten die Hochrechnungen stimmen und tatsächlich um jeden fünften sonnenähnlichen Stern mindestens ein Planet in der habitablen Zone kreisen, dann ist die schiere Anzahl an bewohnbaren Planeten erdrückend. Hundert Millionen G-Sterne allein in der Milchstraße. Selbst wenn wir drei Viertel davon abziehen, weil sie sich in Doppel- oder Mehrfachsystemen befinden, bleiben immer noch 25 Millionen. Davon jeder Fünfte ergibt 5 Millionen habitable Planeten in unserer Heimatgalaxie. Von den 10^{11} restlichen Galaxien ganz zu schweigen.

Lesch: Das wäre natürlich die ultimative Kränkung der Menschheit. Erst sind wir nicht der Mittelpunkt des Universums, nicht einmal unseres Sonnensystems. Dann stellt sich heraus, wir kreisen im Hinterhof eines Spiralarms in einer durchschnittlichen Galaxie neben zig Milliarden anderen. Wenn jetzt auch noch das intelligente Leben im Universum ein weit verbreitetes Phänomen wäre – dann könnten wir die Krone der Schöpfung erst mal getrost einpacken.

Gaßner: Auf die Weltreligionen kämen auch ziemliche Herausforderungen zu. Gibt es dann auf all diesen bewohnten Planeten ebenfalls Propheten oder frohe Botschaften? Vermutlich würde die Entdeckung fremder Intelligenz unser Vorstellungsvermögen in vielerlei Hinsicht völlig überfordern.

Lesch: Noch ist es nicht so weit. Grüner Schleim, der Photosynthese betreibt, ist vielleicht nicht so selten im Universum. Aber guter Wein und hübsche Frauen?

Gaßner: Ein wesentliches Indiz – zumindest ein statistisches Argument für grünen extraterrestrischen Schleim – scheint mir schon zu sein, dass wir mit jedem Jahr der Beobachtung eine regelrechte Explosion an nachgewiesenen Exoplaneten erleben. Die verbesserte Analyse der Daten der Kepler-Mission hat beispielsweise allein im Februar 2014 sage und schreibe 750 neue Exoplaneten nachgewiesen. Wohl gemerkt sprechen wir bei der Kepler-Mission von der *Transitmethode*, also dem glücklichen Umstand, dass die Planeten zwischen uns und dem beobachteten Stern vorbeiziehen und dabei eine Helligkeitsschwankung verursachen. Wenn wir bereits bei der Auswertung dieser unwahrscheinlichen Konstellation eine wahre Inflation an Entdeckungen erleben, legt das nahe, dass es dort draußen Planeten in Hülle und Fülle gibt.

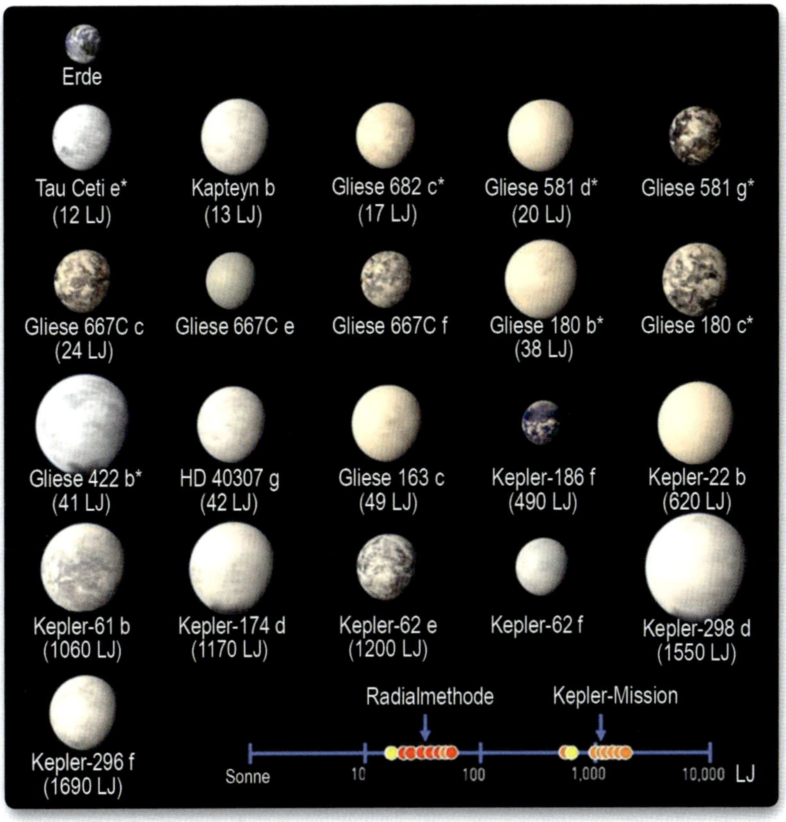

3.46 *Maßstabsgerechte Illustrationen der Exoplaneten innerhalb der habitablen Zone, sortiert nach ihrer Entfernung in Lichtjahren (LJ). Fragwürdige Kandidaten sind mit einem Stern gekennzeichnet.*

Lesch: Trotzdem konnten wir noch keinen wissenschaftlichen Nachweis für extraterrestrisches Leben erbringen.

Gaßner: Klar. Bis dahin ist alles zu diesem Thema reine Kaffeesatzleserei und mein statistisch motiviertes Argument vielleicht zu weit hergeholt. Trotzdem würde ich es vergleichen mit Simon Marius und Galileo Galilei, die vor 400 Jahren erstmals die Jupiter-Monde beobachteten und erkannten, dass unser Planet wahrscheinlich nicht im Mittelpunkt des Universums steht. Vielleicht wird man in 400 Jahren auf die aktuellen Exoplaneten-Daten zurückblicken mit der Einschätzung: Damals wurde den Menschen erstmals bewusst, dass sie wahrscheinlich nicht allein sind in den Weiten des Alls.

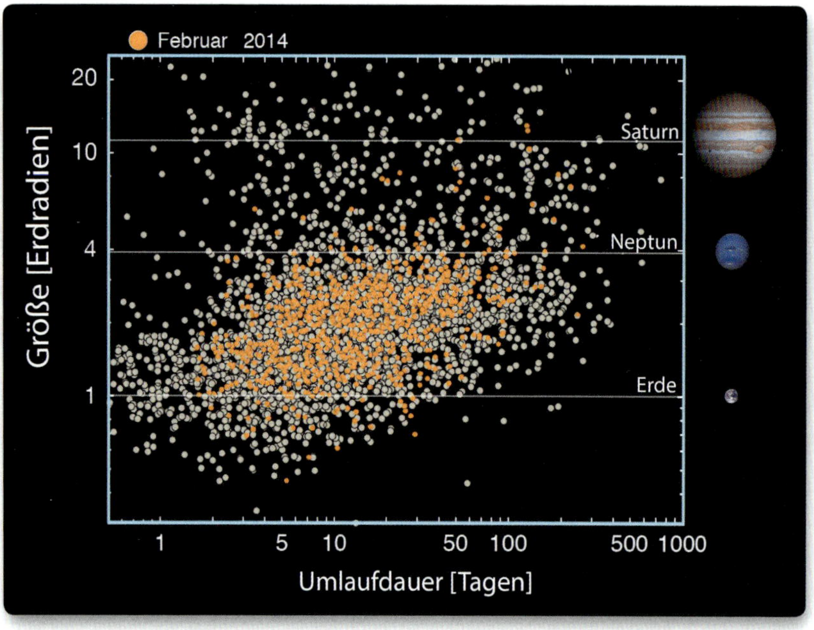

3.47 *Bislang entdeckte Exoplaneten, aufgetragen nach Größe in Erdradien und Umlaufdauer in Tagen. Die orange gekennzeichneten Exoplaneten wurden im Februar 2014 durch die verbesserte Analyse der Daten der Kepler-Mission nachgewiesen.*

Lesch: Warten wir's ab. Wobei, 400 Jahre können wir beide natürlich nicht warten und du weißt ja: „Prognosen sind schwierig, besonders wenn sie die Zukunft betreffen." Niels Bohr.

Gaßner: Mein Bauchgefühl sagt mir, dass wer immer in diesem Universum glaubt, an einem bestimmten Ort etwas Einzigartiges vorweisen zu können, irrt. Das Phänomen Leben stellt dabei keine Ausnahme dar. Verblüffend war für mich auch, wie viele erdähnliche Kandidaten wir unter den 100 erdnahen Sternsystemen verzeichnen. Gliese 581 ist z. B. nur knapp 20 Lichtjahre entfernt. Wenn wir bereits in unserem Vorgarten einen Exo-

3.48 *Niels Hendrik Bohr (1885 - 1962)*

planeten finden, der sich in der habitablen Zone befindet, dann spricht doch vieles dafür, dass es jede Menge davon gibt in den Weiten des Weltalls.

Lesch: „Vorgarten“ ist ja ein netter Ausdruck angesichts dieser Entfernungen. Sogar ein Radiosignal – mit immerhin Lichtgeschwindigkeit – bräuchte jeweils 20 Jahre für den Hin- und Rückweg. Für derartige Brieffreundschaften muss man schon sehr viel Geduld aufbringen.

Gaßner: Für einen spontanen Überraschungsbesuch wären wir länger unterwegs als die bisherige Menschheitsgeschichte. Beim Start eines Raumschiffs wüssten alle Beteiligten, dass sie, einschließlich ihrer zukünftigen Kinder, Enkel und Urenkel, die unterwegs erst geboren würden, niemals zu Lebzeiten dort ankommen könnten. Von den sozialen Spannungen auf einem derartigen Generationenraumschiff ganz zu schweigen.

Lesch: Selbst wenn es gelänge, Astronauten in irgendeiner Form über Jahrtausende zu konservieren, wie es gern in Science-fiction-Romanen vorkommt, wäre bei ihrer Rückkehr nichts mehr so, wie sie es verlassen haben. Für interstellare Raumfahrt kommen nur echte Desperados in Frage. Das sollte uns zu denken geben, falls jemals außerirdische Gäste hier bei uns landen sollten. Auch die hätten definitiv nichts mehr zu verlieren.

Gaßner: Wir haben auch etwas verloren: den roten Faden.

Lesch: Richtig. Wir waren bei der habitablen Zone stehengeblieben. Dort ist flüssiges Wasser prinzipiell möglich. Das heißt aber noch nicht, dass zwangsläufig welches dort ist.

Gaßner: Das ist klar. In der Atmosphäre des 40 Lichtjahre entfernten Exoplaneten *GJ1214b* konnte allerdings Wasserdampf nachgewiesen werden. Befindet sich der Planet in direkter Sichtlinie vor seinem Stern, dann erhalten wir Licht, das durch seine Atmosphäre gelangt ist. Die Bestandteile der Atmosphäre verursachen verräterische Absorptionslinien, in diesem Falle von H_2O-Molekülen. Bei genauerer Analyse hat sich allerdings ergeben, dass GJ1214b mit extremen Eigenschaften aufwartet. Die Dichte des Planeten entspricht der zweifachen Dichte von Wasser. Das ist verglichen mit den Gasriesen unseres Sonnensystems sehr hoch und gemessen am Felsenplaneten Erde niedrig. Die Dichte der Erde beträgt 5,5 Gramm pro Kubikzentimeter. Alles deutet darauf hin, dass GJ1214b etwa 2,7 Erdradien misst und seine sieben Erdmassen überwiegend aus Wasser bestehen.

Lesch: Dass wir überhaupt diese extrem lichtschwachen Planeten beobachten können, grenzt schon an ein Wunder. Jetzt analysieren wir auch noch ihre Atmosphäre. Was haben wir denn sonst noch aus der Farbe der exoplanetaren Sonnenuntergänge herausgelesen?

Gaßner: Das Thema Exoplaneten ist schier endlos. Beispielsweise wurde auf *HD189733b* Methan entdeckt. Für größere Rinderherden kommt die Oberflächentemperatur von 900 Grad Celsius allerdings doch nicht in Frage. Ein paar hundert Lichtjahre weiter, im Sternentstehungsgebiet *Rho Ophiuchi*, wurden einfachste Zuckermoleküle nachgewiesen. Besonders hilfreich waren Beobachtungen des Sternsystems *Kepler-30*. Gleich drei Planeten umkreisen den Stern in unserer direkten Sichtlinie. Damit nicht genug, verdunkelten sie nacheinander einen Sonnenflecken, der sich freundlicherweise genau an der passenden Stelle befand. Dadurch konnte nachgewiesen werden, dass die Planeten den Stern in einer Ebene umlaufen. Die Neigung gegenüber dem Sternäquator beträgt tatsächlich weniger als ein Grad.

Lesch: Sonnenflecken entstehen durch starke Magnetfelder im Inneren der Sterne. Treten deren Feldlinien senkrecht aus der Sternoberfläche heraus, behindern sie die Konvektion des Plasmas, die ansonsten, wie in einem Kochtopf, laufend heißes Material aus tieferen Schichten empor drückt. Das verringert lokal für ein paar Tage die Oberflächentemperatur. Im Falle unserer Sonne auf teilweise unter 4.000 Kelvin gegenüber den üblichen 5.780 Kelvin.

Gaßner: Das Buchcover zeigt eine künstlerische Darstellung eines Sonnenfleckes. Zusätzlich sieht man bogenförmige Ausbrüche. Sie entstehen, wenn elektrisch geladenes Plasma von den Feldlinien mitgerissen wird. Im Extremfall können sich benachbarte, gegenläufig gerichtete Magnetfeldlinien in einer sogenannten *Rekonnexion* verbinden. Dabei wird sehr viel Energie freigesetzt. Diese Helligkeitsausbrüche nennt man *Flares* oder *Koronale Massenausbrüche*. Sie spielen bei den Überlegungen zur habitablen Zone eine wichtige Rolle, weil die meisten Sterne in der Milchstraße leuchtschwächer sind als unsere Sonne. Die habitable Zone befindet sich deshalb näher an diesen Sternen und entsprechend fatal wären die Einflüsse der Flares auf potentielles Leben.

3.49 *Aufnahme einer Sonneneruption (Solar Dynamics Observatory, August 2012). Zum Größenvergleich ist maßstabsgetreu die Erde ins Bild eingefügt.*

Lesch: Alle Beobachtungen zu Exoplaneten sind aber auf unsere Milchstraße begrenzt.

Gaßner: Prinzipiell ja. Allerdings wurde im November 2010 in 2.000 Lichtjahren Entfernung HIP13044b gefunden. Dieser Planet gehört einem Sternensystem an, das in einer fremden Zwerggalaxie entstanden ist. Vor etlichen Milliarden Jahren wurde diese Galaxie von der Milchstraße verschluckt und der Planet gelangte in Reichweite unserer Teleskope. Das faszinierende an HIP13044b ist zudem, dass sein Stern bereits die Phase des Roten Riesen hinter sich gebracht hat. Trotzdem hat der jupiterähnliche Planet überlebt, obwohl er schon gefährlich nahe um den Stern kreist.

Lesch: Dann gibt es ja noch Hoffnung, wenn unsere Sonne dereinst zum Roten Riesen wird.

Gaßner: Deinen Optimismus in Ehren. Zu unseren Überlebenschancen sage ich jetzt lieber nichts.

Lesch: Gibt es denn eine direkte Beobachtung? Ein richtiges Foto, das man sich an die Wand hängen könnte?

Gaßner: Die Wärmestrahlung von Exoplaneten ist natürlich extrem schwach. Das ist, als wolltest du eine Motte fotografieren, die im gleißenden Schein eines Leuchtturms kreist. Trotzdem sind Infrarot-Aufnahmen gelungen von sehr jungen Planeten, die noch entsprechend heiß sind, im Beispiel von *1RXSJ160929.1-210524* immerhin über 2.000 Kelvin. Zugleich ist der Planet mit 330 AE weit genug von seinem Stern entfernt. Die Ehre des ersten Fotos eines Exoplaneten (September 2004) kann jedoch *2M1207b* für sich beanspruchen. Er umkreist einen braunen Zwergstern.

3.50 *Die erste optische Aufnahme eines Exoplaneten. Der Gasriese (rot) umkreist den Braunen Zwergstern 2M1207 im Sternbild Wasserschlange (172 Lichtjahre). Sein Bahnradius entspricht dem 40-fachen Abstand Erde-Sonne.*

Lesch: Für eine abwechslungsreiche Fototapete scheint es wohl noch nicht zu reichen. Haben wir überhaupt schon erklärt, was braune Zwergsterne sind?

Gaßner: Richtig. Braune Zwerge sind „gescheiterte Sterne". Die kollabierte Masse war nicht ausreichend, um in ihrem Inneren eine Kernfusion zu zünden oder auf Dauer zu erhalten. Entsprechend niedrig ist ihre Oberflächentemperatur. Der Rekordhalter in dieser Disziplin wurde vom *Wide-field Infrared Survey Explorer* (WISE) im Frühjahr 2014 in nur 7,2 Lichtjahren Entfernung entdeckt, also direkt vor unserer Haustür: *WISE J085510.83-071442.5* mit einer Oberflächentemperatur zwischen minus 48 und minus 13 Grad Celsius

Lesch: Noch beeindruckender als die frostige Oberflächentemperatur des braunen Zwerges finde ich die Tatsache, dass wir nach vielen Jahrzehnten, in denen wir nun Astronomie betreiben, offensichtlich noch nicht einmal alle unmittelbaren Nachbarn entdeckt haben.

Gaßner: Braune Zwerge sind halt nur schwache Infrarotpünktchen, kaum größer als der Jupiter. Besagter Vorgartenzwerg dürfte zwischen drei und zehn Jupitermassen liegen.
Im Sommer 2014 wurde am *Very Large Telescope* (VLT) der europäischen Südsternwarte in Chile ein Gerät namens *SPHERE* installiert, das auf Bilder mit höchstmöglichem Kontrast spezialisiert ist in unmittelbarer Nähe blendend heller Sterne. Damit hofft man die Exoplanetenforschung zu revolutionieren. Das dürfte deine Chancen auf eine nette Fototapete deutlich erhöhen.

Lesch: Ein Sache zu den Exoplaneten finde ich noch bemerkenswert. Nicht nur die ausgeprägtere Elliptizität – ein netter Zungenbrecher – unterscheidet die bisher gefundenen Planetensysteme von unserem. Insbesondere die geringe Entfernung der Gasriesen zu ihrem Stern ist erstaunlich. Wie sind die da hingekommen?

Gaßner: So nahe bei ihren Sternen sind die Gasplaneten definitiv nicht entstanden. Es ist in diesem Radius einfach viel zu heiß. Das Gas wäre sofort auf Fluchtgeschwindigkeit erhitzt worden. Offenbar sind sie aus größeren Entfernungen durch Reibung mit der Gas- und Staubscheibe immer weiter ins Innere des Planetensystems eingewandert.

Lesch: Eindeutiger Migrationshintergrund. Konnten sie leicht integriert werden?

Gaßner: Die Wanderung war beendet, als sie den Innenrand der Staubscheibe erreicht hatten. Dort verdampfte die Strahlung des Sterns den Staub und es gab nichts Nennenswertes mehr, woran sich die Gasriesen hätten reiben können – ihr Drehimpuls blieb fortan erhalten.

Lesch: Perfekte Integration. Beispielhaft.

Gaßner: Die Bewegung der großen Planeten von außen nach innen musste aber katastrophale Folgen für möglicherweise vorhandene andere Planeten gehabt haben. Deren Umlaufbahnen wurden nämlich durch die Gasriesen so stark gestört, dass sie entweder mit dem Gasriesen zusammenstießen, in ihren Stern fielen oder aus ihrem System herauskatapultiert wurden.

Lesch: Also doch wieder mögliche Probleme. Das Neue hat so seine Haken und Ösen.

Gaßner: Das alles ist in unserem Sonnensystem nie passiert. Jupiter ist fünfmal so weit von der Sonne entfernt wie die Erde. Falls er von außen eingewandert sein sollte, war die Staubscheibe durch die Strahlung der Sonne schon so stark verdampft, dass er nicht weiter ins Innere des Sonnensystems eindringen konnte.

Lesch: Bei diesen planetaren Wanderschaften gibt es übrigens verblüffende Effekte. Die wildeste Geschichte haben Neptun und Uranus erlebt. Sie tauschen im Verlauf der Entstehungsgeschichte des Sonnensystems die Plätze. Vor etwa 3,8 Milliarden Jahren ist der Neptun über die Bahn des Uranus nach außen „gesprungen“. Simulationen weisen darauf hin und auch die größere Masse des Neptuns legt nahe, dass er weiter innen entstanden ist.

Gaßner: Das würde auch ein paar andere Ungereimtheiten auflösen, die es noch bei der Entstehung des Sonnensystems gibt. In der ursprünglichen Scheibe sollten beispielsweise die Drehachsen aller Planeten mehr oder weniger senkrecht ausgerichtet sein. Die Drehachse des Uranus liegt aber in der Scheibe. Zusätzlich hätte man weiter außen wesentlich mehr Zwergplaneten im Stile eines Pluto erwartet – Fehlanzeige. Auch die vielen Einschlagkrater auf dem Mond zeugen von einem unverstandenen Bombardement. Der Sprung des Neptuns über den Uranus passt dazu wie die Faust aufs Auge. Er kippt die Drehachse des Uranus, haut voll zwischen die potentiellen äußeren Zwergplaneten und die ganzen Trümmer geraten auf innere Bahnen und liefern dort das sogenannte *späte Bombardement.*

Lesch: Das sind schon wilde Geschichten – tanzende Planeten mit Überschlag. Erst wackelt Neptun nur ein bisschen mit seinen Hüften, weil Saturn und Jupiter ein *pas de Deux gravitationelle* tanzen. Am Ende schaukelt sich seine Eifersucht immer weiter auf, bis er völlig aus der Bahn gerät. Die Simulationen erhärten sich tatsächlich immer mehr.

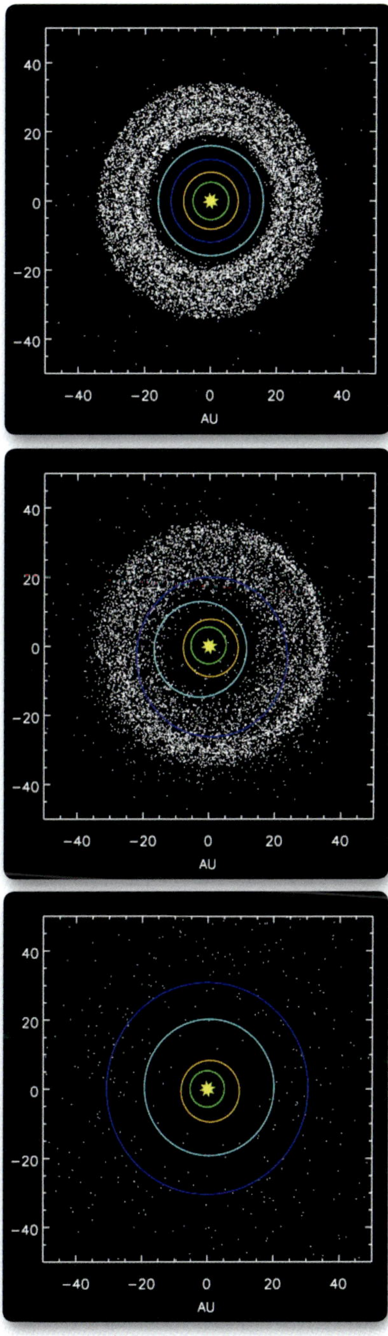

3.51 *Drei charakteristische Zustände unseres Sonnensystems gemäß der sogenannten Nizza-Simulation (2005). Jupiter grün, Saturn orange, Uranus hellblau, Neptun dunkelblau und der Kuipergürtel weiß. AU steht für Astronomic Unit (astronomische Einheit) und entspricht dem mittleren Abstand Sonne-Erde.*

Oben*: Die Gasriesen wachsen in der protoplanetaren Gasscheibe an.*

Mitte*: Jupiter und Saturn geraten in eine 2-zu1-Resonanz, d. h. der Saturn benötigt für einen Umlauf doppelt so lange wie der Jupiter. Dadurch bündeln sie ihre Gravitationskraft über Millionen von Jahren stets an der selben Stelle im Sonnensystem und destabilisieren es immer weiter, bis die Planeten eine neue Konfiguration eingehen (Uranus und Neptun geraten auf stark elliptische Bahnen, in 50 % der Simulationsläufe tauschen sie sogar die Plätze). In der Folge werden viele Objekte des Kuipergürtels in das innere Sonnensystem abgelenkt und verursachen das sogenannte späte Bombardement.*

Unten*: Neue Konfiguration nach dem späten Bombardement.*

Gaßner: Unser Sonnensystem scheint so durchschnittlich nicht zu sein. Es hat durchaus besondere Eigenschaften, vor allem aber einen ganz außerordentlich bemerkenswerten Planeten, die Erde. Ein Planet, auf dem sich eine neue Materieform bildete, die sich von allem, was vorher existierte, grundlegend unterscheidet – das Leben.

Gaßner: Eigentlich müsste es jetzt mit der Entstehung und Entwicklung der Erde samt ihrem wuselnden Leben weitergehen. Zuvor schlage ich aber noch einmal eine gedankliche Inventur vor. Es war ja doch alles ein bisschen viel und teilweise ganz schön starker Tobak, vom Urknall bis zur Entstehung der Erde.
Wir haben ja gerade von Lichtdeutung gesprochen. Ist dir eigentlich bewusst, warum man dich als Astronom so gern zu öffentlichen Auftritten einlädt?

Lesch: Ja klar, weil ich schöne Bilder zeigen kann.

Gaßner: Weil du ein unglaublich positives Image hast als Lichtdeuter. Es ist dir nämlich nicht möglich, als Wissenschaftler Dinge nennenswert zu manipulieren. Wir sind reine Beobachter.

Lesch: Stimmt, wir sind die Beckenbauers der Wissenschaft. Unser Motto lautet: Schauen wir mal.

Gaßner: Das macht uns so harmlos. Da sind wir froh. Wer weiß, wenn wir die Dinge verändern könnten, ob wir uns tatsächlich zurückhalten würden.

Lesch: Wohl wahr – allerdings, reichlich Weltraumschrott haben wir ja schon verursacht und von Zeit zu Zeit fällt uns sogar ausgedientes Inventar auf den Kopf.

Gaßner: Bravo! Jetzt versuche ich hier, ein positives Image zu vermitteln und du kommst mit Weltraumschrott um die Ecke. Aber du hast natürlich recht, der Mensch und sein Müll, das ist leider mittlerweile überall ein Thema - auch im Weltraum. Seit Beginn der Raumfahrt 1957 mit dem Satelliten *Sputnik* haben wir innerhalb weniger Jahrzehnte durch Telekommunikations-, Wetter-, Navigations-, Rundfunk-, Klimaüberwachungs- und militärische Missionen geschätzte 700.000

Tonnen ausrangiertes Material in der Umlaufbahn hinterlassen. Ab einer Größe von 10 cm, die wir noch gut beobachten können, sind es allein 20.000 Objekte - der überwiegende Teil (70 Prozent) in erdnaher Umlaufbahn unterhalb von 2.000 km Höhe. Kleinere Objekte lassen sich nur statistisch abschätzen. Vermutlich schwirren über 750.000 Objekte von der Größe einer Murmel umher. Ihre räumliche Dichte nimmt mit höheren Breitengraden zu.

Lesch: Wegen ihrer großen Geschwindigkeit werden diese Schrottstückchen zu überdimensionalen Schrotkugeln und stellen für alles und jeden dort draußen eine handfeste Bedrohung dar. Die Raumstation ISS beispielsweise ist immer wieder zu spektakulären Ausweichmanövern gezwungen. Besonders brenzlich wird es, wenn die Vorwarnzeit für ein Ausweichen nicht mehr ausreicht. So geschehen im März 2012, als die Besatzung in die angedockte Raumkapsel fliehen musste.

Gaßner: Für den amerikanischen Kommunikationssatelliten *Iridium 33* (556 kg) ging es nicht so glimpflich ab. Er kollidierte am 10. Februar 2009 in 800 km Höhe über Sibirien mit dem ausgedienten, 900 kg schweren russischen Satelliten *Kosmos 2251*. Allein aus diesem Zusammenstoß stammen etwa 2.200 größere Bruchstücke. Kollisionen dieser Art lassen die Gesamtanzahl der Schrottteile ständig ansteigen. Der Effekt hat sogar einen eigenen Namen: das *Kesslersyndrom* - benannt nach dem NASA-Berater und frühzeitigen Warner Donald J. Kessler.

Lesch: Der Weltraummüll nimmt dermaßen überhand, dass mittlerweile internationale Konferenzen abgehalten werden, auf der Suche nach Lösungen. Immerhin drehen in der Erdumlaufbahn über tausend aktive Satelliten ihre Runden mit einem geschätzten Wert von 100 Milliarden Euro - die gilt es zu schützen.

Gaßner: Wir benötigen dringend eine kosmische Müllabfuhr, offiziell nennt man diese Initiative *Clean Space*. Die bisherigen Ideen sind allerdings ziemlich abenteuerlich. Mal ist die Rede von Putzsatelliten mit Lasern, Netzen, Segeln und Tethern, ein andermal soll eine Wolke aus Metallpartikeln den Müll zum Abstürzen und damit zum Verglühen in der Atmosphäre bringen. Die Japaner haben im Februar 2014 eigens die

Mission *Stars 2* (Space Tethered Autonomous Robotic Satellite 2) gestartet. Dieser Putzsatellit wird zwar noch nicht wirklich mit Schrott in Kontakt treten, soll aber die grundsätzliche Möglichkeit ausloten, an einem Objekt einen sogenannte *Tether* zu befestigen, d. h. ein elektrisch leitendes Seil, das im Gravitationsfeld der Erde nach unten hängt und durch die Bewegung im Erdmagnetfeld Strom induziert. Die Lorentzkraft würde das Objekt immer weiter abbremsen und auf niedrigere Bahnen zwingen, wo es verglüht. Wie gesagt - nur ein Test - realistisch wäre dieses Angeln nach Weltraumschrott frühestens 2019. Entwickelt wurde die 300 Meter lange Leine mit Tochterflugkörper übrigens tatsächlich von einer Firma für Fischereibedarf.
Hoffentlich fangen wir uns mit all diesen Versuchen nicht ungewollten neuen Schrott ein. Wie bei allen Heilversuchen gilt Hippokrates: Primum non nocere – zuerst einmal nicht schaden!

Lesch: Das hättest du mal der Volksrepublik China sagen sollen. Die mussten am 11. Januar 2007 unbedingt der Welt beweisen, wie präzise ihre Antisatellitenwaffe funktioniert. Das Ganze hat natürlich auch eine starke militärische Dimension. Mit einer modifizierten Mittelstreckenrakete (*Dongfeng 21*) haben sie den ausgedienten Wettersatelliten *Fengyun-1C* aus 850 km Höhe abgeschossen. Ergebnis: aus einem Schrottteil wurden 3.000 Bruchstücke.
Wenn wir so weiter machen, sehe ich die Zukunft der Raumfahrt ernsthaft gefährdet. Wie soll Captain Kirk zukünftig zu fernen Sternen reisen, wenn ihm schon zuhause das Raumschiff zerdeppert wird?

Gaßner: Wenigstens ist der Weltraumschrott bislang begrenzt auf das Sonnensystem. Selbst wenn wir die am weitesten entfernte Sonde nehmen – die *Voyager 1* – dann ist die bis jetzt gerade mal 17 Lichtstunden weit in den Weltraum vorgedrungen.

Lesch: Aber jedes Jahr fliegt sie um 525 Millionen Kilometer weiter. Dank ihrer Energieversorgung aus Plutonium verliert sie dabei nur etwa ein Prozent ihrer Energie, sie wird uns also noch lange Grüße senden.

Gaßner: Ich glaube, jetzt ist es höchste Zeit für eine Verschnaufpause.

3.9 Verschnaufpause

ein Blick zurück im Schnelldurchlauf

Lesch: Immer sind es die kleinen Abweichungen im nicht ganz perfekten Kosmos, die die Dinge ins Rollen bringen. Am Anfang war alles, was sich im Universum befand, sehr heiß und gleichmäßig im Raum verteilt. Das Universum expandierte und kühlte sich dabei ab. Es bildeten sich schließlich Materieklumpen – Galaxien, Sterne und endlich auch Planeten. Stets waren es die kleinen Abweichungen, die die Bildung solcher Materieinseln möglich machten.

Gaßner: An manchen Stellen erhöhte sich durch kleinste Verdichtungen die Schwerkraft, die weitere Materie anzog und das Universum entleerte. An den Rändern dieser Leerräume entstanden Galaxien, die sich ihrerseits anzogen und durch ihre gegenseitige Schwerkraft zu Haufen von Galaxien versammelten.

Lesch: Innerhalb der Galaxien spielte sich in kleineren Dimensionen das gleiche Spiel ab: Gasverdichtungen verstärkten sich immer mehr, bis sie schließlich unter ihrem eigenen Gewicht kollabierten und so Sterne entstanden. Die wiederum brachten einen völlig neuen Mechanismus in Gang.

Gaßner: Durch die Verschmelzung von leichten zu größeren Atomkernen wurde Energie frei. Es wurde Licht und die schweren Elemente entstanden. Diese neu erzeugten Elemente wurden durch Sternexplosionen ins Weltall befördert. Es setzte ein Materiekreislauf ein, der ständig neue Sterne erzeugte und mit ihnen immer mehr schwere Elemente.

Lesch: Daraus entstand unser Planetensystem mit unserem blau schimmernden Heimatplaneten, der Erde. Apropos blau: Warum ist unser Himmel blau?

Gaßner: Das Licht der Sonne wird in der Atmosphäre gebrochen, der blaue Anteil stärker als der rote, weil die Streuung mit der vierten Potenz von der Wellenlänge abhängt. Der Mond kann keine Atmosphäre halten, deshalb gibt's dort auch keinen blauen Himmel.
Derselbe Effekt lässt Sonnenuntergänge rötlich erscheinen. Durch den flachen Einfallswinkel hat das Sonnenlicht einen weiten Weg durch die Atmosphäre zurückzulegen und entsprechend viel blau wird herausgestreut. Es bleibt eine rote Sonnenscheibe übrig.

Lesch: Was für ein wunderbarer Heimatplanet! Leibniz hatte eben doch recht: Wir leben in der besten aller möglichen Welten. Hier lockt mich kein noch so schöner Exoplanet weg – ich bin und bleibe ein Erdling!

4

Das Leben

Wie aus den Prokaryonten Dichter wurden

4.1 *Die Erschaffung Adams (Ausschnitt aus dem Deckenfresko des Malers Michelangelo Buonarroti in der Sixtinischen Kapelle)*

4.1 Unser Heimatplanet

Ein blauer Diamant

Gaßner: Stellen wir uns eine Blume vor. Sie ist ein richtiger Erdling. Sie sprießt aus der Erde. Sie lebt vom Wasser und den Mineralien, die sie über ihre Wurzeln aus dem Boden zieht. Ihre wesentliche Nahrung jedoch stammt von einem Stern, der 150 Millionen Kilometer entfernt Protonen zu Heliumkernen fusioniert. Das Licht der Sonne wird von der Pflanze zusammen mit etwas Wasser und Kohlendioxid in Zuckermoleküle und Sauerstoff verwandelt. Wie alle Lebewesen ist sie ein Teil des großen Kreislaufs von Wasser, Erde und Luft, letztlich aber wird sie gespeist vom Feuer der Sonne.

Lesch: So ein Blümchen, schön und gut, Josef. Aber entschuldige, ich denke bei dem Bild des blauen Diamanten an etwas ganz anderes: Einen Tusch bitte für unsere Raumfahrtgeschichte! Schließlich haben wir unseren Heimatplaneten schon live aus respektvollem Abstand genießen können. Am 21. Dezember 1968 um 17 Uhr amerikanischer Ostküstenzeit sehen Menschen zum ersten Mal den Erdball in seiner vollen Größe. Die drei Astronauten von Apollo 8 machen ein Foto, das um die Welt geht. Im pechschwarzen Universum schwebt ein blauer Planet – unsere Erde. Ihre Atmosphäre gleicht einem hauchdünnen Schleier über der Oberfläche. Der größte Teil der Kugel ist mit den Wassern der Ozeane bedeckt. Vereinzelt sieht man Wolkenbänder, darunter die Konturen einiger Kontinente.

Gaßner: Du hast natürlich recht, für die Besatzung von Apollo 8 ist das ein unvergleichlicher Moment. Die Astronauten sind so überwältigt von der Schönheit ihres Heimatplaneten, dass sie ihn mit einem funkelnden Diamanten vergleichen. Gleichzeitig spüren sie die Zerbrechlichkeit dieser leuchtend blauen Kugel und den drei Männern wird in diesem Moment sehr deutlich vor Augen geführt, dass wir alle im selben Boot sitzen.

4.2 *Ein Kompositbild unseres Heimatplaneten, zusammengesetzt aus vier Umläufen des Satelliten Suomi NPP (2012).*

Lesch: Ja, das war schon sehr beeindruckend, sogar für uns Kinder, die wir damals gebannt vor dem Fernsehapparat saßen.

Gaßner: Da muss ich passen – bestenfalls habe ich aus dem Kinderwagen kurz hochgeschaut. Aber was ich eigentlich sagen wollte: Astronauten stehen ja üblicherweise nicht im Verdacht, sonderlich romantische oder melancholische Charaktere zu sein. Da wählen sie schon die knallharten Burschen aus. Trotzdem war James Lovell so sehr gefangen vom Anblick der Erde im dunklen weiten Weltall, dass er das treffende Bild vom blauen Diamanten prägte und ihm das berühmte Zitat über die Lippen kam: „Wir mussten zum Mond fliegen, um die Erde zu entdecken."

So wird diese erste Gesamtansicht der Erdkugel zum Symbol einer neuen Idee: Nicht mehr untertan sollen wir uns die Natur machen, sondern *mit* ihr leben. Natur zu zerstören bedeutet die Grundlagen des Lebens zu zerstören.

4.3 *Das erste Farbbild der aufgehenden Erde, aufgenommen von Bill Anders während der Apollo-8-Mission (1968).*

Lesch: Wie lebensfeindlich Himmelskörper aussehen können, erleben die Apollo-8-Astronauten ebenfalls sehr direkt, sind sie doch auf dem Weg zum Mond, um ihn 10-mal in nächster Nähe zu umkreisen. Seine von Einschlägen vernarbte Oberfläche steht in völligem Kontrast zur Erde. Der Mond ist tot, hat keine Atmosphäre und ist völlig trocken. Da ist nichts außer Steinen, keine Pflanze, kein Leben, kein Lied und kein Vogelgezwitscher. Nicht einmal der Mann im Mond möchte dort leben.

Gaßner: Sie werden sich jetzt vielleicht fragen: Der Mond? Was hat denn der Mond mit der Erde und ihrer Entstehung zu tun? Nun, sechs Monate nach Apollo 8 werden Neil Armstrong und Edwin Aldrin bei einer weiteren US-Mission als erste Menschen den Mond betreten und Mondgestein aufsammeln. Fünf weitere Missionen folgen. Die Ausflügler bringen knapp 400 Kilogramm Mondgestein als Souvenir mit zurück. Jahrelange Untersuchungen dieses Gesteins brachten ungeheure Erkenntnisse zutage, die zwingend zur Entstehungsgeschichte unserer galaktischen Heimat gehören und deshalb erzählt werden müssen.

Lesch: Die Erde hat in ihrer ganz frühen Phase einiges mitgemacht. Die von zahllosen Einschlagkratern vernarbte Mondoberfläche ist ein beeindruckendes Archiv dieser Urzeit, in der auch unser Planet nicht von dem Bombardement aus dem All verschont blieb. Der Mond ist der

Kronzeuge für diese dramatischen Vorgänge zu Beginn der Erdgeschichte. Auf ihm zeigt sich immer noch deutlich, was sich vor ca. 4,56 Milliarden Jahren im gerade entstehenden Sonnensystem abgespielt hat: Felsen stürzten auf Felsen und die Gesteine erhitzten sich durch die Energie des Einschlags. Die ganz jungen Felsenplaneten waren rot glühende Gesteinskugeln, die noch so lange weiter an Masse und Größe zunahmen, bis ihre Schwerkraft die meisten der durch das Sonnensystem vagabundierenden Felsbrocken eingesammelt hatte.

4.4 *Einschläge auf der Mondoberfläche, aufgenommen von der Apollo-8-Mission am 24. Dezember 1968. Der große Krater in der unteren Bildhälfte trägt den lateinischen Namen „Goclenius", benannt nach dem deutschen Wissenschaftler Rudolf Gockel. Am linken oberen Bildrand sieht man den Krater Colombo A, für den Christoph Columbus Namenspate stand.*

Gaßner: Das Mondgestein der sechs Apollo-Missionen weist eindeutig darauf hin (Isotopenverhältnis ^{16}O zu ^{17}O), dass die Erde in ihrer Frühphase den Einschlag eines Himmelskörpers überstanden hat, der doppelt so schwer war wie der Mars. Der Impaktor besaß ein Fünftel Erdmasse. Dieses „Mords-Geschoss" wurde beim Zusammenstoß komplett zerrieben. Sein Eisenkern versank in der glutflüssigen Urerde.

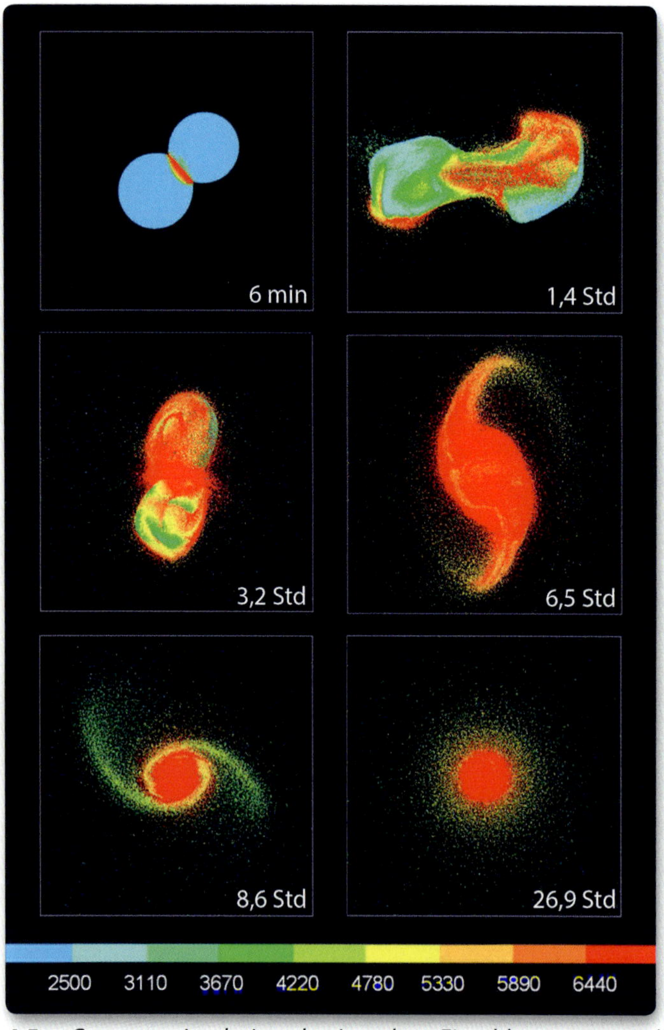

4.5 *Computersimulation des Impaktor-Einschlages zu verschiedenen Zeitpunkten. Die Farben repräsentieren unterschiedliche Temperaturen gemäß der Skala in Kelviin.*

Große Teile der leichten Erdkruste und der Kruste des Einschlägers wurden ins Weltall geschleudert und sammelten sich in ca. 60.000 Kilometern Entfernung in Form eines Gesteinsrings um die Erde an, aus dem sich später der Mond bildete.
Wenn man die Simulationen genau anschaut, könnten in einem Zwischenschritt sogar zwei Monde existiert haben, die später miteinander „verklebten". Der eine hat sich demnach wie ein Pfannkuchen auf den anderen gelegt. Das würde erklären, wieso die Rückseite des Mondes so völlig anders aussieht.

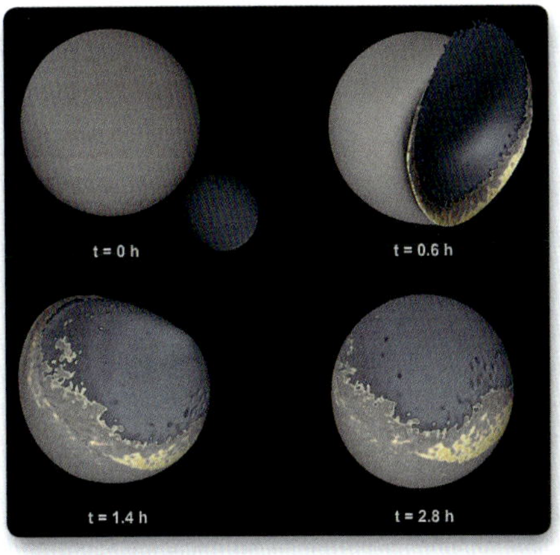

4.6 Computersimulation, wonach zwei Monde mit ähnlichen Umlaufgeschwindigkeiten bei einer Kollision miteinander verkleben.

Lesch: Der Mond lässt staunen, steht er doch der Erde dienstgradmäßig gar nicht zu. Er ist mit einem Achtzigstel der Erdmasse der fünftschwerste Mond im Sonnensystem. Einen solch schweren Mond haben ansonsten nur Gasriesen wie Saturn und Jupiter, die hundertfach schwerer sind als die Erde.

Gaßner: Die große Masse des Mondes wirkt entsprechend stark auf die Erde. So reduziert unser Trabant die Schwankungen der Erdachse auf wenige Grad – eine wichtige Voraussetzung für stabile Jahreszeiten, auf die sich wiederum die Pflanzen verlassen müssen. Ohne den Mond würde sich die Erde so schnell um ihre eigene Achse drehen, dass die Windgeschwindigkeiten auf ihrer Oberfläche ständig zwischen 300 und 500 Kilometern pro Stunde lägen.

Lesch: Ja, da wären die Lebewesen in jeder Hinsicht sehr flach. In die Höhe wachsende Pflanzen hätten sicher keine Chance. Blumen und Astrophysiker wären schwerlich denkbar.

Gaßner: Vor 4,56 Milliarden Jahren waren die Auswirkungen des Mondes noch gravierender als heute und auch der Anblick des Himmels ein ganz anderer. So schlugen in 60.000 Kilometern Entfernung immer noch Brocken auf den sich gerade bildenden, taumelnden Mond ein.
Die Erde drehte sich in sieben Stunden um die eigene Achse und wurde von ihrem schweren Begleiter umkreist. Beide Himmelskörper „spürten" sich, ihre gegenseitige Schwerkraft beeinflusste sie gleichermaßen. Diese *Gezeitenkraft* verursacht noch heute auf der Erde Ebbe und Flut. Im Laufe der Zeit bremsten sich beide Massekörper in ihrer Eigendrehung immer weiter ab, bis der Mond, als der deutlich leichtere der beiden Partner, synchronisiert wurde. Mit anderen Worten, er dreht sich einmal um die eigene Achse, während er sich einmal um die Erde dreht. Deshalb zeigt er uns immer dieselbe Seite. Die Erde drehte sich ebenfalls durch die Gezeitenkraft des Mondes immer langsamer. Bis heute wurde sie auf knapp 24 Stunden Rotationszeit heruntergebremst. Die Drehenergie, die die Erde verliert, gewinnt der Mond an Bahnenergie. Seit damals entfernt er sich kontinuierlich von der Erde. Aus den anfänglichen 60.000 Kilometern sind bis heute 385.000 Kilometer geworden. Und es geht immer noch weiter. Die Erde dreht sich immer langsamer und der Mond entfernt sich immer weiter von ihr. Jedes Jahr sind es ein paar Zentimeter.

Lesch: Soviel zu den allerersten Tagen im Leben der Erde. Sie ist zwar wie alle anderen terrestrischen Planeten das Ergebnis einer Unzahl von Einschlägen und Zusammenstößen, nimmt aber unter den Planeten des Sonnensystems eine einzigartige Stellung ein. Bis ins kleinste Detail außergewöhnlich ist dieser Erdkörper mit seinem Weltmeer und der Atmosphäre: Kilometertiefe Ozeane umgeben die meist bloß um wenige zehn oder hundert Meter über den Meeresspiegel hinausragenden Landflächen.

Gaßner: Und es gibt auf diesem Planeten ein Alleinstellungsmerkmal, ein einmaliges Phänomen im Sonnensystem und vermutlich weit darüber hinaus: das Leben.

Lesch: Insgesamt stellt die Erde ein großes System dar, dessen Teile miteinander wechselwirken. Das beeindruckendste Beispiel ist die Entstehung der Sauerstoffatmosphäre der Erde durch die Photosynthese der Einzeller und Pflanzen. Auf der Erde bilden belebte und unbelebte Natur eine Einheit; sie bedingen sich gegenseitig und stehen in einem empfindlichen Gleichgewicht.

Gaßner: So wie wir von der Evolution der Organismen sprechen, müssten wir auch von der Evolution der Erde als Ganzes sprechen. Sie schuf erst die Voraussetzung für die Entwicklung des Lebens. Die Uratmosphäre bestand aus Stickstoff, Ammoniak, Methan, Kohlendioxyd und Wasserdampf und – wohl gemerkt – es gab keinen freien Sauerstoff.

Lesch: Heute kennt man jedoch die Gaszusammensetzung, die bei einem Vulkanausbruch frei wird, und kann Rückschlüsse auf die damalige Erdgeschichte ziehen. Wir wissen inzwischen von etlichen Stoffen, die niemals entstanden wären, wenn die „Luft" damals Sauerstoff enthalten hätte, Verbindungen, die es in einer *oxidierenden Atmosphäre* einfach nicht geben kann. Für diese rekonstruierten historischen Abläufe gibt es keine Garantie, man kann immer nur auf Basis des Wissens von heute Modelle für die Urerde entwickeln.

Gaßner: Und es gibt einen Zeitzeugen, den wir befragen können: die Venus. Ihre Atmosphäre ist noch heute der Uratmosphäre der Erde sehr ähnlich. Sie bedingt eine mittlere Oberflächentemperatur von 460 Grad Celsius, was der Temperatur im Brennraum eines Kachelofens entspricht. Ohne diesen gewaltigen Treibhauseffekt läge die theoretische Oberflächentemperatur bei etwa minus 40 Grad Celsius.
Bei uns ist es anders gekommen und der wesentliche Grund dafür ist – der Regen.

Lesch: Es hat gegossen, sintflutartig!

Gaßner: Ich weiß ja nicht, wie das Wetter dort gerade ist, wo Sie diese Zeilen lesen. Aber eines kann ich Ihnen versichern, damals war es schlechter. Der 10-fache Monsun – unvorstellbar! Über einen Zeitraum von mindestens 40.000 Jahren hat es gegossen wie aus Kübeln. Das ist doch mal eine schlechte Wetterlage.

Lesch: Meine These ist ja, dass niemand genau weiß, wie das Wetter entstanden ist, weil bei diesem Sauwetter eben keiner vor die Tür gegangen ist. Das ist doch ein absolut überzeugender Grund, oder? Da fällt mir gerade dieses Lied ein: „I'm singing in the rain", von wem war das noch gleich?

Gaßner: Gene Kelly.

Lesch: Das hätte man damals mit Fug und Recht singen können. Dass es auf unserem Planeten überhaupt diese Mengen an Wasser gibt, ist eine noch wildere Geschichte. Da wo die inneren Felsenplaneten Merkur, Venus, Erde und Mars entstanden sind, da hat es kein Wasser geben können. Seine Bestandteile, genauer gesagt die Gase Wasserstoff und Sauerstoff, konnten bei den hohen Temperaturen von der Schwerkraft der inneren Planeten noch nicht festgehalten werden. Das haben wir bereits bei der Entstehung der Gasriesen gesehen. Das Wasser muss also später von außen wieder eingetragen worden sein – von irgendwelchen Einschlägern, die es weit draußen, jenseits der Schneegrenze, angesammelt hatten. Tatsächlich weist dass wertvolle Nass auf unserem Planeten genau dasselbe Verhältnis von Deuterium zu Wasserstoff auf wie das Eis auf Meteoriten. In der Frühphase trat es natürlich wegen der heißen Erdoberfläche nur in Form von Wasserdampf in der Atmosphäre auf.

Gaßner: Ganz ehrlich Harald, wie ich diese Geschichte zum ersten Mal gehört hatte, dachte ich: „Niemals! Alles Wasser der Weltmeere soll von Einschlägen stammen?" Begreifbar wird es aus meiner Sicht erst, wenn man sich die Größenverhältnisse veranschaulicht. Die Oberfläche unseres Planeten ist zwar zu etwa 70 Prozent mit Wasser bedeckt, die Ozeane sind jedoch nur wenige Kilometer tief. Tatsächlich hätte das gesamte Oberflächenwasser in einem Tropfen zusammengezogen lediglich einen Radius von 700 Kilometern.
Vielleicht gibt es allerdings auf – oder besser gesagt in unserem Planeten – noch viel mehr Wasser. Im März 2014 hat Graham Pearson von der University of Alberta seine Forschungsergebnisse prasentiert, wonach es im Erdinneren – genauer in einem Übergangsbereich von oberem zu unterem Erdmantel – mehr Wasser geben könnte als auf der Oberfläche.

4.7 *Könnte man das gesamte Wasser auf unserem Planeten in einem einzigen Tropfen zusammenfassen, so ergäbe sich dieses verblüffende Größenverhältnis. Obwohl die Ozeane fast 70 Prozent der Erdoberfläche bedecken, reicht ihre geringe Tiefe nur zu einem vergleichsweise kleinen Volumen (eine Kugel mit 700 km Radius).*

Der obere Erdmantel besteht überwiegend aus dem Mineral *Olivin*, das kaum Wasser speichert. In einer Tiefe von 410 – 660 km wandeln jedoch Druck und Temperatur die Kristallstruktur von Olivin um in die Minerale *Wadsleyit* und *Ringwoodit*. Letzteres wiederum speichert sehr wohl Wasser, zumindest lagern sich OH-Gruppen mit rund einem Gewichtsprozent an. Das wissen wir aus der Analyse von Meteoritengestein. Ein Prozent klingt wenig, aber eine angenommene Schicht mit 250 km Dicke ergibt ein beträchtliches Volumen.

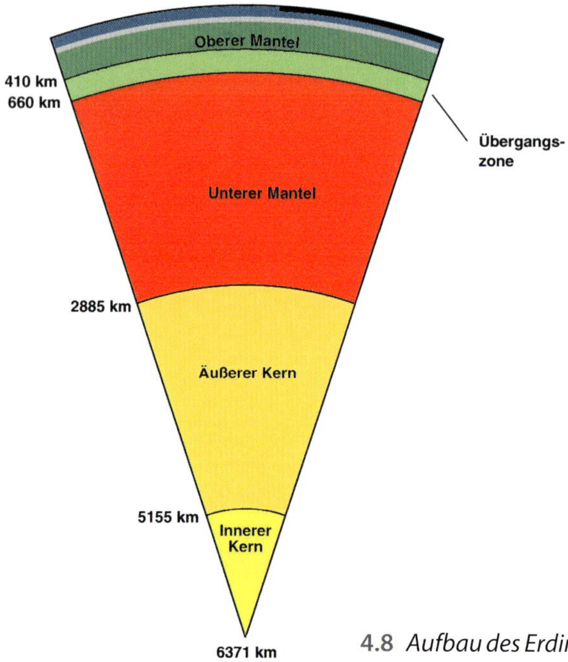

4.8 *Aufbau des Erdinneren*

Lesch: Gibt's handfeste Beweise für Wasseranlagerungen in diesen Schichten? Ich meine, die tiefsten Bohrungen auf der russischen Halbinsel Kola sind doch gerade mal 12 Kilometer vorgedrungen. Seismische Untersuchungen sind nicht genau genug und alles was auf natürlichem Wege – beispielsweise durch Vulkanismus – nach oben gelangt, war doch starken Veränderungen unterworfen.

Gaßner: Stein des Anstoßes war ein Diamantenfund vor einem Jahr in Mato Grosso, Brasilien. Der drei Millimeter große Brösel hat einen 40 Mikrometer großen Einschluss von Ringwoodit unversehrt und perfekt konserviert an die Oberfläche transportiert, vermutlich durch vulkanische Aktivität. Der Wasseranteil darin beträgt 1,5 Gewichtsprozent.

Lesch: Wasser aus 400 Kilometern Tiefe – das hätte Jules Vernes gefallen.

4.2 Vom Urey-Miller-Experiment zu den Bausteinen des Lebens

Der Zaubertrank des Miraculix

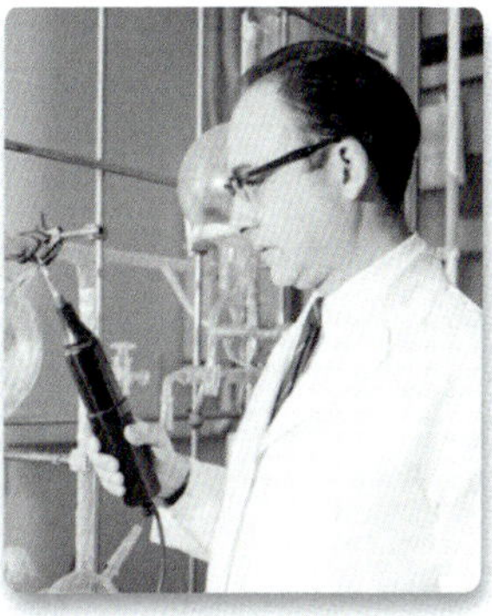

4.9 *Stanley Lloyd Miller (1930 – 2007)*

Gaßner: Die Kenntnisse über die Uratmosphäre bis hin zu den ersten Schritten der Entstehung von Leben verdanken wir einem interessanten Experiment, das schon 1953 durchgeführt wurde, dem *Urey-Miller-Experiment.* Stanley Miller und Harold Clayton Urey haben in einem Labor in Chicago eine bestimmte – wie sie damals glaubten, richtige – Zusammensetzung von Gasen gewählt, haben elektrische Blitze durch Energieentladungen simuliert und – jetzt kommt es! – tatsächlich sind in ihren Glaskolben organische Moleküle entstanden. Heute wissen wir, dass die Kombination der Gase nicht ganz optimal getroffen war. Trotzdem war das Experiment bahnbrechend. Für die Entstehung von Leben sind zwei der entstandenen Molekülverbindungen von besonderer Bedeutung: die einfachsten Aminosäuren Glycin und Alanin.

Lesch: Ach ja, diese Kolben, die mit der vermeintlichen Ursuppe angefüllt waren und mit UV-Licht bestrahlt wurden ... Vielleicht ein Kommentar dazu: Zunächst einmal machte dieses Experiment die Entstehung der Moleküle, die in Lebewesen auch vorkommen, erstmalig zu einem naturwissenschaftlichen Vorgang. Das heißt, die alte Vorstellung, dass ein Funke der Götter die ganze Sache ins Rollen gebracht hat, die wird von den Naturwissenschaftlern – in diesem Fall Miller und Urey – völlig weggeschoben. Wir machen ein Laborexperiment und versuchen die Bedingungen der Urerde zu simulieren und dann müssten ja – wenn alles mit rechten Dingen zu geht – die Moleküle entstehen, die später in allen Lebewesen auf unserem Planeten eine Rolle spielen. Und siehe da – sie entstehen, und das, obwohl von falschen Voraussetzungen ausgegangen worden war. Naja, es war halt ein netter erster Vorschlag. So wie Vorfahrt in Italien: Es ist nur ein Vorschlag, es ist kein Gesetz.

4.10 *1953 simulierten Harold Clayton Urey und Stanley Miller an der University of Chicago die damals angenommene Zusammensetzung der Uratmosphäre. Blitzentladungen wurden durch Energiefreisetzungen nachgebildet. Schließlich gelang der Nachweis mehrerer organischer Moleküle.*

Gaßner: Aber es war doch erst mal ein Kracher, oder nicht? Nur der guten Ordnung halber: Aminosäuren sind Molekülketten aus 10 bis 30 Atomen, die zu sogenannten *Amin-* (NH_2) oder *Carboxygruppen* (COOH) verbunden sind. Zwei Aminosäuren können miteinander verknüpft werden, wobei sie ein Wassermolekül abscheiden. Mit Hilfe dieser sogenannten *Peptidbindung* können lange Aminosäureketten zu Proteinen verbunden werden. Letztere sind wiederum wichtige Bestandteile des Lebens. Heute, wenn wir nur in den Weltraum in unserer Nähe schauen, finden wir Aminosäuren sehr häufig. In der Atmosphäre des Jupiters zum Beispiel, im interstellaren Gas und auf Meteoriten gibt es schon einfachste Aminosäuren.

Lesch: Wobei auf den Meteoriten viel mehr Arten von Aminosäuren vorkommen als hier auf der Erde in den Lebewesen.

Gaßner: Das stimmt, hunderte von Aminosäuren sind bekannt, darunter sind allerdings nur wenige *proteinogene,* d.h. solche, die Proteine bilden. Davon wiederum verwenden Erdlinge für ihren chemischen Aufbau nur 21. Unsere Biosphäre hat sich zudem auf linksdrehende Aminosäuren spezialisiert, vermutlich haben dabei Mineralien als Katalysatoren eine Rolle gespielt. Auf den Meteoriten findet man gleichermaßen rechtsdrehende und linksdrehende Aminosäuren. Auch im Urey-Miller-Experiment sind beide Arten entstanden.

Lesch: Das Leben ist offenbar eine sehr wählerische Angelegenheit. Wenn es sich allerdings mal entschlossen hat zu irgendeiner Auswahl, dann bleibt es dabei – vorausgesetzt es ist erfolgreich gewesen.

Gaßner: Letztendlich muss das Leben seine Bestandteile für die Reproduktion ja auch kodieren. Das ist kompliziert genug und jede Erweiterung lässt den Umfang der notwendigen Information sprunghaft ansteigen. Der Kode entspricht dabei einer Art Morsealphabet. Allerdings kommt das Leben nicht mit Punkt und Strich aus, sondern es benutzt vier „Zeichen", die sogenannten *Basen Adenin, Thymin, Guanin* und *Cytosin.* Zu Paaren aneinandergereiht ergeben sie die Doppelhelix der DNA. Jeweils drei Basen kodieren dabei eine Aminosäure.

Lesch: Übrigens gibt es inzwischen ganz neue „Urey-Miller-Experimente", wenn man so sagen will, diesmal aber mit deutlich veränderter Zusammensetzung der Atmosphäre, vor allem mit viel mehr Kohlendioxyd und Wasserdampf.

Gaßner: Da hat jeder seine eigene Cocktail-Rezeptur. Miller selbst hatte bereits fünf Jahre nach dem legendären Experiment einen weiteren Anlauf unternommen unter Zugabe von Schwefelwasserstoff, einem Gas, das bei Vulkanausbrüchen in großer Menge freigesetzt wird. Witzigerweise wurden die Originalproben kürzlich von einem ehemaligen Studenten Millers wieder gefunden und erneut analysiert. Die modernen Methoden brachten deutlich vielfältigere Lebensbausteine zu Tage als ursprünglich vermutet.

Lesch: Die Entstehung von Kohlenwasserstoff-Molekülen klappt wunderbar, aber das größte Fragezeichen bleibt leider bestehen. Ich will jetzt nicht wie Schopenhauer klingen, aber wie entsteht aus diesen ersten Bausteinen ein Lebewesen, das den Willen hat zu überleben, das versucht, aktiv auszuweichen und nicht nur passiv irgendwie in der Flüssigkeit herumdümpelt. Ich frage nach dem entscheidenden Funken – Moleküle gibt es offenbar reichlich –, aber das Leben … was ist das Leben und wie kommt es in die Moleküle?

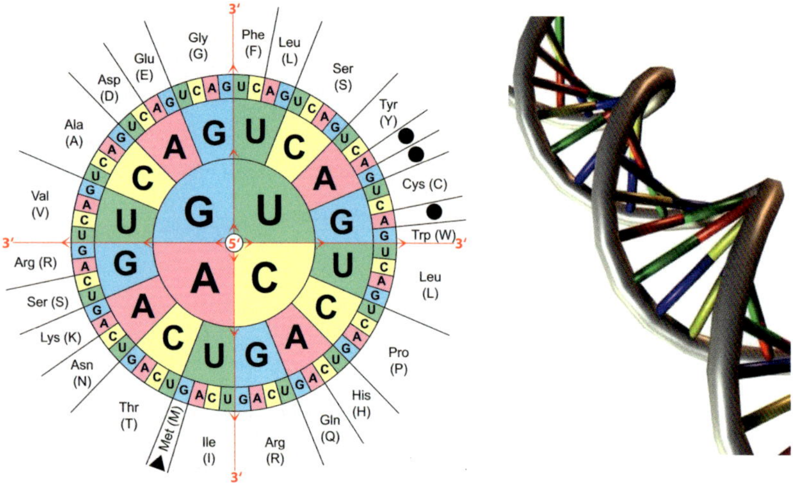

4.11 *Die Doppelhelix der Desoxyribonukleinsäure (DNS beziehungsweise englisch DNA): Von den organischen Basen Adenin, Thymin, Guanin und Cytosin kennzeichnen jeweils drei eine Aminosäure. Man liest die Kode-Tabelle von innen nach außen, zum Beispiel ergibt vertikal nach oben gelesen GGG Glycin. Der Kode ist im letzten Schritt nicht eindeutig. GGU, GGC oder GGA bilden ebenfalls Glycin.*

Gaßner: Nach fast zwei Jahrhunderten ist die Mahnung von Arthur Schopenhauer aktuell wie eh und je: „Jeder dumme Junge kann einen Käfer zertreten. Aber alle Professoren der Welt können keinen herstellen." Die Komplexität wird uns zum Verhängnis. Selbst einfachste Zellen sind bereits sehr komplexe Strukturen. Nur mal zum Größenvergleich: Wäre ein Wassermolekül so groß wie ein Tennisball, dann hätte ein Virus die Ausmaße eines LKWs und ein Bakterium wäre so groß wie ein Haus. Das Erfolgsrezept der Physik besteht darin, ein Problem immer weiter zu reduzieren, bis fundamentale, einfachste Zusammenhänge erkennbar werden. Diese Herangehensweise ist uns hier versperrt. Wenn du zum Beispiel ein Wassermolekül zu genau betrachtest, dann verlierst du die wesentliche Eigenschaft von Wasser, nämlich dass es unter normalen Bedingungen flüssig ist. Die Eigenschaft „flüssig" entspricht nicht einem einzigen Wassermolekül, sondern erst der Verbindung von vielen. Reduzieren wir das Phänomen Leben auf seine molekularen Bestandteile, so verschwinden die wesentlichen Eigenschaften, die seine Lebendigkeit ausmachen. Auf die Fragen, warum Materie zum ersten Mal launisch wurde oder sich verliebt hat, werden wir auf diese Weise keine Antworten finden.

Lesch: Das ist wie bei einer Schallplatte. Die kannst du auch in sämtliche Bestandteile zerlegen, in ihre Atome, Quarks oder was auch immer. Die Musik, die auf ihr gespeichert ist, wirst du darin nicht finden.

Gaßner: Gehen wir den umgekehrten Weg und bauen das Leben aus seinen Einzelteilen zusammen, so bleibt das Rätsel ungelöst, wie etwas derartig Komplexes von selbst entstehen konnte. Fred Hoyle hat das sehr treffend formuliert: „Stellen wir uns einen Schrottplatz vor, auf dem die zahllosen Bestandteile eines Jumbojets fein säuberlich getrennt aufbewahrt werden. Wie hoch ist die Wahrscheinlichkeit, dass ein natürliches Phänomen – beispielsweise ein Wirbelsturm – die Teile derart zusammenführt, dass am Ende ein startbereiter Jumbojet vor uns steht?"

Lesch: Die Komplexität ist wirklich ein drastisches Problem. Elementarteilchen sind nicht unterscheidbar. Fliegt ein Elektron an einem Magnetfeld vorbei, so können wir exakt vorhersagen, was passieren wird. Geht ein Mensch an einem attraktiven Schaufensterangebot vorbei, wird er je nach Lust und Laune reagieren.

Gaßner: Deshalb bleiben bei einem Experiment wie dem von Urey und Miller zwangsläufig Fragezeichen. Bestenfalls weist es einen Weg. Da gibt es übrigens eine interessante Geschichte. Enrico Fermi hat damals zu diesem Urey-Miller-Experiment gefragt: „Wie könnt Ihr Euch so sicher sein?"

Lesch: Ausgerechnet der Fermi!

Gaßner: Und Stanley Miller war schlagfertig genug und hat geantwortet: „Wenn Gott es nicht so gemacht hat, dann hat er eine sehr gute Gelegenheit verpasst."

Lesch: Na, das ist doch ein Witz. Während Urey und Miller wenigstens etwas erforscht haben, was man sehen kann, war Fermi ein Teilchenphysiker, der sich mit Dingen beschäftigte, die man eben nicht sehen kann. Teilchenphysik ist reine Hypothesen-Überprüfung, so nach dem Motto: „Guten Tag, darf ich Ihnen mal zeigen, was ich in meinem Bauchladen an Hypothesen über Teilchen habe? Gut, man kann sie nicht sehen, aber sie funktionieren tadellos." Aber jeder Physiker ist fest davon überzeugt, dass die hypothetischen Teilchen, die man im Experiment nachweisen kann, tatsächlich existieren. Sicher sein können sie sich aber nicht! Und gerade einer dieser unsicheren Kantonisten fragt die immer mit Tatsachen arbeitenden Biologen: „Wie könnt Ihr Euch da so sicher sein?" Der war doch einfach irre, oder etwa nicht?

Gaßner: Ja, ja, der Fermi und das Thema „Sicherheit". Da fällt mir natürlich sofort ein, wie sicher er sich am 2. Dezember 1942 war.

Lesch: Du meinst die erste kontrollierte Kettenreaktion? Das war wirklich ein Wahnsinn.

Gaßner: Zig Tonnen Uranerz hatten sie angehäuft und noch mehr Graphit, um die freiwerdenden Neutronen abzubremsen. Die Steuerstäbe aus Cadmium wurden von oben an Seilen gezogen und der Plan für die Notabschaltung bestand darin, diese Seile im Ernstfall mit einer Axt durchzuschlagen. Was für ein riskantes Unterfangen, inmitten der Millionenmetropole Chicago. Nicht auszudenken, welche Auswirkungen ein Rechenfehler oder ein Fehlschlag gehabt hätten.

Lesch: Fehlschlag im wahrsten Sinne des Wortes.

Gaßner: Wie schnell einem ein Fehler unterlaufen kann, hat Enrico Fermi ja am eigenen Leibe erfahren. Auf einem Vortrag hat er sich verhaspelt und ein Elementarteilchen verwechselt. Als er darauf hingewiesen wurde, meinte er genervt: „Wenn ich mir all die Namen dieser Teilchen merken könnte, dann wäre ich nicht Physiker geworden, sondern Botaniker."

Lesch: Wobei wir wieder bei der Biologie wären. Ich glaube wirklich, dass die Physiker den Sprung an Komplexität deutlich unterschätzen, der mit biologischen Prozessen einhergeht. Wenn man das Komplexe wirklich verstehen will, kann und darf man nicht mehr so genau hinschauen. Es ist nur die halbe Miete, wenn du die einzelnen Bausteine kennst, entscheidend sind die Regeln, die diese Bausteine dazu bringen, sich so zu strukturieren und so zu formieren, dass am Ende eine Membran entsteht, eine Haut um die Zelle oder sogar irgendwas in der Zelle. Das *endoplasmatische Retikulum* zum Beispiel, und wie heißt das andere Ding, das ich immer vergesse? Der Dings-Bums-Apparat, nicht Fernseh-Apparat, aber so ähnlich.

Gaßner: *Golgi-Apparat.*

Lesch: Genau der. Das sind Teile, die in einer Zelle für die Proteinsynthese so wichtig sind. Wenn man das sieht, dann ist so eine Zelle schon ein Universum weit weg von dem, womit sich zum Beispiel ein Kernphysiker beschäftigt. Ich glaube, da gibt es noch viel Arbeit, um diese Naturwissenschaften so zusammenzubringen, dass man auch tatsächlich erkennen kann, aha, wir gehen jetzt in langsamen Schritten vom Atomkern zum Atom, vom Atom zum Molekül, vom Molekül zum größeren Molekül, vom größeren Molekül zum… tja, zu was? Zur Vorstufe des Lebens.

Gaßner: Und dann kommt erschwerend hinzu, dass die Voraussetzungen auf der Erde damals so anders waren als heute, dass das Leben auf natürliche Weise heute nicht mehr entstehen könnte. Der entscheidende Unterschied liegt im extremen Vulkanismus, in der Zusammensetzung der Meere und der Atmosphäre. Ohne freien Sauerstoff gab es keine Ozonschicht, also kaum Schutz vor ultravioletter Strahlung.

Lesch: Du sagst es. All diese Gegebenheiten von damals waren die Voraussetzungen, dass Leben überhaupt entstehen konnte. Als es jedoch einmal Fuß gefasst hatte, begann das Phänomen „Leben" die Bedingungen auf unserem Planeten zu verändern, sie praktisch für sich selbst immer besser und besser und besser zu machen bis heute.

Gaßner: Die Krux besteht aber genau darin, die planetaren Voraussetzungen für Leben nicht zu zerstören, während man als Spezies für sich selbst die Bedingungen immer weiter verbessert. *Cyanobakterien* haben beispielsweise die *oxygene Photosynthese* erfunden, das ist diejenige, von der wir die ganze Zeit gesprochen haben, weil sie Sauerstoff freisetzt. Tatsächlich hatte die Natur vorher bereits mit einer Form der Photosynthese experimentiert, die Schwefel produziert, aber das ist für unsere Überlegungen nicht weiter von Bedeutung. Die Cyanobakterien haben nun über Jahrmilliarden so viel Sauerstoff freigesetzt, dass der Treibhauseffekt in der Atmosphäre zum Erliegen kam und eine globale Eisdecke den Planeten überzog, die sogenannte *Schneeball-Erde*. Damit hatten sie ihre eigene Lebensgrundlage zerstört.

Lesch: Das erinnert stark an unser eigenes Wirken auf diesem Planeten. Wir bedrohen allerdings unsere Lebensgrundlage mit dem umgekehrten Prinzip: Wir verstärken den Treibhauseffekt. Wie haben denn die Cyanobakterien die Kurve gekriegt?

Gaßner: Aus eigener Kraft nicht mehr, das sollte uns eine Warnung sein. Glücklicherweise hat nach ihrem Aussterben der natürliche Vulkanismus langsam aber sicher wieder Kohlendioxyd in die Atmosphäre eingetragen und den Treibhauseffekt neu belebt. Der Temperaturunterschied ist beträchtlich. Ohne Treibhauseffekt beträgt die mittlere Oberflächentemperatur auf der Erde minus 15 Grad Celsius, mit Treibhauseffekt plus 15 Grad Celsius. Die ersten Vertreter der oxygenen Photosynthese waren generell „Hasardeure“. Sauerstoff ist nämlich in entsprechenden Konzentrationen ein effektives Zellgift. Sie haben ihre Energie auf Kosten dieses Abfallproduktes gewonnen, das auf Dauer ihren Lebensraum bedrohte. Gleichzeitig haben sie damit den Grundstein für andere Lebensformen gelegt. Die Einzeller selbst mussten sich allerdings schrittweise an die von ihnen verursachten neuen Lebensbedingungen anpassen. Das ist vielen nicht gelungen.

Lesch: Wir erzählen den Beginn der Evolution auf unserem Planeten, als wäre jemand dabei gewesen, der alles für die Nachwelt dokumentiert hätte.

Gaßner: Tatsächlich gibt es diese Chronik und zwar in Form der sogenannten *BIFs*. In diesen B*anded Iron Formations*, den gebänderten Kieseleisenerzen, wechseln sich eisenhaltige Lagen und Hornsteinlagen mit jeweils einigen Millimetern bis Zentimetern Schichtdicke ab.

Fundstellen dieser Bändererze können mehrere hundert Meter tief sein und gestatten es, die Sauerstoffkonzentration der Ozeane und der jeweiligen Atmosphäre Schicht für Schicht zu rekonstruieren. In den Urozeanen war Eisen gelöst, das durch Kontakt mit Sauerstoff zu schwer löslichem Eisenoxid (Fe_2O_3) umgewandelt wurde und als Schlamm auf den Meeresgrund sank. Die älteste Ausgabe dieser Chronik reicht bis 3,8 Milliarden Jahre zurück. Demnach gab es nennenswerten freien Sauerstoff in der Atmosphäre erst vor 2,5 Milliarden Jahren. Vorher war O_2 nur ein seltener Gast, der bei der Spaltung von H_2O durch UV-Strahlung entstand.

4.12 *Gebänderte Kieseleisenerze in Australien. Durch Verwitterungsprozesse und Vulkanismus gelangte Eisen in das Urmeer. Dort wurde es in unterschiedlichen Prozessen gebunden und in Schichten am Meeresgrund abgelagert. Die entscheidende Frage ist nun: Handelt es sich in den Ablagerungen um Eisenoxid (Fe_2O_3) oder um Verbindungen, die nicht mit freiem Sauerstoff in Kontakt getreten waren. Schicht für Schicht wurde diese Information gespeichert. Daraus lässt sich der Sauerstoffgehalt der Meere rekonstruieren. Erst nachdem das vorhandene Eisen vollständig in den Bändern eingelagert war, konnte die Sauerstoffkonzentration in der Luft signifikant ansteigen.*

Lesch: Wie kam denn das Eisen überhaupt in die Meere?

Gaßner: Durch Vulkanismus. Die Urozeane hatten generell eine andere Zusammensetzung. Das Wasser war stark basisch – eine richtige Lauge. So wie das Leben damals entstanden ist, würde das allein deshalb heute nicht mehr funktionieren.

Lesch: Heute sind die Meere nur noch leicht basisch und salzig obendrein. Wie kam dieser Übergang zustande?

Gaßner: Die Lauge entstand durch H_2O, etwas Natriumcarbonat und Calciumchlorid. Letzteres wurde und wird auch noch heute durch Vulkanasche in die Atmosphäre eingetragen. Der Regen wusch das Calciumchlorid in die Ozeane. Dort verwandelten sich die beiden Stoffe in Natriumchlorid und die Meere wurden innerhalb von zwei Milliarden Jahren salzige Ozeane.

Lesch: Und in Calciumkarbonat. Man kann das jetzt nicht sehen, aber ich klopfe mir gerade auf dasselbe – nämlich auf meinen Schädel. Ja, nun konnten erstmals Knochen entstehen. Eine tolle Geschichte! Es hat zwei Milliarden Jahre gebraucht, bis endlich das Material zur Verfügung stand, um Knochen und damit auch Skelette zu bauen. Es ist ein Wahnsinn, diese ganze Geschichte. Unglaublich!

Gaßner: So, dann gilt es jetzt die Brücke zu schlagen von den Aminosäuren, von den Urozeanen, den ganzen Bausteinen, die wir brauchen, bis hin zur Entstehung des Lebens.

Lesch: Ach, wie schön! Es ist großartig. Egal, wie häufig man so etwas macht, diese Entwicklungsgeschichte von Leben auf unserem Planeten zu erzählen, mit diesem kosmischen Vorspiel, das ist einfach wunderbar.

Gaßner: Ja, wir können wirklich die ganz große Geschichte erzählen. Es war ja keiner dabei. Der natürliche Feind des Historikers ist sonst üblicherweise der Zeitzeuge. Aber wenn ich mir das so überlege, wie das alles so zusammenpasst, diese einzelnen Geschichten, da bin ich auch ganz begeistert. Jetzt kommen wir langsam zu einem Höhepunkt der Entwicklung vom Urknall zum Menschen, nämlich zum Phänomen des Lebens.

4.3 Die Entstehung des Lebens

Materie wird launisch und lyrisch

Lesch: Jetzt geht es ans Eingemachte.

Gaßner: Damit sind wir bei der wichtigsten Transformation angelangt, die Materie jemals durchgemacht hat, der Entstehung von Leben.
Wie bei der Entstehung des Kosmos, so gilt auch für den Ursprung des Lebens erst einmal: Keiner war dabei! Diejenigen Lebewesen, die heute darüber nachdenken, wie das Leben entstanden ist, sind ja gerade das Ergebnis einer über mehrere Milliarden Jahre langen Entwicklung.

Lesch: Wir können hier aber nicht über die verschiedenen Modellvorstellungen sprechen. Das wäre sehr vermessen, gibt es doch ganze Bibliotheken zu diesem Thema. Nein, wir werden hier einige ganz allgemein gültige, unmittelbar mit der Physik zusammenhängende Grundtatsachen ansprechen. So zum Beispiel die Frage: Wie kommt man eigentlich auf ein einigermaßen vernünftiges Modell zur Entstehung des Lebens?

Gaßner: Ich wette, du ziehst jetzt wieder den Zaubertrick der Physiker aus dem Ärmel.

Lesch: Stimmt! Wir beginnen wieder mit der Hypothese, dass die Naturgesetze, die wir kennen, schon immer in der uns heute bekannten Form gültig und wirksam waren. Eine weitere Annahme besteht darin, dass sich die einfachsten Lebewesen zuerst entwickelt haben. Durch Entwicklung und Zusammenarbeit der einfacheren Lebensformen sind dann später die größeren und komplexeren Lebewesen entstanden.

Gaßner: Na gut, dann packen wir dieses „Bonbon“ jetzt endlich aus. Wie steht es also mit dem Anfang des Lebens selbst?

Lesch: Davor war ja nichts. Im Grunde stellt sich das gleiche Problem wie beim Anfang des Universums. Wiederum hilft ein ganz nüchterner, physikalischer Blick auf die Materie.

Gaßner: Schauen wir uns das Periodensystem der Elemente an. Wir verdanken es dem vielseitigen russischen Wissenschaftler Dmitri Iwanowitch Mendelejew. Ein wahrer Tausendsassa, der als jüngstes von 17 Kindern geboren wurde. Er hat das metrische System in Russland eingeführt, die Erdölförderung revolutioniert und seine Doktorarbeit in Chemie befasste sich mit einem Thema, das ihn fortan untrennbar mit der russischen Seele verband. Ihr Titel lautet „Über die Verbindung von Alkohol mit Wasser".

4.13 *Dmitri Iwanowitsch Mendelejew (1834 - 1907)*

Lesch: Ha, Wodka!

Gaßner: Richtig, bis heute sind viele seiner Verbesserungsvorschläge in den Produktionsprozessen erhalten geblieben, bis hin zum üblichen Alkoholgehalt. Aber zurück zu seiner größten Errungenschaft: dem Periodensystem. Darin ist kein exklusives Element für Leben enthalten, so dass man sagen könnte: „Wenn das Element X enthalten ist, spricht man von lebender Materie, wenn es fehlt, ist die Materie tot." Das Leben muss mit denselben elementaren Bausteinen zurechtkommen wie alles andere auf dieser Welt auch – das Geheimnis muss also in der Organisation liegen.

Lesch: Ich hab's schon befürchtet, intelligentes Leben ist eine komplexe Angelegenheit, gilt es doch eine gewaltige Datenmenge in den Genen zu speichern. In puncto Organisationstalent ist hier der Kohlenstoff mit seinen vier *Valenzelektronen* der klare Spitzenreiter im Periodensystem. Vier Elektronen in der äußersten Schale, die als Andockstellen für Molekülbindungen zur Verfügung stehen, kann sonst nur noch Silizium vorweisen.

Gaßner: Diesen Mitbewerber sticht der Kohlenstoff jedoch spielend durch weitere biologische Vorteile aus. So hat er die schöne Eigenschaft, Doppelbindungen eingehen zu können wie etwa mit den zwei Valenzelektronen des Sauerstoffs. Dadurch kann er als Kohlendioxid (CO_2) problemlos auch einen gasförmigen Aggregatzustand annehmen.

Lesch: Silizium hingegen geht keine Doppelbindungen ein. Bis auf wenige Ausnahmen bildet es also Gitterstrukturen, in aller Regel Festkörper.

Gaßner: Zudem ist die Bindung von Kohlenstoff an Kohlenstoff im Vergleich zu Silizium an Silizium nahezu doppelt so stark. Das ist eine wichtige Voraussetzung, um lange und gleichzeitig stabile Molekülketten bilden zu können. Kein Wunder also, dass Kohlenstoff das Rückgrat des Lebens auf unserem Planeten darstellt.

Lesch: Wenn ich aber ein Stück Brikett neben eine Pflanze aus genauso vielen Kohlenstoff-Atomen stelle und beide mit Sonnenlicht bestrahle, dann werden sie sich völlig unterschiedlich entwickeln. Kohlenstoff allein scheint es nicht auszumachen.

Gaßner: Maßgebliche Unterstützung erhält er von der einzigen Molekülverbindung zweier Gase, die bei Normalbedingungen flüssig ist. Zwei Wasserstoff-Atome und ein Sauerstoff-Atom bilden H_2O, unser lebensspendendes Wasser. Es dient als Lösungsmittel, UV-Schutz, Stabilisator fragiler Strukturen gegenüber der Erdanziehung, Reaktionspartner bei der Photosynthese und es verfügt über eine weitere Eigenschaft, die vielleicht entscheidend bei der Entstehung des Lebens war: Manche Molekülverbindungen fühlen sich von Wasser angezogen – deshalb nennt man sie *hydrophil*, während sich *hydrophobe* davon abwenden.

Lesch: Es soll Menschenkinder geben, die beim Duschen eindeutige hydrophobe Reaktionen aufweisen.

Gaßner: So weit so gut. Die Materie ist also aus Atomen aufgebaut, unabhängig davon, ob sie lebt oder nicht. Die Atome verbinden sich wiederum zu Molekülen. Lebewesen setzen sich aus sehr großen Kettenmolekülen zusammen, die überwiegend aus Kohlenstoff, Sauerstoff, Stickstoff und

Wasserstoff bestehen. Andere Atomsorten wie Phosphor, Calcium, Eisen usw. sind in den langen Kohlenstoffketten eingebaut.

Lesch: Das Leben auf der Erde wird sicher zunächst mit ganz einfachen, relativ kurzen Kohlenstoffverbindungen begonnen haben, sogenannten *Monomeren*, und sich im Laufe der Zeit zu immer komplizierteren und größeren Molekülverbänden zusammengeschlossen haben, den *Polymeren*. Eine solche Entwicklung setzt bestimmte äußere Bedingungen voraus, die den Auf- und Abbau von Molekülen ebenso fördern wie die Entwicklung neuer Verbindungen.

Gaßner: Und tatsächlich gab es in der Frühphase der Erde eine sehr dichte Atmosphäre aus Kohlendioxid und Wasser, die durch die vulkanische Aktivität der Erdoberfläche immer wieder mit anderen Verbindungen angereichert wurde. Glutflüssige Magmaströme quollen an die Erdoberfläche. Die Gezeitenkraft des damals noch sehr nahen Mondes knetete das Erdinnere durch. In der Atmosphäre kam es ständig zu Gewittern und Blitzentladungen. Es war heiß. Die ultraviolette Strahlung der Sonne wurde noch nicht durch eine Ozonschicht absorbiert. Ungefiltert erreichte sie die noch sehr warme Erdoberfläche.

Lesch: Die Hölle ist dagegen geradezu wohnlich! Summa summarum gab es also zahlreiche Energiequellen für die Entwicklung organischer Verbindungen. Flüssiges Wasser als Lösungsmittel, Ultraviolettstrahlung und Blitze trennten Verbindungen teilweise oder zerstörten sie ganz. Die dramatischen atmosphärischen, vulkanischen und kosmischen Bedingungen ermöglichten ständig neue chemische Versuche. Der Beginn des Lebens entsprach einem planetaren Ausprobieren verschiedenster Kombinationen innerhalb der organischen Chemie. Währenddessen hielt eine ständige Energiezufuhr von außen „den Kessel unter Feuer". „Ein Kreißsaal, in dem gewaltige Wehen wogten", hätte Richard Wagner gedichtet.

Gaßner: Eher ein riesiges Labor, in dem es blitzte, zischte und dampfte. Allerdings muss es auch „Nischen" in der Umwelt der frühen Erdgeschichte gegeben haben, in denen sich besonders stabile Moleküle ungestört langsam, also schrittweise weiterentwickeln konnten, ohne einem ständigen Zerstörungsdruck ausgeliefert zu sein. Wenn alle Moleküle sich immer wieder in Wasser aufgelöst hätten oder durch zu viel UV-Strahlung zerstört worden wären, dann wäre es nie zu den ersten Zellen gekommen. Man darf nicht vergessen: Selbst die denkbar einfachsten Zellen sind schon recht komplizierte chemische Einheiten. Sie können sich immerhin selbst stabilisieren und vor den zerstörerischen Einflüssen der Umwelt durch eine sie umhüllende Molekülschicht, die Membran, zumindest teilweise schützen.

Lesch: Wir haben also auf der einen Seite die Welt der molekularen Möglichkeiten als Experimentierfeld, gespeist durch äußere Energiequellen. Auf der anderen Seite die Nischen, in denen erfolgreiche und damit stabilere Moleküle bestehen bleiben und weitere Entwicklungsschritte unter besonders günstigen Bedingungen möglich machen.
Bei genügend Energiefluss ist die Natur einerseits sehr progressiv im Ausprobieren, andererseits aber auch sehr konservativ, also bewahrend, wenn sich bestimmte Verbindungen als besonders stabil erwiesen haben.

Gaßner: Das sind aber nur zwei der möglichen Geburtshelfer. Während der Erdfrühzeit haben wahrscheinlich viele unterschiedliche Faktoren zur Entstehung von Leben geführt:
Neben den bereits angesprochenen kommen auch die zerklüfteten Oberflächen der Gesteine in Frage, deren poröse Struktur als Gerüst für den Zusammenbau von Molekülen fungiert haben könnten. Auch der immer wiederkehrende vulkanische Eintrag an besonders mineralreichen, warmen, wässrigen Salzlösungen und deren Einbau in bereits vorhandene Moleküle hat erheblich zu deren Stabilität und damit Überlebensfähigkeit beigetragen.

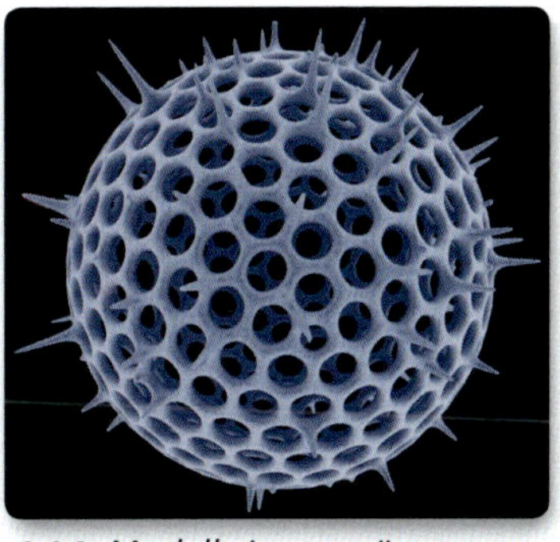

4.14 *Modell einer porösen Mineralienoberfläche*

Lesch: Ja, das ist ein wichtiger Punkt. Der Ausbruch von gewaltigen Vulkanen erwies sich tatsächlich als segensreich. Dabei kam der Entstehung von membranartigen Kettenmolekülen eine besondere Bedeutung zu, die in dem von ihnen umschlossenen Bereich einer wässrigen Lösung die Konzentration von Salzen oder Mineralien erhöhen konnten, indem sie Wassermoleküle am Eindringen hinderten. Diese hydrophoben Moleküle erzeugten durch den Konzentrationsunterschied innerhalb der Membran neue physikalische Bedingungen, insbesondere Druck und Dichte, die wiederum den Aufbau und den Erhalt von Molekülstrukturen begünstigten.

Nun konnten die Moleküle innerhalb der Membran viel intensiver miteinander in Wechselwirkung treten, da sie nicht ständig vom Wasser wieder aufgelöst wurden. Die Membranen ließen nur bestimmte Atom- und Molekülarten in den von ihnen umhüllten Bezirk eindringen. Chemischen Abfallprodukten erlaubten sie, den geschützten Bereich zu verlassen. Voilà: der Anfang des Stoffwechsels!

Gaßner: So konnten sich die inneren Moleküle genau die Stoffe verschaffen, die sie für ihre Aufrechterhaltung und Weiterentwicklung benötigten. In membrangeschützten Bezirken war möglicherweise schon sehr früh eine Arbeitsteilung unter den Molekülen am Werk, die zur Stabilisierung der Einheit beitrug und letztlich zum Aufbau einer einfachen Zelle führte, die sich sogar vermehren konnte. Wo dieses Erfolgsmodell erfunden wurde, darüber streiten sich die Geister. Die etablierte Theorie hält sogenannte *Black Smoker* – zu deutsch *hydrothermale Schlote* – auf dem Meeresgrund für die Erfinder, die durch vulkanische Aktivität gespeist werden. Dort sorgten schon damals hohe Temperaturunterschiede und Drücke sowie ein ausreichender UV-Schutz für die notwendigen Bedingungen. Vor einigen Jahren wurde im Nordpazifik ein ganzes Feld geothermaler Schlote entdeckt, mit dem schönen Namen *Lost City.* Es zieht seither die Biologen in seinen Bann, weil die austretende Flüssigkeit alkalisch ist. Unterstellt man nun in den Modellen, dass im umgebenden Urozean durch die Anreicherung mit Kohlendioxyd ein saures Milieu vorherrschte, so ergibt sich ein natürliches Nichtgleichgewicht. Das wäre eine mögliche Quelle für chemische Energie.

4.15 *Auf dem wenige Grad Celsius kalten Meeresgrund tritt über 400 Grad Celsius heißes Wasser aus Thermalquellen. Durch die plötzliche Abkühlung des mineralreichen Wassers werden Sulfide und Salze von Eisen, Kupfer, Mangan und Zink ausgefällt. Eisensalze sorgen für die charakteristische dunkelgraue Rauchfahne bei sogenannten Schwarzen Rauchern. Sulfate oder Siliziumdioxid hinterlassen eine helle Rauchfahne, dann spricht man von Weißen Rauchern. Durch Sedimentation bilden sich Schornsteine bis zu 60 Meter Höhe, die hydrothermalen Schlote.*

Unsere Zellmembranen nutzen einen ähnlichen Säure-Basen-Unterschied. Das hat NASA-Mitarbeiter am *Jet Propulsion Laboratory* in Pasadena veranlasst, geothermale Schlote im Labor nachzustellen. Im April 2014 veröffentlichten sie erste Ergebnisse, wonach sich tatsächlich ein Protonengradient einstellt, d. h. an der Außenseite der Schlote bildet sich neben den ausgefällten Mineralien zusätzlich ein Ladungsüberschuss. Auch ein Elektronenaustausch zwischen der Schlot-Flüssigkeit und dem umgebenden Urozean ist denkbar und würde die Bildung komplexer organischer Moleküle aus einfachen Kohlenstoffverbindungen ermöglichen. Minerale könnten dabei katalytisch wirken, beispielsweise Molybdän. Andere Ablagerungen, sogenannter *grüner Rost*, erzeugen mit Hilfe des Protonengradienten ein phosphathaltiges Molekül, ähnlich dem Energieträger *Adenosintriphosphat* (ATP) in unseren Zellen.
Noch ist all das reine Spekulation, aber in jedem Falle liefern geothermale Schlote einen hochinteressanten natürlichen Potentialunterschied.

Lesch: Das ist wirklich faszinierend. Wie weit ist denn inzwischen die andere Fraktion, deren Geschichte mit „Es war einmal in einem warmen, seichten Tümpel ...“ beginnt.

Gaßner: Diese Variante hat im Frühjahr 2012 durch den Biophysiker Armen Mulkidjanian eine Renaissance erlebt. Bei der Analyse zellularer Organismen waren seinem Team 60 Gene aufgefallen, die in allen von ihnen untersuchten Organismen vorkommen. Somit könnten auch die Vorfahren der zellularen Organismen solche Gene gehabt haben. Die ersten Zellen waren noch durchlässig für Ionen. Deshalb – so die Argumentation – musste außerhalb ein ähnliches Milieu geherrscht haben wie in den Zellen, d.h. hohe Konzentrationen aus Zink, Mangan und Phosphor sowie ein hohes Verhältnis von Kalium zu Natrium. Genau das finden wir in geothermalen Quellen.

Lesch: In seichten Tümpeln gibt es aber nicht ausreichend Schutz vor harter UV-Strahlung. Dadurch wären die Polymere wieder aufgetrennt worden.

Gaßner: Auch darauf hat Mulkidjanian eine Antwort parat: Bereits fünf Millimeter Zinksulfid-Schicht am Tümpelgrund bieten ebenso viel UV-Schutz wie 100 Meter Wassersäule.

Lesch: Diese Geschichte wird wohl noch ein paar weitere Varianten erleben. Sind wir froh, dass wir Physiker sind und nicht Biologen. Wir bewegen uns auf vergleichsweise festem Untergrund.
Kurz noch einmal ergänzend daneben gestellt: Die Lebewesen auf der Erde bestehen zu 92 Prozent aus Sternenstaub und zu acht Prozent aus Wasserstoff, dessen Kerne in den ersten Sekunden nach dem Urknall entstanden.

Gaßner: Wir Säugetiere nutzen 21 Elemente aus dem Periodensystem. Viele allerdings nur in kleinsten Spuren. Jod ist bei uns Menschen das schwerste davon. Wer schwerere Elemente mit sich herumträgt, hat ein Problem.

Lesch: Fast alle Lebensformen verarbeiten auf die eine oder andere Art das Licht der Sonne. Und schließlich hat der Mond dazu beigetragen, dass die Erde nicht um die eigene Achse rast oder sogar umkippt. Sonne, Mond und Sterne, alle waren und sind sie beteiligt – unglaublich, aber wahr!

Gaßner: An dieser Stelle ist für den Physiker die Frage nach dem Ursprung des Lebens beantwortet. Die verschiedenen physikalischen Disziplinen, Thermodynamik, Atom- und Molekularphysik und die Physik der Wechselwirkung von Strahlung und Materie, erklären die Grund- und Anfangsbedingungen für die Entstehung und Entwicklung großer organischer Ketten- und Ringmoleküle, die als Ausgangsprodukte zur Verfügung stehen mussten, damit sich einfache Zellen bilden konnten. Diese Moleküle bildeten Bezirke, die mittels Membranen eine erste Form des Stoffwechsels durchführten. Schrecklich unromantisch, oder?

Lesch: Das Leben ist aus physikalischer Sicht ein selbstorganisierendes, selbstreproduzierendes, dissipatives Nichtgleichgewichtsphänomen.

Gaßner: Jetzt hast du die Katze aus dem Sack gelassen. Ohne äußeres Zutun strebt jeder physikalische Prozess ein Gleichgewicht an. Leben muss sich allerdings organisieren und gegenüber seiner Umwelt abgrenzen. Es gilt: „Hier bin ich und dort bin ich nicht." Deshalb diese unromantische Definition als „Nichtgleichgewichtsphänomen". In unsere Alltagssprache übersetzt heißt das: Leben ist ein unnatürlicher Zustand. Das fortwährende Ankämpfen gegen den allgemeinen Trend der Zerstörung und des Zerfalls erfordert Energie.
Dies gilt für jede denkbare Lebensform. Wer sich also bislang insgeheim dachte: „Mag ja sein, dass hier auf unserem Planeten Kohlenstoff, H_2O und Sonnenlicht die ausschlaggebenden Protagonisten waren. Aber irgendwo im Universum könnte es ja auch ganz anders gewesen sein", der muss sich in jedem Falle um eine Energiequelle kümmern und mit demselben Periodensystem der Elemente auskommen. Da dünnen Sciencefiction-Phantasien schnell etwas aus.

Lesch: Einmal in Gang gesetzt, benötigt das Leben zur Selbstreproduktion einen Kopiermechanismus. Diese Vervielfältigung ist mit einem replikativen Schwund verbunden, kleinen Abweichungen im genetischen Pool, die zu Mutationen führen, welche sich in der Umwelt mehr oder weniger gut behaupten.

Gaßner: Von hier ab bestimmen die beiden treibenden Kräfte der Evolution die unzähligen Gesichter des Lebens: Mutation und Selektion.

Lesch: Weil die Rolle des Wassers für die Entstehung und Entwicklung von Leben so wichtig ist, definiert man die sogenannte *habitable Zone* um einen Stern als den Bereich, in dem Wasser in flüssiger Form vorkommen kann. Weiter draußen ist es zu kalt, näher am Stern zu heiß.

Gaßner: Doch Vorsicht, Harald, die Leuchtkraft der Sterne verändert sich mit der Zeit. Unsere Sonne strahlt heute bereits ein Drittel stärker als vor viereinhalb Milliarden Jahren in der Entstehungsphase der Erde. Die habitable Zone wandert infolgedessen langsam nach außen. Die lebensfreundliche Zone um einen Stern vergrößert sich zudem, wenn man von einem Planeten mit Atmosphäre ausgeht. Bei geeigneter Zusammensetzung kann der Treibhauseffekt wärmere Oberflächentemperaturen bewirken. Notwendig sind hierfür Moleküle mit mindestens drei Atomen. Sie können die langwellige Wärmestrahlung von der Oberfläche des Planeten in Schwingungen umwandeln. Verschiedene Molekülarten decken dabei einen unterschiedlichen Bereich des Spektrums ab. Nach einiger Zeit fallen sie in den Grundzustand zurück und geben diese Energie in zufälliger Richtung wieder ab. Ein Teil wird somit zum Planeten reflektiert. Im Fall unserer Erde sind das immerhin 30 Grad Celsius Temperaturunterschied. Auch Zerfallsprozesse im Inneren eines Planeten oder geothermische Prozesse können Wärme liefern. An der Erdoberfläche liegt dieser Beitrag bei 0,06 Watt pro Quadratmeter.

4.16 *Im Zentrum der Erde herrschen annähernd Temperaturen wie auf der Oberfläche unserer Sonne. Detaillierter Aufbau siehe Abbildung 4.8.*

Lesch: Ohne die Sonne, die Erdwärme und die chemische Energie, die in den Molekülverbindungen steckt, gäbe es kein Leben auf der Erde. Lebewesen sind kosmische Durchlauferhitzer, die wie Forellen im Bach in einem kosmischen Energiefluss stehen, der von der Sonnenwärme angetrieben wird.

Gaßner: Die Energie muss aber in der richtigen Form vorliegen. Wenn wir Menschen Hunger verspüren, bringt es nichts, in die Sauna zu gehen. Dort bekommen wir zwar jede Menge Wärmeenergie ab, aber satt macht uns das nicht. Auch Pflanzen benötigen für die Photosynthese ein schmales Band des elektromagnetischen Spektrums und die Atmosphäre muss dafür durchlässig sein. Mikrowellenstrahlung beispielsweise ist ungeeignet. Stellt man eine Topfpflanze in die Mikrowelle, beweist das keinen grünen Daumen.

Lesch: Alles greift eng verzahnt ineinander und die Sonne treibt mit ihrer Energie den Motor dieses evolutionären Systems stetig an.

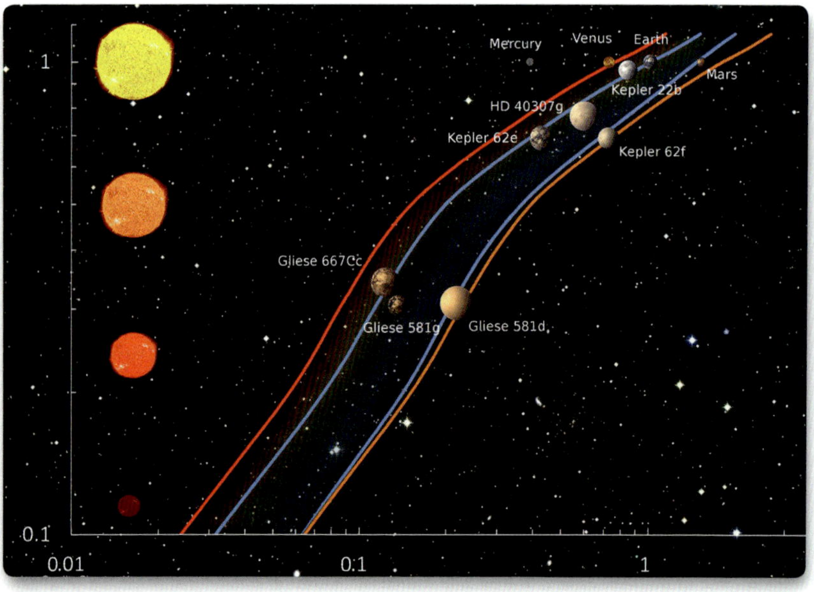

4.17 *Aufgrund der Schlüsselrolle, die flüssiges Wasser bei der Entstehung des Lebens einnimmt, spricht man von einer habitablen Zone um einen Stern genau dort, wo flüssiges Wasser möglich ist. Das Diagramm (logarithmische Skala) zeigt oben unser Sonnensystem mit der bewohnbaren Zone zwischen Venus und Mars. Bei leuchtstärkeren Sternen wäre die habitable Zone weiter entfernt, bei leuchtschwächeren entsprechend näher. Darüber hinaus können weitere Faktoren die bewohnbare Zone vergrößern (rote und rosa Linie) wie das Rückstrahlverhalten der Oberfläche, die sogenannte Albedo, eine eventuell vorhandene Atmosphäre und planeteneigene Wärmequellen.*

Gaßner: Die Erde würde sich allerdings immer weiter aufheizen, wenn sie nicht während der Nacht den allergrößten Teil der aufgenommenen Sonnenenergie wieder ans Weltall zurückgeben könnte.

Lesch: Da draußen herrscht heute die sehr niedrige Temperatur von minus 271 Grad Celsius. Das frostige Resultat von 13,8 Mrd. Jahren, in denen sich das Universum stetig weiter ausgedehnt und dabei abgekühlt hat.

Gaßner: Der Potentialunterschied – in diesem Fall der Temperaturunterschied – ist die Triebfeder des Lebens. Dadurch wird die Selbstorganisation komplexer Strukturen erst möglich. Das ist wie bei einem gemächlich dahinstömenden Fluss. Seine Bestandteile fließen gleichmäßig verteilt dahin. An einem Potentialunterschied, beispielsweise einem Wasserfall, ändert sich die Situation dramatisch. Das Wasser organisiert sich in einer völlig neuen Form. Es schäumt, strudelt, gischt und spritzt. Möglich macht dies der Höhenunterschied.

Lesch: Nur weil die Sonne so heiß ist und das Universum so kalt, können auf unserem Planeten zwei warmblütige Astrophysiker die größtmögliche Erfolgsstory erzählen: die Geschichte von Allem und dem Nichts.

Gaßner: Apropos Erfolgsstory, wer oder was ist denn der erfolgreichste Mehrzeller auf unserem Planeten?

Lesch: Der Mensch! Ist doch sonnenklar.

Gaßner: Wir sollten aufpassen, dass wir nicht zu anthropozentrisch an diese Frage herangehen. Man könnte beispielsweise auch argumentieren: Der antarktische Krill, er ist durchschnittlich zwei Gramm schwer, wird bis zu sechs Zentimeter groß und sechs Jahre alt. Es gibt sage und schreibe 500 Millionen Tonnen davon. Das ist durchaus mehr, als alle Menschen zusammen auf die Waage bringen.

Lesch: Echt, 500 Millionen Tonnen Krill? Was bedeutet dieser schwerwiegende Erfolg für den Krill? Dass er ein super Survival-Konzept hat?

Gaßner: Das liegt an den Maßstäben, die du anlegst. Zahlenmäßig ist der Krill unter den Mehrzellern ganz vorne mit dabei und er macht uns auch in anderer Hinsicht einiges vor. So lebt er nachhaltig in einem Kreislauf. Das haben wir Menschen nie hinbekommen; vielleicht mit Ausnahme kleinerer Naturvölker.

4.18 *Antarktischer Krill (Euphausia superba)*

Lesch: Aber der Krill weiß nichts von seinem Glück. Diese ganzen natürlichen Vorgänge, so erfolgreich sie auch sind, funktionieren wunderbar, wenn es darum geht, sich fortzupflanzen bis zum Geht-nicht-mehr. Nur der Nachteil ist, sie wissen nichts davon. Der Krill kennt keine Mitgliederversammlung, auf der verkündet wird: „So! In diesem Jahr ist es uns wieder gelungen, 100 Millionen Tonnen Krill zu produzieren, ohne die Umwelt zu schädigen." Kommt ein Wal vorbei, frisst alles auf. Ja, Kinders, Mahlzeit! Schlürf und weg sind die Teilnehmer. Fressen Wale überhaupt Krill?

Gaßner: Ja. Krill ist das norwegische Wort für Walnahrung.

Lesch: Ach, sieh mal an, so einfach ist Norwegisch. Die deutschen Wörter „Wahlnahrung" und „werkeln" müssten viel mehr in deutsche Texte eingehen.

Gaßner: Geschätzte 10 Billiarden Ameisen sind uns ebenfalls zahlen- und massenmäßig überlegen, zumindest alle zweitausend Arten zusammengenommen. Ihr mittleres Gewicht beträgt nur 0,006 Gramm, allerdings sind sie in der Lage, das zweihundertfache davon umherzutragen. Ich bezweifle, dass wir beiden eine glückliche Figur abgäben bei dem Versuch, umgerechnet 16 Tonnen zu stemmen und im Sprint abzutransportieren. Die sechsbeinigen Winzlinge haben dank ihrer Fähigkeiten das längste Bauwerk der Welt errichtet: eine 5.670 Kilometer lange zusammenhängende Kolonie von der italienischen Riviera über Frankreich und Spanien bis nach Portugal. Da kann selbst die chinesische Mauer nicht mithalten.

Lesch: Ich höre das natürlich mit Interesse, dass eine Lebensform so besonders erfolgreich sein soll. Aber mir würde das als Definition von Erfolg für eine Biospezies nicht reichen. Ich sage nach wie vor, die erfolgreichste Spezies der letzten 500.000 Jahre ist der Homo sapiens. Denn keine andere Lebensform hat sich so sehr an wirklich alle Umweltbedingungen angepasst wie wir. Wo wir uns überall herumtreiben, im Eis oder in der Wüste oder auf dem Mond, und vor allen Dingen, wie wir versuchen, uns auch von den jeweiligen Bedingungen soweit wie möglich unabhängig zu machen. Dass wir die Bedingungen so zu ändern in der Lage sind, dass wir überleben können. Ich finde das schon sehr bemerkenswert, wie wir das bisher hinbekommen haben, so im Großen und Ganzen. Leider kamen auch jede Menge Probleme mit dazu. Aber wenigstens würde ich doch die Fahne der Menschheit so für einen Moment hoch halten wollen.

Gaßner: Also gut. Der gemeine antarktische Krill geht jetzt nicht wählen und Ameisen schreiben keine Gedichte. Soweit hat der Homo sapiens vielleicht die Nase noch vorn, in puncto Flexibilität und Anpassungsfähigkeit an Umwelteinflüsse gibt es jedoch einen anderen Meister der Evolution: Das *Bärtierchen.* Der Achtfüßler überlebt jahrzehntelang ohne Nahrung oder Wasser, bei Temperaturen von minus 240 Grad bis plus 77 Grad Celsius und scheut dabei nicht einmal hochenergetische kosmische Strahlung. Der Trick? – *Kryptobiose*! Die Millimeter großen Bärtierchen können ihre DNA reparieren und den Wassergehalt ihres Körpers auf wenige Prozent verringern. Seine unglaubliche Überlebensfähigkeit hat unser Protagonist bei einem Test außerhalb einer Raumfähre in der Umlaufbahn unter Beweis gestellt. Dagegen gleicht der Sprung von Felix Baumgartner einem Sonntagsspaziergang. Die PR des Bärtierchens war aber deutlich schlechter und – na ja – die Interviews sind es auch.

Lesch: Ich hoffe, du willst mir jetzt keinen Bären aufbinden. Wo sollen die denn leben?

Gaßner: Überall wo es feucht ist, in den Weltmeeren ebenso wie bei dir zu Hause in der Dachrinne oder im Garten. Drücke von nahezu null steckt es dabei genauso locker weg wie die Bedingungen auf dem Meeresgrund. Auf den ersten Blick sieht es unter dem Rastermikroskop aus wie ein Staubsaugerbeutel. Wegen seiner überragenden Fähigkeiten hätte das Bärtierchen übrigens um ein Haar den ersten „bemannten" Flug zum Marsmond *Phobos* unternommen. Die russische Mission *Phobos-Grunt* scheiterte jedoch leider durch Raketenversagen, ansonsten wäre der Mond längst von unseren winzigen, tapsigen Genossen besiedelt.

Lesch: Also gut, das Argument Anpassungsfähigkeit ziehe ich zurück. Die wirklichen, heimlichen Herrscher auf unserem Planeten sind jedoch noch flexibler und deutlich kleiner als das Bärtierchen: die Mikroben. Die sind uns zahlen- und massenmäßig definitiv überlegen.

4.19 *Das Bärtierchen (Tardigrada). Kolorierte Rastermikroskop-Aufnahme auf grünem Moos (ca. 1 mm).*

Gaßner: Darunter die *Prokaryonten*. Das sind die Einzeller, die noch keinen Zellkern haben. Und davon gibt es jetzt wirklich mehrere Billionen Tonnen. Die Prokaryonten existieren schon seit Milliarden von Jahren auf diesem Planeten. Anfangs hatten sie gewissermaßen sturmfreie Bude, Mikrobe allein zu Haus! Für den überwiegenden Teil der Erdgeschichte waren sie die absoluten Alleinherrscher.

Lesch: Prokaryonten. Da kann man schon sagen, dass das die Urlebewesen sind. Alles, was wir heute auf der Erde so als Leben bezeichnen, hat sich letztlich aus Prokaryonten entwickelt.

Gaßner: Ja. Ein Gramm Ackerboden bevölkern hunderttausende dieser Lebewesen. Genauso viele tummeln sich auch auf einem Quadratzentimeter deiner Haut.

Lesch: Ich schaue mal so in meine linke Hand. Nun balle ich sie zusammen und zwinge damit wahrscheinlich 100.000 Prokaryonten-Familien, ihre Wohnungen zu verlassen.

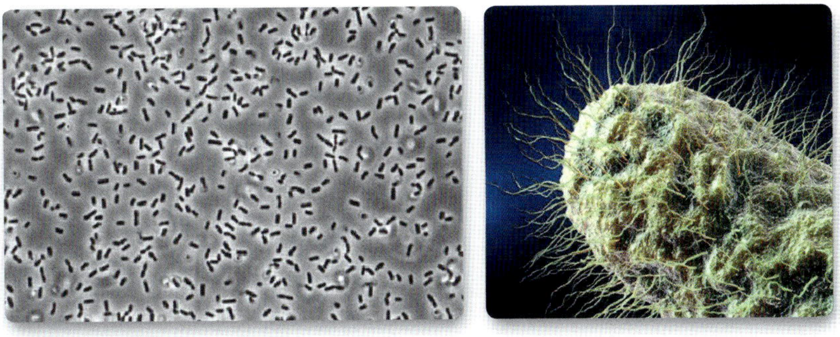

4.20 *Mikroben ohne Zellkern, sogenannte Prokaryonten, auch Prokaryoten (griechisch pro = vorher und karyon = Nuss beziehungsweise Kern) oder Monera genannt.*

Gaßner: Insgesamt trägst du mehr Prokaryonten mit dir herum, als du körpereigene Zellen hast. Du bist gewissermaßen ein Luxusdampfer für Prokaryonten.

Lesch: Aber ich fahre nicht mit schwefeligem Schweröl – so viel Zeit muss sein.

Gaßner: Mehr als ein Kilo Masse schleppst du an Prokaryonten mit dir herum, die meisten davon im Verdauungstrakt. Wenn dich also das nächste Mal jemand fragt, wie viel du wiegst, dann zieh ruhig mal ein bis zwei Kilo ab.

Lesch: Das mache ich sehr gern. Und auf die Frage: „Wie geht es?“, sage ich: „Mir geht's gut. Wie es meinen Prokaryonten geht, das weiß ich nicht so genau.“ Aber gerade hast du gesagt, es wären mehr als meine körpereigenen Zellen, dann müssten sie doch viel mehr Masse haben?

Gaßner: Die rund 220 unterschiedlichen Typen menschlicher Zellen sind um Größenordnungen komplexer und schwerer als Zellen ohne Zellkern. Deine 100 Billionen körpereigenen Zellen sind durchschnittlich 40 Tausendstel Millimeter groß und reichen somit aneinandergereiht hundert Mal um unseren Planeten.

Lesch: Schwer vorstellbar, dass man aus meinen Bestandteilen eine derart lange Kette bilden könnte.

Gaßner: Allerdings musst du dich beeilen, weil es ständig weniger Zellen werden. Jeden Tag baut allein unser Gehirn etwa 100.000 Nervenzellen ab.

Lesch: Dann lass uns schnell weitermachen, bevor mir nichts mehr einfällt.

Gaßner: Der Evolutionsschritt von Prokaryonten hin zu *Eukaryonten* – also Zellen mit Zellkern – war beträchtlich und hat zwei Milliarden Jahre gedauert. Gemäß der *Endosymbionten-Theorie* hat dabei eine Sorte von Prokaryonten eine andere in sich aufgenommen und nicht verdaut. Die beiden konnten nun zusammen Ressourcen besser aufspalten als jeder für sich allein. Später haben sich diese Endosymbionten innerhalb ihres Wirtes zu sogenannten *Organellen*, also komplexen Zellbestandteilen entwickelt.

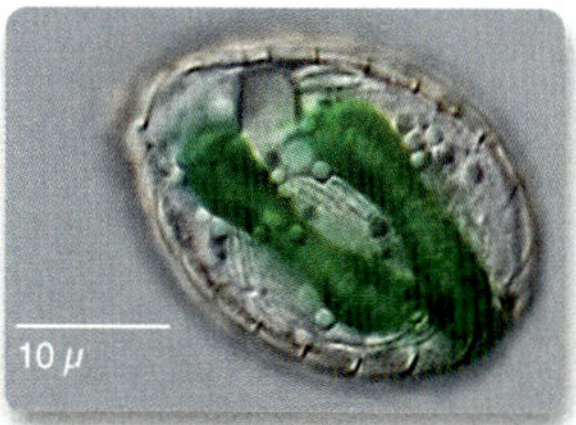

4.21 *Endosymbionten-Theorie*

Lesch: So können schwerverdauliche Zeitgenossen doch etwas Gutes haben. Wir sind doch alle irgendwie Prokaryonten. Gott sei Dank „Pro" – was Positives, nicht „Kontrakaryonten" oder so was.

Gaßner: Wir beide sind wohl eher „Prochaoten". Auf jeden Fall sind wir Mehrzeller, das erforderte einen weiteren evolutionären Schritt, der vermutlich durch den immer weiter ansteigenden Sauerstoffgehalt der Atmosphäre ausgelöst oder zumindest begünstigt wurde. Oberhalb von einem Prozent Sauerstoffanteil wurde die direkte Verbrennung von Kohlehydraten mit Hilfe der Atmung ermöglicht. Übrigens verdanken wir auch heute noch den größten Teil des Sauerstoffs in der Luft den Prokaryonten. Durch ihre Photosynthese produzieren sie mehr freien Sauerstoff als alle Pflanzen auf diesem Planeten.

Lesch: Die sorgen einfach für eine gute Betriebsatmosphäre, ein prima Klima. Sie halten uns bei Laune – kein Wunder, wir bieten ihnen Vollpension!

Gaßner: Man könnte sagen, die Prokaryonten kümmern sich um die Luft, die Eukaryonten um Luft und Liebe. Prokaryonten vermehren sich nämlich gleichgeschlechtlich, Eukaryonten haben dafür den Sex erfunden.

Lesch: Dann hätten wir das auch geklärt.

Gaßner: Mit dem Sex kam jedoch auch der Tod. Prokaryonten gehen bei der Fortpflanzung vollständig in der nächsten Generation auf. Solange sie nicht gefressen werden, anderweitig verunfallen oder sich die äußeren Umstände drastisch verändern, sind sie nahezu unsterblich. Man spricht von *somatischer Unsterblichkeit*. Komplexe Mehrzeller hingegen zahlen für ihre evolutionäre Weiterentwicklung einen hohen Preis: Sie altern und sterben.

Lesch: Trotzdem bin ich lieber Mehrzeller. Das Leben als Prokaryont stelle ich mir ziemlich langweilig vor. Apropos – vor 450 Millionen Jahren ist es schließlich dem Leben im Wasser zu langweilig geworden, beziehungsweise zu gefährlich. Auf der Flucht vor dem ewigen Gefressenwerden hat es sich in einen neuen Lebensraum vorgewagt. Das war die erste „Occupy-the-land-Bewegung".

Gaßner: Der Rest ist Geschichte – vom ersten Schritt auf das Festland der Erde bis zum ersten Schritt auf dem Mond. Heute gibt es weltweit geschätzte 8,7 Millionen Arten von eukaryontischen Organismen. 6,5 Millionen davon an Land und 2,2 Millionen in den Ozeanen, zumindest wenn es nach der globalen „Volkszählung" *Census of Marine Life* der University of Hawaii geht. Lediglich 14 Prozent davon gelten als bislang erforscht.

Lesch: Wer oder was ist eigentlich der größte Organismus?

Gaßner: Das ist gar nicht so einfach zu beantworten und hängt wesentlich davon ab, was man unter einem zusammenhängenden Organismus versteht. Bilden die sogenannten *argentinischen Ameisen* mit ihrem besagten Riesenbauwerk einen Organismus? Bilden vegetativ vermehrte Pflanzen, d. h. solche, die Klone bilden, einen Organismus? Bildet am Ende unser gesamter Planet einen Organismus?
Heißester Kandidat für den Titel ist vermutlich ein 2.400 Jahre alter Pilz aus der Gattung der Hallimasche: *Armillaria ostoyae*. Sein 600 Tonnen schweres Myzel erstreckt sich über neun Quadratkilometer des *Malheur National Forrest*. Üblicherweise besteht Pilzmyzel aus einem Gewirr mikroskopisch kleiner Fäden – Biologen nennen sie Hyphen. Bei diesem Monster erreichen sie die Dicke von Schuhbändern.

Lesch: Das ist ja ein passender Name für diesen Nationalpark. Und selbstverständlich lebt der größte Organismus in den USA - wo denn sonst.

4.4 Sind wir allein im Universum?

Hallo, ist da jemand?

Gaßner: Interessant wäre es noch, wenn wir jetzt in großer Entfernung einen Planeten wie unsere Erde entdeckten. Wie würden wir uns selbst bewerten? Würden wir sagen, naja, die überwiegende Lebensform sind Prokaryonten oder würden wir sagen, nein, da gibt es antarktischen Krill und Ameisen, die sind zahlen- und massenmäßig der erfolgreichste Mehrzeller? Oder würden wir sagen, die wichtigsten Lebewesen sind Menschen, denn die schreiben Gedichte?

Lesch: Wir dürfen nicht außer Acht lassen, dass wir die Entdeckung von hier aus machen. Damit sind wir wieder auf die Information angewiesen, die wir aus den Spektren des Lichts herauslesen. Wenn es also Prokaryonten auf dem unbekannten Planeten gäbe, dann würden sie die Zusammensetzung der Atmosphäre verändern. Mal kräftig durchatmen – es geht um Sauerstoff, also letztlich die *Ozonschicht*, das wäre das auffälligste Zeichen für Leben. Und dann sehen wir vielleicht auch die Radio- und Fernsehsender und alles andere Elektronische, was die Menschenartigen auf diesem Planeten…

Gaßner: Ja, das ist genau das, was wir tun. *Ozon* ist deshalb besonders interessant, weil es in der Atmosphäre rasch in chemische Reaktionen verwickelt und umgewandelt wird. Findet man trotzdem Ozon, so deutet das auf einen Prozess hin, der laufend frisches Ozon anreichert. Dafür käme wiederum eine Lebensform in Frage, die oxygene Photosynthese betreibt. Wir suchen also zum einen nach dem Biomarker Ozon in den Spektren des Lichts und zum anderen nach schmalbandigen Radiosignalen.

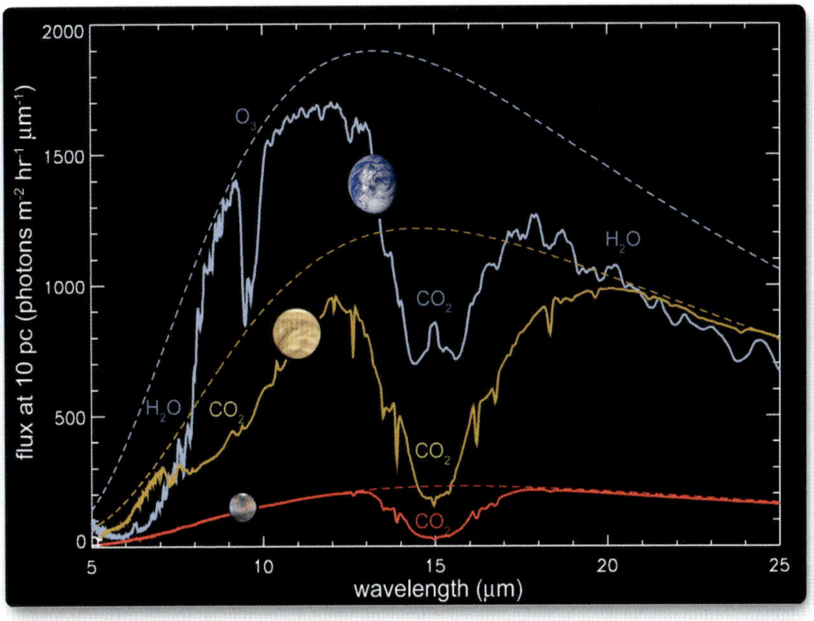

4.22 *Bei der Suche nach extraterrestrischem Leben hält man Ausschau nach sogenannten Biomarkern, das sind Moleküle, die direkt oder indirekt biologischen Prozessen zugeordnet werden können. Ein klassischer Hinweis darauf wäre Ozon (O_3), weil es in Reaktionen mit anderen Gasen fortwährend zerstört wird. Befindet es sich in der Atmosphäre eines fernen Planeten, so wird es offensichtlich laufend mit freiem Sauerstoff „aufgefrischt". Folglich wäre ein solcher verräterischer Fußabdruck ein Hinweis auf Photosynthese. Die Graphik zeigt die Spektren der Planeten Erde (blau), Venus (gelb) und Mars (rot). Ist ein bestimmtes Molekül in der Atmosphäre vorhanden, erkennt man es an der zugehörigen Absorptionslinie, d.h. an der Abweichung von der Planckverteilung (gestrichelte Linie). Kohlendioxyd (CO_2) gibt es demnach in allen drei Atmosphären. Ozon (O_3) und Wasser (H_2O) finden sich allerdings nur in der Erdatmosphäre.*

Gaßner: In den 70er Jahren wurde mal ein solches Signal empfangen. Aber nur ein einziges Mal! Erinnerst du dich an dieses sogenannte *Ohio-Wow-Signal*?

Lesch: Ja, genau. Da herrschte noch Kalter Krieg, Ost gegen West. Damals belauerte jeder die Gegenseite und dachte nur das Schlimmste vom Anderen.

Gaßner: Na ja, heutzutage überwachen uns zusätzlich noch unsere Bündnispartner. Aber selbst die NSA dürfte vor Neid erblassen, angesichts des größtmöglichen kosmischen Lauschangriffs, der damals am Radioteleskop der Ohio State University durchgeführt wurde. Passenderweise trug es den schönen Namen *The Big Ear* (das große Ohr).

Lesch: Das Ohio-Wow-Signal war ein Radiosignal, das sämtliche Anzeichen eines künstlichen Senders hatte, mit „Nebenkeulen" oder so was Ähnlichem.

Gaßner: Nebenkeulen erkläre ich jetzt aber nicht, die sind nicht so wichtig für dieses Ereignis. Sehr wohl von Bedeutung war allerdings, dass das dubiose Schmalband-Radiosignal genau 72 Sekunden lang anhielt. Das ermöglicht nämlich eine Unterscheidung von terrestrischen Signalen. Das statisch fixierte Teleskop dreht sich gewissermaßen mit der Erdrotation für 36 Sekunden in ein extraterrestrisches Signal hinein und ebenso lange wieder heraus.
Trotz intensivster Suche blieb das Signal allerdings ein einmaliges Ereignis. Der Astrophysiker Jerry Ehman wurde zum Namensgeber, weil er es auf dem Computerausdruck markiert hatte mit „Wow!"

Lesch: Und warum wurde es nur ein einziges Mal empfangen? Weil die schon damals unsere Fernseh- und Radiosendungen entschlüsselt hatten und zu der Meinung gekommen waren: „Mit denen wollen wir nichts zu tun haben."

Gaßner: Genau. Auf der Suche nach intelligentem Leben sind wir letztendlich darauf angewiesen, dass es doch dumm genug ist, um sich mit uns einzulassen.

Lesch: Mich erstaunt am meisten, dass das Signal unmittelbar an der *21-cm-Linie* daherkam. Es ist wahrlich nicht einfach, sich mit einem potentiellen Funkpartner in den Weiten des Alls im Vorfeld auf eine Frequenz zu einigen. Aber wenn es eine Konvention gäbe, dann, so glauben viele, könnte es die 21-cm-Linie sein, weil sie für jede Lebensform im Universum eine besondere Stellung innehat.

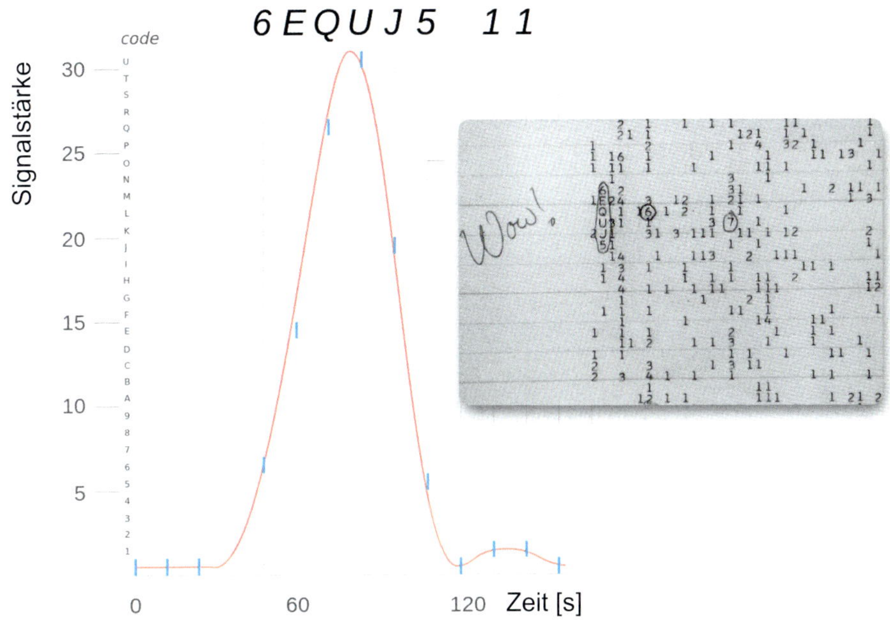

4.23 *Am 15. August 1977 hat der Astrophysiker Jerry Ehman am Radioteleskop der Ohio State University ein schmalbandiges Signal bei einer Frequenz von 1420,456 MHz aus Richtung des Sternbilds Schütze empfangen.*
Bild rechts: Die Markierung auf dem Computerausdruck gab dem Signal den Namen „Ohio-Wow!". Horizontal aufgetragen sind unterschiedliche Frequenzbereiche, die abgesucht wurden, da man die Sendefrequenz einer potentiellen außerirdischen Intelligenz nicht kennt. Zeile für Zeile wurde nun zu jeder Frequenz die Intensität in einer logarithmischen Skala von 1-9 und A-Z dargestellt. Bei besagter Frequenz wurde über eine Dauer von 72 Sekunden die Intensitätsfolge "6EQUJ5" gemessen. Die Dauer ist zur Unterscheidung von terrestrischen Signalen von großer Bedeutung, weil das Teleskop fixiert beobachtet und entsprechend mit der Erddrehung ein extraterrestrisches Signal 36 Sekunden lang ansteigen sollte und anschließend im selben Zeitraum wieder abfallen. Das Teleskop dreht sich gewissermaßen in das Signal hinein und wieder heraus. Die Ursache für das einmalige Ereignis ist nach wie vor ungeklärt. Aus heutiger Sicht käme durchaus ein Gammastrahlen-Ausbruch in Frage.

Gaßner: Wir selber senden unsere Nachrichten ins All ja auch auf dieser Frequenz, weil sie einer charakteristischen Radiostrahlung des neutralen Wasserstoffs entspricht. Dieser sogenannte *Hyperfeinstrukturübergang* entsteht, wenn das Elektron die Orientierung seines Spins ändert. Der Spin kann parallel oder antiparallel zum Spin des Protons sein und diese Zustände unterscheiden sich in ihrer Energie um etwa $5{,}9 \cdot 10^{-6}$ eV. Das entsprechend einer Radiofrequenz von 1420,405 MHz und einer Wellenlänge von etwa 21 cm. Das Ohio-Wow-Signal lag bei 1420,456 MHz.

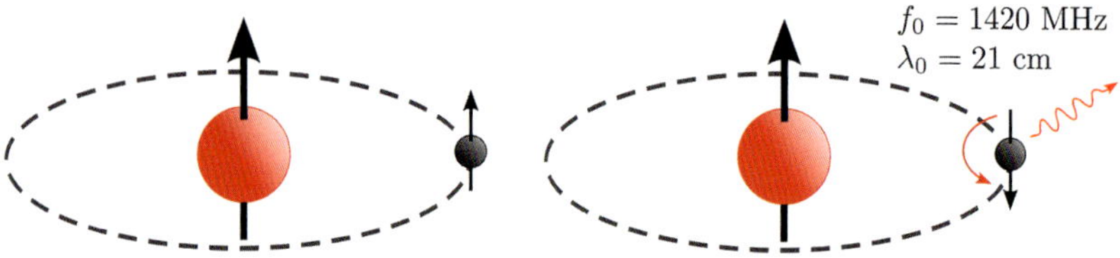

4.24 *Der Hyperfeinstrukturübergang des neutralen Wasserstoffs. Die Ausrichtung der jeweiligen Spins des Protons und Elektrons sind durch Pfeile dargestellt. Beim Übergang von paralleler zu antiparalleler Orientierung wird ein Photon mit der Energie $5{,}9 \cdot 10^{-6}$ eV abgestrahlt. Das entsprechend einer Radiofrequenz von 1420,405 MHz und einer Wellenlänge von etwa 21 cm.*

Lesch: Der Spin ist uns ja schon beim Fermidruck begegnet. Es ist der Eigendrehhimpuls der Teilchen. Für Fermionen beträgt er ein halbzahliges Vielfaches des Planckschen Wirkungsquantums dividiert durch 2π, für Bosonen ein ganzzahliges Vielfaches davon.

Gaßner: Wobei ich sehr vorsichtig wäre mit dem Begriff *Eigendrehimpuls*. In Wirklichkeit dreht sich ja hier nichts. Wenn wir es wirklich ernst meinen mit punktförmigen Teilchen, beispielsweise Elektronen, dann ist ihr Drehimpuls null. Von Photonen will ich erst gar nicht reden. Selbst wenn wir den Elektronen den maximalen Radius von 10^{-18} Meter verpassen, klappt es hinten und vorne nicht. Du brauchst die Werte nur mal einzusetzen: Das Trägheitsmoment einer kugelförmigen Masse beträgt 2/5 Masse mal Radius zum Quadrat. Der Drehimpuls ist Trägheitsmoment mal Oberflächengeschwindigkeit mal Radius. Wenn du das gleichsetzt mit h/4π und die Geschwindigkeit an der Kugeloberfläche maximal der Lichtgeschwindigkeit entsprechen soll, dann wäre das nur möglich für Elektronen, die viele Größenordnungen oberhalb der experimentellen Grenzen lägen. Auch relativistische Korrekturfaktoren helfen da nicht weiter. Ergo: Da dreht sich nichts.

Lesch: Du bist lustig – was ist der Spin dann, wenn er kein Eigendrehimpuls ist?

Gaßner: Eine abstrakte quantenmechanische Eigenschaft. Nicht mehr und nicht weniger. Wie meistens in der Quantenmechanik, so ist es auch hier ratsam, kein klassisches Analogon zu suchen.

Lesch: Du hast aber auch immer was auszusetzen. In allen Lehrbüchern wird der Spin als Eigendrehimpuls erklärt.

Gaßner: „Auch wenn alle einer Meinung sind, können alle Unrecht haben." Bertrand Russell. Und ausnahmsweise habe ich jetzt mal wirklich was auszusetzen: Wir haben uns zu weit vom Thema entfernt. Wir waren bei potentiellen extraterrestrischen Nachrichten hängengeblieben.

Lesch: Also gut. Was hätten wir denn dazu noch anzubieten?

Gaßner. Wie wäre es mit dem Jahr 1968, in dem Jocelyn Bell im Zuge ihrer Doktorarbeit den ersten Pulsar entdeckte? Das empfangene Signal zeigte eine konstante Frequenz von 1,3 Hertz. Zu perfekt, um natürlichen Ursprungs zu sein, so dachte man. Ihr Doktorvater an der Universität Cambridge, Antony Hewish, vermutete anfangs Störungen durch vorbeifahrende Autos, später Signalreflexionen an der Mondoberfläche. Schließlich hatte man sich auf ein Signal extraterrestrischen intelligenten Lebens eingeschossen. Das Objekt erhielt den bezeichnenden Namen „LGM-1" für *Little Green Man One*. Bei der Pressekonferenz standen überall kleine grüne Männchen aus Pappe.

4.25 *Jocelyn Bell Burnell (geb. 1943)*

Lesch: Weißt du überhaupt, warum Außerirdische grün sind? Um zu uns zu kommen, sind sie eine Ewigkeit unterwegs und das in ständig rotierenden Untertassen. Da wärst du auch grün im Gesicht.

Gaßner: So lustig das Ganze anmutet, leider nahm es ein unrühmliches Ende. Was man da erstmals empfangen hatte, waren nämlich die Signale eines Pulsars. 1974 erhielt Antony Hewish zusammen mit Martin Ryle für diese Entdeckung den Physik-Nobelpreis, während die eigentliche Entdeckerin, Jocelyn Bell, leer ausging.

Lesch: Gibt es eigentlich das *SETI-Projekt* noch, die Suche nach außerirdischen Zivilisationen (Search for Extraterrestrial Intelligence)?

Gaßner: Ich glaube, die haben das nach mittlerweile 50 Jahren vergeblicher Suche weitgehend eingestampft – zumindest von staatlicher Seite. The Big Ear wurde 1998 abgebaut und auf dem ehemaligen Gelände kannst du heute Golfspielen. Die Anfangseuphorie mit einem Erwartungswert von stolzen 300 Zivilisationen in der Milchstraße ist verpufft. Private Initiativen werden noch weitergeführt, aber vermutlich haben auch deren Geldgeber mittlerweile erkannt, wie ernüchternd die Entfernungen zwischen potentiellen Zivilisationen in einer 100.000 Lichtjahre großen Galaxie sind.
Bei der Eröffnung des *Arecibo-Observatoriums* wurde 1974 beispielsweise eine spezielle Grußbotschaft in Form einer digitalen Flaschenpost in Richtung des Kugelsternhaufens *M13* verschickt. Diese interplanetare Visitenkarte besteht aus Einsen und Nullen, die Zahlen kodieren und einfache Atome darstellen, wodurch wir uns als intelligente Lebensform zu erkennen geben. Auf eine potentielle Antwort müssen wir 50.000 Jahre warten.

Lesch: SETI ging's wie Yeti, beides ein vergebliches Mühen. Wer ist denn eigentlich autorisiert, auf eine solche Nachricht zu antworten?

Gaßner: Darauf kann sich die Menschheit sicher nicht einigen. Einige Stimmen warnen sogar davor, unsere Existenz überhaupt durch Radiosignale zu verraten geschweige denn Kontakt aufzunehmen. Die Gefahr, die von höher entwickelten Spezies ausgehen könne, sei nicht einzuschätzen. Einige irdische Beispiele sind auch wahrlich keine Werbung für das „Entdecktwerden“. Man kann halt nie wissen, wem unsere kosmische Flaschenpost in die Hände – oder in welches Greif- und Tastgerät auch immer – fällt.

Lesch: Allerdings weisen die Beobachtungen von extrasolaren Planetensystemen darauf hin, dass nur die Sterne von Planeten umkreist werden, die mindestens so viele schwere Elemente wie die Sonne besitzen. Je weniger schwere Elemente ein Stern aufweist, umso älter ist er. Somit wäre unser Sonnensystem eines der ersten Planetensysteme der Milchstraße und wir zählten zur intellektuellen High-Society.

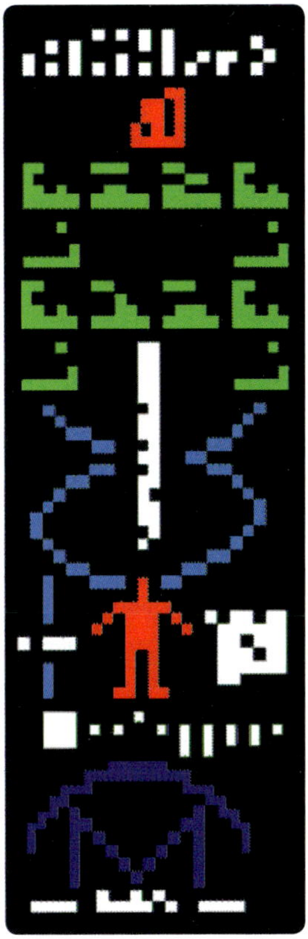

4.26

Die Arecibo-Botschaft wurde 1974 in Richtung des Kugelsternhaufens M13 gesendet. Das Signal ist binär codiert, d.h. die farbliche Darstellung dient lediglich zur besseren Unterscheidung der einzelnen Nachrichteninhalte.

1. Absatz (weiß): Die Zahlen von 1 bis 10 binär dargestellt

2. Absatz (rot): Die Protonenanzahl der menschlichen Hauptbestandteile Wasserstoff, Kohlenstoff, Stickstoff, Sauerstoff und Phosphor

3. Absatz (grün): Die vier Nukleotide als Bausteine der menschlichen DNA

4. Absatz (blau und weiß): Struktur der DNA (weiß die Anzahl 4.294.441.822 der Nukleotide, blau die angedeutete Doppelhelix-Struktur)

5. Absatz (blau, rot, weiß): Menschliche Anatomie (Größe, Gestalt) und Gesamtzahl der Erdbevölkerung

6. Absatz (weiß): Die Position der Erde im Sonnensystem

7. Absatz (magenta, weiß): Informationen zum Teleskop

Gaßner: Da wäre ich vorsichtig. Für große Gasplaneten trifft das zu, kleinere Felsenplaneten wurden allerdings in den letzten Jahren auch um Sterne mit geringerem Anteil an schweren Elementen gefunden. Lars Buchhave hat mit seiner Arbeitsgruppe am *Niels-Bohr-Institut* in Kopenhagen dafür 152 Sterne von 226 Exoplaneten mit bis zu vier

Erdmassen untersucht. Der Zentralstern mit der geringsten Häufigkeit schwererer Elemente wies nur ein Viertel der Häufigkeit in unserer Sonne auf.
Im Juni 2014 setzen die Kollegen vom Harvard-Smithsonian Center for Astrophysics mit der Entdeckung von *Kepler-10c* noch einen drauf. Der Felsenplanet mit 17 Erdmassen ist schlappe 11 Milliarden Jahre alt. In derartigen Sonnensystemen könnte das Leben sehr wohl deutlich früher an den Start gegangen sein. Ein Informationsaustausch wäre entsprechend einseitig und eine Partie Fernschach würde ich auch nicht empfehlen.

Lesch: Sehr bezeichnend für die Menschheit finde ich den Einwand, den ich kürzlich gelesen habe: Wenn man schon zukünftig Informationen mit Außerirdischen teilt, dann bitteschön nicht kostenlos. Der Kapitalismus lässt grüßen!

Gaßner: Vermutlich wird die erste übertragene Nachricht eine Kreditkartennummer sein. Aber noch ist die Debatte überflüssig. Ganz so einfach ist es dann doch nicht mit dem Leben. Die Prognose des Astronomen Frank Drake, wonach in der Milchstraße 300 Zivilisationen existieren sollten, besteht lediglich aus einer Aneinanderreihung von Wahrscheinlichkeiten. Wie hoch ist die Wahrscheinlichkeit, dass sich ein Stern mit einem Planetensystem bildet? Wie häufig sind Planeten in der habitablen Zone? Wie wahrscheinlich ist dort die Entstehung von Leben bis hin zum Interesse an interstellarer Kommunikation usw.?

Lesch: 100.000 Lichtjahre sind auch ein ordentlicher „Heuhaufen“. Da haben wir die paar Stecknadeln innerhalb von 50 Jahren eben noch nicht gefunden.

Gaßner: Unsere Vorgaben für einen bewohnbaren Planeten sind auch sehr streng. Zum Beispiel bei den Prokaryonten gibt es welche, die unter ganz extremen Bedingungen leben können, sogenannte *Extremophile*. Berühmt wurde *Streptococcus mitis*, ein Bakterium, das sich – Vorsicht! Jetzt wird es ein wenig eklig – üblicherweise im menschlichen Mund und Rachen tummelt. Diese Mikrobe gelangte nun – vermutlich durch einfaches Husten eines NASA-Mitarbeiters – auf eine Kamera der Surveyor-3-Sonde, die 1967 auf dem Mond landete. Mit der

Apollo-12-Mission wurde das Gerät geborgen und mit ihm huckepack der blinde Passagier. Streptococcus mitis hat über Jahre hinweg im Hochvakuum unter fortwährendem Beschuss kosmischer Strahlung die Temperaturschwankungen von minus 160 Grad Celsius bis plus 130 Grad Celsius überlebt und nach seiner Rückkehr im Brutschrank wieder gekeimt. Jedes Mal, wenn mein Hals schmerzt, denke ich daran, welchen zähen Gegner ich da im Rachen sitzen habe.

Lesch: Da muss ich gleich mal schlucken. Aber Extremophile – das Wort gefällt mir.

Gaßner: Einige Mikroben machen dieser Bezeichnung alle Ehre. Die gibt es im polaren Packeis, in neunfacher Höhe des Mount Everest, die überleben vier Kilometer unter der Erdoberfläche, sie halten Temperaturen von minus 200 Grad Celsius und über 130 Grad Celsius plus aus. Letztere nennt man auch *Thermophile.* Sie bilden exklusive Wohngemeinschaften an geothermalen Schloten. Die Archaee *Strain 121* und *Methanopyrus kandleri* fühlen sich zum Beispiel selbst bei 121 Grad Celsius noch pudelwohl. *Pyrolobus fumarii* stellt wiederum unterhalb von 90 Grad Celsius sein Wachstum ein – da wird's ihm zu kalt.
Selbst Eukaryonten sind an den Schwarzen Rauchern anzutreffen, beispielsweise in Form des Wurmes *Alvinella pompejana*, der stolze 80 Grad Celsius toleriert.

Lesch: Und wo ist das Ende der thermischen Fahnenstange?

Gaßner: Oberhalb einer theoretischen Grenze von etwa 150 Grad Celsius wird vermutlich die DNA effektiver zerstört, als es bislang bekannte Reparatursysteme – beispielsweise die des Bärtierchens – auszugleichen vermögen. Aber wer weiß, wo die Kreativität der Evolution wirklich endet? Die Erforschung extremophiler Organismen steckt noch in den Kinderschuhen, weil sich die Winzlinge unter Laborbedingungen meistens nicht wohlfühlen und deshalb ihre Vermehrung einstellen. Abhilfe soll nun die sogenannten *Einzelzellgenomik* schaffen, wonach bereits ein einzelnes DNA-Molekül für die Entschlüsselung ausreicht.

Lesch: Vielleicht sollten wir die Definition der „habitablen Zone“ nochmals überdenken.

Gaßner: Bei der Suche nach außerirdischem Leben geht es in erster Linie darum, wo Leben ursprünglich entstehen kann und weniger darum, welche extremen Habitate es im weiteren Verlauf der Evolution für sich erschließen kann. Allerdings lassen einen manche irdische Lebensformen wirklich aufhorchen. Bei Bohrungen in der südafrikanischen Mponeng-Mine ist man beispielsweise auf *Desulforudis audaxviator* gestoßen, das dort seit 25 Millionen Jahren in absoluter Dunkelheit für sich allein ein eigenes Ökosystem bildet. Das stabförmige Bakterium lebt in maximaler Bescheidenheit einzig von den Substanzen, die das Wasser aus dem Gestein löst und die es mit Hilfe natürlicher radioaktiver Strahlung zu einem Stoffwechselkreislauf formt.

Lesch: Leben am Existenzminimum. Das muss für ... wie heißt das Ding nochmal?

Gaßner: Desulforudis audaxviator. Seinen Namen verdankt es dem Geologen Tullis Onstott, basierend auf einem Roman von Jules Vernes: Reise zum Mittelpunkt der Erde. In der Geschichte folgt eine Expedition der lateinischen Inschrift: Descende, audax viator, et terrestre centrum attinges (Steig hinab, wagemutiger Reisender, und du wirst zum Mittelpunkt der Erde gelangen). Da soll noch jemand sagen, Wissenschaftler wären keine Romantiker.

Lesch: Das muss für Desulforudis audaxviator ein echter Kulturschock gewesen sein, als man es da raus geholt hat.

Gaßner: Weil du gerade von Leben am Existenzminimum sprichts: Die Rekordhalter in dieser Disziplin sind Bakterien am Grund des nördlichen Pazifiks. Starke Strömungen und eine gerine Nährstoffdichte sorgen dort für eine sehr geringe Sedimentbildung, teilweise unter einem Millimeter pro Jahrtausend. Die Schichten bilden somit eine Chronik über Jahrmillionen der Erdgeschichte. Deshalb haben Hans Roy von der Universität Aarhus und seine Mitarbeiter mit Hilfe einer dünnen Sonde in diesen Sedimentschichten nach Lebensformen gesucht, die sich durch Sauerstoffverbrauch verraten sollten. Und jetzt halt dich fest! In 30 Metern Tiefe sind sie auf Bakterien gestoßen, die dort seit 86 Millionen Jahren von der Außenwelt abgeschnitten leben, d. h. ihre letzte Nahrung haben sie zu sich genommen, als noch Dinosaurier den Planeten bevölkerten. Auf welche Weise die Bakterien ihre Zellstruktur aufrecht erhalten, ist noch unklar. Eine Zellteilung wäre nur einmal pro tausend Jahre denkbar.

Lesch: 86 Millionen Jahre ohne Nahrung – da knurrt mir gleich der Magen. Wenn es noch Bakterien aus dieser Zeit gibt, dann ist die Geschichte von dem Film *Jurrasic Park* vielleicht doch nicht so abwegig und eines Tages rekonstruieren wir tatsächlich die DNA eines Sauriers.

Gaßner: Das ist witzig, dass du das ansprichst. Jurrasic Park beruht ja auf der Idee, dass man in Bernstein eingeschlossen eine fossile Mücke mit Dinosaurierblut findet und damit die Urzeitbewohner wieder zum Leben erweckt. Aus wissenschaftlicher Sicht stehen die Chancen für einen derartigen Fund eher schlecht. Bis vor kurzem waren lediglich vier Fossilien blutsaugender Plagegeister aus den harzhaltigen Urzeitwäldern bekannt: zwei Sandfliegen, eine Wanze und eine Mücke. Am 18. September 2013 gesellte sich eine 46 Millionen Jahre alte Stechmücke hinzu, die sich bereits seit 25 Jahren in privatem Sammlerbesitz befand. Ursprünglicher Fundort war Montana (USA). Im Darm der Mücke konnte tatsächlich ihre letzte Blutmahlzeit rekonstruiert werden, zumindest Reste der Hämoglobin-Moleküle (roter Blutfarbstoff). Die Mückendame war offensichtlich unmittelbar nach dem Saugen von anaerobem Sediment am Grund eines Tümpels eingeschlossen worden, ohne dass ihr blutgefüllter filigraner Körper dabei verletzt wurde. Eine Rekonstruktion der DNA des Wirtes ist jedoch selbstverständlich nach Jahrmillionen völlig ausgeschlossen.

Lesch: Vor 46 Millionen Jahren waren die Dinosaurier eh schon lange ausgestorben.

Gaßner: Genau genommen sind sie ja nie wirklich ausgestorben. Beispielsweise ist der Vogel, den du gerade zwitschern hörst, ein Nachfahre der Dinosaurier.

Lesch: Die hätte ich mir größer vorgestellt. Aber eigentlich waren wir ja bei noch kleineren Lebewesen stehengeblieben, den Extremophilen.

Gaßner: Genau. Die sind erst recht nicht auszurotten. Selbst in den Kühlwasserkreisläufen der Atomkraftwerke finden wir Prokaryonten.

Lesch: Wahrscheinlich demonstrieren sie: „Atomkraft – nein danke!“

Gaßner: Nein, das sind radiophile Organismen, die sind vermutlich für Atomenergie. Sie nutzen nämlich ionisierende Strahlung, die sie mit Hilfe von Melanin in Energie umwandeln. In Tschernobyl hat sich aus diesen Extremophilen ein schwarzer Belag an den Wänden des zerstörten Atomreaktors gebildet.

Lesch: Ja, klar. Ein schwarzer Belag an einem Atomreaktor, in einem abgefackelten Atomkraftwerk. Mein Gott, die halten offenbar alles aus.

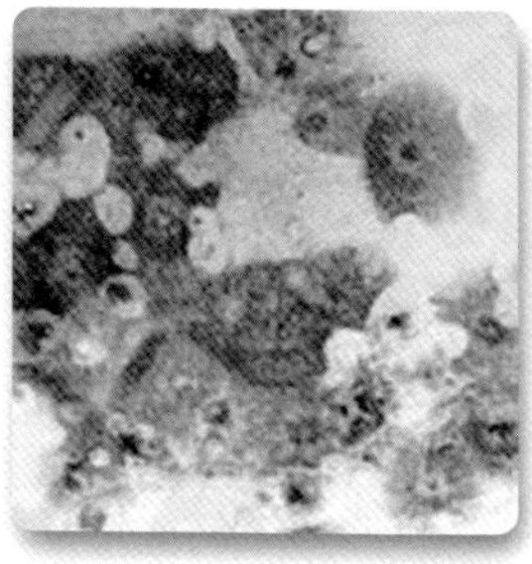

4.27 *Schimmelpilz auf dem Tschernobyl-Reaktor*

Gaßner: Und nicht nur die Mikroben. Tschernobyl ist ein beeindruckendes Beispiel für die Effizienz der Evolution. Bereits zwei Jahrzehnte nach der Katastrophe ist das Leben in die ehemalige Todeszone – 30 Kilometer um den Reaktor – zurückgekehrt. Die Strahlenbelastung ist dort nach wie vor tausendfach erhöht. Lebewesen werden zudem von ^{137}Cäsium und ^{90}Strontium bedroht. Durch ihre biologische Verwechslungsgefahr mit Kalium und Calcium werden diese radioaktiven Isotope von den Organismen aufgenommen. Ganz zu schweigen vom giftigen Schwermetall Plutonium. Trotzdem hat das Leben Mittel und Wege gefunden. Beispielsweise sind in den zerstörten Kiefernwäldern nun Birken gewachsen. Ihr Erbgut ist deutlich kleiner, verglichen mit dem der Koniferen, dadurch scheinen sie besser geschützt zu sein vor den schädlichen Mutationen.

Lesch: Und wie sieht's mit der Fauna aus?

Gaßner: Die ersten Generationen litten nach der Katastrophe unter großen oxidativen Schäden an den Zellen. Das Niveau an Antioxidantien reichte nicht aus, Fehlbildungen und Krebs durch DNA-Brüche zu verhindern. Mittlerweile scheint sich das Blatt jedoch zu wenden. Für einige bedrohte Tierarten ist die 2.600 Quadratkilometer umfassende Sperrzone ein regelrechtes Rückzugsgebiet geworden. Wie diese Spezies der Strahlenbelastung trotzen, ist Gegenstand aktueller Forschung. Ende April 2014 publizierte beispielsweise Ismael Galván – Leiter des spanischen Forschungsrates *CSIC* – eine Studie an 152 Vögeln aus 16 verschiedenen Arten, die er in ausgespannten Netzen einfing, Blut- und Federproben entnahm, wog und anschließend wieder freiließ. Die Blutproben offenbarten ein erstaunliches Ergebnis: Je höher die Strahlenbelastung, desto höher war auch der Gehalt des Antioxidantiums *Glutathion*. Die Vögel haben sich offensichtlich bereits nach wenigen Jahrzehnten physiologisch an die chronische Strahlenbelastung angepasst.

Lesch: Demnach würde sogar ein Atomkrieg auf unserem Planeten nicht das gesamte Leben auslöschen.

Gaßner: Zumindest die übriggebliebenen Extremophilen würden einfach wieder von vorne anfangen. Das ist doch mal was Tröstliches. Trotzdem hoffe ich sehr, dass der Mensch nach all seinen Anlaufschwierigkeiten am Ende als etwas Positives in die Geschichte des Lebens eingehen wird. Zumindest ein „Er war stets sehr bemüht" sollten wir noch packen.

Lesch: Bevor es jetzt zu ernst wird, muss ich meinen Lieblingswitz loswerden: Zwei Planeten treffen sich in der Umlaufbahn, sagt der eine zum anderen: „Du schaust aber schlecht aus!" Der erste erwidert: „Hör mir bloß auf – ich habe Homo sapiens." „Oh je, das tut mir sehr leid für dich – aber mach dir nichts draus, geht ganz von selber wieder weg."

Gaßner: Haha, makaber! Die größte Bedrohung sind wir tatsächlich selbst. Allerdings nur für den Homo sapiens, nicht für das Leben generell auf der Erde. Was wir auch immer auf diesem Planeten anstellen, das Leben in all seinen Facetten werden wir definitiv nicht auslöschen. Allerdings könnten wir eine große Anzahl an Spezies mit in den Abgrund reißen.

Lesch: Das heißt mit anderen Worten, dass dieser Platz im Universum immer belebt sein wird.

Gaßner: Irgendwas geht halt immer auf dieser Erde. Zumindest solange unsere Sonne friedlich scheint.

Gaßner: Diese Annahmen sind mit gewissen Einschränkungen auch hilfreich bei der Rekonstruktion der Lebensgeschichte auf der Erde. Es gilt dabei zweierlei zu bedenken: Erstens waren die Zusammensetzung der Erdatmosphäre in den ersten zwei Milliarden Jahren und die Oberflächentemperaturen in den ersten 500 Millionen Jahren anders als heute. Zweitens hat es in der Erdgeschichte Ereignisse gegeben, die ungeheure Massensterben zur Folge hatten.

Lesch: Der berühmteste Fall betrifft das Aussterben der Dinosaurier vor 65 Millionen Jahren, das wahrscheinlich durch den Einschlag eines großen Asteroiden ausgelöst, zumindest mit gefördert wurde. Nach einer solchen Katastrophe hat die biologische Evolution immer sehr schnell die freigewordenen Nischen in der Umwelt mit den noch verbliebenen Lebewesen beziehungsweise deren Weiterentwicklungen besetzt. Nicht zuletzt durch den Niedergang der Saurier kam es zum Siegeszug der Säugetiere und damit auch letztlich zur Gattung Homo, von der der heutige Mensch abstammt.

Gaßner: Mit veränderten Lebensbedingungen kommen kleinere Organismen in der Regel besser zurecht. Es gelingt ihnen leichter, sich einzuschränken und sie reproduzieren sich schneller. Das sieht man auch an Massenaussterben, die noch weiter zurückliegen. Beispielsweise ...

Lesch: Du willst hier jetzt den gesamten Katalog der kosmischen Katastrophen auflegen? Josef, es ist doch eh so oft die Rede vom Weltuntergang und wenn wir jetzt hier auch noch sagen, was alles hätte passieren können oder was in Zukunft alles passieren kann, dann ...

Gaßner: Ja, aber du hast doch zuerst angefangen vom Asteroiden, den Dinosauriern vor 65 Millionen Jahren und so weiter. Und Katastrophen haben auch stets ihr Gutes! Ohne Meteoriteneinschläge kein Wasser auf der Erde und ohne Wasser vermutlich kein Leben.

Lesch: Okay, okay, dann erzähl es halt. Ich sag nichts – sag du's.

4.5 Kosmische und andere Katastrophen

Shit happens

Gaßner: Fangen wir mal an mit hauseigenen Bedrohungen. Auf Sumatra brach vor 74.000 Jahren der Supervulkan *Toba* aus. Die Bezeichnung „Supervulkan" lässt schon erahnen, dass seine Auswirkungen verheerend waren. Seine Asche blockierte für sehr lange Zeit den Zugang zur wichtigsten Quelle des Lebens – dem Sonnenlicht. Das hat die Flora dezimiert. Damit war die Nahrungskette durchtrennt und die Fauna folgte unweigerlich in den Untergang.

Lesch: Vor 74.000 Jahren gab es in Afrika den Homo sapiens, in Europa die Neandertaler und in Asien den Homo erectus beziehungsweise den Homo floresiensis. Wie ist es denen ergangen?

Gaßner: Mit dieser Frage legst du den Finger genau in die Wunde. Damals gab es unterschiedlichste Formen der Hominiden, während die heutige Menschheit eine verblüffend enge genetische Verwandtschaft aufweist. Toba liefert nun das fehlende Puzzlestück. Diese Naturkatastrophe hat einen sogenannten *genetischen Flaschenhals* verursacht. Nur wenige tausend Homo sapiens haben überlebt. Sie sind im weiteren Verlauf von Afrika ausgehend nach Europa und Asien vorgedrungen und haben die restlichen, dort ansässigen Gattungen verdrängt. Deshalb sind wir Erdenbürger so nahe verwandt. Zumindest legen das Berechnungen zur Mutationsrate und die Nachverfolgung der *mitochondrialen DNA* nahe.

Lesch: Eine dramatische Geschichte, aber mit einem versöhnlichen Ende. Wir sind alle Brüder und Schwestern!

Gaßner: Massensterben dieser Art gab es auf unserem Planeten eine ganze Reihe. Der verheerendste Fall wurde vor 252 Millionen Jahren vermutlich ebenfalls von Vulkanen ausgelöst. 96 Prozent der Meeresbewohner und 70 Prozent der Landlebewesen wurden ausgelöscht.

Die Datierungsverfahren mittels Uran-Blei-Zerfallsketten und Argon-Isotopen werden laufend verbessert. Seit dem Frühjahr 2014 wissen wir, dass diese Epoche lediglich 60.000 Jahre andauerte – ein geologischer Wimpernschlag. Diese Erkenntnis verdanken wir – man höre und staune – einer chinesisch-amerikanischen Kooperation. In Meishan (China) hat die Chinesische Akademie der Wissenschaften charakteristische Schichten des Perm-Trias-Überganges untersucht und am Massachusetts Institute of Technology (USA) wurden die Datierungen durchgeführt.

Lesch: Wissenschaft verbindet.

Gaßner: Mehrere Forschungsergebnisse laufen hier zusammen. Erstens ein plötzlicher Anstieg des CO_2-Gehaltes in den Ozeanen bei gleichzeitiger Erwärmung um zehn Grad Celsius. Berechnungen zufolge könnten 170 Billionen Tonnen CO_2 freigesetzt worden sein. Zweitens riesige Lavafelder mit 2 Millionen Quadratkilometern Ausdehnung, die zeitgleich entstanden sind: das sogenannte *sibirische Trapp.* Drittens Mikroben in den Sedimenten des südchinesischen Meeres – Bakterien aus der Gruppe der *Methanosarcina,* deren Stoffwechsel das fatale Treibhausgas Methan freisetzt. Den limitierenden Faktor für die Vermehrung dieser Treibhauskiller bildet das Ausgangsprodukt Nickel, das in den Sedimenten zwischen zweifach und siebenfach erhöht war. Starker Vulkanismus könnte diese Mengen freigesetzt haben, wodurch das Mikrobenwachstum expoldierte.

Lesch: Eine verhängnisvolle Kette an Ereignissen.

Gaßner: Vulkanfelder ähnlichen Ausmaßes wurden im Juni 2014 im australischen *Kalkarindji* auf 510 Millionen Jahre datiert. Das deckt sich mit einem Massenaussterben, bei dem etwa die Hälfte des Lebens vernichtet wurde. Vermutlich gelangten große Mengen Schwefeldioxid und Methan direkt in die Stratosphäre.

Lesch: Wie man sieht, ist weder mit unserer Atmosphäre, noch mit Naturkatastrophen zu spaßen. Gibt es diese Supervulkane heute auch noch?

Gaßner: Unter dem Yellowstone Nationalpark schlummert ein Supervulkan

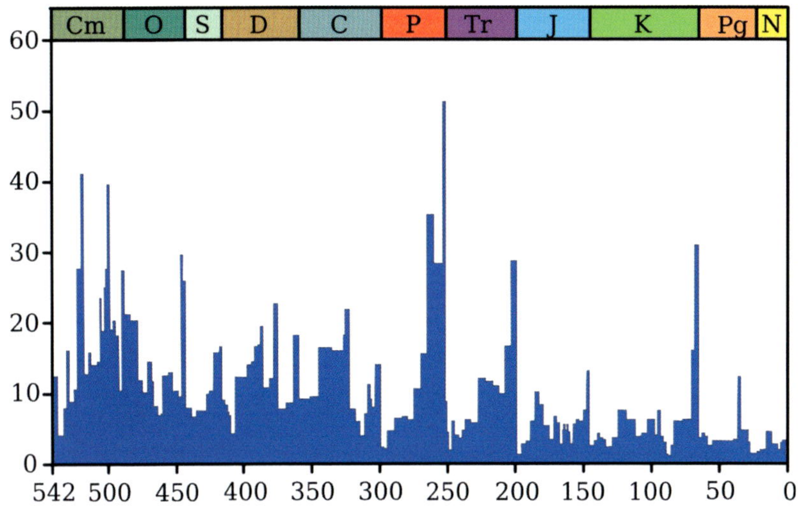

4.28 *Katastrophale Massenaussterben (Massenextinktionen) in den zurückliegenden 542 Millionen Jahren. Aufgetragen ist der Anteil der jeweils ausgestorbenen, meeresbewohnenden fossilienbildenden Spezies. Die zugehörigen Erdzeitalter Kambrium, Ordovizium, Silur, Devon, Karbon, Perm, Trias, Jura, Kreide, Paläogen und Neogen sind farblich gekennzeichnet.*

Lesch: Dann wollen wir ihn mal nicht aufwecken. Reden wir lieber über kosmische Katastrophen.

Gaßner: Da hätten wir beispielsweise Supernovae anzubieten. Wenn sie nah genug sind, würde die Gammastrahlung, die mit ihnen einhergeht, unsere Atmosphäre auf alle Fälle nachhaltig beschädigen.

Lesch: Wie nah ist „nah genug"?

Gaßner: Grob geschätzt 150 Lichtjahre. Natürlich hängt das an vielen Faktoren, aber innerhalb dieser Grenze sollte besser keine Supernova explodieren.

Lesch: 150 Lichtjahre, das hört sich schon sehr komfortabel an.

Gaßner: Ja, aber wir haben einen Kandidaten: *IK-Pegasi*. Genauer gesagt ein Doppelstern, etwa 150 Lichtjahre entfernt.

Lesch: Gerade noch am Rand, so knapp ...

Gaßner: Und man muss ehrlicher Weise dazu sagen, dass sich IK-Pegasi von uns weg bewegt. Mit etwa 20 Kilometern pro Sekunde. Das heißt, bis es soweit kommt – das kann ja noch ein Weilchen dauern – wäre unsere Erde wohl aus der Gefahrenzone raus.

Lesch: Ich trau der Sache nicht. Wie heißt der?

Gaßner: IK-Pegasi im Sternbild *Pegasus.* Die vorangestellten Buchstaben „IK" kennzeichnen, dass die Leuchtkraft des Primärsterns periodisch schwankt, ungefähr im Stundentakt. Bei optimalen Beobachtungsbedingungen kann man den Doppelstern sogar mit bloßem Auge am Nachthimmel erkennen.

Lesch: IK-Pegasi, was für ein Name! Wenn ich so hieße, als Stern, würde ich auch explodieren wollen. Ist man sich denn sicher, dass das der einzige gefährliche Kandidat in der Umgebung ist?

Gaßner: Soweit ich weiß, ja. Zumindest in absehbarer Zeit ist das der einzige Kandidat. IK Pegasi muss sich erst noch zum Roten Riesen entwickeln. Dabei kommen die äußeren Sternschichten dem Begleitstern, einem Weißen Zwerg, gefährlich nahe. Der Weiße Zwerg beginnt Masse zu sich herüber zu ziehen und setzt damit eine fatale Entwicklungskette in Gang. Grundsätzlich handelt es sich bei einem Weißen Zwerg um eine stabile Sternleiche aus Kohlenstoff und Sauerstoff – das wissen wir bereits. Der ursprüngliche Stern hatte nicht mehr genügend Masse, die Fusion dieses Kerns zu zünden. So sind Kohlenstoff und Sauerstoff als Sternenasche verblieben und der Fermidruck ihrer Elektronen stabilisiert den Weißen Zwerg gegenüber seiner Gravitation.
Durch die zusätzliche Masse aus den äußeren Schichten des Roten Riesen bekommt der Weiße Zwerg eine zweite Chance. Er zieht so lange Masse zu sich herüber, bis seine Schwerkraft ausreicht, das explosive Kerngemisch zu zünden. Dieser Übermut wird dem Weißen Zwerg zum Verhängnis. Schlagartig verschmelzen seine Kernelemente zu Nickel und diese infernale Energiefreisetzung zerfetzt ihn in einer sogenannten Supernova vom Typ Ia.

4.29 Das Doppelsternsystem Pegasi im Sternbild Pegasus, aufgenommen vom Hubble-Weltraumteleskop (ACS). Die beiden Sterne in 150 Lichtjahren Entfernung sind nur als gemeinsame Lichtquelle erkennbar. Erst spektroskopische Betrachtungen enttarnen den Doppelstern. Links von der Bildmitte ist der Planetare Nebel IRAS 23166+1655 in seiner Entstehung zu erahnen. Das Doppelsternsystem in seinem Zentrum ist durch Staubwolken verdeckt, die Hüllen sind jedoch erkennbar, weil sie das Licht eines nahegelegenen Sterns reflektieren. Die Spiralstruktur erstreckt sich bereits über ein Drittel Lichtjahr und breitet sich mit 50.000 Kilometern pro Stunde aus. Nach etwa 800 Jahren tritt jeweils eine neue Schale hinzu. Das entspricht der Umlaufdauer des verdeckten Binärsystems.

Lesch: Das ist ja toll. Also, wenn alles gut läuft, dann hat er demnächst einen Roten Riesen als Begleiter und dann ist es ja nur noch eine Frage der Zeit, wann er explodiert. Was soll er auch sonst machen, so ein Stern? Das ist ja interessant, so ein Stern – ich will jetzt nicht behaupten, dass das einfach ist – ist eben im Grunde genommen nur so ein Ding, das schwer ist. Und durch seine Gravitation – zum Beispiel, wenn sein Begleiter zum Roten Riesen wird und der sich aufbläht – zieht er dem Begleiter die Hülle weg und explodiert.
Also, so eine Supernova erzeugt Gammastrahlung – gibt es noch etwas, womit die uns gefährlich werden könnte?

Gaßner: Nein. Die Bedrohung liegt in den Auswirkungen der Gammastrahlung auf unsere Atmosphäre. Sie ist unsere Achillesferse. Zusätzlich werden jede Menge Neutrinos frei – aber das wissen wir ja schon, die schlagen durch uns durch, ohne dass etwas passiert.

Lesch: Höchstens merkt man, dass man etwas mehr Druck auf dem Daumennagel hat.

Gaßner: So viele sind es dann zum Glück doch wieder nicht. Die Supernova *1987A* hat allerdings 99 Prozent ihrer Energie in Form von Neutrinos freigesetzt – unglaubliche 10^{58} Neutrinos. Davon haben wir, in all unseren Detektoren zusammengenommen, zwei Dutzend nachweisen können.

Lesch: 24 Neutrinos von 10^{58}. Immerhin, nicht schlecht für den öffentlichen Dienst! Aber SN 1987A war auch ziemlich weit weg, ich glaube irgendwie über 160.000 Lichtjahre?

Gaßner: Genau, in der Großen Magellanschen Wolke. Jetzt kommt wieder so eine Geschichte, die das Leben eines Astronomen schreibt: Der kanadische Kollege Ian Shelton steht während einer Raucherpause vor dem Observatorium in Chile und beobachtet einen hellen Punkt, den er anfangs für ein Flugzeug hält. Von einem Augenblick auf den anderen wird ihm klar, das ist eine Supernova, so nah und hell, dass er sie mit bloßem Auge sieht. Der anschließende Sprint in das Observatorium war sicherlich olympiareif.

Lesch: Der liebe Ian hat mir die Geschichte mal persönlich erzählt. Er hat dann direkt einen Ruf an alle größeren Observatorien der Südhalbkugel abgesetzt: „Freunde, haltet alle drauf!" Im Nachhinein hat sich herausgestellt, dass dort ein *Blauer Überriese* mit schlappen 17 Sonnenmassen explodiert war.

Gaßner: Für zukünftige Supernovae sind wir dank Super-Kamiokande und IceCube bestens gerüstet. Diese riesigen Detektoren werden bei einer Supernova innerhalb der Milchstraße zigtausende von Neutrinos nachweisen.

Lesch: Wann gab es denn bei uns auf der Nordhalbkugel Supernovae zu beobachten?

Gaßner: Gesicherte Aufzeichnungen gibt es schon zur Supernova 1006 im Sternbild *Wolf*. Die Nordeuropäer gingen leer aus, aber in Südeuropa war sie klar und deutlich zu sehen.

Am 4. Juli 1054 beobachteten chinesische Astronomen eine Lichtquelle am Himmel – im Sternbild *Stier* –, die sie für mehr als drei Wochen am Tageshimmel sehen konnten. Das war die Supernova im Krebsnebel. Die ersten wissenschaftlichen Beobachtungen in Europa lieferten Tycho Brahe (die SN 1572 im Sternbild *Cassiopeia*) und Johannes Kepler (die SN 1604 im Sternbild *Schlangenträger*).
1885 folgte die erste Supernova, die in einer fremden Galaxie beobachtet werden konnte – natürlich in der Andromeda-Galaxie.

Lesch: Damals wusste man aber nicht, dass der Andromedanebel eine eigene Galaxie ist. Bis hinein in die 20er Jahre des letzten Jahrhunderts dachte man, die Nebel seien Gasnebel, die zur Milchstraße gehören. Erst durch Edwin Hubble konnte nachgewiesen werden, dass es noch andere Galaxien gibt und damit ist das Universum schlagartig um viele Milliarden Lichtjahre vergrößert worden.

Gaßner: Und die modernen Astronomen haben 1979 zum ersten Mal eine Supernova in einem entfernten Galaxienhaufen beobachtet: *SN 1979C* im *Virgohaufen*, 56 Millionen Lichtjahre entfernt. Ihre Röntgenstrahlung ist heute noch sehr stark.

Lesch: Die Bezeichnungsweise sollten wir noch erklären. Jede Supernova wird nach dem Jahr ihrer Beobachtung benannt, beispielsweise SN 1987A. Innerhalb des Jahres geschieht die Kennzeichnung der zeitlichen Reihenfolge ihrer Entdeckung durch Buchstaben des Alphabets. SN 1987A war also die erste im Jahr 1987. Tatsächlich explodierte diese Supernova natürlich 160.000 Jahre vorher, das Licht war entsprechend lange bis zu uns unterwegs.

Gaßner: Die SN 1006 muss für die Menschen schon sehr befremdlich gewesen sein. Der ägyptische Zeitzeuge Ali bin Ridwan berichtet von einer Lichtquelle am Himmel, die über Monate hinweg heller strahlte als ein Viertel des Vollmondes.

4.30 *Der Krebsnebel im Sternbild Stier, 6.300 Lichtjahre entfernt. Die Temperatur der äußeren Filamente aus Wasserstoff und Helium beträgt zwischen 11.000 und 18.000 Kelvin. Im Zentrum dreht sich ein Pulsar mit 30 Umdrehungen pro Sekunde. Seine hochenergetischen Teilchen regen den Supernovarest zu bläulichem Leuchten an.*

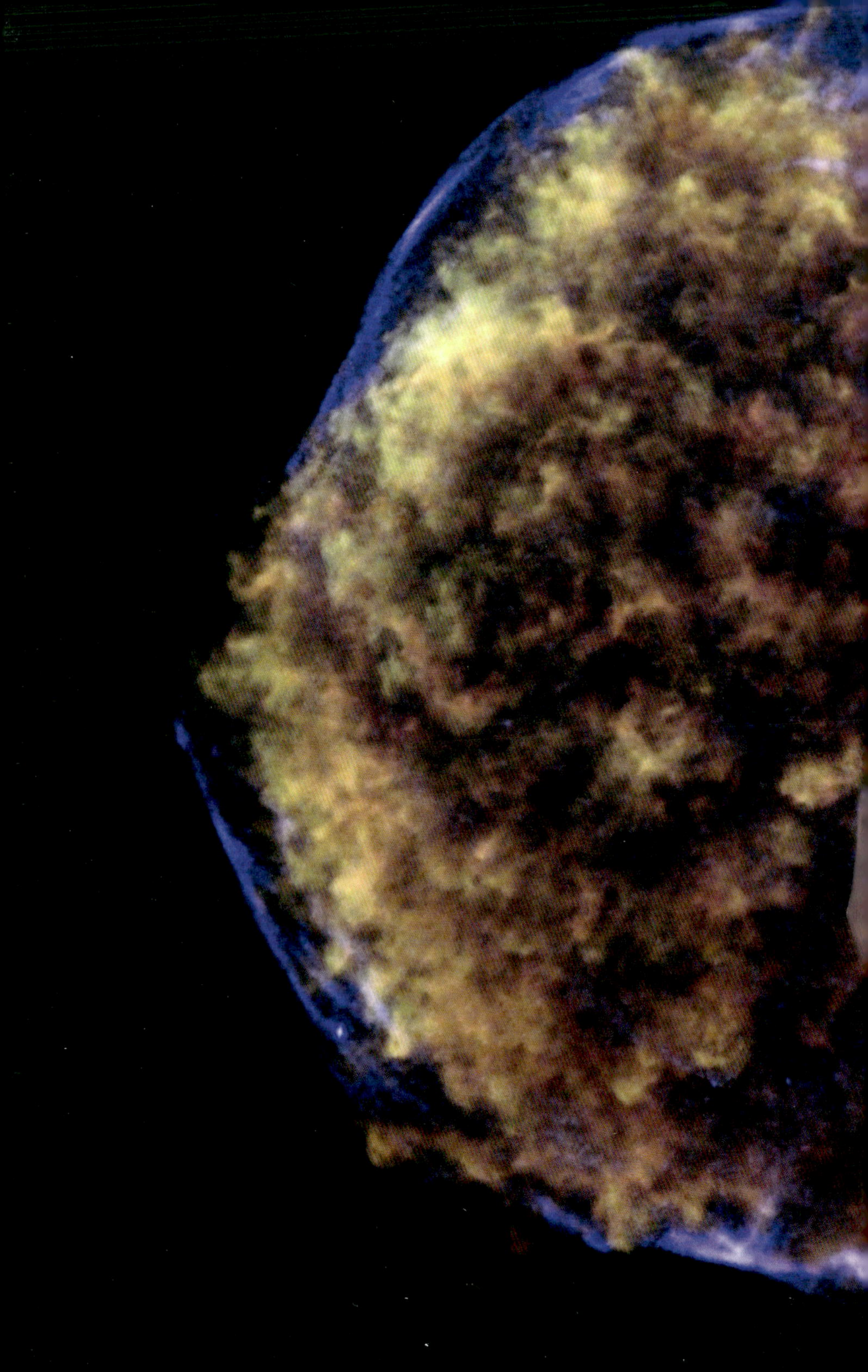

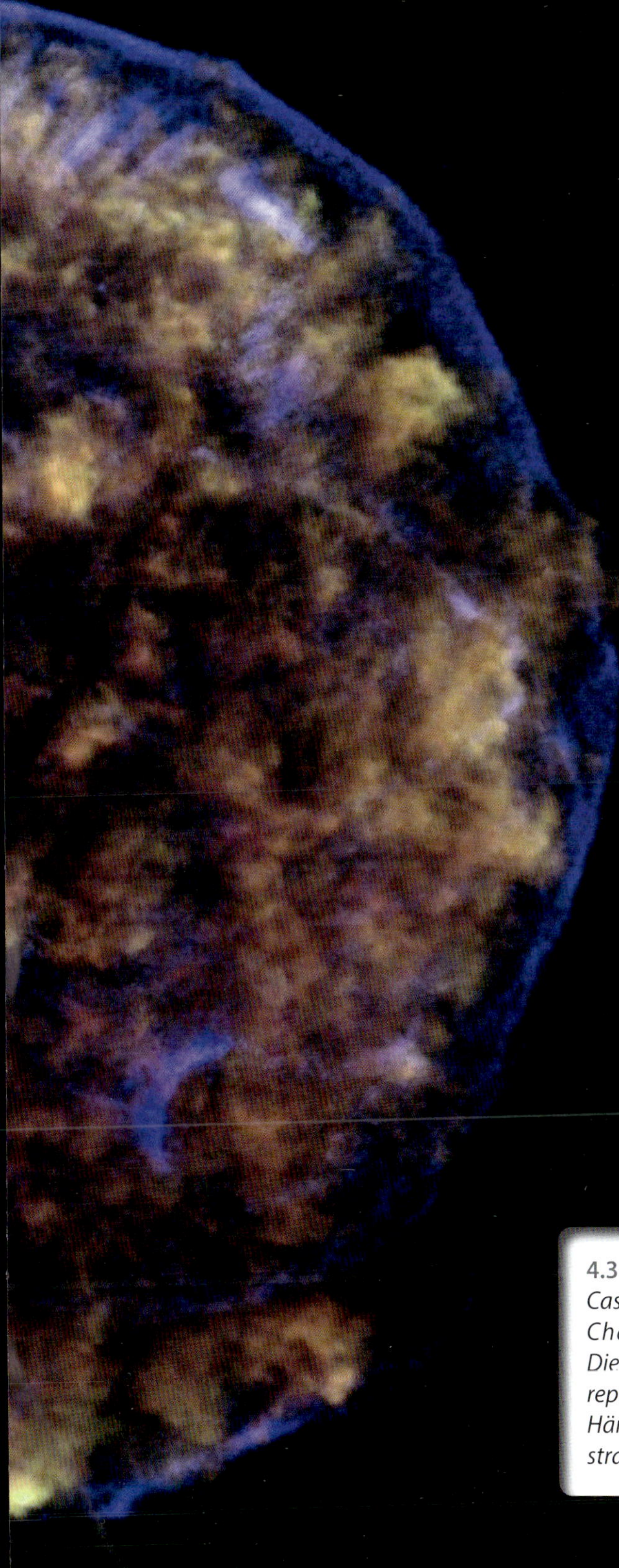

4.31 *Die SN 1572 im Sternbild Cassiopeia, aufgenommen vom Chandra-Röntgensatelliten. Die unterschiedlichen Farben repräsentierten die jeweilige Härte (Energie) der Röntgenstrahlung.*

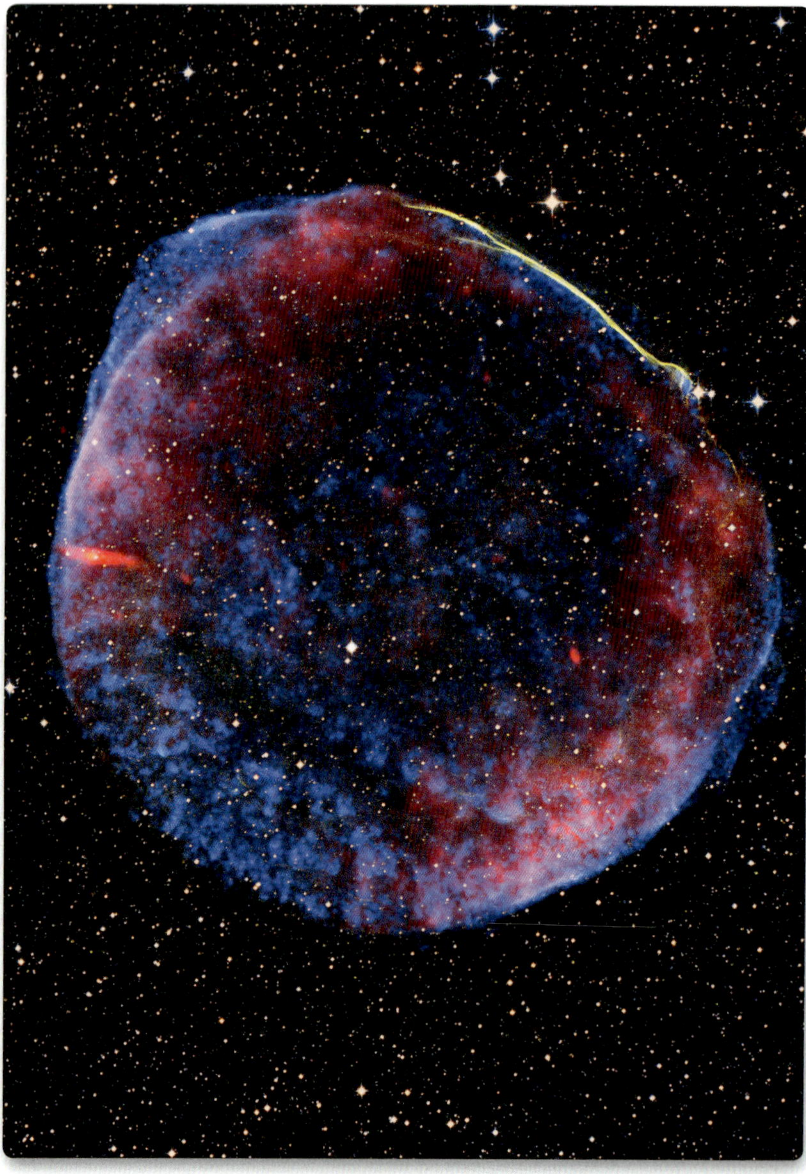

4.32 *PKS 1459-41. Reste der Supernova SN1006 in 7.000 Lichtjahren Entfernung mit einer Ausdehnung von 60 Lichtjahren; blau: Röntgenstrahlung, rot: Radiostrahlung, vereinzelte Gelbtöne: sichtbares Licht.*

4.33 *Der Supernova-Rest SNR 0509-67.5 in der Großen Magellanschen Wolke. Rot: sichtbares Licht, Hubble-Weltraumteleskop. Grün: Röntgenlicht, Chandra-Röntgenteleskop.*

4.34 *Supernova-Überrest N 49 in der Großen Magellanschen Wolke. Im Zentrum treibt ein schnell rotierender Neutronenstern mit starkem Magnetfeld - ein sogenannter Magnetar - mit 1.200 Kilometern pro Sekunde sein Unwesen.*

4.35 (Abbildung rechts) *Der Supernova-Überrest Cassiopeia A ist 11.000 Lichtjahre entfernt. Das Licht der Supernova erreichte erstmals vor 330 Jahren die Erde. Die Bildcollage skizziert die Entstehungsgeschichte des Remnants, bis hin zu seiner aktuellen Ausdehnung von etwa 15 Lichtjahren.*

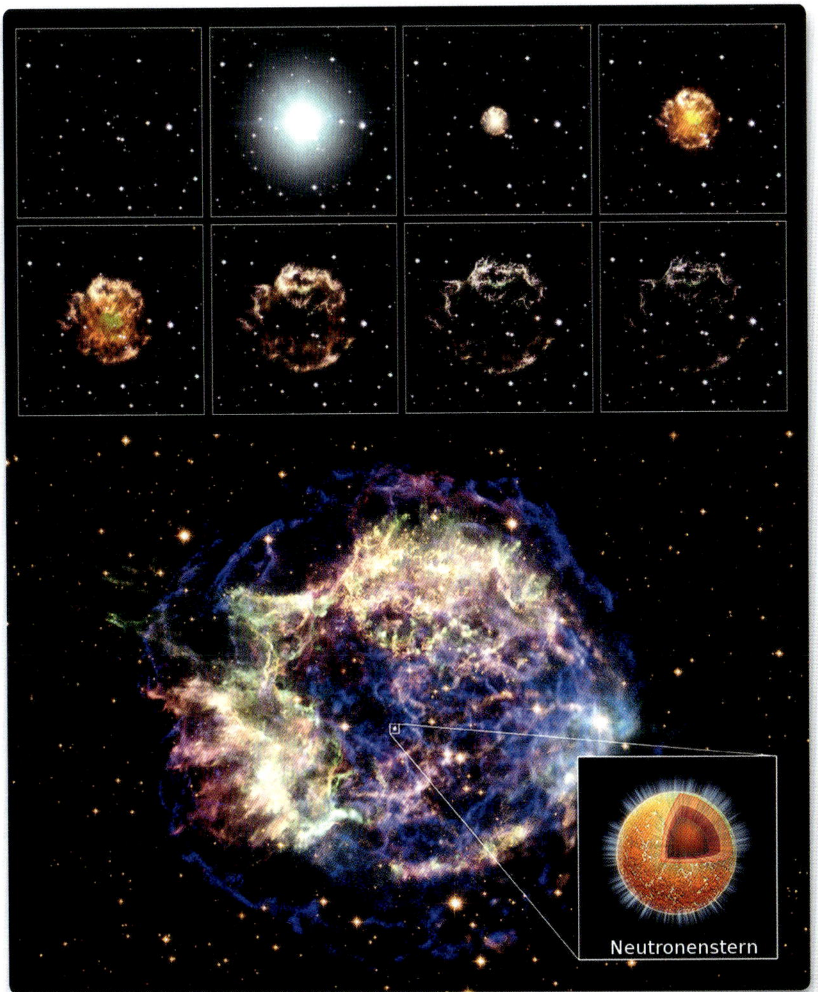

Er wird von der Röntgenstrahlung eines heißen Neutronensterns zum Leuchten angeregt, dessen extrem effektive Abkühlung auf eine besondere Materieform in seinem Inneren hinweist, die sogenannte Neutronen-Superfluidität. Grundsätzlich sind die Neutronen so dicht gepackt, dass die starke Kernkraft sie erheblich in ihrer Bewegung einschränkt. Unterhalb einer kritischen Temperatur vereinigen sich allerdings jeweils zwei ungebundene Neutronen unter Abgabe zweier Neutrinos zu einem superfluiden Paar, das sich in diesem veränderten Materiezustand nahezu reibungsfrei bewegen kann.

4.36 *Der Sichelnebel (NGC 6888) im Sternbild Schwan, etwa 5.000 Lichtjahre entfernt. Der massereiche Zentralstern treibt einen gewaltigen Sternenwind an, mit Emissionen von Schwefel- (rot), Wasserstoff- (grün) und Sauerstoffatomen (blau). Alle 10.000 Jahre verbläst er dabei eine Sonnenmasse. Seine Ausdehnung beträgt 25 Lichtjahre.*

Lesch: Auch heute sind Supernovae noch harte Nüsse für die Wissenschaft. Die Supernovae der Computersimulationen konnten lange Zeit nicht dazu bewogen werden zu explodieren. Erst als man den Druck hinzufügte, den die Neutrinos auf ihrem Weg durch den Stern auf die Sternhüllen ausüben, waren die Berechnungen erfolgreich.

Gaßner: Man muss sich das mal vorstellen: Ein Teilchen, das nahezu mit nichts und niemandem wechselwirkt, muss in unvorstellbarer Anzahl auf eine ebenso unvorstellbar dicht gepackte Sternenmaterie treffen, dass überhaupt ein signifikanter Druck ausgeübt werden kann. Erst mit diesem zusätzlichen „Schubser" schaffen es die Hüllen, der Gravitation des Sterns zu entkommen. Ist das nicht ein Wahnsinn?

Lesch: In sicherem Abstand ein beeindruckendes Naturschauspiel, nur bitteschön nicht bei uns um die Ecke.

Gaßner: Vermutlich hat vor drei Millionen Jahren tatsächlich eine Supernova vor unserer Haustüre stattgefunden.

Lesch: Ach, was! Wie hat man denn das herausgefunden?

Gaßner: Wieder mit der Hypothese von den ewigen und gleichen Naturgesetzen. Die Auswirkungen auf unseren Planeten weist man durch Manganablagerungen in der Tiefsee nach. Darin ist ^{60}Eisen eingeschlossen, ein radioaktives Eisenisotop, das bei Supernovae freigesetzt wird und ansonsten in unserem Sonnensystem nicht vorkommt. ^{60}Eisen ist ein ideales Chronometer, weil seine Halbwertszeit etwa 2,6 Millionen Jahre beträgt. Auf dem pazifischen Meeresgrund, in einer Tiefe von 5.000 Metern, wurden ^{60}Eisen-Atome nachgewiesen, die etwa drei Millionen Jahre alt sind und auf eine Supernova hindeuten, die lediglich 100 Lichtjahre von uns entfernt war.

Lesch: Drei Millionen Jahre! Auf kosmischen Zeitskalen ist das für uns Menschen praktisch ein Streifschuss. Besonders schlimm war das aber für die damaligen Lebewesen nicht. Die frühe Hominidenfamilie des *Australopithecus* hat diesen Ausbruch ja offenbar gut überstanden, wir sind der lebende Beweis dafür. Was hätten wir noch an Katastrophen „auf der Karte"?

Gaßner: Die Steigerung der Supernova ist die Hypernova. Das ist eine Supernova, die unter ganz bestimmten Bedingungen abläuft, noch mehr Energie und Gammastrahlen freisetzt und deshalb einen entsprechend größeren Sicherheitsabstand einfordert.

Lesch: Eine Hypernova mit einem Gammastrahlen-Ausbruch, das ist jetzt nicht so leicht zu erklären. Im Prinzip wird der Zentralbereich des kollabierenden Sterns schneller zum Schwarzen Loch, als die äußeren Schichten abgesprengt werden können. Das Schwarze Loch stößt dabei entlang seiner Drehachse einen Hochenergiejet aus. Dieser Jet schießt durch die noch vorhandenen äußeren Schichten und erzeugt dabei einen Ausbruch an Gammastrahlung.

Gaßner: Hypernovae sind die Hektiker unter den Supernovae. Die können es gar nicht erwarten, bis sie zum Schwarzen Loch werden. Vermutlich spielt dabei die schnelle Rotation des Kerns eine wichtige Rolle. Das ist noch ein aktuelles Forschungsgebiet, da ist noch alles im Fluss.

Lesch: Von denen haben wir hoffentlich keine in der Nähe, oder?

Gaßner: Jein. Der geschätzte Sicherheitsabstand beträgt 6.500 Lichtjahre und der gefährlichste Kandidat ist *WR 104*, ein Doppelsternsystem in etwa 8.000 Lichtjahren Entfernung. Die Sonnenwinde der beiden massereichen Sterne bilden eine Staubspirale, aus deren Form man die Rotationsachse und damit die vermutliche Richtung des finalen Gammastrahlen-Ausbruches ermitteln kann. Die einen gehen von 16 Grad Abweichung zur Erde aus, die anderen von 30 Grad. Das Tückische an einer Hypernova ist nämlich, dass ihre Energie nicht isotrop freigesetzt wird, sondern mit einer klaren Vorzugsrichtung. Das ist, als würde sie mit einer Kanonenkugel schießen und wenn du genau im Lauf stehst, dann hast du ein Problem. In ein paar Millionen Jahren wird einer der Sterne in WR 104 zur Hypernova, dann wissen wir mehr.

Lesch: Da bin ich aber ganz beruhigt. Bei diesen vielen Zufällen, die passieren mussten, damit unser Sonnensystem so gut funktioniert, bin ich optimistisch, dass es das Universum auch weiterhin gut mit uns meint und keine Hypernova in unsere Richtung strahlt.

Gaßner: Tatsächlich aber empfangen wir fast täglich Gammastrahlen-Ausbrüche mit den spezialisierten Weltraumteleskopen *SWIFT* (1.470 kg, 5,5 m, Start November 2004) und *FGST* (Fermi Gamma-ray Space Telescope, 4.300 kg, 2,9 m, Start Juni 2008). Jeweils ein kurzer Energieblitz, gefolgt von einigen Tagen Nachglühen bei größeren Wellenlängen. Allesamt aus größter Entfernung. Die bislang härtesten Photonen mit sage und schreibe 95 GeV trafen uns am 27. April 2013. Statistisch ist ein solches Ereignis nur einmal im Leben eines Wissenschaftlers zu erwarten. Mit nur 3,8 Milliarden Lichtjahren Entfernung war die Quelle von *GRB 130427A* relativ nah. Sein Nachglühen war sogar im September 2013 noch messbar und lieferte wertvolle Hinweise auf die Explosion eines schnell rotierenden Riesensterns, dessen 20 bis 30 Sonnenmassen auf lediglich 3 bis 4 Sonnenradien komprimiert waren; ein sogenannter *Wolf-Rayet-Stern*. Diese Kandidaten waren schon länger in der engeren Wahl als Verursacher von Gammablitzen, allerdings konnte bis dato kein direkter Nachweis geführt werden. Die Erscheinungen sind auch zu vielschichtig, als dass man sie auf ein einziges Phänomen eingrenzen könnte. Zusammenstöße massereicher Sternleichen wie beispielsweise Weißer Zwerge, Neutronensterne oder Schwarzer Löcher hätten ebenfalls gewaltige Gammastrahlen-Ausbrüche zur Folge.

Lesch: Haben nicht die Amerikaner bei ihrer Lieblingsbeschäftigung – dem Spionieren – die ersten Gammablitze gemessen?

Gaßner: Ja, richtig! In den 60er Jahren, als sie mit den Spionagesatelliten *Vela* oberirdische Atomwaffentests der UdSSR überwachten. Damals konnten sie eine ganze Reihe von Gammablitzen nachweisen. Nur verblüffenderweise kamen diese Signale von oben – also aus dem Weltall – und nicht von der Erdoberfläche. Wegen der leidigen Geheimhaltung wurden diese Ergebnisse aber erst Jahrzehnte später publiziert.
Mit GRB 130427A sind wir den Geheimnissen der Gammablitze einen großen Schritt näher gekommen.

Lesch: Zum Glück sind diese äußerst gefährlichen Strahlungsquellen alle sehr weit weg. Mein Gott, diese kosmischen Katastrophen! Wie ist es denn eigentlich mit Sternen, die an uns vorbeilaufen und die Planetenbahnen in Unordnung, um nicht zu sagen in ein totales Chaos versetzen könnten?

Gaßner: Es gibt ungefähr ein Dutzend davon – wir nennen sie *Passanten* – pro eine Milliarde Jahre, die innerhalb einer Entfernung von drei Lichtjahren an der Sonne vorbeifliegen. Um uns wirklich nachhaltig zu stören und so zu gefährden, dass wir die Bahn verändern und vielleicht sogar in die Sonne stürzen, da müssten die schon innerhalb von Lichtmonaten auftauchen. Selbst dann wäre sehr viel Masse notwendig, aber derartige Objekte begegnen uns aller Wahrscheinlichkeit nach nicht.

Lesch: Die Vorstellung, die hinter einer solchen Katastrophe steckt, sieht also so aus: Eine schwere Masse fliegt in einem bestimmten Abstand am Sonnensystem vorbei. Dabei verändert sie dessen Gravitationsfeld so, dass die Planeten aus ihren angestammten Bahnen gezogen werden. Du hast eben gesagt, es gäbe ein Dutzend von diesen Passanten. So ein schönes Wort! Also 12 massereiche Passanten pro Milliarden Jahre, die am Sonnensystem im Bereich von drei Lichtjahren vorbeifliegen ...

Gaßner: ...so in Rufweite.

Lesch: ... so in Rufweite. Das Alter des Sonnensystems – man kann es übrigens mit Hilfe der Meteoriten ganz genau bestimmen – beträgt 4,567 Milliarden plus/minus 17 Millionen Jahre. Einige Messungen ergeben sogar plus/minus 11 Millionen Jahre. Heute auf den Tag genau, vor 4,567 Milliarden Jahren, ist das Sonnensystem entstanden – das hört sich schon gut an, oder? Nehmen wir einmal an, dass in dieser Zeit – multiplizieren wir unsere Objekte ruhig mit dem Faktor fünf – 60 Passanten an uns vorbei geflogen sind, dann war keiner von denen so rüpelhaft, dass er das Sonnensystem und seine Planeten nennenswert aus dem Gleichgewicht gebracht hätte.

Gaßner: Es reichte ja schon, wenn ein Passant die Oortsche Wolke maßgeblich beeinflussen würde. Sie erinnern sich, das ist dieser Gürtel, in dem sich die ganzen Gesteinsbrocken angesammelt haben. Das wäre natürlich auch unangenehm, denn dann hätten wir mehr Kometen und Meteoroide zu erwarten. Schon ohne diesen Effekt kreuzen etwa zwei pro Jahr die Bahn der Erde um die Sonne.

Lesch: Mein Gott! Das wusste ich gar nicht. Wenn das ein Versicherungsagent liest, dann werden die Policen aber ganz schön teuer.

Gaßner: Keine Sorge, die Bahn der Erde um die Sonne ist groß. Außerdem stellen kleinere Brocken mit weniger als 50 Metern Durchmesser keine wirkliche Bedrohung dar. Es treten zwar täglich mehrere tennisballgroße Stücke mit einigen Kilogramm Masse in unsere Atmosphäre ein, die 50-Meter-Klasse lässt sich hier allerdings nur alle tausend Jahre mal blicken. Das ist zu selten, um im Kleingedruckten von Lebensversicherungen eine Rolle zu spielen.

Lesch: Trotzdem! Der Asteroid *2012DA14* hat uns neulich erst knapp verfehlt, das macht mich schon unruhig. Von allen kosmischen Bedrohungen ist die größte Gefahr eben doch, dass uns so ein Steinbrocken trifft. Immerhin kennen wir im Sonnensystem über 600.000 Asteroiden und 90 Prozent davon kreisen auch noch gleich hier um die Ecke, zwischen Mars und Jupiter.

Gaßner: Der Streifschuss von 2012DA14 innerhalb der Umlaufbahn unserer geostationären Satelliten war wirklich eine Sensation. Und als wäre das noch nicht genug, fällt am selben Tag ein Meteorit – zum Glück mit 19 Metern Durchmesser wesentlich kleiner – in Tscheljabinsk (Russland) vom Himmel. Die Objekte kamen aus unterschiedlichen Richtungen, es handelt sich also wirklich um puren Zufall. Unser Unfallgegner entpuppte sich im Nachhinein als echter Verkehrsrowdy im Sonnensystem. Diesen Vorwurf erheben sibirische Wissenschaftler vom *Institut für Geologie und Mineralogie* (IGM in Nowosibirsk). Der bisherige Konsens schildert einen Meteoriten mit rund 12.000 Tonnen, der in 30 Kilometern Höhe zerplatzte. Das entspricht beim angenommenen Eintrittswinkel von 16 Grad einem Höllenritt durch unsere Atmosphäre von stolzen 30 Sekunden mit bis zu 65.000 km/h.

Lesch: Was mich am meisten fasziniert hat, das waren die vielen Bilder von den eindringenden Brocken. Also dass quasi jeder russische Autofahrer eine Kamera in seinem Auto hat, das habe ich vorher nicht gewusst. Und warum ist das so? Weil man in Russland offenbar oft die Versicherungen betrügt und weil in dem riesigen Land oft Unfälle passieren ohne Zeugen. Also die Gefahr in Russland beim Autounfall verletzt zu werden oder gar ums Leben zu kommen, ist definitiv viel größer, als von einem Meteoriten erschlagen zu werden. Präsident Putin hat aber als Reaktion auf den Meteoriten-Einschlag nur davon gesprochen, die Abwehr gegen eindringende Himmelssteine zu verbessern, von der Sicherheit auf Russlands Straßen war nicht die Rede. Interessant!

Gaßner: Jetzt muss ich den lieben Wladimir Putin ausnahmsweise mal in Schutz nehmen. Natürlich ist das Risiko, von einem Fahrzeug angefahren zu werden, in Russland größer, als von einem Meteoriten getroffen zu werden. Das gilt aber überall, wo Fahrzeuge unterwegs sind. Nicht nur bei uns, sondern vermutlich sogar auf dem Mond und dem Mars – wobei es schon extremes Pech wäre, dort von einem Rover angefahren zu werden. Nichtsdestotrotz macht es aus meiner Sicht durchaus Sinn, über Schutzmaßnahmen vor potentiellen Einschlägern nachzudenken, erst recht im flächengrößten Land der Erde. Allerdings sind die Optionen bislang äußerst dürftig. Wenn man Putin also etwas vorwerfen möchte, dann wohl eher seine vollmundigen Versprechen – er ist halt Politiker.

Lesch: Ja, ja. Natürlich hast du wieder mal Recht.

Gaßner: Aber nochmals kurz zum Tscheljabinsk-Meteoriten: Es handelt sich genau genommen um einen Chondrit LL5 mit weniger als einem Fünftel Eisenanteil am Gesamtgewicht. Charakteristisch für diesen Typ sind millimetergroße Einschlüsse, an denen sich Schmelzspuren sehr gut nachweisen lassen und genau hier wird es spannend. Viktor Scharygin vom IGM hat dies für einen Indizienprozess gegen unseren Unfallpartner genutzt. An dunkleren Bruchstücken, die nahe der Einschlagstelle gefunden wurden, waren Schmelzspuren zu erkennen, die auf ein früheres Zusammenstoßen des Rowdys mit einem anderen Objekt, gewissermaßen Unfallflucht,

4.37 *Schnitt durch ein Bruchstück des Tscheljabinsk-Meteoriten (etwa Originalgröße). Im Inneren des Chondriten vom Typ LL5 (Low metal, low iron, 18,5 Gewichtsprozent Eisen) sind deutlich Schmelzspuren erkennbar.*

hindeuten. Alternativ könnte auch ein sehr naher Vorbeiflug an der Sonne diese Spuren hinterlassen haben. Wohlgemerkt hat das nichts mit den Schmelzspuren auf der Oberfläche des Meteoriten zu tun, die während des Eintritts in die Erdatmosphäre entstanden.

Lesch: Wollen wir hoffen, dass uns so schnell keine kosmischen Hasardeure mehr begegnen. Vielleicht sollten wir noch schnell die Begriffe *Meteorit*, *Meteoroid* und *Asteroid* unterscheiden. Kleinere Brocken, die da draußen umherfliegen, nennen wir Meteoroiden, größere Brocken Asteroiden. Falls sie uns tatsächlich vor die Füße fallen, spricht man von Meteoriten – gewissermaßen „gefallenen" Meteoroiden. Kleinere Brösel, die wir auf unserer Reise durchs All aufsammeln, ionisieren unsere Atmosphäre. Diese Lichterscheinungen bewundern wir als Sternschnuppen-Schwärme.

Gaßner: Statistisch trifft uns alle 50 Millionen Jahre ein Brocken bedrohlicher Größe. So gesehen sind wir längst überfällig. Versicherungstechnisch wäre das aber höhere Gewalt, im wahrsten Sinne des Wortes.

Lesch: Neben den reinen Zerstörungen durch den Aufschlag gäbe es eine Reihe von Folgeerscheinungen. Analog zu Toba reduziert der aufgewirbelte Staub die Sonneneinstrahlung. In Modellrechnungen führen erhöhte Erdbeben- und Vulkantätigkeit zu Tsunamis und Saurem Regen.

Gaßner: In diesen Modellen spielt auch die Stoßfront des Einschlägers, des Impaktors, eine wesentliche Rolle. Diese Druckwelle, die der einschlagende Körper vor sich hertreibt, erhöht das Zerstörungspotential entscheidend. So war es wohl auch beim Einschlag eines Asteroiden mit 14 Kilometern Durchmesser in Mexiko vor 65 Millionen Jahren. Passend zu besagtem Perm-Trias-Übergang vor 252 Millionen Jahre gab es ebenfalls einen Aufprall eines bis zu 11 Kilometer großen Objekts. Vielleicht war das der Auslöser den verheerenden Vulkanismus und des größten Massensterbens, von dem sogar die Insekten betroffen waren.

Lesch: Wie weist man so einen Asteroiden-Einschlag nach?

Gaßner: Vom Einschlag sind noch Brocken übrig – sogenannte *Buckyballs*. Im Wesentlichen sind das Kohlenstoffbrocken, etwa so groß wie ein Fußball. Das Besondere ist nun ein Heliumisotop, das im Inneren dieser Brocken eingeschlossen wurde und nachweislich nicht von unserem Planeten stammt.

Lesch: Außerirdische Gase eingeschlossen im Gestein – faszinierend!

Gaßner: Im April 2014 haben die Kollegen von der Stanford University eine Modellsimulation vorgestellt, nach der vor 3,26 Milliarden Jahren ein Kaliber eingeschlagen haben soll, das alles bisher Vorstellbare in den Schatten stellt: 37 bis 58 Kilometer groß. Rund um den geschätzt 500 Kilometer großen Einschlagskrater verdampfte das Gestein und regnete weltweit in Form glutflüssiger Silikate vom Himmel. Die Oberflächen der Ozeane kochten. Analysen des *Barberton-Grünsteingürtels* östlich von Johannisburg (Südafrika) legen nahe, dass der Einschlag in der Erdoberfläche zahlreiche Krustenbrüche verursachte und in Folge mitverantwortlich für die Plattentektonik ist.

Lesch: Schwer vorstellbar, dass ein Brocken vom Himmel fällt, der den Mount Everest wie ein Spielzeug aussehen lässt.

Gaßner: Wie sieht es denn eigentlich mit dem Asteroiden 35357 1997 SX9 aus, besser bekannt unter dem Namen *Haraldlesch*? Nicht, dass uns ausgerechnet der auf den Kopf fällt.

Lesch: Der dreht ganz brav außerhalb der Marsbahn seine Runden, so brav wie sein Namensgeber auch.

Gaßner: Dann bin ich ja froh. War auch bei dir nicht anders zu erwarten.

Lesch: Da sag' ich jetzt nichts dazu. Lieber zu *67P/Churyumov-Gerasimenko*, dem 3 mal 5 Kilometer großen Brocken, der ebenfalls dort draußen seine Bahnen dreht und auf dem wir im November 2014 landen wollen. Den eigenwilligen Namen verdankt der Komet seinen Entdeckern Klim Iwanowitsch Churyumov und Swetlana Gerasimenko.

Gaßner: Missionen dieser Art erfordern sehr viel Geduld. Die *Rosetta-Mission* wurde bereits vor zehn Jahren gestartet. Wegen des beträchtlichen Abstandes zur Sonne musste die Sonde trotz ihrer großen Solarmodule unterwegs für 957 Tage in einen energiesparenden Tiefschlaf versetzt werden. Entsprechend groß war der Jubel am 20. Januar 2014 um 19:18 Uhr bei der ESA, als die Raumsonde planmäßig wieder aus ihrem Deep Space Hibernation erwachte. Eigentlich hatte Rosetta bereits sechs Stunden vorher ihren Dienst angetreten und begonnen, wichtige Baugruppen aufzuheizen, die Solarzellen zur Sonne und die Antenne in Richtung Erde auszurichten. Das nenne ich deutsche Pünktlichkeit – gebaut wurde die Sonde schließlich in Friedrichshafen.

Lesch: Rosetta hat sich immer näher an den Zielkometen herangepirscht und ist im August 2014 in eine stabile Umlaufbahn eingetreten. Dort wird sie dem kosmischen Schneeball bei seinem Anflug zur Sonne Gesellschaft leisten und nachdem sich die beiden etwas näher gekommen sind, steht für den 11. November besagte Weltpremiere an: die erste Landung auf einem Kometen. Ihren eigens dafür entwickelten, 100 Kilogramm schweren Lander *Philae*, hat Rosetta ebenfalls bereits aus dem Tiefschlaf geklingelt.

Gaßner: Erste Bilder des bordeigenen Kamerasystems *OSIRIS* legen nahe, dass 67P aus zwei Teilen besteht, die in der Frühphase des Sonnensystems miteinander verbacken wurden. Andere vermuten eine ursprünglich asymmetrische Verteilung von Eis auf der Oberfläche, die nach ihrem Verdampfen den eigenwillig geformten Kometenkern zurückgelassen hat. In der OSIRIS-Projektgruppe nennt man die Formation liebevoll Quietsche-Entchen.

4.38 *Der Komet 67P/Churyumov-Gerasimenko, aufgenommen von der OSIRIS-Kamera (Rosetta-Mission) in einer Entfernung von 14.000 Kilometern (links) und 285 Kilometern (rechts).*

Lesch: Besonders neugierig sind wir alle auf die Zusammensetzung des Entchens, weil sie – das hoffen wir zumindest – seit der Entstehung unseres Sonnensystems vor 4,64 Milliarden Jahren kaum verändert wurde. Die spannenden Fragen lauten: Sind darin organische Moleküle enthalten? Kamen weitere Voraussetzungen für die Entstehung des Lebens – ähnlich wie das Wasser – durch Einschläger auf unseren Planeten? Standen vor vier Milliarden Jahren ähnliche Quietsche-Entchen am Beginn unseres Seins?

Gaßner: Bis zum kosmischen Tête-à-Tête in ein paar Wochen kann noch einiges schiefgehen, drücken wir allen Beteiligten der Mission die Daumen. Wobei das Daumendrücken der meisten Leserinnen und Leser vermutlich zu spät kommt. Sie können sich auf der Internetseite zum Buch, *www.Josef-Gassner.de*, bereits über den Ausgang informieren.

Lesch: Zum Glück sind wir jetzt endlich vom Thema Katastrophen weg.

Gaßner: Eigentlich sind wir lange noch nicht am Ende. Dass unsere Sonne in circa fünf Milliarden Jahren unweigerlich zum Roten Riesen wird, haben wir ja bereits erwähnt. Damit wären wir erdgeschichtlich etwa bei der Hälfte angelangt. Im September 2013 haben allerdings britische Kollegen Modellrechnungen vorgelegt, wonach uns nurmehr 1,75 Milliarden Jahre verbleiben, weil dann die solaren Flares bereits ein tödliches Ausmaß erreicht haben werden (siehe Abbildung 3.49). Hoffentlich sind es bis dahin noch 1,75 Milliarden gute Jahre für das Leben auf der Erde.

Lesch: Vielleicht gelingt es uns ja, geeignete Schutzmaßnahmen gegen die Sonnenausbrüche zu entwickeln oder wir siedeln um auf den Mars.

Gaßner: Wenn man den Bodenproben des Marsrovers *Curiosity* vom Sommer 2014 glauben darf, herrschten vor gut drei Milliarden Jahren auf unserem Nachbarplaneten durchaus angenehme Bedingungen. Ob wir die allerdings wieder herstellen könnten? Zumindest ausreichend Wasser stünde uns dort schon mal zur Verfügung, Curiosity hat im Oberflächengestein einen Wasseranteil von zwei Prozent festgestellt. Einfaches Erhitzen würde genügen, um an das wertvolle Nass zu gelangen.

4.39 *Der 900 kg schwere Rover Curiosity landete am 6. August 2012 nach mehr als 8 Monaten Anreise auf dem Mars. Er ist mit zehn Instrumenten zur Analyse von Gestein, Atmosphäre und Strahlung ausgerüstet, um herauszufinden, ob der Mars in der Vergangenheit Leben beherrbergte oder zukünftig dazu in der Lage wäre. Die Aufnahme zeigt ein Selbstportrait, das mit Hilfe des Mars Hand Lens Imager (MAHLI) angefertigt wurde. Auf einem 2,1 m langen Arm montiert erstellt er mehrere Dutzend Einzelbilder, die anschließend zu einem Gesamtbild überlagert werden, so dass der Arm nicht mehr störend zu sehen ist. Derartige Manöver werden vorab an einem Doppelgänger in Pasadena (NASA Jet Propulsion Laboratory) eingehend getestet, damit sich die 1,9 Milliarden Euro schwere Mission nicht versehentlich bei der Erstellung eines Selfies außer Gefecht setzt.*

Lesch: Na denn Prost! Falls uns das Wasser nicht mundet, könnten wir uns auch auf dem Jupitermond Europa niederlassen. Beziehungsweise nicht auf, sondern besser unter der Mondoberfläche. Seit 1998 vermutet man unter der Eisdecke verborgene Ozeane. Oberhalb ist es mit minus 160 Grad Celsius am Äquator bis minus 220 Grad an den Polen eher etwas für eingefleischte Wintersportler.

Gaßner: Europas auffälligstes Merkmal ist seine helle, geologisch junge Oberfläche mit kreuz und quer verlaufenden Gräben und Furchen. Abgelagerte Mineralien verleihen ihm seine rötliche Färbung. Der Jupiter-Trabant ist etwa zehn Prozent kleiner als unser Erdmond und sehr flach. Es gibt kaum Erhebungen über ein paar hundert Höhenmeter hinaus. Tiefere Krater wurden vermutlich durch frisches Eis wieder eingeebnet.

Lesch: Was hältst du denn von der Hypothese, dass es im Inneren von Europa Leben geben könnte?

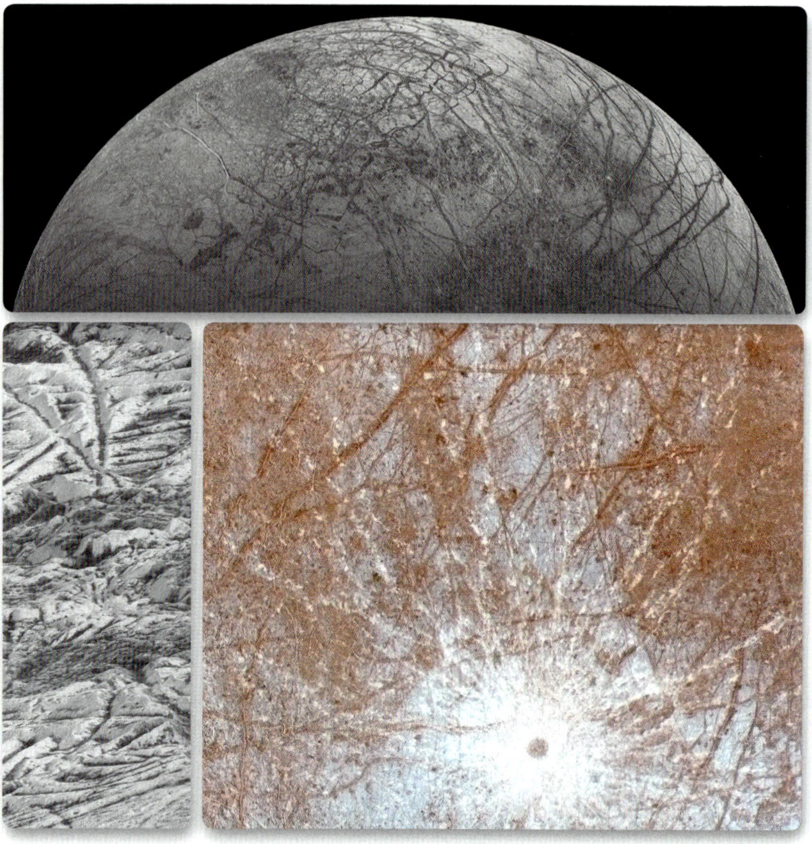

4.40 *Oben: Bildmosaik des Jupitermondes Europa aus überlagerten Aufnahmen der Voyager-2-Sonde (9. Juli 1979). Links: Die Galileo-Sonde erreichte am 16. Dezember 1997 die bislang höchste Auflösung der Oberfläche. Der Bildausschnitt gibt eine Fläche von 1,8 km x 4,8 km wieder. Rechts: Ebenfalls eine Aufnahme der Galileo-Sonde (6. März 1998). Der mit 13 km Radius zweitgrößte und mit maximal 30 Millionen Jahren geologisch sehr junge Einschlagskrater Pwyll.*

Gaßner: Sobald irgendwo flüssiges Wasser nachgewiesen oder auch nur vermutet wird, knüpfen die Optimisten daran automatisch die Existenz von außerirdischem Leben. Flüssiges Wasser ist aber nur eine von vielen Voraussetzungen für die Entstehung von Leben. Europa ist deshalb ein interessanter Kandidat, weil er zusätzlich über einen weiteren wichtigen Baustein verfügt: eine Energiequelle. Dafür kommen sowohl die Konvektion aus tieferen Schichten, als auch die Gezeitenkraft des nahen Jupiters infrage. Entlang seiner leicht exzentrischen Umlaufbahn wird der Mond nämlich abwechselnd gestaucht und gestreckt.

Lesch: Das erzeugt nicht nur Wärme, sondern führt auch dazu, dass theoretisch die Risse in der Mondoberfläche bei großer Entfernung zu Jupiter so stark gedehnt, also geöffnet werden, dass Wasserfontänen austreten könnten. Damit wäre, neben den seismischen Messungen, ein direkter Nachweis von flüssigem Wasser denkbar.

Gaßner: Im Dezember 2013 hat das Hubble-Weltraumteleskop tatsächlich nahe dem Südpol charakteristische Spektren von angeregtem Sauerstoff und Wasserstoff beobachtet, die auf eine Wechselwirkung von Wassermolekülen mit dem Magnetfeld des Mondes hinweisen.

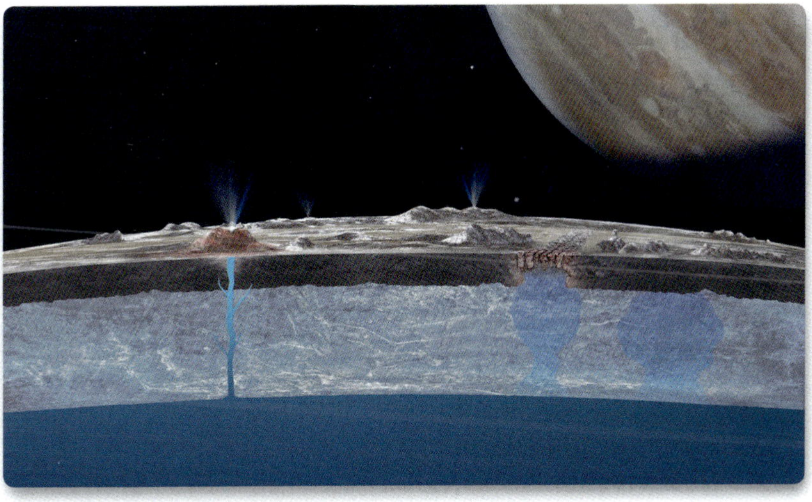

4.41 *Illustration des subglazialen Ozeans mit einer geschätzten Tiefe von 150 km. Die Gezeitenkräfte des Jupiters öffnen Spalten im Eispanzer, durch die sich Wasserfontänen ihren Weg bahnen.*

Lesch: Der Optimist unter den Forschern erkennt in solchen Hubble-Daten eine 200 Kilometer hohe Wasserfontäne. Zusätzlich wurden an der Mondoberfläche auch Wasserstoffperoxid und Schwefelsäure nachgewiesen, starke Indizien für unterseeischen Vulkanismus nach irdischem Vorbild.

Gaßner: Das war's dann aber auch schon mit den irdischen Parallelen. Und kaum hätten wir uns dort eingelebt, gäbe es in etwa vier Milliarden Jahren einen weiteren großen Aufreger: Die Andromeda-Galaxie wird mit der Milchstraße zusammenstoßen, denn wir befinden uns mit ca. 400.000 Kilometern pro Stunde auf Kollisionskurs. Diesen Crash sollten wir allerdings weitgehend unbeschadet überstehen. Die Kollision zweier Galaxien ist vergleichbar mit dem Zusammenstoß zweier Mückenschwärme. Zunächst fallen sie durcheinander, anschießend schwirren sie um den gemeinsamen Schwerpunkt. Die Gravitation lässt die Sternensysteme in ähnlicher Weise „tanzen" und das wird unseren Nachthimmel dereinst drastisch verändern.

4.42 *Photomontage des Nachthimmels, wie er sich in etwa vier Milliarden Jahren darstellen könnte. Zum vertrauten Band der Milchstraße gesellt sich die Andromeda-Galaxie.*

Lesch: Zusätzlich werden die aufgewirbelten Gasmassen ein Feuerwerk der Sternentstehung zünden.

Gaßner: Zum Thema „Katastrophen" hätten wir noch die *Paarinstabilität-Supernova* im Angebot. Dabei wird der Strahlungsdruck im Inneren so groß, dass aus den Photonen spontan Teilchen-Antiteilchen-Paare entstehen. Dadurch geht urplötzlich sehr viel Strahlungsdruck verloren und der darauffolgende Kollaps ...

Lesch: Lieber Josef, deine Begeisterung für solchen Horror in allen Ehren, aber macht es dir etwas aus, wenn wir zu erfreulicheren Themen übergehen?

Gaßner: Es ist halt wirklich faszinierend, was alles abgeht dort draußen. Die vier Grundkräfte agieren wie ein Künstlerquartett und bitten uns Astronomen zu einer endlosen Vernissage, um ihre Objekte zu bestaunen. Auch kosmische Katastrophen zählen für mich – aus sicherem Abstand bestaunt – zu diesen Kunstwerken. Noch mehr fasziniert mich allerdings die Tatsache, dass wir Trockennasenaffen vom Planeten Erde uns zumindest einen Reim auf diese unvorstellbar weit entfernten Phänomene machen können – sie vielleicht sogar ansatzweise verstehen.
Aber wenn du dich bei den Katastrophen unwohl fühlst, wechseln wir selbstverständlich das Thema. Wie wäre es denn mit den Schutzvorkehrungen, die bereits getroffen wurden – vielleicht beruhigt dich das ein wenig.

Lesch: Gegen die ganz großen Spektakel sind wir ja doch machtlos.

Gaßner: Ich will ja jetzt nicht wie Putin klingen, aber immerhin haben wir verschiedene Frühwarnsysteme für Asteroiden, die der Erde sehr nahe kommen. Es gibt sogar eine Internetseite (www.spaceweather.com), auf der Begegnungen mit diesen sogenannten *NEOs* oder *Near Earth Objects* protokolliert werden. Da kannst du jeden Morgen nachschauen, ob es sich noch lohnt, in die Arbeit zu gehen.

Lesch: Wenn's hart auf hart kommt, schicken wir Bruce Willis, der fliegt hin und regelt das.

Gaßner: Der Film *Armageddon* ist offensichtlich von konkreten Plänen der U.S. Air Force und der NASA inspiriert worden. Bei einem Asteroiden auf Kollisionskurs – man spricht von *PHAs* (*potentially hazardous asteroids*) – stellt man sich eine Begegnung tatsächlich so ähnlich vor. Der Asteroid soll allerdings nicht gesprengt, sondern aus seiner Bahn gelenkt werden, denn die Bruchstücke wären vermutlich immer noch bedrohlich und viele Einzelobjekte gar nicht mehr kontrollierbar. Das würde wahlweise durch auf ihm zu installierende Steuerdüsen geschehen, oder durch die Druckwelle einer in seiner Nähe stattfindenden Explosion. Wenn man lange genug Vorlauf hätte, könnte man sogar Solarsegel auf ihm setzen, um den Brocken mit Hilfe des Sonnenwindes zu manövrieren.

Lesch: Da kann ich nur sagen: Schiff ahoi! Hoffentlich kennt der Steuermann den richtigen Kurs.

Gaßner: Aber das ist doch noch gar nichts. Am witzigsten finde ich die Idee, eine Hälfte des Asteroiden weiß anzustreichen. Sie beruht auf dem *Yarkovsky-Effekt*. Auf der sonnenzugewandten Seite ist die Oberfläche des Asteroiden offensichtlich wärmer als auf der Schattenseite. Die warme Oberfläche emittiert energiereichere Photonen, die einen geringfügig stärkeren Rückstoß verursachen. Wenn man lange genug Zeit hat, kann man diese winzige Kraft zur Ablenkung der Bahn verwenden. Durch den weißen Anstrich wird der Effekt noch verstärkt.

Lesch: Und das nennst du beruhigend? Da kann ich nur hoffen, dass wir solche abenteuerlichen Pläne nie in die Tat umsetzen müssen.

Gaßner: Also gut, eigentlich wollte ich noch etwas zu *Apophis* erzählen, ein schlappe 200 bis 300 Meter großer Asteroid, von dem wir lange Zeit dachten, er könnte uns im Jahr 2029 verhängnisvoll nahe kommen. Aber zum einen haben sich die ursprünglichen Bedenken zwischenzeitlich zerschlagen und zum anderen sehe ich in deinem Gesicht, dass wir uns endlich wieder mit den erfreulicheren Themen des Lebens beschäftigen sollten. Wie wär's denn mit einem kleinen Spaziergang entlang der Grenze der Erkenntnis?

Lesch: Jawohl!

5

WIE GEHT'S JETZT WEITER?

Auf zu neuen Ufern!

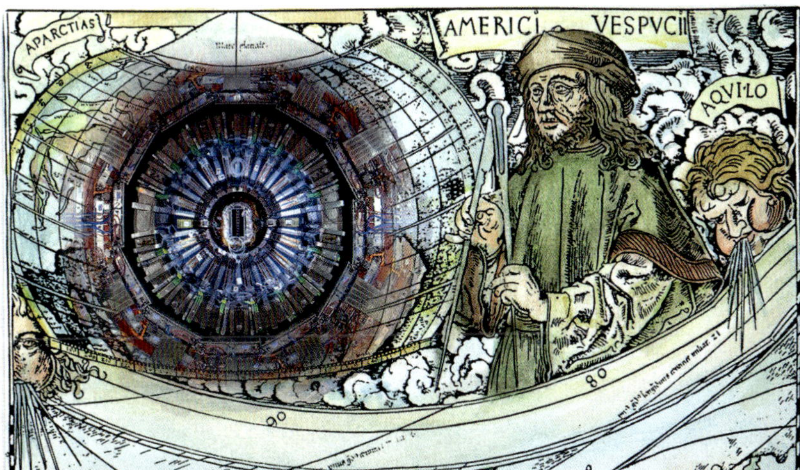

5.1 *Fotomontage: Der CMS-Detektors am LHC als unbekanntes Land auf der Karte des Entdeckers Amerigo Vespucci von 1507.*

5.1 Dunkle Energie

Houston, wir haben ein Problem

Lesch: War es das jetzt? Sind wir damit am Ende der Mutter aller Geschichten angelangt? Verfügen wir nunmehr über ein Weltbild, mit dessen Hilfe wir das Universum schlüssig verstehen? Ein Weltbild, das für alle Zeit Gültigkeit behält, bestenfalls noch an der einen oder anderen Nachkommastelle korrigiert wird? Erhebt uns die Kenntnis von Allem nun endlich zur Krone der Evolution?

Gaßner: Jetzt, da Sie bis hier her so geduldig unseren Ausführungen gefolgt sind, können wir es Ihnen ja beichten: Es wäre sehr voreilig, die Studentinnen und Studenten nach Hause zu schicken und das Licht auszuschalten. Die Naturwissenschaft kennt ihre Grenzen und genau deshalb ist sie grenzenlos. An manche Türen unseres Weltbildes klopfen die Zweifler noch leise, andernorts haben sie bereits ganze Tore eingerissen, mit Beobachtungsdaten, die nicht mit den etablierten Theorien verträglich sind.

Lesch: Die Rede ist von weit entfernten Supernovae, die schwächer leuchten, als es die etablierte Theorie vorhersagt. Wir haben es dabei auf einen ganz speziellen Typ abgesehen: eine Supernova Ia.
Den Verlauf haben wir am Beispiel IK Pegasi bereits kennengelernt. Ein Weißer Zwerg, dessen Kern aus Kohlenstoff und Sauerstoff besteht, zieht einem Begleitstern solange Masse ab, bis seine Gravitation ausreicht, die Fusion zu zünden.

Gaßner: Die zugrundeliegende Theorie verdanken wir übrigens einem Inder namens Subrahmanyan Chandrasekhar. Dem war 1930 auf einer Schiffspassage von Madras nach Southampton langweilig – damals

5.2 *Subrahmanyan Chandrasekhar (1910 - 1995)*

hat die Reise von Indien nach England noch 18 Tage gedauert. Da hat sich dieser junge Mann mit Bleistift und Papier hingesetzt und mal eben Physikgeschichte geschrieben. Die Grenzmasse, bei der ein Weißer Zwerg zündet, lässt sich tatsächlich auf einem Blatt Papier berechnen, ohne Computersimulationen, ohne aufwändige Beobachtungsdaten. Letztendlich liegt es daran, dass der Aufbau Weißer Zwerge wegen ihrer unglaublich dichten Materie ausschließlich von den Gesetzen der Quantenmechanik bestimmt wird. Das macht sie berechenbar. Sie sind quantenmechanische Gebilde von der Größe unserer Erde. Stabile, makroskopische Quantenmechanik. Faszinierend! Sie scheinen sich in eine fremde Welt verirrt zu haben, wie Gulliver in seinen Reisen.

Lesch: Am Ende steht eine Masse – Sie ahnen es schon, die sogenannte *Chandrasekhar-Masse* –, die ausschließlich von Naturkonstanten abhängt. Setzt man die Zahlenwerte ein, erhält man 1,457 Sonnenmassen.

Gaßner: Die Naturkonstanten sind immer und überall dieselben. Darin liegt der Schlüssel zum Erfolg. Gleichgültig wo im Universum eine solche Supernova-Bombe explodiert. Wir wissen genau, wie viel Sprengstoff vorhanden war und woraus er bestand. Damit kennen wir auch die Leuchtkraft dieser Explosion sehr genau. Es ist, als hätte uns jemand gewaltige Signalfeuer aufgestellt, mit standardisierter Leuchtstärke. Ein Lotto-Volltreffer für die Astronomie, sind wir doch dadurch in der Lage, die Entfernung zu diesen weit entfernten Objekten zu bestimmen.

Lesch: Wir müssen uns nur sicher sein, dass wir definitiv Supernovae Ia beobachten und nicht irgendwelche anderen explodierenden Sterne mit unterschiedlichsten Leuchtstärken. Eine derartige nullachtfünfzehn Supernova ist als Leuchtfeuer ungeeignet, weil wir die Stärke der Explosion nicht genau genug bestimmen können.

Gaßner: Wie so oft helfen uns auch hier wieder die Strahlungsspektren. Bei einer handelsüblichen Supernova-Explosion besteht der explodierende Stern aus einer Vielzahl von Elementen, die er in das interstellare Medium schleudert. In den Beobachtungsspektren können wir diese sehr schön erkennen.
In den Spektren einer Supernova Ia sehen wir keinen Wasserstoff und kein Helium. In diesen Bomben gibt es nur Kohlenstoff und Sauerstoff, der über den Zwischenschritt Silizium zu Nickel fusioniert wird.

Lesch: Ja und dann verfügen die Supernovae Ia über eine weitere hilfreiche Eigenschaft. Dazu muss man wissen, Kohlenstoffkerne bestehen aus sechs Protonen und sechs Neutronen. Sauerstoffkerne bestehen aus acht Protonen und acht Neutronen. Damit besitzt der Weiße Zwerg im Ausgangsstadium gleich viele Protonen und Neutronen. Das ergibt beim Endprodukt ^{56}Nickel wiederum gleich viele Protonen und Neutronen. Schwere Kerne ohne Neutronenüberschuss sind jedoch radioaktiv. Genau diesen radioaktiven Zerfall fassen wir jetzt ins wache Auge.

Gaßner: Das ist in der Tat sehr hilfreich. Etwa 10 Prozent der Explosionsenergie geht in diese Radioaktivität. Im ersten Schritt zerfällt ^{56}Nickel zu ^{56}Cobalt mit einer 7-tägigen mittleren Zerfallsdauer. Für die Umwandlung von ^{56}Cobalt zu ^{56}Eisen vergehen im Mittel 77 Tage. Durch diese zeitverzögerte Energiefreisetzung sind die Supernova Ia über mehrere Wochen bequem zu beobachten.

Lesch: Diese Beobachtungen wurden über zwei Jahrzehnte durchgeführt. Man sieht: Astrophysiker sind geduldige Menschen. Saul Perlmutter, Brian Schmidt und Adam Riess erhielten hierfür 2011 den Nobelpreis. Übrigens ein Novum: Zum ersten Mal wurde die Auszeichnung vergeben für ein Phänomen, von dem wir keinen blassen Schimmer haben.

5.3 *Saul Perlmutter, Brian P. Schmidt, Adam Riess*

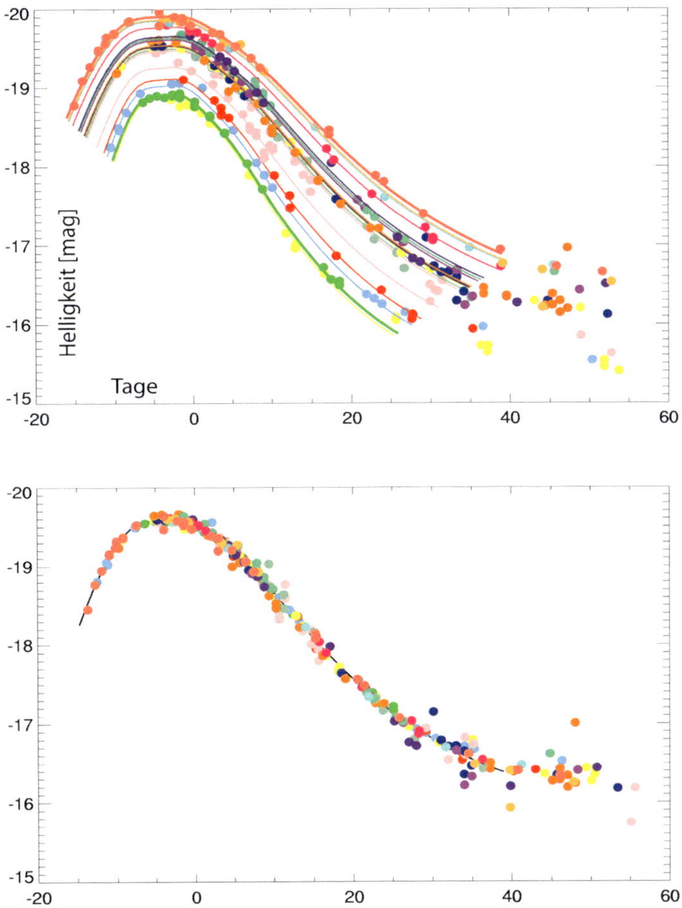

5.4 *Der zeitliche Verlauf der Supernova-Lichtkurven verläuft nach einem festen Schema: Die Intensität steigt im selben Maße an, wie sich die Strahlung ihren Weg aus den dichten Explosionshüllen bahnen kann. An ein ausgeprägtes Maximum schließt sich dann für etwa 40 Tage die charakteristische Zerfallskurve des radioaktiven Nickels an.*
Der eigentliche Charakter als Standardkerze wird erst im unteren Bild offenbar, nachdem die einzelnen Graphen kalibriert wurden. Die grundlegende Erkenntnis ist einfach: Je mehr ^{56}Nickel fusioniert wurde, um so höher ist die freigesetzte Energie, beziehungsweise das Maximum des Graphen. Die Breite des Graphen ist ebenfalls mit der Nickelmasse korreliert, weil mehr ^{56}Nickel natürlich längere Zeit Zerfallsenergie liefert. Skaliert man folglich alle Graphen auf dieselbe maximale Höhe, ergibt sich auch in der Breite ein identischer Verlauf.

Gaßner: In der Praxis sieht das so aus: Man macht ein Foto von einer beliebigen Galaxie und fährt anschließend für drei Wochen in Urlaub. Nach der Rückkehr macht man das gleiche Foto nochmal und mit viel Glück hat sich in der Zwischenzeit eine Supernova ereignet und man sieht einen zusätzlichen hellen Punkt. Falls nicht, fotografiert man eine andere Galaxie, fährt wieder drei Wochen in Urlaub ...

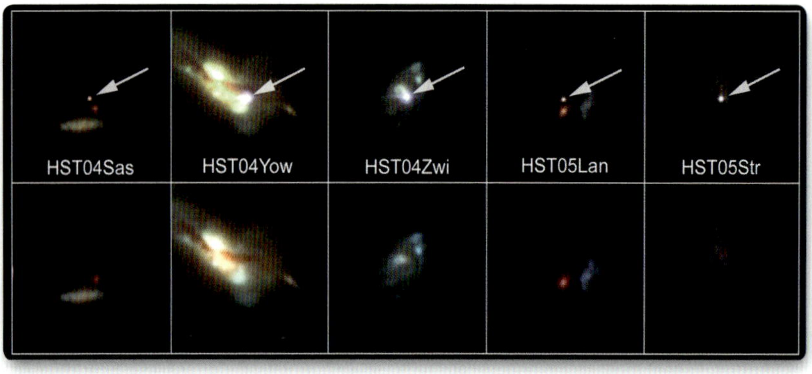

5.5 *Die Aufnahmen des Hubble-Weltraumteleskops zeigen Galaxien vor und während einer Supernovaexplosion. Der Pfeil kennzeichnet die Supernova.*

Lesch: Und am Ende gibt es für die Urlaubsstrapazen den Nobelpreis.

Gaßner: Ursprünglich wollten sie das Hubble-Diagramm für größere Entfernungen bestätigen. Wie so oft in der Naturwissenschaft kam es aber ganz anders. Sehr weit entfernte Supernovae Ia waren durchwegs nicht so hell wie erwartet. Sie müssen also weiter von uns entfernt sein, als wir dachten. Ergo: Die Expansion des Universums hat sich nach etwa halber Lebensspanne erneut beschleunigt.

Lesch: Da wundert sich der Laie und selbst der Fachmann kommt verstärkt ins Grübeln.

Gaßner: Das führt schnurstracks zu einem neuen „Global Player". Unsere vertrauten vier Grundkräfte bieten kein derartiges Gaspedal. Eigentlich müsste man sogar von einem „Universal Player" sprechen. Diese sogenannte *Dunkle Energie*, die für diese Beschleunigung sorgt, hätte einen Anteil von satten 68,3 Prozent an der Gesamtenergie des Universums. Das belastet die Bilanz ganz schön heftig.

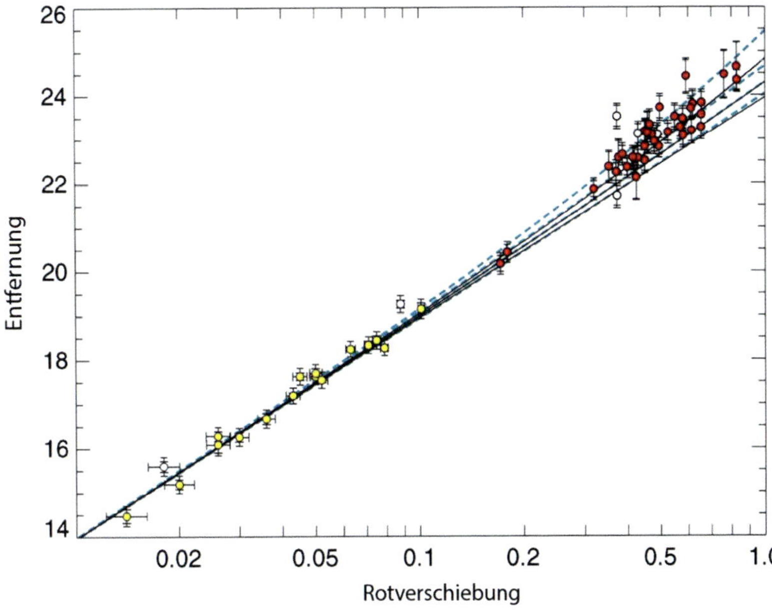

5.6: *Das Hubble-Diagramm für weit entfernte Objekte bis zu einer Rotverschiebung von 1,0. Daten: Calan/Tololo (gelb) und Supernova Cosmology Project (rot). Zu großen Entfernungen hin ergibt sich eine deutliche Beschleunigung der Expansion.*

Lesch: Trotz allem sollten wir mit derartig gravierenden Rückschlüssen vorsichtig sein. Noch gibt es viele Ungereimtheiten. Unsere Überlegungen basieren beispielsweise auf der Annahme, dass die Masse auf großen Skalen gleichmäßig, also homogen im Universum verteilt ist. In jüngster Zeit wird verstärkt an inhomogenen Verteilungen geforscht. Damit würde an der einen oder anderen Ecke die Gravitation stärker ziehen. Das ergäbe ein ähnliches Bild.

Gaßner: Auch die Beobachtungen des Röntgensatelliten *Chandra* stimmen einen nachdenklich. Wenn ein Weißer Zwerg Materie vom Begleiter abzieht, entsteht beim Auftreffen auf seiner Oberfläche eine charakteristische Röntgenstrahlung. Nach der fahndete Chandra in sechs Galaxien und konnte am Ende nur fünf Prozent des theoretischen Erwartungswertes nachweisen. Womöglich verstehen wir die Leuchtfeuer doch nicht so gut wie erhofft.

Lesch: Zweifler gibt es schon länger, weil die beobachteten ausgeworfenen Massen bei Supernovae Ia bislang nie für die Chandrasekhar-Masse ausreichten. Wenn man alle „Trümmer" zusammenrechnet, kommen stets weniger als 1,457 Sonnenmassen raus.

Gaßner: Weiße Zwerge mit mehr als 1,25 Sonnenmassen haben wir überhaupt noch nicht gefunden. Deshalb gibt es sogenannte *Subchandrasekhar-Theorien*. Demnach würde ein Weißer Zwerg von seinem Begleiter Helium abziehen und in einer äußersten Schale ansammeln. Diese Heliumschale würde dann zünden und dabei ausreichend Energie freisetzten, so dass der Kern aus Kohlenstoff und Sauerstoff bereits unterhalb der Chandrasekhar-Masse fusionieren könnte.

Lesch: Das Prinzip kennen wir von der Wasserstoffbombe.

Gaßner: Vielleicht nähern sich Weiße Zwerge auch von oben an die Chandrasekhar-Grenze an. Schwerer als 1,457 Sonnenmassen könnten sie natürlich nur sein, solange sie nicht vollständig aus Kohlenstoff und Sauerstoff bestünden. Eine besondere Klasse könnte jedoch – warum auch immer – einen hohen Heliumanteil „hinüber gerettet" haben. Dieses Helium würde in einer Schale zu Kohlenstoff fusionieren und somit ohne Begleiter das Fass zum Überlaufen bringen.

Lesch: Wenn die Beobachtungen schon fragwürdig sind, wie sieht's denn mit den theoretischen Modellen aus? Lassen wir mal für einen Augenblick zu, dass es so etwas wie Dunkle Energie gibt – nur mal für Spaß – was genau soll es dann sein? Eine Kraft, ein Feld oder eine Kosmologische Konstante?

Gaßner: Aus theoretischer Sicht sind Kräfte und Felder nur zwei Seiten der selben Medaille. Felder tauschen virtuelle Teilchen aus, wodurch eine nach außen hin sichtbare Kraft vermittelt wird. Ein elektrisches Feld ist beispielsweise angefüllt mit virtuellen Photonen, die eine elektromagnetische Kraft vermitteln. Seit dem Nachweis des Higgsfeldes verfügt diese quantenfeldtheoretische Beschreibung der Welt fast schon über einen Freifahrtschein. Für jeden unbekannten Effekt lässt sich ein entsprechendes skalares Feld definieren, das notfalls auch zeitlich oder räumlich schwanken kann. Im Falle der Dunklen Energie nennt man es, in Anlehnung an die griechischen Philosophen, *Quintessenz*.

Das ist die Möglichkeit A. Dieses Feld hätte irgendwelche Austauschteilchen, die eine Kraft vermitteln, die wiederum das Universum so expandieren lässt wie wir es beobachten.
Möglichkeit B geht zurück auf die Gleichungen der Allgemeinen Relativitätstheorie, mit denen wir die kosmische Expansion beschreiben. Sie werden durch Integration gewonnen, wodurch eine Konstante auftritt, die üblicherweise gleich null gesetzt wird. Durch geeignete Wahl dieser sogenannten *Kosmologischen Konstante* lassen sich die Beobachtungsdaten ebenfalls erreichen. Damit wäre die Dunkle Energie eine intrinsische Eigenschaft des Raumes. Das würde auch erklären, wieso sie mit zunehmendem Raum an Stärke gewinnt.

Lesch: Gibt es eine Möglichkeit, die beiden Varianten voneinander zu unterscheiden – irgendein Experiment?

Gaßner: Quintessenz und Kosmologische Konstante unterscheiden sich durchaus in ihrer Wirkung. Leider fehlt uns noch die Präzision, um diesem Unterschied erfolgreich auf den Zahn zu fühlen. Die Kosmologische Konstante ist beispielsweise ein starres Konzept. In der frühen Phase des Universums kann sie definitiv vernachlässigt werden und später vermag sie nicht jeden beliebigen Beschleunigungsverlauf abzubilden. Der Feldansatz ist demgegenüber flexibler, weil sich ein Feld mit der Zeit ändern kann. Ein Ziegelstein auf dem Gaspedal beschleunigt halt anders als ein variabler Fahrer. Die Quintessenz könnte somit bereits in der frühen Phase, z. B. während der Primordialen Nukleosynthese, eine nachweisbare Rolle gespielt haben. Der Preis für diese Anpassungsfähigkeit ist beträchtlich. Mit jeder zeitlichen oder räumlichen Änderung der Feldstärke wären auch entsprechende Änderungen verschiedener Naturkonstanten verbunden. Danach sieht's aber nicht aus, ich erinnere an Oklo und die quasaren Absorptionslinien.

Lesch: Aber wenn es so ein Feld gibt, das offensichtlich gravitativ wechselwirkt, indem es den gesamten Kosmos expandieren lässt, dann muss man das doch prinzipiell nachweisen können.

Gaßner: Wie gesagt, die Crux liegt in der nötigen Präzision. Im April 2014 ist den Kollegen von der TU Wien ein großer Schritt in die richtige Richtung gelungen. Sie konnten der Quintessenz mit der sogenannten *Gravitations-Resonanz-Spektrometrie* zu Leibe rücken. Dabei werden ultrakalte Neutronen zwischen zwei parallele, horizontale Platten gebracht. Dort können sie nur diskrete Quantenzustände annehmen, die wiederum von der Gravitation beeinflusst werden. Damit steht ein höchst sensibler Versuchsaufbau zur Verfügung, um winzigste Abweichungen zu registrieren, die ein Quintessenz-Feld in Form einer theoretisch unterstellten Wechselwirkung mit dem Gravitationsfeld hinterlassen müsste. An dieser Stelle kommt die Resonanz ins Spiel. Eine der Platten wird nämlich in definierte Schwingung mit unterschiedlichen Frequenzen versetzt. Damit klopft man gewissermaßen die Neutronen ab und wenn man genau die Energiedifferenz zwischen zwei Quantenzuständen trifft, springt das Neutron in den nächsthöheren Zustand. Auf diese Weise lassen sich die Energieniveaus sehr präzise auslesen und mit ihnen potentielle Abweichungen durch ein eventuell vorhandenes Quintessenz-Feld. Über stolze vier Größenordnungen hinweg konnte allerdings keine Abweichung nachgewiesen werden.

Lesch: Damit wird's eng für die Quintessenz – nicht nur zwischen den Platten.

Gaßner: Bleibt noch Einsteins Kosmologische Konstante. Wenn ich die Kollegen, die sich auf das Thema Dunkle Energie spezialisiert haben, immer wieder mal auf dem Gang frage: „Na, wie sieht's aus?", lautet die Antwort stets zähneknirschend: „Kosmologische Konstante." Zähneknirschend deshalb, weil sich natürlich auf Seiten der Theoretiker niemand einen weiteren kosmischen Parameter wünscht, der womöglich noch einer Feinabstimmung unterliegt.

Mein Gefühl sagt mir, wir sollten nicht vergessen, dass die Dunkle Energie in erster Linie zwischen den Galaxien wirkt, also dort, wo wir dem Vakuum schon sehr nahe kommen. Deshalb würde ich persönlich auf eine Eigenschaft der Quantenfluktuationen im Vakuum tippen. Deren Energie ist zwar prinzipiell unendlich, weil sie sich aus unendlich vielen möglichen Wellenlängen zusammensetzt. Vielleicht finden wir aber eine natürliche untere Grenze für die Wellenlängen, die tatsächlich effektiv zur Vakuumenergie beitragen. Sollte sich z. B. erweisen, dass auch Raum und Zeit quantisiert vorliegen, dann wäre die Ausdehnung dieses Mindestquantums ein Kandidat für eine natürliche Grenze, weil Wellenlängen unterhalb eben nichts zu unserer Welt beitragen.

Lesch: Alternativ könnte sich auch schlichtweg die Gravitation auf extremen Skalen anders verhalten als gedacht, dann wäre das Thema ebenfalls vom Tisch.

Gaßner: Zumindest hinsichtlich der relativen Stärke von Gravitation zu Dunkler Energie sollte der *Dark Energy Survey* in den nächsten fünf Jahren Antworten liefern. Auf dem *Cerro Tololo* in Chile haben die Kollegen in 2.200 Metern Höhe gerade damit begonnen, mithilfe eines 570 Megapixel-Bildsensors am Vier-Meter-Teleskop ein Achtel des Nachthimmels abzutasten und dabei das Licht von über 300 Millionen Galaxien und 4.000 Supernovae zu untersuchen. Dabei blicken sie stolze acht Milliarden Jahre in die Vergangenheit und werden das Verhalten von mehr als 100.000 Galaxienclustern analysieren. Je nachdem, ob sich zu einer bestimmten Zeit die Cluster eher zusammenballten oder ausdehnten, hatte jeweils die Gravitation oder die Dunkle Energie die Oberhand.

Lesch: Da ist ja noch einiges zu tun. Das Thema „Dunkle Energie" wird uns noch reichlich beschäftigen ...

Gaßner: Bis es irgendwann hoffentlich anfängt zu dämmern.

5.7

5.2 Dunkle Materie

zurück auf Los?

Lesch: Damit nicht genug. Weitere 26,8 Prozent des Universums werden von einer Materieform bestimmt, die wir bislang nie direkt „gesehen" haben; sie liegt buchstäblich im Dunkeln. Dies ist nicht weiter verwunderlich, weil sie gerade durch eine wesentliche Eigenschaft charakterisiert wird: Diese sogenannte *Dunkle Materie* wechselwirkt nicht elektromagnetisch, insbesondere nicht mit Licht. Aus den Informationen des Lichts haben wir jedoch bisher nahezu unser gesamtes Weltbild zusammengesetzt! Hoffentlich wird uns bald noch ein ganz anderes Licht aufgehen.

Gaßner: Die Dunkle Materie macht lediglich indirekt durch ihre Gravitation auf sich aufmerksam, weil sie das Licht um Galaxien stärker beugt, heißes Röntgengas dort festhält, wo es aufgrund der Fluchtgeschwindigkeit seiner Teilchen längst nicht mehr sein dürfte, und Galaxien anders rotieren lässt, als es die leuchtende Materie erlaubt.

5.8 (Bild rechts) *Der Gravitationslinseneffekt:*

Wird das Licht einer fernen Galaxie auf dem Weg zu uns von einer Materieansammlung gravitativ gebogen, so ergeben sich charakteristische Beugungsmuster. Steht eine rotationssymmetrische Massenansammlung im Weg, erhalten wir sogenannte Einsteinringe (rechts oben). Materie in Form eines Ellipsoids ergibt ein sogenanntes Einsteinkreuz (Mitte). Eine zufällige Massenverteilung erzeugt kleinere Bögen (rechts unten). Zieht man den sichtbaren Anteil der Materie ab, lässt sich der Anteil Dunkler Materie ermitteln.

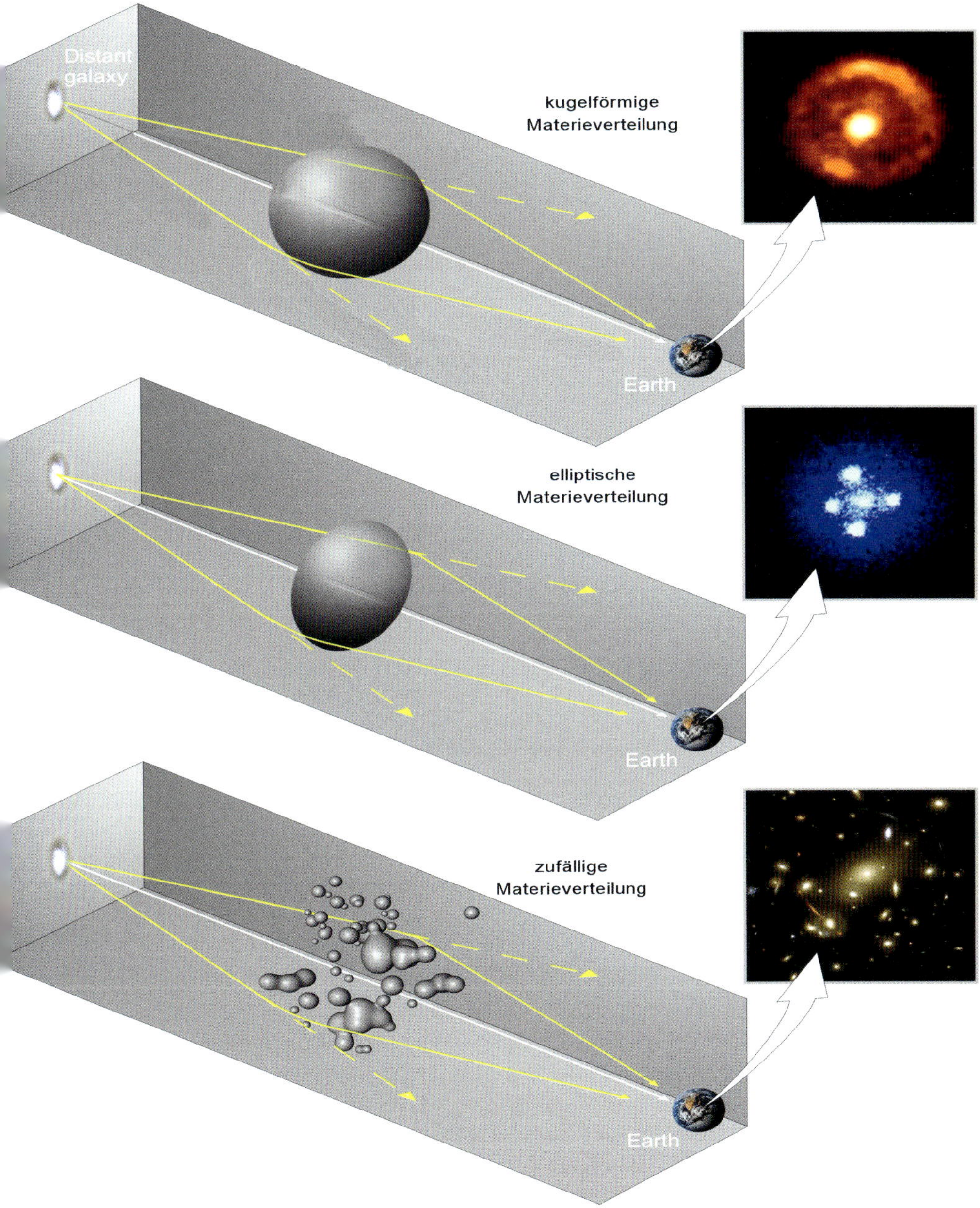
Distant galaxy
kugelförmige Materieverteilung
Earth
elliptische Materieverteilung
Earth
zufällige Materieverteilung
Earth

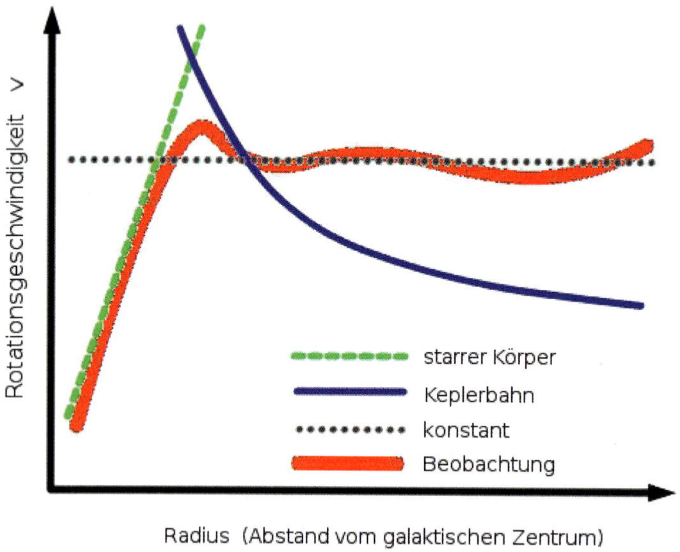

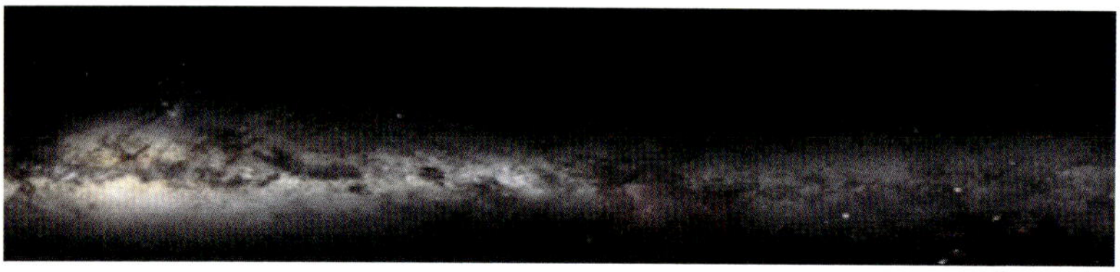

5.9 oben: *Ist ein Körper fest mit seiner Rotationsachse verbunden, so steigt die Rotationsgeschwindigkeit eines Volumenelements proportional mit dem Abstand zur Drehachse (grüne Kurve). Sind Objekte nicht starr, sondern lediglich gravitativ an ein Rotationszentrum gebunden, nimmt die Umlaufgeschwindigkeit nach außen hin ab (blaue Kurve). Bei den Planeten in unserem Sonnensystem ist diese Eigenschaft der sogenannten Keplerbahnen gut erkennbar. Die Bahngeschwindigkeit der Erde beträgt etwa 30 km/s, der Mars ist mit 24 km/s bereits deutlich langsamer unterwegs und beim Neptun sind es nur noch 5 km/s. Bei den Rotationsgeschwindigkeiten von Sternen in Galaxien würde man nahe dem Zentrum, wo die gravitative Bindung sehr stark ist, einen Rotationsverlauf ähnlich einem starren Körper erwarten und in größerem Abstand, bei entsprechend schwacher gravitativer Bindung an das Zentrum, die Keplerbahn. Die Beobachtungen (rote Kurve) zeigen nahe dem Zentrum tatsächlich das erwartete Verhalten, die Umlaufgeschwindigkeiten der Sterne bleiben jedoch – entgegen dem Keplerschen Gesetz – nach außen hin nahezu konstant.*

Unten: *Seitenansicht der Milchstraße (halbe Scheibe) vom Zentrum zum Rand.*

5.10 *Das Sternentstehungsgebiet NGC 604 in der Spiralgalaxie M33 (3 Mrd. Lichtjahre entfernt), mit einer Ausdehnung von ca. 1.300 Lichtjahren. Die Aufnahme des Hubble-Weltraumteleskops wurde überlagert mit einem Bild des Chandra-Röntgenteleskops (blau). Das heiße Röntgengas besitzt mehr Energie, als für das Verlassen des Gravitationsfeldes der sichtbaren Materie notwendig wäre.*

Lesch: Auch die beobachtete Strukturbildung in der Frühphase des Universums erfordert eine Materieform, die sich unbeeindruckt von der harten Hintergrundstrahlung gravitativ verdichtet. Die uns bekannte sichtbare Materie kann damit nicht dienen, weil sie mit den zerstörerischen Photonen der Hintergrundstrahlung wechselwirkt. Jede noch so kleine Ansammlung würde unmittelbar wieder auseinandergetrieben, so wie ein Herbststurm die Blätter eines mühsam zusammengerechten Laubhaufens wieder im Garten verteilt. Diese ersten Verklumpungen sind aber die Initialzündung der Strukturbildung, die Saatkörner, die allmählich soweit an Anziehungskraft gewinnen, bis sie mühsam auch sichtbare Materie festhalten können, um letztendlich zu Sternen und Galaxien anzuwachsen.

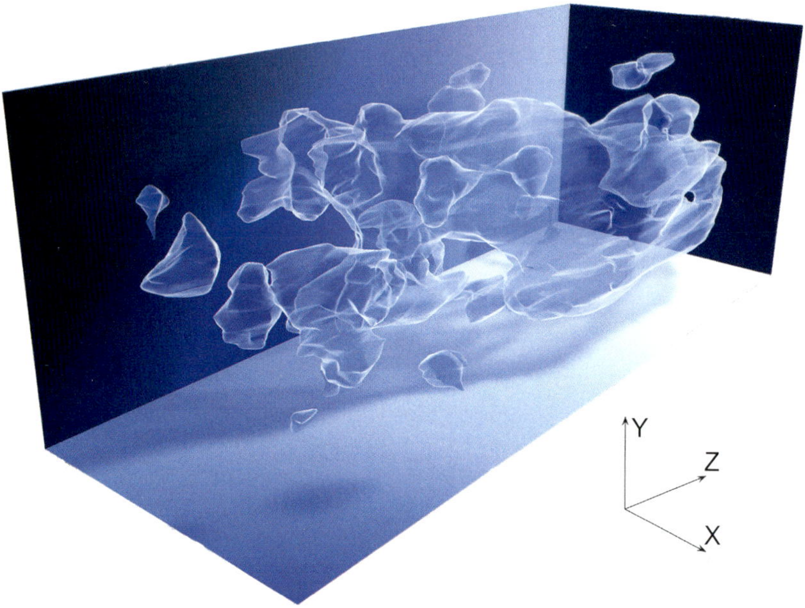

5.11 *Basierend auf dem Gravitationslinseneffekt wurde mit dem Hubble-Weltraumteleskop diese dreidimensionale Darstellung der Dunklen Materie erstellt. Der Beobachterstandort befindet sich im linken Koordinatenursprung. Die Achsen x und y kennzeichnen die Position am Himmel. In Richtung der z-Achse blicken wir in die Tiefe, d. h. die Rotverschiebung nimmt stetig zu. Dies ist gleichbedeutend mit einem Blick in die Vergangenheit und man erkennt, wie sich die Strukturen Dunkler Materie allmählich unter der Wirkung der Gravitation von rechts nach links (von der Vergangenheit zur Gegenwart) weiter verklumpen.*

Gaßner: Damit verdanken wir der Dunklen Materie sogar unsere Existenz. Bevor wir uns aber bei ihr bedanken können, wird wohl noch etwas Zeit vergehen. Alles, was wir bislang über sie wissen, ist die Tatsache, dass Dunkle Materie nicht mit Licht wechselwirkt. Und alle Informationen, die wir von da draußen gewinnen – einmal abgesehen von ein paar Teilchen, die uns treffen – gewinnen wir aus dem Licht. Das heißt, wir suchen mit Licht nach etwas, von dem wir *eines* wissen, dass es partout mit Licht nichts am Hut hat. Das erinnert mich an die Geschichte von einem Betrunkenen, der nachts unter der Straßenlaterne seinen Hausschlüssel sucht. Ein hilfsbereiter Passant gesellt sich zu ihm und beide suchen und suchen. Schließlich wird es dem Passanten zu dumm und er fragt „Sind Sie sich wirklich sicher, dass Sie den Schlüssel hier verloren haben?" Der Betrunkene erwidert „Nein. Verloren habe ich ihn im Dunklen auf der anderen Straßenseite. Aber da finde ich ihn ja nie. Hier unter der Laterne habe ich wenigstens Licht." Genauso suchen wir da draußen im Weltall nach der Dunklen Materie.

Lesch: Die Idee, die dahinter steckt – nicht, dass Sie jetzt den Eindruck gewinnen, wir wären alle versoffen in der Astronomie –, ist eigentlich ganz einfach. Wir sehen etwas, das sich bewegt. Zum Beispiel dadurch, dass wir Spektrallinien ins Rote oder ins Blaue verschoben sehen. Ist es ins Rote verschoben, bewegt es sich von uns weg. Ist es ins Blaue verschoben, kommt es auf uns zu. Das heißt, wir können aus dem Licht ablesen, wie der Bewegungszustand ist.
Jetzt kommt der große Sprung: Große Massen können nur durch Gravitation bewegt werden oder anders ausgedrückt: Wenn sich eine große Masse bewegt, kommt als Ursache nur eine andere Masse in Frage. Also schauen wir uns alle möglichen Geschwindigkeitsmuster an, zum Beispiel die Rotationskurven von Galaxien. Die drehen sich zu schnell, gemessen an der vorhandenen sichtbaren Masse.

Gaßner: Also muss es eine unsichtbare Masse geben, die diese Beschleunigung verstärkt.

5.12

Lesch: Das beste Beispiel für derartige Überlegungen ist die Entdeckung des Planeten Neptun. Den fand man, weil der Uranus, wäre er der letzte Planet am Rand des Sonnensystems, sich so nicht bewegen könnte. Man wusste also damals, dass da draußen noch irgendwas sein muss. Sonst wäre ja alles ganz anders.

Gaßner: Das heißt, man vertraut auf etwas, das gut funktioniert, und verwendet es, um erst einmal das Unerklärliche wenigstens im Ansatz zu erklären. Wir können uns bis jetzt nicht erklären, was Dunkle Materie ist. Aber dass sie da ist und dass sie mit ihrer Schwerkraft die leuchtende Materie, von der wir etwas verstehen, tatsächlich beschleunigt, davon sind wir fest überzeugt.

Lesch: Wir sind eben knallharte Überzeugungstäter. Damit haben wir einen ersten Schritt gemacht, wie Ptolemäus mit seinen Epizykeln. Was uns jetzt noch fehlt, ist eine Art Newton oder Einstein – es kann auch eine Frau sein –, der oder die uns erklärt, aus was die Dunkle Materie eigentlich besteht. Das ist für mich das größere Problem. Wir bräuchten jemanden, dem ein Licht im Meer der Dunklen Materie und Dunklen Energie aufgeht.

Gaßner: Beobachtungen gibt es die Hülle und die Fülle – es fehlt an der zündenden Idee. Der ungarische Physiker Albert von Szent-Györgyi hat es auf den Punkt gebracht: „Eine Entdeckung macht man, wenn man sieht, was jeder gesehen hat, und dabei denkt, was niemand gedacht hat."

Lesch: Wir Astronomen sind immer nur die Hinschauenden, die eben darauf angewiesen sind, das Licht, das der Himmel uns gibt, irgendwie zu „lesen", indem wir es zerlegen.

Gaßner: Selbst vom Hinschauen kann bei der Dunklen Materie nicht die Rede sein. Wir beobachten Ungereimtheiten. Und diese Ungereimtheiten verquicken wir mit der Theorie und sagen dann: Da muss es noch zusätzliche, unsichtbare Masse geben, damit die Theorie zusammen mit den Ungereimtheiten wieder Sinn macht. Das ist theoriegetränkte Beobachtung, da muss man sehr aufpassen.

Lesch: Fürwahr! Jedes Experiment, jede Beobachtung ist theoriegetränkt. Und jede Theorie verlangt nach einem Phänomen als Anlass, um sie überhaupt zu entwickeln. Das ist schon eine ziemliche Verknotung. Wenn wir heute Wissenschaft betreiben, dann ist es eben nicht mehr möglich, von Ursache und Wirkung als „Eins-zu-eins-Verbindung" zu sprechen. Häufig haben wir bei unseren Problemfeldern – nicht nur in der Kosmologie bei den großen Dingen, sondern auch bei den ganz kleinen – ein Netz von Argumenten. Es besteht aus gegenseitig unterstützenden Bedingungen. Nach dem Motto: immer wenn …, dann … Wenn dies und wenn das, dann … Wenn, wenn, wenn, wenn, dann. Es kommt immer dasselbe raus und die Anzahl der Voraussetzungen wird immer größer und größer.
Genauso ist es bei der Dunklen Materie natürlich auch. Die Bewegung der leuchtenden Materie lesen wir aus dem Licht ab. Wir gehen automatisch davon aus, dass die Erzeugungsmechanismen von Licht überall im Universum die gleichen sind – also alle Atome machen Licht auf die gleiche Art und Weise, wie wir das aus dem Labor kennen. Das übersetzen wir in einen Bewegungszustand. Und aus diesem Bewe-

gungszustand bekommen wir dann genau diese Ungereimtheiten raus, bei denen wir mit großen Augen sagen: Oh, die Dinger bewegen sich aber viel zu schnell!

Gaßner: Aber wir bemühen uns um direkte Beobachtungen.

Lesch: Du meinst das *CRESST-Experiment*? Das wird seit 1999 unter dem Bergmassiv Gran Sasso durchgeführt, abgeschirmt von äußeren Einwirkungen. Die Idee ist denkbar einfach: Auch wenn wir nicht wissen, was ein Dunkle-Materie-Teilchen genau macht, so wird es doch – in welcher Form auch immer – Energie hinterlassen, wenn es mit etwas zusammenstößt. Geschieht dieser Zusammenstoß mit einem Kristallgitter, so ist ein Rückstoß messbar. Die Kunst liegt darin, diese kleinsten Energieportiönchen so weit zu verstärken, dass sie deutlich aus dem Hintergrundrauschen hervortreten.

Gaßner: Hier kommen die Tieftemperatur-Kalorimeter ins Spiel. CRESST steht für *Cryogenic Rare Event Search with Superconduction Thermometers*. Hält man ein solches „Thermometer" extrem nahe an die Schwelle zwischen normaler und supraleitender Phase, so führt eine kleine Temperaturerhöhung zu einem großen Messausschlag. Dadurch könnten wir Zusammenstöße mit Dunkler Materie nachweisen.

Lesch: Auf unserer Bahn um die Sonne würden wir innerhalb eines Jahres Veränderungen bei diesen potentiellen Zusammenstößen mit der Dunklen Materie sehen.

Gaßner: So ganz klappt das aber noch nicht. Man muss wirklich höllisch aufpassen bei diesen extrem feinen Beobachtungen, selbst wenn man sich tief unter einem Gebirgsmassiv vor äußeren Einflüssen in Sicherheit wähnt. Beispielsweise zeigten vor wenigen Monaten die Daten eine signifikante Korrelation mit den Jahreszeiten und vieles sah danach aus, als wären wir fündig geworden. Was man tatsächlich gemessen hatte, war allerdings eine jahreszeitliche Schwankung der Atmosphärenschauer der kosmischen Strahlung, weil im Winter die Luft tendenziell trockener ist als im Sommer.

Lesch: Wahnsinn, wie genau diese Messungen mittlerweile durchgeführt werden und womit sich die Kollegen alles rumschlagen müssen. Bislang haben wir nur eine indirekte Information aus den besagten Ungereimtheiten. Wir murmeln dann: Aha, wenn, wenn, dann. Dann brauchen wir tatsächlich Dunkle Materie. Und Dunkle Materie, hmmm, vielleicht besteht Dunkle Materie aus Teilchen, die wir bisher einfach noch nicht gefunden haben.

Gaßner: Dann bauen wir zwei Ungereimtheiten zu einer größeren Ungereimtheit zusammen.

Lesch: Es kommt noch besser. Dann sagen wir: Lasst uns einen großen Beschleuniger bauen. Dort hoffen wir möglichst viele neue Elementarteilchen zu finden. Vielleicht sind darunter auch die Teilchen der Dunklen Materie. Grandios! Und in der Physik dieses allerunmöglichsten, dieses allerkleinsten und vielleicht auch des ursprünglichsten Anfangs des Universums –, da haben sich ja wieder ganz neue Dinge ergeben. Vor allem dieses Higgsteilchen, das hat zwar nichts mit Dunkler Materie zu tun, aber haben das die Teilchenjäger am LHC, am Large Hadron Collider in der Schweiz, jetzt wirklich und endlich gefunden? Es gibt ja immer noch hartnäckige Zweifler.

5.3 Der Large Hadron Collider

Viel Lärm um Higgs

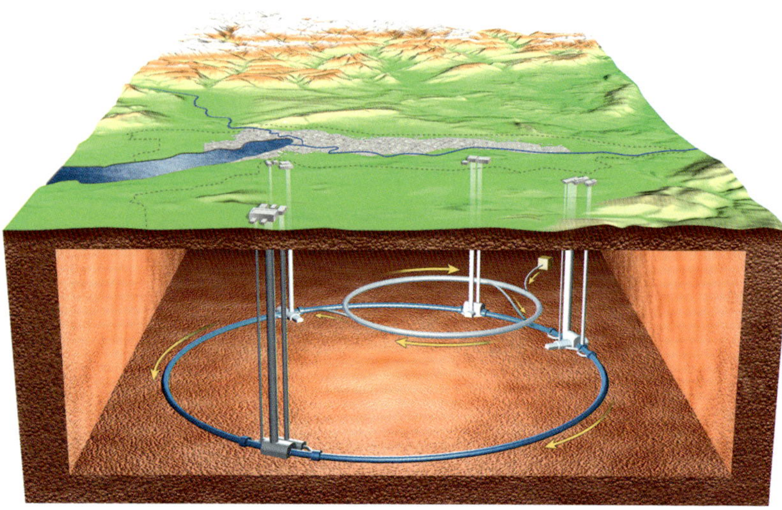

5.13 *Der Large Hadron Collider (Schweiz / Frankreich) wurde im ausgedienten unterirdischen Ringtunnel des Vorgängerbeschleunigers LEP installiert – in einer Tiefe zwischen 50 m (links, in Richtung Genfer See) und 175 m (rechts, unter dem Jura). Auf 26.659 m Länge kreisen gegenläufig Protonen mit maximal 7 TeV Energie, die an vier Stellen definiert zur Kollison gebracht werden. Die dabei entstehenden Teilchen werden von den Detektoren ATLAS, ALICE, CMS und LHCb (In der Abbildung im Uhrzeigersinn bei 1 Uhr beginnend) sowie den kleineren Detektoren LHCf und TOTEM analysiert.*

Gaßner: Bevor wir in unserem Elementarteilchen-Schaukasten ruhigen Gewissens das Etikett „Higgsteilchen" anbringen können, stehen noch ein paar Tests an. In erster Linie sollten die Wechselwirkungen des Higgsteilchens mit anderen Teilchen von deren Masse abhängen. Zerfälle in schwere Teilchen-Antiteilchen-Paare sollten demnach häufiger auftreten als in leichte. Besonders interessant wird die Wahrscheinlichkeit sein, mit der das neue Teilchen in Quarks oder in *Tau-Leptonen* zerfällt. Sollten diese Häufigkeiten wie theoretisch berechnet von den Massen der Teilchen abhängen, dürften selbst die hartnäckigsten Zweifler einlenken. Unstrittig ist in jedem Falle, dass bei der Großfahndung am LHC ein neues Teilchen ins Netz gegangen ist, wobei man natürlich selbst da immer nur von einer Beobachtung mit einer bestimmten Wahrscheinlichkeit sprechen kann.

Lesch: Immerhin. Das ist doch schon mal eine Aussage. Bei welcher Wahrscheinlichkeit liegen wir denn zurzeit?

Gaßner: Mittlerweile sind es bereits sechs *Sigma*, technisch formuliert. Bei der legendären Pressekonferenz am 4. Juli 2012 waren es noch knapp fünf Sigma. Die Gefahr, dass es sich um einen statistischen Ausreißer handelt, lag bereits damals unter 0,00003 Prozent. Selbst acht Mal hintereinander einen 6er zu würfeln wäre noch doppelt so wahrscheinlich. Wenn du mal „Mensch ärgere dich nicht" gespielt hast, dann wirst du festgestellt haben, dass das gar nicht so einfach ist.

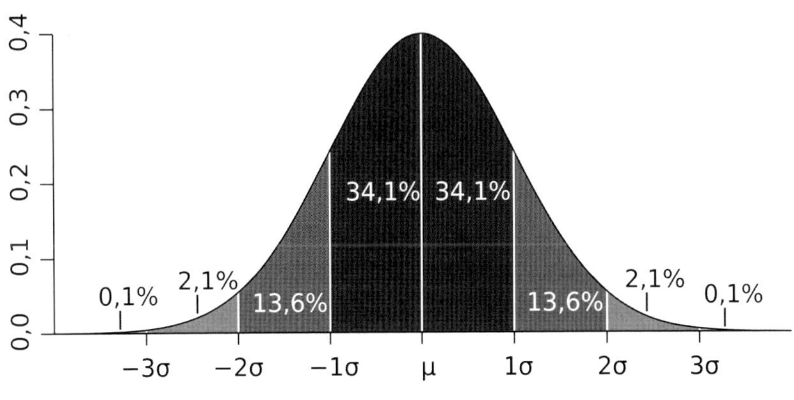

5.14 *Die Standardabweichung σ (Sigma) liefert in einer Statistik ein Maß für die Streuung der Werte einer normalverteilten Zufallsvariablen um ihren Erwartungswert μ:*

Intervall	*Realisierungen innerhalb*	*Statistische Ausreißer außerhalb*
$\mu \pm \sigma$	*68,3 %*	*1 / 3*
$\mu \pm 2\sigma$	*95,4 %*	*1 / 22*
$\mu \pm 3\sigma$	*99,7 %*	*1 / 370*
$\mu \pm 4\sigma$	*99,994 %*	*1 / 15.787*
$\mu \pm 5\sigma$	*99,99994 %*	*1 / 1.744.278*
$\mu \pm 6\sigma$	*99,9999998 %*	*1 / 506.797.346*

Lesch: Es kommt auch auf den Würfel an. Wenn ich den Würfel präpariere, dann gelingt es. Aber am LHC gibt es ja keinen präparierten Würfel, hier wird der Natur genau auf die Finger geschaut.

Gaßner: Von einer exotisch präparierten Anlage könnte man aber durchaus sprechen. Im 27 Kilometer langen Beschleunigerring befindet sich beispielsweise das beste Vakuum des gesamten Sonnensystems. Selbst die Atmosphäre des Mondes ist im Vergleich zehn Mal dichter. Dadurch können die Projektile ungehindert ihre Bahnen drehen.

Lesch: Wahnsinn! Wie viele Kollisionen werden eigentlich erzeugt?

Gaßner: Bislang 40 Millionen pro Sekunde. Im Techniker-Jargon verwendet man anstelle von Kollisionen pro Sekunde und Fläche den Begriff *Luminosität*. Sie ist neben der schieren Kollisionsenergie der zweitwichtigste Parameter eines Beschleunigers. Hohe Energien bringen gemäß $E = m\,c^2$ schwerere Teilchenmassen in Reichweite, aber erst eine hohe Luminosität ermöglicht eine gute Statistik. In mehreren Ausbaustufen wird der LHC beide Kriterien stetig verbessern. Mit etwas Glück werden die Kollegen ab 2015 das Gaspedal voll durchtreten und pro Sekunde 600 Millionen Kollisionen mit jeweils zwei 7-TeV-Protonen beobachten. Bis 2020 hofft man durch weitere Umbaumaßnahmen, die Luminosität nochmals um einen Faktor vier verbessern zu können, was dem Beschleuniger dann die Bezeichnung *High Luminosity Large Hadron Collider* einbringen soll. Auch Pläne für einen *High Energy Large Hadron Collider* mit 33 TeV Energie liegen bereits in der Schublade. Warten wir's ab. Die Staatskassen sind leer und bereits heute ist die Datenflut von 15 Petabytes (15 Millionen Gigabytes) pro Jahr kaum mehr zu bewältigen. Fast im Sekundentakt erzeugt der LHC die Datenmenge einer CD und jagt sie durch ein weltweites Rechen- und Speichernetzwerk, das sogenannte *LHC Computing Grid*. Der Datendurchsatz ist atemberaubend – innerhalb des Netzwerkes würde das Herunterladen eines zweistündigen Spielfilmes weniger als eine Minute dauern. Man darf gespannt sein, wie sich dieses Netzwerk weiterentwickeln wird. Auch für den Vorgänger-Beschleuniger am Cern, den *Large Elektron-Positron Collider*, hatte der Physiker Tim Berners-Lee vor 23 Jahren ein Datennetzwerk entwickelt. Heute nennen wir es das *Internet* oder *World Wide Web* und aus unserem Alltag ist es kaum mehr wegzudenken.

Lesch: Faszinierend, dass eine derartige technische Revolution quasi als Nebenprodukt entstand und der Menschheit kostenlos zur Verfügung gestellt wurde.

Gaßner: Man ist bei Teilchenbeschleunigern nie vor Überraschungen gefeit und das in jeder Hinsicht. Genau deshalb betreiben wir sie ja – Millionen potentielle Überraschungen pro Sekunde.

Lesch: Und die Energie jeder Kollision entspricht einer Temperatur, 100.000-mal höher als im Zentrum unserer Sonne – jetzt bin ich platt. Woher kommt denn diese gewaltige Energie?

Gaßner: Die Projektile sind elektrisch geladen, deshalb lassen sie sich elektromagnetisch beschleunigen. Dieser Vorgang ist prinzipiell hoch effektiv angesichts der geringen Masse der Protonen. Gerade weil sie verhältnismäßig leicht sind, müssen wir sie ja bis auf 10 km/h an die Lichtgeschwindigkeit heran beschleunigen. Erst dann ist ihre Gesamtenergie aus Ruhemasse und Bewegungsenergie hoch genug, um die Massen der Teilchen erzeugen zu können, auf die wir es abgesehen haben. Die einzelnen Protonen erreichen dabei etwa die Energie einer Mücke. Das klingt nicht dramatisch, aber im Beschleuniger sind 2808 Pakete mit jeweils 100 Milliarden Protonen unterwegs, das entspricht dann schon der Energie eines mittleren Güterzugs bei 150 km/h. Deshalb gibt es eigens einen Ausweichtunnel mit einem Prellbock aus Graphitplatten und Beton, falls der Strahl außer Kontrolle geraten sollte. Im Fall der Fälle wird er von Magneten innerhalb von drei Umläufen umgeleitet, das sind bei annähernd Lichtgeschwindigkeit weniger als drei Millisekunden.

Lesch: Ein Hundertstel eines Wimpernschlags.

Gaßner: Diese Sicherheitsmaßnahmen sind auch dringend nötig. Bereits neun Tage nach Beginn der Experimente ereignete sich der erste Zwischenfall. Eine Verbindungsnaht zwischen zwei Magneten hielt der Belastung nicht stand und der resultierende Lichtbogen brannte sich durch Tanks und Leitungen, und setzte dabei Tonnen von Helium frei. Allein die schiere Größe stellt eine Achillesferse der Anlage dar. Beispielsweise verursachen die Mondphasen eine Anhebung und Absenkung der Erdkruste um 25 Zentimeter, wodurch die Länge des Beschleunigerrings um etwa einen Millimeter schwankt. Auch der Einfluss der Jahreszeiten muss korrigiert werden, so fließen im Frühjahr große Mengen an Schmelzwasser aus dem Jura in den nahen Genfer See und das führt zu spürbaren Kräfteverschiebungen.

Lesch: Das kommt mir vor, als würde jemand in New York und Berlin gleichzeitig eine Stecknadel abschießen und irgendwo über dem Atlantik sollen ihre Spitzen aufeinandertreffen.

Gaßner: Die Umlaufröhren für die Protonen erscheinen mit fünf Zentimetern Durchmesser relativ groß, allerdings wird der Strahl darin auf drei Millimeter mal ein Millimeter kollimiert beziehungsweise verdichtet, da kann man sich keine großen Abweichungen erlauben.

Lesch: Warum benötigt man eigentlich supraleitende Magnete? Das macht die Sache doch erst richtig aufwändig und teuer.

Gaßner: Die zu erreichende Energie eines Ringbeschleunigers lässt sich in sehr guter Näherung durch Projektil-Ladung mal Lichtgeschwindigkeit mal magnetische Flußdichte mal Radius des Ringes ermitteln. Konventionelle Spulen bräuchten einen Ring mit 120 Kilometern

Länge, um die Protonenbahnen bei den anvisierten Energien ausreichend zu krümmen. Für die 27 Kilometer am LHC benötigt man bei 7 TeV eine magnetische Flußdichte von 8,33 Tesla. Dafür jagt man 11.700 Ampere durch die Spulen. Zusätzlich verlieren die Protonen auf ihrer Kreisbahn stetig Energie durch sogenannte Synchrotronstrahlung, die immer auftritt, wenn Ladungen auf eine gekrümmte Bahn gezwungen werden.

Lesch: Wahnsinn! 10^4 Ampere, das entspricht der Größenordnung eines Blitzeinschlages.

Gaßner: Genau darin liegt die Antwort auf deine Frage. Konventionelle Magnete würden durch ihren Widerstand aufheizen und durchbrennen. Nur supraleitende Spulen aus Niob-Titan sind für diese Stromstärken ausgelegt. Der Preis dafür ist die extreme Kühlung der über tausend Spezialmagnete bis auf 1,9 Kelvin, damit das Material überhaupt die gewünschten supraleitenden Eigenschaften annimmt. Das bedarf zwei bis drei Wochen Arbeit, 10.000 Tonnen Flüssig-Stickstoff und 120 Tonnen Flüssig-Helium. Letzteres immerhin zum stolzen Preis von 40 € je Kilogramm.

Lesch: Da kommt ordentlich was zusammen. Ich bin immer noch beeindruckt von der Stromstärke in den Spulen. Wie hoch ist denn der Stromverbrauch der Anlage insgesamt?

Gaßner: Unterm Strich verschlingt der Beschleunigerring im laufenden Betrieb 120 Megawatt und die Experimente etwa 22 Megawatt Leistung. Deshalb wird in den Wintermonaten abgeschaltet und stattdessen der günstigere Strompreis im Sommer genutzt. Allerding sind auch während des Winterschlafs 35 Megawatt von Nöten, weil allein die Kühlung mit 27,5 Megawatt zu Buche schlägt.

Lesch: Der LHC ist wirklich eine Maschine der Gegensätze. Auf der einen Seite Magnete, die bis an den absoluten Nullpunkt heran gekühlt werden und ein paar Meter weiter Kollisionen, deren irrsinnig hohe Temperaturen nur von wenigen Phänomenen im Universum erreicht werden.

5.15 *Schematische Darstellung eines der 1.232 Dipolmagneten des Beschleunigerrings. Im Inneren des 14,3 m langen Segmentes erkennt man die beiden gegenläufigen Umlaufbahnen mit 5 cm Durchmesser, in denen 2.808 Protonenpakete zu jeweils 110 Milliarden Teilchen 11.245 mal pro Sekunde ihre Runden drehen. Die umgebenden Magnete erzeugen mit einer Stromstärke von 11.700 Ampere eine magnetische Flußdichte von 8,33 Tesla.*

Gaßner: Wo wir gerade bei extremen Temperaturen angelangt sind, der heißeste Punkt im Universum war natürlich der Urknall, aber wo ist denn der kälteste Ort?

Lesch: Du meinst ein natürliches Phänomen, kälter als die Kosmische Hintergrundstrahlung mit ihren 2,7 Kelvin? Geht das überhaupt?

Gaßner: Ohne weiteres natürlich nicht. Damit die Temperatur von Materie in einem Photonenbad unter die Temperatur der Photonen abgesenkt werden kann, muss man Arbeit verrichten, beispielsweise Gas expandieren. Rekordhalter ist hier der sogenannte Bumerangnebel in ungefähr 5.000 Lichtjahren Entfernung. Seine Ausdehnung beträgt fast ein Lichtjahr und er wird vom stellaren Wind seines Zentralsterns mit annähernd 600.000 Kilometern pro Stunde auseinandergetrieben. Die extreme Expansion kühlt die Moleküle auf knapp ein Grad Kelvin.

5.16: *Der Bumerangnebel, 5.000 Lichtjahre entfernt in Richtung des Sternbildes Centaurus. Die Aufnahme des Hubble-Weltraumteleskops wurde mit Hilfe unterschiedlicher Polarisationsfilter aufgenommen und entsprechend eingefärbt.*

Lesch: Saukalt! Das ist also der coolste Platz, den wir kennen. Wobei der LHC nur knapp ein Grad darüber liegt. Damit wären wir wieder beim Thema. Wo genau wird denn am LHC das Higgsteilchen nachgewiesen?

Gaßner: Dafür sind zwei Anlagen zuständig: ATLAS (A Toroidal Lhc ApparatuS) und CMS (Compact Muon Solenoid). Beide suchen möglichst unabhängig voneinander, damit wir systematische Fehler besser erkennen. Allein ATLAS hat die Masse von 100 Jumbojets. CMS kommt mit der Hälfte aus – wie das C im Namen schon verrät, ist der Aufbau kompakter. Im Gegenzug sind stärkere Magnete notwendig.

Lesch: Was für eine unglaubliche Anstrengung! Tausende von Wissenschaftlern aus aller Herren Länder suchen nach einem Elementarteilchen.

Gaßner: Für Peter Higgs freut es mich sehr, dass man es gefunden hat. Nach der Pressekonferenz hat man schon ein paar Tränen in seinen Augen gesehen. Er ist eine außerordentlich sympathische Erscheinung. Bei einem Besuch am LHC hat er erzählt, dass seine Publikation zum *Higgsmechanismus* mit nur eineinhalb Seiten und sage und schreibe vier Gleichungen im ersten Anlauf von den Journalen abgelehnt wurde, weil sie ihnen zu abgedreht erschienen war. Das habe ihn damals nicht weiter verwundert, weil er sich selbst auch als Wald- und Wiesenphysiker einschätze. Alle Anwesenden haben herzhaft gelacht.

5.17 *Peter Ware Higgs (geb. 1929)*

Lesch: In einem Brief an einen Kollegen hat er 1964 geschrieben: „Diesen Sommer habe ich etwas völlig Nutzloses erfunden." Kein Geringerer als Werner Heisenberg soll das Higgsfeld sogar als Müll bezeichnet haben. Das Nobelpreis-Komitee hat das 2013 anders gesehen. Zusammen mit François Englert wurde er ausgezeichnet und anschließend hat sich ein regelrechter Hype entwickelt, wie ich ihn bei einer Entdeckung in der Elementarteilchen-Physik noch nicht erlebt habe.

Gaßner: Für Außenstehende ist die große Aufregung um das Higgsteilchen vermutlich schwer nachvollziehbar: „Jetzt finden sie wieder irgendein

5.18 *François Englert (geb. 1932)*

Teilchen." Die große Motivation der theoretischen Physik kommt daher, dass vor mehr als 50 Jahren unser wissenschaftliches Weltbild schwer angeschlagen wurde. Das bis dato extrem erfolgreiche sogenannte *Standardmodell* lieferte für Prozesse mit massebehafteten Elementarteilchen widersprüchliche Prognosen mit theoretischen Wahrscheinlichkeiten größer 100 Prozent bis hin zu unendlich. Sogar eine heilige Kuh – die sogenannte *Eichsymmetrie* – wurde verletzt.

Lesch: Eichsymmetrien sind auch aus philosophischer Sicht äußerst interessant. Wir erkennen sie in unseren Gleichungen, aber sind sie real in unserer Welt oder gibt es sie nur auf dem Papier?

Gaßner: Ich denke, an dieser Stelle sollten wir detaillierter auf das Standardmodell eingehen, sonst versteht kaum jemand, was mit diesen Symmetrien überhaupt gemeint ist.

Lesch: Ich glaube nicht, dass man Eichsymmetrien erklären kann, ohne tief in die Mathematik einzusteigen. Selbst dann ist es noch schwierig genug. Hier haben wir das Ende der Fahnenstange erreicht. Wenn man sich mit Ägyptologie beschäftigt, kommt man auch an den Punkt, an dem man Hieroglyphen lesen muss. Um Eichsymmetrien zu verstehen, muss man die Hieroglyphen der Mathematik lesen können. Da hilft alles nichts.

Gaßner: Du bist lustig, Harald. Wir können doch nicht auf Seite dreihundertundsowieso die Flinte ins Korn werfen und sagen: So, und ab hier muss man theoretischer Physiker sein. Das hätten wir uns früher überlegen müssen. Ich bin fest davon überzeugt, dass jeder Wissenschaftler in der Lage sein muss, seine Gedanken so zu erklären, dass sie von interessierten Nichtwissenschaftlern zumindest im Großen und Ganzen nachvollzogen werden können.

Lesch: Na, dann bin ich mal gespannt, wie du Eichsymmetrien so erklärst, dass sie ein Laie im Großen und Ganzen nachvollziehen kann.

Gaßner: Natürlich brauche ich deine tatkräftige Unterstützung. Am Anfang dieser Erfolgsstory stand wieder mal ein Schotte. James Clerk Maxwell hatte zwischen 1861 und 1864 die Elektrizität und den Magnetismus in einer ersten Feldtheorie vereinheitlicht. Damals war die Welt der Physiker noch in Ordnung: Die elektrische Ladung verursacht eine Kraft und mittels vier linearer partieller Differentialgleichungen erster Ordnung ließ sich dieser Elektromagnetismus zufrieden stellend beschreiben. Wobei man dazu sagen sollte, dass Maxwell die nach ihm benannten Gleichungen in der extrem kompakten Form, wie wir sie heute schreiben, selbst nie zu Gesicht bekommen hat. Nicht zuletzt dieser eleganten mathematischen Formulierung ist es zu verdanken, dass man in den Gleichungen Terme erkannte, die offensichtlich frei wählbar waren, ohne das Endergebnis zu beeinflussen. Stark vereinfacht wäre das vergleichbar mit einem Ausdruck der Form $X + (0 \cdot Y)$. Da spielt es auch keine Rolle, was ich für Y einsetze. Den Paradefall bildet das elektrische Potential. Von Bedeutung ist stets der Unterschied zwischen zwei Potentialen. Egal, welchen Wert ich zu beiden Potentialen hinzu addiere, in der Differenz kürzt er sich wieder weg. Die Spatzen pfeifen diese sogenannte *Eichfreiheit* von den Dächern, oder besser von den Hochspannungsleitungen, auf denen sie ansonsten gar nicht unversehrt sitzen könnten. Es gibt also mathematische Umformungen, die einen Prozess oder ein Ding nicht nachhaltig verändern; diese Abbildungen nennt man Symmetrien. Im Physikerdeutsch wäre es also gleichbedeutend zu sagen: „Die Maxwellgleichungen sind invariant unter Eichtransformation" oder „die Maxwellgleichungen besitzen eine Eichsymmetrie".

5.19 *James Clerk Maxwell (1831 - 1879)*

Lesch: Na, toll! Ein Objekt heißt symmetrisch, wenn man mit ihm etwas anstellen kann, ohne es am Ende, wenn man fertig ist, mit der Prozedur, geändert zu haben. Dann kann man es ja auch lassen, oder?

Gaßner: Das mag nach einer mathematischen Fingerübung aussehen, hat aber tatsächlich weitreichende Konsequenzen. Bereits vor hundert Jahren konnte die deutsche Mathematikerin Emmy Noether beweisen, dass kontinuierliche Symmetrien zwingend mit Erhaltungsgrößen einhergehen. Der Energieerhaltungssatz zeigt sich beispielsweise darin, dass man den Zeitpunkt frei wählen kann, an dem man ein Experiment beginnt. Ob du ein Pendel heute oder morgen mit einer bestimmten Energie auslenkst, es wird immer in der selben Art und Weise schwingen. Gäbe es „Montagspendel", d. h. würden Pendel Montag morgens – nach einem harten Wochenende – ein wenig schwächeln, wäre der Energieerhaltungssatz verletzt. Ähnlich ist es mit dem Ort, an dem man ein Experiment durchführt. Ist man frei in der Wahl des Ortes, dann gilt für den physikalischen Prozess Impulserhaltung – oder weil es so schön klingt im Physikerjargon: „Der Prozess ist translationssymmetrisch". Analog ergibt sich aus der Rotationsinvarianz die Drehimpulserhaltung usw.

5.20 *Emmy Noether (1882 - 1935)*

Lesch: Chapeau, was für ein genialer Ansatz!

Gaßner: Emmy Noether war in vielerlei Hinsicht eine beeindruckende Persönlichkeit. 1900 war es Frauen noch untersagt, Mathematik zu studieren. Sie ließ nicht locker und wegen ihrer hohen Begabung wurde sie schließlich als Gasthörerin geduldet. Später sollte sie sich als erste Frau habilitieren. Eine Berufung an einen deutschen Lehrstuhl blieb ihr jedoch trotz ihrer großen Verdienste bis an ihr Lebensende verwehrt. Der Mathematiker David Hilbert hat dazu resigniert angemerkt: „Ich kann nicht nachvollziehen, dass das Geschlecht eines Anwärters ausschlaggebend sein soll für eine Berufung als Privatdozent. Schließlich sind wir eine Universität und keine Badeanstalt."

Lesch: Albert Einstein schrieb wenige Wochen nach ihrem Tod in der New York Times: „Fräulein Noether war das bedeutendste kreative mathematische Genie seit der Einführung der höheren Bildung für Frauen."

Gaßner: Damit das jetzt nicht in den Anekdoten untergeht, fasse ich nochmal kurz zusammen: Symmetrien sind also nicht nur im üblichen, geometrischen Sinne zu verstehen, sondern beschreiben allgemein die Tatsache, dass ich mit einem Objekt oder einem Prozess etwas anstellen kann, ohne dass es am Ende zu einer tatsächlichen Änderung des Sachverhaltes führt.

Lesch: Trotzdem ist es doch viel interessanter, wenn was passiert beziehungsweise wenn sich was verändert, während man mit irgendetwas was macht. Eine symmetrische Welt wäre die Langeweile pur. Also dass ausgerechnet die Physiker, die ja immer was machen wollen, auf der Suche nach Symmetrien sind, wo dann nix mehr passiert, das wundert mich schon. Da zeigt sich mal wieder, wie nahe die Physiker den ganz alten griechischen Philosophen sind. Die haben nämlich auch nach den unveränderlichen Teilen der Welt gesucht, nach den wichtigen ewigen Bestandteilen. Dass das aber ausgerechnet Symmetrien sein sollen? Eigenartig!

Gaßner: Physikalisch interessant sind vor allem kontinuierliche Symmetrien, d. h. Transformationen, die man aus beliebig kleinen Schritten zusammensetzen kann. Der Paradefall ist die Drehung eines symmetrischen Körpers, beispielsweise einer Kugel, um die Symmetrieachse. Die Mathematik liefert darüber hinaus auch diskrete Symmetrien, um die wir uns zum Glück nicht weiter kümmern müssen, weil sie in der Natur nicht auftreten. Im Beispiel der Kugel entspräche das einer unendlich schnellen, ruckartigen Entweder-oder-Spiegelung an ihrer Symmetrieebene.

Lesch: Bevor es jetzt zu abstrakt wird, nochmals die Quintessenz: Jede Erhaltungsgröße erfordert eine kontinuierliche Symmetrie und umgekehrt.

Gaßner: Und an dieser Stelle haben sich nun findige Physiker die Frage nach der Henne und dem Ei gestellt. Wer war zu erst oder anders gefragt, welches ist das übergeordnete Prinzip? Beispielsweise kann man die Maxwellgleichungen alternativ herleiten, indem man die Eichsymmetrie als übergeordnetes Prinzip fordert. Das dürfte der größte Triumph der Eichtheorie gewesen sein und hat vermutlich 1954 Chen Ning Yang und Robert Mills dazu veranlasst, mit verallgemeinerten Eichsymmetrien auf die Suche nach einer Beschreibung der Schwachen und Starken Kernkraft zu gehen. Natürlich musste man den Begriff „Ladung" neu belegen. Man spricht von *Farbladungen* und *Geschmacksladungen* als Verursacher der auftretenden Kräfte.

Lesch: Ihre Bezeichnung verdankt die Farbladung übrigens dem Umstand, dass sich die drei Ladungen der Starken Wechselwirkung neutralisieren, ähnlich der Überlagerung von Rot, Grün und Blau zu neutralem Weiß. Das hat der zugrundeliegenden Theorie den Namen *Quantencromodynamik* (QCD) eingebracht, ohne dass sie ansonsten mit Farbe etwas zu tun hätte.

Gaßner: Die Beschreibung physikalischer Phänomene durch eine Feldtheorie in Verbindung mit Eichsymmetrien schien lange Zeit der Weisheit letzter Schluss zu sein. Egal welche Anforderungen mit der Zeit an sie gestellt wurden, sie meisterten sie allesamt mit Bravour. Die Erkenntnis einer quantisierten Welt führte zur Quantenfeldtheorie, worin die Austauschteilchen als Quanten identifiziert wurden. Die Erkenntnisse der speziellen Relativitätstheorie führten zur relativistischen Quantenfeldtheorie. Erfolg auf ganzer Linie!

Lesch: Vielleicht hätten wir an diesem Punkt aufhören sollen Wissenschaft zu betreiben. Anschließend wurde alles nur schwieriger.

Gaßner: Letztendlich wurden die Eichsymmetrien von ihrer Herkunft eingeholt. Sie waren dem Elektromagnetismus entsprungen, dessen einziges Austauschteilchen – das Photon – weder Masse noch Ladung aufweist. Die beiden Kernkräfte sind dagegen wesentlich komplizierter gestrickt. Die Starke Kernkraft wirkt zwischen drei verschiedenen Farbladungen und wird von acht Gluonen vermittelt. Zu allem Überfluss tragen die Gluonen ihrerseits selbst Farbladung und die Quarks zusätzlich noch elektrische Ladung. Die Austauschteilchen der Schwachen Wechselwirkung, die W- und Z-Bosonen, sind schwer, ihre Ruhemassen betragen 80 und 91 GeV. Damit kommen wir zum springenden Punkt. Insbesondere die Eigenschaft Masse erwies sich in der theoretischen Betrachtung zunehmend als sperrig, gleichwohl sämtliche Messdaten eindeutig eine Masse der Elementarteilchen belegen.

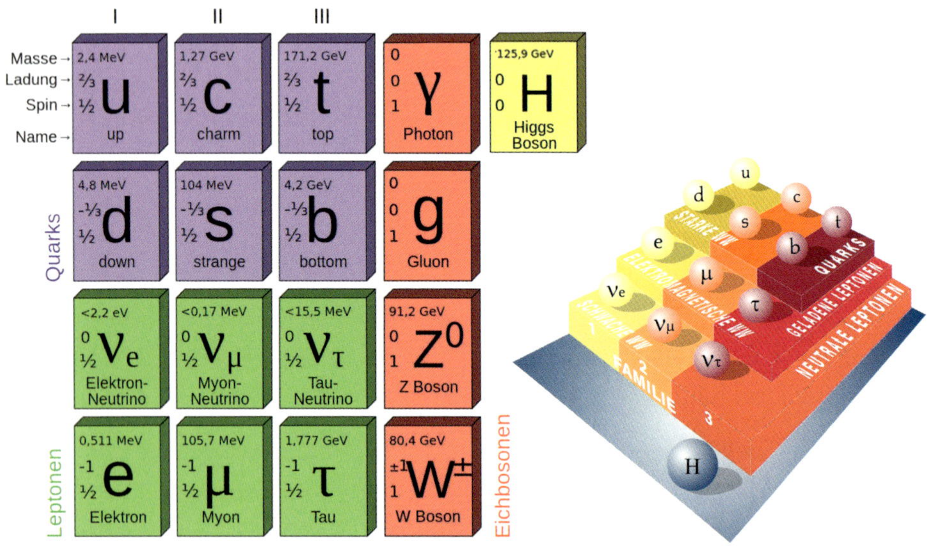

5.21 *Das Standardmodell: In Abhängigkeit des Spins unterscheidet man Fermionen (Spalten I, II und III) und Eichbosonen. Sämtliche Teilchen unterliegen der Schwachen Wechselwirkung, die von W- und Z-Bosonen vermittelt wird. Elektrisch geladene Teilchen unterliegen zusätzlich der elektromagnetischen Wechselwirkung mit dem Photon als Eichboson. Die Starke Kernkraft wird von acht Gluonen vermittelt und wirkt nur auf Teilchen, die über Farbladung verfügen (Quarks und Gluonen). Das Phänomen Ruhemasse entsteht durch die Kopplung an ein Higgsfeld.*

Lesch: Was meinst du mit „sperrig"?

Gaßner: Erzfeind der Masse ist im Standardmodell die sogenannte *Chiralität*. Anhand dieser Quanteneigenschaft lässt sich die Welt in zwei Lager unterteilen. Man spricht auch von rechts- oder linkshändigen Teilchen, weil sich diese Eigenschaft beispielsweise darin zeigt, dass sie sich in Flugrichtung rechtsherum – also im Uhrzeigersinn – oder eben linksherum – gegen den Uhrzeigersinn – drehen. Damit nimmt das Unheil seinen Lauf. Das Standardmodell prognostiziert nämlich, dass massebehaftete Teilchen diesen Drehsinn ändern und zwar umso öfter, je mehr Masse sie aufweisen. Andererseits unterscheiden sich rechts- und linkshändige Elementarteilchen durch eine Eigenschaft, die man *schwache Hyperladung* nennt und die eine Erhaltungsgröße darstellt. Wenn sie aber erhalten bleiben soll, dann dürfen die Teilchen ihren Drehsinn nicht ändern!?

Lesch: Üblicherweise läutet ein derartiger Widerspruch das Ende einer Theorie ein.

Gaßner: Das Standardmodell war allerdings derart erfolgreich in unzähligen überprüfbaren Detailfragen, dass man es nicht in Bausch und Bogen verwerfen wollte. Nur irgendjemand musste den Schwarzen Peter abkriegen: Entweder waren die inneren Symmetrien und damit die Erhaltungssätze verletzt oder die Teilchen hätten keine Masse, dann wären aber sämtliche Messungen falsch!
Das Standardmodell stürzte in eine Krise und sechs Physiker, Robert Brout († 5/2011), Francois Englert, Gerald Guralnik, Carl R. Hagen, Peter Higgs und Tom Kibble machten sich unabhängig voneinander auf, den finalen Niederschlag zu verhindern. Sie publizierten eine gewagte Theorie, die wir heute den *Higgsmechanismus* nennen. Demnach sind sämtliche Massen der Elementarteilchen de facto null. Damit müssen sie ihren Drehsinn nicht ändern und die schwache Hyperladung bleibt erhalten. Im Gegenzug wird es ein wenig abstrakter. Mit Masse haben all diese Elementarteilchen eigentlich nichts am Hut. Erst durch die Wechselwirkung mit einem überall vorhandenen Feld entsteht der Eindruck träger Masse. Damit können die Messgeräte Masse anzeigen, trotz masseloser Elementarteilchen.

Lesch: Also ganz ehrlich, Josef, glaubst du wirklich, dass das außer ein paar spezialisierten Teilchenphysikern jemand – wie hast du es formuliert – im Großen und Ganzen nachvollziehen kann? Selbst für mich als guten alten – fast hätte ich gesagt bodenständigen – Plasmaphysiker klingt das alles ziemlich schräg. Man hat theoretisch ein Problem mit einem Phänomen, das wir Masse nennen und das zigtausendfach experimentell bestätigt ist. Man löst das Problem, indem man die Elementarteilchen kurzerhand als masselos annimmt und ruft im Gegenzug ein Higgsfeld ins Leben, das den Eindruck träger Masse vermitteln soll. Und am Ende, Jahrzehnte später, wird dieses Feld tatsächlich nachgewiesen. Da fällt mir nichts mehr ein.

5.22 *Das ATLAS-Experiment (A Toroidal Lhc ApparatuS) während der Baumaßnahmen. Länge 46 Meter, Durchmesser 25 Meter, Gewicht 7.000 Tonnen.*

Gaßner: Und es kommt noch schlimmer! Die zugrundeliegende Idee war nicht ganz neu – in der Festkörperphysik wusste man längst, dass Elektronen in geeigneten Medien bis zu 40-fach träger reagieren als im Vakuum. Der Higgsmechanismus bedeutet allerdings, den Teufel mit dem Belzebub auszutreiben, denn man fängt sich einen neuen Symmetriebruch ein, genau dann, wenn das Higgsfeld in der Frühphase des Universums erstmals seinen Dienst antritt. Immerhin passiert das nur einmal und viel wichtiger ist, dass alle Verletzungen der inneren Symmetrien des Standardmodells damit befriedet sind. Es handelt sich nämlich um eine sogenannte *spontane Symmetriebrechung*, wodurch man zum Ausdruck bringt, dass etwas grundsätzlich symmetrisch ist, jedoch unterschiedliche Grundzustände aufweist. Nach dem Übergang in einen dieser gleichberechtigten Grundzustände sieht man dem System zwar die ursprüngliche Symmetrie nicht mehr an, gleichwohl wäre die Symmetrie oberhalb einer kritischen Energie – genau dort, wo das System sich für einen bestimmten Grundzustand entscheidet – wieder vorhanden. Diese Konstruktion haben wir bereits bei der Frage

nach dem „Knall“ des Urknalls genutzt (siehe Abbildungen 2.16 und 2.18). Dabei hatten wir sogar beliebig viele gleichberechtigte Grundzustände – in der Rinne des Mexican Hats.
In der Finanzwelt laufen derartige Vorgänge heutzutage unter der Bezeichnung „Bad Bank“. Wenn es in den Tiefen der Buchhaltung „innere Symmetriebrüche“ gibt, dann wird eine zusätzliche Institution eingeführt, um die Probleme dorthin auszulagern. Das Higgsfeld ist die „Bad Bank" des Standardmodells.

Lesch: Das klingt ja alles ganz nett, nur wie um alles in der Welt soll man nun ein solches überall in der Welt vorhandenes Feld nachweisen?

Gaßner: Die Quantenfeldtheorie liefert den Ansatz: Mit ausreichend hoher Energie kann man das Higgsfeld zu Schwingungen anregen, die sich in Form eines Teilchens zeigen: dem Higgsteilchen.
Mit Hilfe der größten Maschine, die je von Menschenhand erbaut wurde und dem größten Forscheraufgebot, das je an einem Projekt beteiligt war, konnte der Higgsmechanismus nun endlich experimentell bestätigt werden. Das war gewissermaßen ein Blind Date. Wir wussten seit Langem jede Menge über dieses Feld mit seinem Austauschteilchen, beispielsweise sollte es elektromagnetisch neutral sein und den Spin null aufweisen, hatten es aber noch nie gesehen. Jetzt sollte es endlich soweit sein – endlich stehen wir uns gegenüber.

Lesch: Das Problem dabei ist nur, dass unsere Blind Dates gerade mal 10^{-22} Sekunden dauern. Anschließend ist das Higgsteilchen unmittelbar am Entstehungsort wieder zerfallen.

Gaßner: Echtes Speeddating! Alles, was wir machen können, ist nach seinen Spuren zu suchen, das scheue Higgs zerfällt nicht zu Nichts. Wir haben theoretische Prognosen, welche Zerfallsprodukte – je nach Wahrscheinlichkeit – entstehen sollten. Genau nach diesen Dingen wird gesucht. Weil wir Protonen auf Protonen schießen, entsteht ein regelrechter Teilchenzoo. Protonen sind zusammengesetzte Teilchen aus drei Quarks und einer Unmenge an Gluonen. Das eröffnet eine Vielzahl an möglichen Kollisionsergebnissen. Auch die Ausgangsenergie ist nicht scharf festgelegt, weil bei einem Zusammenstoß von

Teilen des einen Protons mit Teilen des anderen Protons die Unfallgegner jeweils nicht über die Gesamtenergie des Protons verfügen. Das liefert zusätzliche Herausforderungen an die Statistik. Es wäre uns viel lieber, Quarks auf Quarks zu schießen, aber das geht leider nicht, weil Quarks nur in Gruppen auftreten.

Lesch: Quarks auf Quarks zu schießen, das werden wir beide wohl nicht mehr erleben.

Gaßner: Alternativ wären auch Elektronen und Positronen als Projektile möglich, das hatten wir ja schon beim Vorgänger des LHC. Für einen entsprechenden zukünftigen Beschleuniger, den International Linear Collider (ILC) in Japan, gibt es zumindest Pläne. Dummerweise steigt die Synchrotronstrahlung in einem Ringbeschleuniger für leichte Teilchen hoch vier an, d. h. für Elektronen mit rund 1/2000 der Protonenmasse ergibt sich ein Faktor 2000^4 · Deshalb soll es ein Linearbeschleuniger, also eine gerade Strecke mit mindestens 31 Kilometern werden. Ein halbes bis ein TeV Kollisionsenergie würde ausreichen, um die Entdeckungen des LHC deutlich präziser zu vermessen. Es hakt nur noch am nötigen Kleingeld.

Lesch: Mit dem LHC scheint mir das Ende der Fahnenstange erreicht – zumindest was die Finanzierbarkeit anbelangt.

Gaßner: Vier Milliarden Schweizer Franken waren kein Pappenstiel. Darin sind die unzähligen Arbeitsstunden der beteiligten Wissenschaftler gar nicht eingerechnet. Die Kosten verteilen sich zwar auf 20 nationale Schultern, aber wir Deutschen sind mit 20 Prozent wieder mal die größten Zahler.

Lesch: Das ist ja nichts Neues – aber man gönnt sich ja sonst nichts. Schließlich wollen die Schweizer ja auch von was leben, nachdem das Bankgeheimnis Geschichte ist.

Gaßner: Die Frage nach der Finanzierung von Beschleunigern stellt sich mit jeder Generation aufs Neue. Dazu fällt mir die Geschichte von Robert Wilson ein, der 1969 vor dem US-Kongress für den Bau des damals größten Beschleunigers am Fermilab werben sollte. Der Vietnamkrieg hatte tiefe Löcher in den Haushalt gerissen und 250 Millionen USD waren viel Geld. Es entwickelte sich ein bemerkenswerter Dialog zwischen Senator John Pastore und Wilson (auszugsweise frei übersetzt aus http://history.fnal.gov/testimony.html):

Pastore: *Wird dieser Beschleuniger in irgendeiner Weise zur nationalen Sicherheit beitragen?*

Wilson: *Nein, Sir, ich denke nicht.*

Pastore: *Gar nicht?*

Wilson: *Gar nicht.*

Pastore: *Er hat keinerlei Wert für unsere Verteidigung, nichts, das uns einen Vorteil gegenüber den Russen verschaffen könnte?*

Wilson: *Sein Wert hat mit uns Menschen zu tun, mit unserer Würde. Es geht um die Erweiterung unserer Erkenntnisse, die wir ehren und achten. Insofern hat er nichts direkt mit der Verteidigung unseres Landes zu tun, außer dass er dazu beiträgt, dass es wert ist verteidigt zu werden.*

Lesch: Bravo! Ich nehme an, das Budget wurde bewilligt.

Gaßner: Jawohl, in voller Höhe. – So ein Teilchenbeschleuniger ist hoch interessant. Während meines Physikstudiums habe ich lange geglaubt, dass da irgendetwas aufeinander knallt, damit wir an seine Bestandteile gelangen. Unter den Tausenden von Brocken fänden wir dann am Ende das, wonach gesucht wird.

Lesch: Ja, und? Das klingt doch plausibel.

Gaßner: In den Teilen, die im LHC aufeinander knallen, ist das Higgs gar nicht drin! Das ist ja nicht so, als würden da Kokosnüsse aufeinander geschlagen, um an die Milch zu kommen. Durch diese Kollision wird nur die notwendige Energie erzeugt. Aus dieser Energie entsteht dann etwas.

Lesch: So wie uns das bei den Quantenfluktuationen im Big Bang schon begegnet ist.

Gaßner: Die Energie für einen Big Bang erreichen wir am LHC leider nicht, ich würde es eher einen „Small Bang" nennen. Immerhin entsteht in diesem Tohuwabohu alles Mögliche, was man aus ein paar Tera-Elektronenvolt so basteln kann.

Lesch: Auch Schwarze Löcher?

Gaßner: Ha, danke für diese Steilvorlage, die Frage musste ja kommen. Ja, grundsätzlich können dabei auch Schwarze Löcher entstehen. Nur wer bis hierher aufmerksam gelesen hat, der kann bereits selbst darauf antworten, ob eine Gefahr von diesen Objekten ausgeht.

Lesch: Richtig! Zwei Protonen knallen mit ein paar TeV aufeinander, das liefert gerade mal genügend Energie für die Masse von ein paar Tausend Wasserstoff-Atomen. Zu einem Schwarzen Loch wird das Ganze nur, falls es wahnsinnig klein ist, siehe Planck-Ära.

Gaßner: Die Bezeichnung „Schwarzes Loch" lässt sofort viele an stellare oder gar galaktische Schwarze Löcher denken. Die Gefahr dieser kosmischen Objekte geht jedoch von ihrer immensen Masse aus. Mikroskopisch kleine und entsprechend leichte Schwarze Löcher sind harmlos und ziehen nicht mal ein Stück Wurst vom Brot. Fast möchte man sagen: Die wollen nur spielen.

Lesch: Hochenergetische kosmische Teilchen, sogenannte *UHECRs* (ultra-high energy cosmic rays) setzen bei Kollisionen mit unserer Atmosphäre wesentlich mehr Energie frei. Auch dabei sind noch keine Schwarzen Löcher entstanden, die uns alle verschlungen hätten. Trotzdem wird mit dem Bau jedes neuen Beschleunigers diese Diskussion neu entfacht. Vermutlich hat das eher mit Marketing zu tun. Bei den UHECRs regt sich zumindest niemand darüber auf.

Gaßner: Zurück zu unserem wirklichen Aufreger, dem Higgsteilchen. In den energetischen Vorgängen, die sich beim Small Bang ergeben, sucht man also gezielt nach etwas, das beim Zusammentreffen jeweils eines Quarks aus dem einen Proton mit einem Quark aus dem anderen Proton entsteht. Dieses Etwas wird immer weiter ausgesiebt. Wie in einem Indizienprozess wird alles abgetrennt, was wir kennen.

Dafür bauen wir zwei gewaltige Hindernisparcours, die möglichst klare Fragen stellen an alles, das im Small-Bang entstanden ist. Liebes Teilchen, wie hältst du es mit der Ladung? Lässt du dich also von einem Magneten beeindrucken oder fliegst du geradeaus weiter? Wie tief dringst du ein in bestimmte Materialien oder anders gefragt: Wie viel Energie bringst du mit?
Anschließend betreiben wir Präzisionsbuchhaltung. Wie viel Energie ging rein und wie viel konnten wir anschließend identifizieren? Fehlt da vielleicht noch etwas? Oder haben wir in einer Detektorhälfte mehr Energie „gesehen" als in der anderen – mit anderen Worten: Ist uns etwas Unbekanntes durch die Lappen gegangen, wofür unser Hindernisparcour blind war? Auch mögliche Zerfälle rekonstruieren wir und erst wenn das Übriggebliebene weiteren Kriterien entspricht, die von der Theorieseite angemeldet worden sind, dann sagen wir: „So, und jetzt war's ein Higgsboson."

Lesch: Weil du gerade „Higgsboson" sagst. Woher wissen wir eigentlich, dass das neue Teilchen ein Boson ist?

Gaßner: Nur Bosonen können in zwei Z-Bosonen zerfallen. Aus dem Zerfall in zwei Photonen lässt sich darüber hinaus der Spin $h/2\pi$ ausschließen (*Landau-Yang-Theorem* von Lev Landau und Chen Ning Yang). Damit bleibt als wahrscheinlichster Spin null übrig, wie sich das gehört für ein Boson eines Skalarfeldes. Das Standardmodell liefert ein enges Raster zur Teilchenfahndung. Entscheidend ist nur, dass wir möglichst genau erkennen, was in den jeweiligen Reaktionen entsteht.

Lesch: Und das ist Aufgabe der beiden Hindernisparcours, von denen du gesprochen hast, den Detektoren ATLAS und CMS.

Gaßner: Extrem komplexe Teilchenhindernisse. In konzentrischen Zylindern reihen sich Messgeräte an Messgeräte. Zusammengenommen sind fast 20.000 Tonnen Material verbaut. Die Detektoren leiden natürlich unter dem ständigen Teilchenbeschuss, ihre geschätzte Lebensdauer ist daher auf 15 Jahre begrenzt.

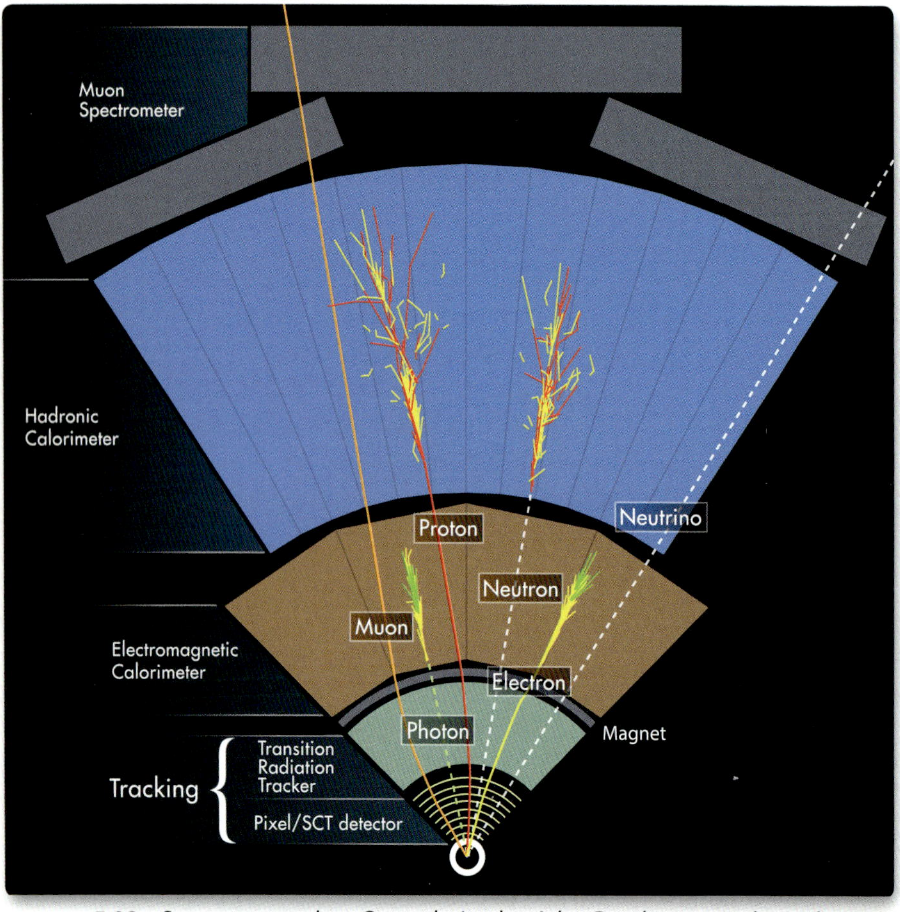

5.23 *Segment aus dem Querschnitt des Atlas-Detektors mit den stilisierten Verläufen verschiedener Teilchendurchquerungen. Gestrichelte Linien kennzeichnen Teilchenbahnen, die für den Detektor nicht sichtbar sind.*
Der innerste Bereich dient dem sogenannten Tracking, d. h. konzentrische Schichten aus Platinen melden ein Signal, sobald ein Teilchen sie durchschlägt – die Jagd beginnt. Positiv und negativ geladene Teilchen werden von einem starken Magneten in unterschiedliche Richtungen abgelenkt. Anschließend versacken Teilchen in sogenannten Kalorimetern, die ihnen spezifische Wechselwirkungen entgegensetzen. Elektronen versacken beispielsweise im elektromagnetischen Kalorimeter, Protonen im hadronischen Kalorimeter. Ihre Energie wird daran abgelesen, wie tief sie dabei eindringen. Weiter draußen identifiziert der Myonspektrometer die Bahnen der Myonen. Neutrinos werden in den LHC-Detektoren nicht erkannt.

5.24 *Eine Platinenschicht des Tracking-Bereiches (Radius 20 cm).*

5.25 *Transport eines Kalorimetersegmentes.*

Gaßner: Witzig ist der Ursprung der Messingnase des CMS. Ihre enorme Menge an Material stammt aus recycelten Granathülsen der baltischen Flotte.

Lesch: Gewissermaßen Schwerter zu Pflugscharen. Bei dem derzeitigen Ärger in der Ukraine wäre es vielleicht besser gewesen, die gesamte baltische Flotte zu recyceln.

5.26 *Granathülsen der baltischen Flotte werden für die Messing-Nase des CMS-Detektors recycelt.*

5.27 *Der 21 Meter lange und 16 Meter hohe, zylindrische CMS-Detektor (Compact Muon Solenoid) im Querschnitt (ca. 12.500 Tonnen).*

Gaßner: Beim Nachweis des Higgsteilchens wird gerne der Vergleich mit der Stecknadel im Heuhaufen bemüht. Tatsächlich ist es viel schlimmer: Die mittlere Lebensdauer vieler im Small-Bang entstehender Teilchen ist derart kurz, dass wir nur ihre Zerfallsprodukte identifizieren. Die können wir zwar mit Hilfe des Standardmodells ausreichend genau berechnen, leider sind diese Ergebnisse jedoch stark energieabhängig. Das Higgsteilchen zerfällt beispielsweise im Energiebereich von 126 GeV folgendermaßen:

Wahrscheinlichkeit	**Zerfallsprodukte**
58 %	b-Quark, Anti-b-Quark
22 %	W-Boson und virtuelles W-Boson
8,5 %	Gluon, Gluon
6 %	t-Quark, Anti-t-Quark
2,5 %	Z-Boson und virtuelles Z-Boson
2,5 %	c-Quark und Anti-c-Quark
0,2 %	Photon, Photon
0,15 %	Photon, Z-Boson

In anderen Energiebereichen sind die Wahrscheinlichkeiten der Zerfallskanäle jedoch völlig anders verteilt. Um zu wissen, wonach man sucht, sollte man schon vorab wissen, wie schwer das unbekannte Teilchen ist, dass man zu finden hofft.

Lesch: Man muss also erstmal den richtigen Heuhaufen finden, um nach der einen, bestimmten Nadel suchen zu können.

Gaßner: Wenn dein Heuhaufen der Energiebereich ist, dann hast du natürlich Recht. Und erschwerend kommt noch hinzu, dass ausgerechnet die häufigeren Zerfallsprodukte, wie beispielsweise b-Quarks, auch bei anderen Kollisionen und Reaktionen in rauen Mengen erzeugt werden. Die Higgszerfälle sind deshalb in diesem sogenannten *Hintergrundrauschen* schwer zu identifizieren. Zu allem Überfluss treten auch noch viele Neutrinos auf, deren Energie im Detektor nicht nachgewiesen werden kann. Wesentlich besser sieht es aus, wenn Higgsteilchen zu zwei Photonen zerstrahlen oder in zwei Z-Bosonen zerfallen, die sich wiederum in zwei Elektronen oder Myonen umwandeln. Das Rauschen ist für diese Teilchen deutlich geringer, allerdings treten diese Reaktionen verhältnismäßig selten auf.

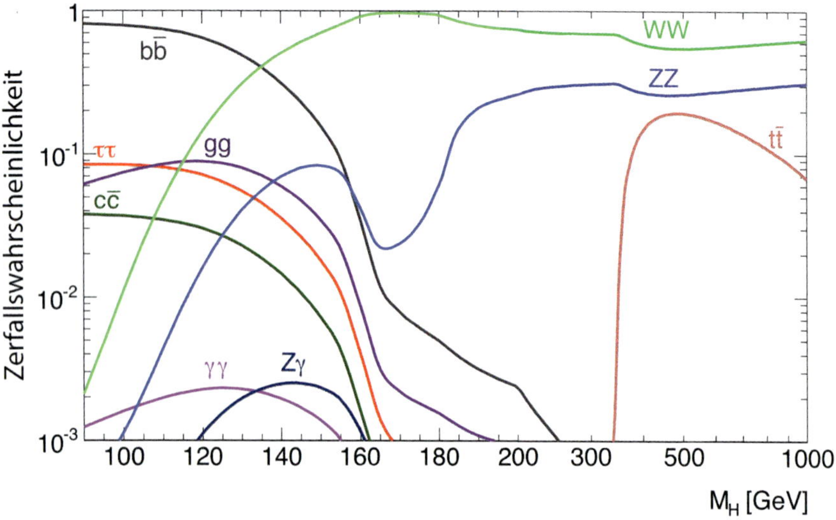

5.28: *Die theoretischen Wahrscheinlichkeiten verschiedener Zerfallskanäle in Abhängigkeit einer angenommenen Higgsmasse. Notation gemäß obiger Tabelle.*

Lesch: Aha! Deshalb brauchen wir für eine gute Statistik möglichst viele „Schüsse". Man knallt also immer noch nicht Kokosnüsse …, obwohl ich das schön fände, wenn in der Schweiz in einem 27 Kilometer langen Beschleuniger Kokosnüsse auf annähernd Lichtgeschwindigkeit gebracht würden. Was muss das für eine Milch sein, die dabei rauskommt? Eine Kokosnuss-Vernichtungsstrahlung! Wieso habe ich jetzt diese Melodie im Kopf: „Wer hat die Kokosnuss geklaut?"

Gaßner: Du bist wohl schon zu lange in der Milchstraße unterwegs. Fast hätte ich den Chemiker und Nobelpreisträger Harold Kroto zitiert: „Die größten Erkenntnisse resultieren aus den dümmsten Ideen", aber das traue ich mich jetzt lieber nicht.

Lesch: Haha. Na warte ...

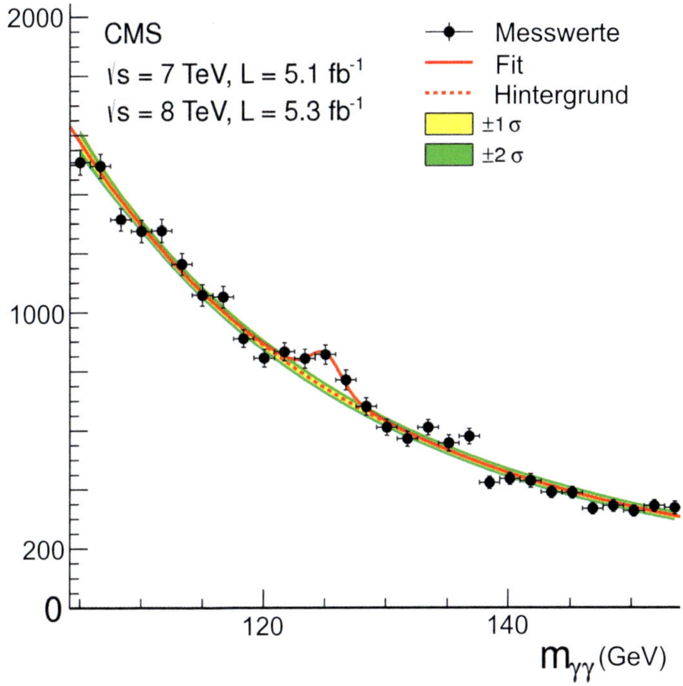

5.29 *Nachweis des Higgsteilchens am CMS-Detektor durch den besonders sauberen Zerfallskanal in zwei Photonen. Das Diagramm zeigt die Anzahl der Ereignisse pro GeV in Abhängigkeit der auftretenden Gesamtenergie der beiden Photonen. Der Fit durch die Messwerte weist zwischen 120 und 130 GeV eine signifikante Abweichung gegenüber dem Hintergrundrauschen auf. $\sqrt{s}$ steht für die Kollisionsenergie im Schwerpunkt und L für die Luminosität.*

Gaßner: Man merkt natürlich schon – und ich finde, das sollte man durchaus einmal herausstreichen –, das ist eine ganz besondere Form von Physik, um die es da geht. Es ist nicht mehr die Physik, die irgendetwas mit unserem Alltag zu tun hat. Bei diesen allerkleinsten Teilchen, die es in dem Moment, wo ich sie suche, nicht mal gibt, die erst entstehen müssen, indem ich einen bestimmten Energiezustand irgendwie erzeuge, der dann unter Umständen, wenn alles gutgeht und wir uns nicht total vertan haben, so ein Teilchen hervorbringt, welches ich aber auch nicht direkt finde, sondern erst über vier oder fünf Indizienschritte …

Lesch: Wenn – wenn nicht, ja dann – dann doch, da dies – nein das! Das ist schon schwierig. Und es ist natürlich auf der einen Seite ein Zeichen des Triumphes der Naturwissenschaft, dass wir schon so weit gekommen sind mit dem, was wir wissen. Auf der anderen Seite zeigt es zugleich das große Problem: Man muss ein immenses Vorwissen haben, um überhaupt verstehen zu können, wovon heute in den Wissenschaften die Rede ist – in diesem Fall eben in der theoretischen Physik beziehungsweise Elementarteilchenphysik.

Gaßner: Auch die Geräte werden anhand dieses „Vorwissens" kalibriert. Im Indizienprozess kann man eben nur aussieben, was man schon kennt. „Today's sensation is tomorrow's calibration" (Die Sensation von heute verwenden wir morgen zum Eichen der Geräte). Zukünftig werden wir aus dem Trümmerhaufen der Teilchenkollisionen auch die Higgsteilchen beziehungsweise deren Folgeprodukte als „bekannt" abhaken und den verbleibenden Rest auf Neues hin untersuchen.
Wirklich spannend wird es, sobald wir die Kopplung des Higgsteilchens an andere Teilchen, insbesondere top-quark, bottom-quark, W-Bosonen und Z-Boson, mit hoher statistischer Signifikanz messen können. Sollten dabei Abweichungen gegenüber den Prognosen des Standardmodells auftreten, würde sich das auf die elektroschwache Symmetriebrechung auswirken.
Der Nachweis des Higgsteilchens ist nicht das Ende, sondern erst der Anfang. Einige Theorien sagen allein fünf verschiedene Sorten von Higgsteilchen voraus, davon zwei geladene und drei ungeladene.

Lesch: Das ist jetzt hoffentlich nicht dein Ernst. Bereits mit einem Higgsteilchen ist es schon verwirrend genug. Wenn wir mit unserem Buch dazu ein wenig Licht ins Dunkel bringen konnten, würde ich zumindest von meiner Seite aus sagen: Dann wär‘ ich schon zufrieden.

Gaßner: Wobei, eine Anmerkung zum Higgsfeld hätte ich noch. Ich muss allerdings eine deutliche Warnung voranstellen, weil es sich nicht um gängige Lehrmeinung, sondern vielmehr um mein eigenes Hirngespinst handelt.

Lesch: Jetzt machst du mich richtig neugierig. Schieß los!

Gaßner: Wir sind mit der Maßgabe gestartet, dass alles im Universum schwankt. Diese Annahme kommt nicht von Ungefähr, tatsächlich haben sich bei vielen Phänomenen, die uns anfangs konstant erschienen, im Nachgang kleinste Schwankungen herausgestellt. Die Kosmische Hintergrundstrahlung ist ein gutes Beispiel dafür.

Lesch: Mach's nicht so spannend!

Gaßner: Jetzt finden wir dieses skalare Feld, das Higgsfeld, oder besser gesagt, wir weisen es nach. Es verleiht den Elementarteilchen träge Masse durch eine Kopplung und alle gehen davon aus, dass diese Eigenschaft in Raum und Zeit konstant ist. Wir beide haben ja selbst, zusammen mit dem lieben Kollegen Hartmut Arenhövel, durch Berechnungen zur primordialen Nukleosynthese bewiesen, dass sich der Vakuumerwartungswert des Higgsfeldes innerhalb von 13,8 Milliarden Jahren maximal an der fünften Nachkommastelle geändert haben kann.

Lesch: Das nenne ich konstant.

Gaßner: Was wäre aber, wenn das Higgsfeld kleinste Schwankungen im Raum hätte? Nehmen wir an, das Universum wäre unmittelbar vor dem Ausfrieren des Higgsfeldes im Gleichgewicht gewesen und führen wir den Gedanken mal zu Ende; du würdest sagen: einfach so für Spaß.
Nachdem das Higgfeld seine Arbeit angetreten hat, würden an den Stellen im Raum, wo es ein wenig stärker wirkt, also ein wenig mehr träge Masse vermittelt, gravitative Verklumpungen entstehen. Das wären die Saatkörner für die weitere Strukturbildung bis hin zu den heutigen Galaxien. Damit hätten wir auf natürliche Weise die komplizierte etablierte Theorie der ersten Strukturbildung vom Hals. Die Bilder zur Kosmischen Hintergrundstrahlung wären in Wirklichkeit eine Landkarte dieser Higgsdefekte im Raum.

Lesch: Josef, du erstaunst mich immer wieder. Kann das Higgfeld räumlich schwanken? Ich weiß es nicht.

Gaßner: Ich weiß es leider auch nicht, aber faszinierend finde ich den Gedanken schon.

Lesch: Wieder einmal bleibt uns Theoretikern nichts anderes übrig, als weitere experimentelle Daten abzuwarten.

Gaßner: Naturwissenschaft lebt vom Wechselspiel zwischen Theorie und Experiment. Theoretiker errichten ein Denkgebäude und die Experimentalphysiker gewährleisten in jedem Bauabschnitt, dass das Fundament tragfähig ist und die Statik hält. In den letzten Jahrzehnten hat die Higgstheorie einige Stockwerke ohne entsprechende Aufsicht erstellt – da wurde es höchste Zeit für einen Nachweis. Jetzt ist der Nachweis erbracht, nun machen wir uns auf und planen das nächste Stockwerk.

Lesch: Hoffentlich wird's am Ende kein Turmbau zu Babel.

Gaßner: Unabhängig vom Higgsteilchen gibt's auch noch andere interessante Experimente am LHC, die in der allgemeinen Euphorie leider kaum Beachtung finden. Allein am *ALICE* (A Large Ion Collider Experiment) sind über tausend Mitarbeiter damit beschäftigt, ein Quark-Gluonen-Plasma herzustellen und zu analysieren, wie wir es auch im sehr frühen Universum – Mikrosekunden nach dem Urknall – annehmen. Ziel ist es, möglichst hohe Temperaturen zu erreichen, deshalb schießen sie nicht Protonen auf Protonen, sondern Bleikerne auf Bleikerne. Bleikerne bestehen aus 208 Nukleonen, darunter 82 Protonen. Natürlich lassen sich nur die geladenen Protonen im Ring beschleunigen. Man erhält also im Prinzip 82 mal 2 mal 7 TeV. Für relativistische Quarks und Gluonen steigt die Temperatur allerdings nur mit der vierten Wurzel aus der Energiedichte. Man muss also schon mit 16-facher Energie ranklotzen, um die Temperatur zu verdoppeln. Das Schöne am Quark-Gluonen-Plasma ist jedoch, im Gegensatz zum Higgsteilchen, dass sich dieses Ereignis stets einstellt. Vorausgesetzt, man überschreitet die theoretische Mindesttemperatur, die einer Energie von 170 MeV entspricht. Das ist praktisch ein paar hundert Mal pro Sekunde der Fall, immer wenn sich zwei Bleikerne zentral treffen. Man benötigt also viel weniger Kollisionen verglichen mit CMS und Atlas.

Lesch: Ist der ALICE-Detektor ähnlich riesig?

Gaßner: Er ist nicht hermetisch, d. h. er deckt nicht sämtliche Raumwinkel ab. Zudem ist sein Magnet deutlich schwächer. Trotzdem bringt die

Anlage stolze 10.000 Tonnen auf die Waage, ist 25 Meter lang und 16 Meter breit. Der Aufbau unterscheidet sich gegenüber CMS und Atlas, weil die große Herausforderung bei ALICE in der Vielzahl der Teilchen besteht, die in der Kollision entstehen und jedes für sich genommen entsprechend weniger Impuls davonträgt. Die Teilchen sind gewissermaßen schwächer auf den Beinen und deshalb muss man ihnen noch behutsamer auf den Zahn fühlen, damit sie nicht beim ersten Messvorgang gleich aus den Latschen kippen.

Lesch: „Living next door to Alice." Dann wünschen wir den Kollegen von der Experimentalphysik mal viel Erfolg. Wie wär's denn für uns zwei Theoretiker mit einem behutsamen Blick über den Tellerrand?

5.30

6 Der Blick über den Tellerrand

Spaziergang am Rand der Erkenntnis

6.1

„Bei jedem realen Ding
kann man sinnvollerweise fragen,
wie es entstand,
wie es sich verändert
und wie es wohl endet."
(Gerhard Vollmer)

Gaßner: Diese einfache Position nehmen wir auch in der Kosmologie ein. Die moderne Kosmologie fragt sich seit nunmehr knapp 100 Jahren, wie das Universum entstanden ist, wie es sich verändert und wie es enden wird.

Lesch: Diese drei Fragen sowie Expansion und Strukturbildung der Materie, verbunden mit den Experimenten und Theorien der Teilchen-, Kern- und Atomphysik, stellen das volle Programm der Physik dar.

Gaßner: Erst durch das Modell vom heißen Anfang wird die Kosmologie zum wichtigen Bestandteil der Physik. Ein ewiges, statisches Universum hätte außerhalb des naturalistischen Forschungsprogramms gestanden, weil sein Ursprung für die Untersuchungsmethoden der Physik nicht zugänglich gewesen wäre.

Lesch: Das Urknall-Modell erfüllt eine der wesentlichen Forderungen des methodischen Naturalismus. Die Einheit der Natur inklusive des Universums selbst hat sich nach diesem Modell entwickelt.

Gaßner: Der Anfangszustand des Kosmos war anders als sein gegenwärtiger Zustand. Man kann diese Entwicklung anhand physikalischer Grundgesetze der Thermodynamik vollständig nachvollziehen.

Lesch: Vor allem aber repräsentiert das Urknall-Modell den prozessualen Charakter moderner empirischer Forschung, indem die Erkenntnislücken wie der Ursprung und die Zusammensetzung der Dunklen Materie sowie Ursprung und Entwicklung der Dunklen Energie zu Aufgaben zukünftiger Forschung gemacht werden und nicht zu Eigenschaften, bei denen sich jedes weitere Hinterfragen verbietet.

Gaßner: Das Urknall-Modell hat in puncto Erklärungspotential und Prognosefähigkeit sämtliche Konkurrenten ausgestochen und gibt gleichzeitig der Neugier und dem Forschungsdrang der Gehirne der forschenden Gattung Homo sapiens immer neue Nahrung.

Lesch: Und es hat uns einen großen Schritt weiter gebracht bei unserem ureigenen Bemühen, das Universum zu verstehen.

Gaßner: Liebe Leserinnen und Leser, es war ein großes Vergnügen, dieses Bemühen mit Ihnen zu teilen.

Lesch: Stopp. Nicht dass du mir hier ein Schlusswort setzt. Das Vergnügen ist noch nicht vorbei. Es geht ja immer weiter. Schließlich scheint unser Universum zu 95 Prozent aus etwas zu bestehen, wofür unsere Instrumente blind sind. Das eben noch stattliche Weltgebäude knarrt und ächzt unter dieser Last. Unsere vormals beeindruckenden Kenntnisse schmelzen

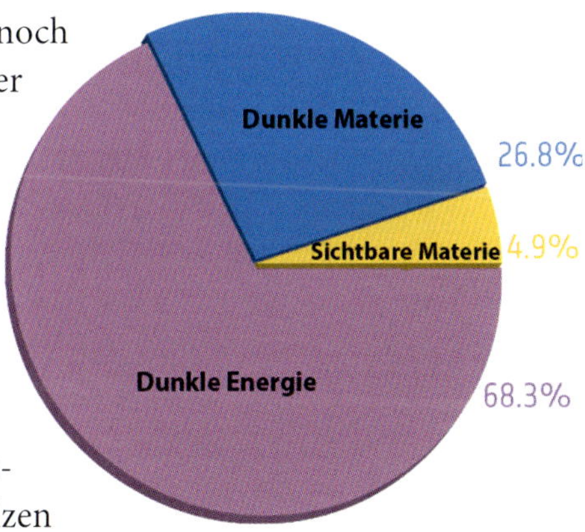

6.2 *Der Inhalt des Universums.*

auf weniger als fünf Prozent der kosmischen Energie- und Materieinhalte zusammen.

Gaßner: Lieber Harald, du redest uns hier um Kopf und Kragen. Wäre die Naturwissenschaft eine Partei im deutschen Bundestag, würden wir damit an der 5-Prozent-Hürde scheitern.

Lesch: Ja. Und es wird immer schlimmer. Der Wahrheit die Ehre, hilft ja nichts!

Gaßner: Wobei wir mit dem Begriff „Wahrheit" vorsichtig umgehen sollten. Eigentlich können wir als Naturwissenschaftler über Wahrheit gar nichts aussagen.

Lesch: Da sprichst du einen wichtigen Punkt an. Wir sind „Falsifikationisten“ und keine „Verifikationisten“. Unsere Experimente können bestenfalls zeigen, dass eine Theorie nicht falsch ist. Unser Handwerk ist das Zweifeln und Irren. Wir irren uns empor.

Gaßner: Oder mit den Worten von Georges Duhamel: „Der Irrtum ist die Regel, die Wahrheit ist der Unfall des Irrtums.“

Lesch: Das ist jetzt aber etwas abstrakt.

Gaßner: Vielleicht hilft ein konkretes Beispiel. Stellen wir die Hypothese auf, alle Schwäne wären weiß. Mit jeder neuen Beobachtung eines weißen Schwanes könnten wir zeigen, dass diese Hypothese nicht falsch ist. Wahr ist sie deshalb noch lange nicht, denn wir können nicht ausschließen, dass es irgendwo einen farbigen Schwan gibt, den wir nur noch nicht beobachtet haben. Umgekehrt ist die Beobachtung eines einzigen bunten Schwanes ausreichend, die Hypothese zu kippen. Es ist das Schwert der Falsifikation, mit dem wir uns einen Weg durch den Erkenntnisdschungel bahnen.

6.1 Strings, Quantenschleifen und Supersymmetrie

Und andere wilde Geschichten

Lesch: Unser Handwerk ist das Zweifeln. Zweifelnde Theoretiker haben sich auch Zutritt in unser Weltbild verschafft. Mit lauten Trillerpfeifen marschieren sie in unseren heiligen Hallen umher. Auf ihren zahllosen Transparenten steht beispielsweise *Stringtheorie* oder *Schleifenquantengravitation*. Ihnen missfällt der Gedanke punktförmiger Elementarteilchen und einer punktförmigen Anfangssingularität.

Gaßner: Diese Bedenken kann ich gut nachvollziehen. Die meisten physikalischen Kräfte wachsen quadratisch an, wenn sich die jeweiligen Ladungen, Massen – oder was auch immer die Kraft verursacht – annähern. Solange die beteiligten Objekte über eine endliche Ausdehnung verfügen, kann man noch ruhig schlafen – dann findet die Annäherung natürlicherweise ein Ende. Zwei Billiardkugeln können sich zwar berühren, der überwiegende Teil der einen Kugel bleibt dabei aber vom überwiegenden Teil der anderen Kugel räumlich getrennt. Punktförmige Elementarteilchen wie beispielsweise ein Elektron und ein Positron könnten sich jedoch bis zum Abstand null anziehen, wodurch die Kraft zwischen ihnen unendlich groß würde.

Lesch: Unendlich starke Kräfte passen nicht in unser Weltbild.

Gaßner: Die Stringtheorie umgeht das Problem, in dem sie eine weitere Matroschka-Puppe innerhalb der Elementarteilchen einführt: die Strings. Diese kleinsten Bausteine von allem besitzen eine Mindestausdehnung in Form einer eindimensionalen Länge. Damit sind punktförmige Dinge ausgeschlossen.

Lesch: Anstelle von nulldimensionalen Punkten eindimensionale Fäden anzunehmen, das klingt für mich erst mal nicht nach dem großen Durchbruch. In unserer makroskopischen Welt gibt's das eine sowenig wie das andere.

Gaßner: Na ja, in der Wissenschaft wird dir entweder Gehör geschenkt, wenn du etwas erklären kannst, das man bisher nicht erklären konnte, oder wenn du Bekanntes mit einfacheren Mitteln beschreiben kannst. Der Ansatz mit Strings verspricht von beidem etwas: Neue Ansätze zur Vereinheitlichung der Grundkräfte und eine ganze Reihe weiterer Vereinfachungen bei der Beschreibung unserer Welt. In erster Linie wird der gesamte Teilchenzoo eingedampft und an dessen Stelle treten Strings, die mit ein paar Eigenschaften ausgestattet sind. Diese Schwingungsmuster oder besser Vibrationszustände der Fäden interpretiert man beispielsweise als Ladung, Spin usw. Strings können dabei eine Vorzugsrichtung besitzen, müssen aber nicht. Sie können offen (Fäden) oder geschlossen (Schleifen) sein. Die Austauschteilchen der Gravitation, sogenannte *Gravitonen,* wären beispielsweise geschlossen, Photonen und Gluonen offene Strings. So weit, so gut. Leider muss man sich diese Reduktion auf einen kleinsten Baustein der Welt teuer erkaufen.

Lesch: Die Tücke steckt wie so oft im Detail, weil wir aus unzähligen Experimenten in der modernen Physik über eine Unmenge an Detailwissen verfügen. Für dessen Beschreibung greifen wir auf eine Reihe von Modellen zurück, die das Zusammenspiel verschiedenster Teilchen erklären. An manchen Stellen unterscheiden sich die Modelle gravierend – beispielsweise ist mal die Rede von einem Teilchen, mal von einer Welle.

Gaßner: Eine fundamentale Theorie – und nichts anderes beansprucht die Stringtheorie für sich zu sein – muss sich nun extrem strecken und verbiegen, um all diese bekannten Phänomene unter einen Hut zu bekommen. Zu allem Überfluss spielt diese Theorie auf einem Terrain, das wir mit unserem mächtigsten Werkzeug, dem Experiment, nicht betreten können. Deshalb gibt es nicht nur eine Stringtheorie, sondern eine Vielzahl unterschiedlicher Ansätze. Das einzige, woran wir uns noch festhalten können, sind die fundamentalen kontinuierlichen

Symmetrien, bzw. die damit verbundenen Erhaltungssätze. Und ausgerechnet diese Symmetrien erfüllt die Stringtheorie nicht – zumindest nicht in der vierdimensionalen Raumzeit.

Lesch: Und deshalb brauchen wir gleich 11 Dimensionen? Kannst du mir bitte mal erklären, was an 11 besser sein soll als an 10 oder 12?

Gaßner: Ha, am besten in drei Sätzen und so, dass es jeder versteht?

Lesch: Weil du es bist, dürfen es auch 11 Sätze sein. Wie hast du so schön bei den Eichsymmetrien gesagt: Wissenschaftler sollten stets in der Lage sein, ihre Gedanken so zu erklären, dass ...

Gaßner: ... Also gut, ich versuche es. Grundsätzlich wollen wir etwas beschreiben, das sich in einem n-dimensionalen Raum abspielt, beispielsweise das Einwirken von Kräften auf Materie, oder in der Sprache der Theoretiker: die Wechselwirkung zwischen Eichbosonen und Fermionen. Bosonen können wir dabei durch Vektoren darstellen, für die Fermionen ergeben sich ähnliche mathematische Gebilde, die wir *Spinoren* nennen. Eine Wechselwirkung wäre nun eine Rechenoperation zwischen Vektoren und Spinoren, so etwas ähnliches wie eine Multiplikation. Weil wir wissen, dass wir am Ende verschiedene Symmetrien einhalten müssen, begeben wir uns gleich auf die Suche nach einer Rechenoperation, die eine entsprechende Umkehroperation besitzt, damit wir vorwärts und rückwärts kommen – quasi Multiplikation und Division. Genau hier nimmt das Unheil seinen Lauf. Einen Raum mit diesen Eigenschaften nennt man eine *Divisionsalgebra* und bereits 1958 haben die Mathematiker John Milnor und Michel Kervaire bewiesen, dass es Divisionsalgebren nur mit den Dimensionen eins (die reellen Zahlen), zwei (die komplexen Zahlen), vier (sogenannte *Quaternionen*) oder acht (sogenannte Oktaven) gibt. An dieser Stelle kann man nun wahlweise verzweifeln oder man beginnt ein wenig zu träumen und sich darüber zu freuen, dass z. B. im Fall von acht Dimensionen sowohl Eichbosonen als auch Fermionen durch Oktaven dargestellen werden können. Man erhält eine einheitliche Beschreibung von Materie und Kräften – ein gemachtes Nest für die *Supersymmetrie*.

Lesch: Damit sind es immer noch erst acht, bzw. mit einer zusätzlichen Zeitdimension neun.

Gaßner: Richtig – wenn man von punktförmigen Teilchen ausgeht, die im Laufe der Zeit eine eindimensionale Kurve im Raum vollziehen. Strings bringen aber selber schon eine Dimension mit. Wenn sich so ein Faden im Raum bewegt, überstreicht er eine Fläche. Damit fängt man sich eine zusätzliche Dimension ein, das macht zehn. Lässt man nun neben den eindimensionalen Strings auch zweidimensionale *Branen* zu, überstreichen diese mit der Zeit ein dreidimensionales Volumen im Raum und man erhält noch eine Dimension im Nachschlag.

Lesch: Verstehe: Buy two, get one free (Beim Kauf von zwei gibt's eine gratis dazu).

Gaßner: Voilà: Fertig ist eine 11-dimensionale Raumzeit, frei von punktförmigen Elementarteilchen und Singularitäten.

Lesch: Dann ist Feierabend. Da muss man tief durchatmen. Die Kollegen sollten mal bei Galileo Galilei nachlesen: „Unsere Argumente müssen sich auf die Welt beziehen, die wir erfahren, und nicht auf eine Welt aus Papier." Für mich sind alle diese Theorien Papiertiger, die früher oder später im Feuer des Experiments verbrennen werden.

Gaßner: Mit jeder zusätzlichen Dimension steht deinen Papiertigern ein weiterer Freiheitsgrad für Schwingungsmuster zur Verfügung, das erhöht die Chance, die Symmetrien irgendwie in der jeweiligen Theorie unterzubringen. Also brauchen wir eine neue Dimension und noch eine neue Dimension und dann stellen wir fest: Wenn wir 11 Dimensionen zusammenpacken, hätten wir unsere Theorie wieder wohlverträglich mit den Beobachtungen und wohlverträglich mit diesen Erhaltungssätzen und diesen Symmetrien und all diesen Dingen. Und das lässt manche glauben, dass wir in einem 11-dimensionalen Raum leben, andere hätten sogar gerne 26 Dimensionen. Bei Versuchen, die vielen Theorien zu einer sogenannten *M-Theorie* zu vereinheitlichen, hat man nämlich erkannt, dass man sich besser nicht auf den gemeinsamen Nenner eines Strings in Form eines eindimensionalen Fadens, sondern besser auf zwei- und fünfdimensionale Branen geeinigt hätte.

Lesch: Josef, bitte! Manchmal machst du mir Angst. Warum sieht man dann nichts von all den Zusatzdimensionen?

Gaßner: Ich bin jetzt wahrlich kein Verfechter der String- oder M-Theorie, aber du hast nach dem zugrundeliegenden Konzept gefragt. Die makroskopisch nicht auftretenden Dimensionen wären dabei auf kleinsten Skalen eingerollt. Auch diese sogenannte *Kompaktifizierung* bietet viel Spielraum und scheidet die Geister. Die Topologie der Räume nimmt nämlich Einfluss auf die Schwingungsmuster der Strings. In einer Orgelpfeife verhält sich eine Luftschwingung auch anders als in einer Piccoloflöte oder in einem Saxophon.
Ich glaube, in 100 Jahren wird man darauf zurückblicken und in jedem Falle stark beeindruckt sein. Entweder davon, wie genial die Prognose von 11 Dimensionen ohne jedwede experimentelle Notwendigkeit war, oder davon, wie hartnäckig sich völlig abstruse Ideen in der Wissenschaft halten konnten.

Lesch: Du hast vorhin kurz das Stichwort „Supersymmetrie" bzw. SUSY gebracht. Wie ist denn da der aktuelle Stand?

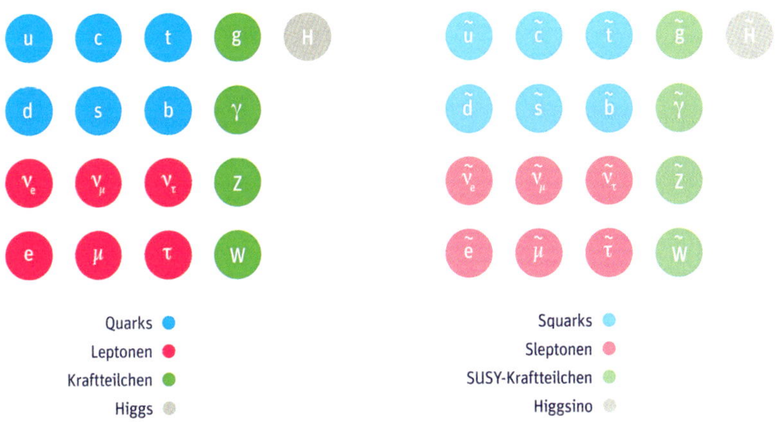

6.3 *Stark vereinfachte Darstellung der Supersymmetrie: Zu jedem Boson existiert ein Partnerfermion und umgekehrt. Die potentiellen supersymmetrischen Partnerteilchen der Fermionen werden durch ein vorangestelltes „S" gekennzeichnet, die SUSY-Partner der Bosonen erhalten die Nachsilbe „ino".*

Gaßner: Die Idee ist ja nicht ganz neu. Bereits in den 70er Jahren ist man bei der Beschreibung der Bosonen und Fermionen mittels Strings auf diese

Symmetrie gestoßen. Mangels experimenteller Möglichkeiten gibt es auch davon leider eine ganze Reihe. Allen gemein ist der Gedanke, dass zu jedem Boson ein Partnerfermion existiert und umgekehrt. Das Basismodell – gewissermaßen ohne Leichtmetallfelgen, Ledersitze oder anderen Schnickschnack – ist das *MSSM* (Minimal Supersymmetrisches Modell). Bereits in dieser Ausstattung benötigt das Modell besagte fünf Higgsteilchen: zwei neutrale mit unterschiedlichen Massen, zwei geladene und ein pseudoskalares Higgsteilchen. Pseudoskalar heisst, es besitzt zwar den Spin null, ist aber nicht mit seinem Spiegelbild identisch. Die zur Supersymmetrie passende Stringtheorie nennt man *Superstringtheorie.*

Lesch: Das ist ja alles ganz nett, aber die Gretchenfrage lautet doch: Bringt der LHC die leichtesten SUSY-Teilchen endlich in Reichweite?

Gaßner: Zumindest für einige Ableger der Supersymmetrie wird die Luft dünn, sie prognostizieren unterhalb von 500 GeV ein leichtes Partnerteilchen des top-quarks, das sogenannte *stop*. Das werden die Kollegen am LHC früher oder später nachweisen oder falsifizieren.

Lesch: Das supersymmetrische Partnerteilchen des W-Bosons ist mir neulich beim Italiener um die Ecke begegnet: das Wino. Es gibt zwei davon, bianco und rosso. Offensichtlich suchen die Kollegen am falschen Ort.

Gaßner: Die Bezeichnung Geschmacksladung in der *Quantenchromodynamik* (QCD) ist ja auch in einer italienischen Eisdiele entstanden, angesichts der verschiedenen Eis-Geschmacksrichtungen. Zumindest hat das der Kollege Harald Fritsch, ein Mitbegründer der QCD, mal erzählt.
Nach ausreichender Erforschung des Wino wäre vielleicht sogar ein „Higgs"-Ereignis herausgesprungen – wer weiß. Sollten die Kollegen weder am LHC noch beim Italiener auf SUSY-Teilchen stoßen, dann würde das übrigens nicht automatisch das Scheitern der Stringtheorie bedeuten, obwohl das gerne so kolportiert wird. Allerdings würden die Vereinheitlichungsbestrebungen einen Dämpfer erhalten, zumindest die einfacheren GUT-Modelle, weil sich darin die Kopplungsstärken der Starken, Schwachen und elektromagnetischen Kraft ohne MSSM nicht in einem Punkt treffen.

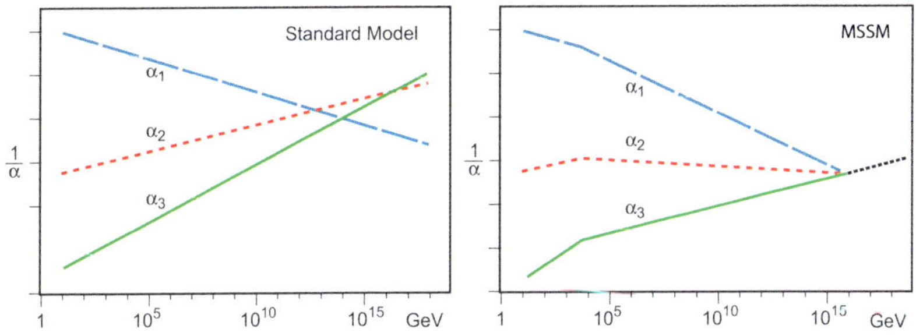

6.4 *Die jeweilige Stärke einer Wechselwirkung wird in der Quantenfeldtheorie durch sogenannte Kopplungskonstanten angegeben. Sie sind energieabhängig, weil sie dem Einfluss von Quantenfluktuationen unterliegen. Man spricht von running couplings. Trägt man die Kehrwerte der Kopplungskonstanten für die elektromagnetische Kraft (α_1), die schwache Kernkraft (α_2) und die starke Kernkraft (α_3) in einem Diagramm zusammen, erhält man im Standardmodell keinen gemeinsamen Schnittpunkt (Bild links), während das Minimal Supersymmetrische Modell (MSSM) einen gemeinsamen Schnittpunkt aufweist (Bild rechts).*

Lesch: Die einfacheren GUT-Modelle haben doch ohnehin Probleme mit dem Protonenzerfall. Die mittlere Lebensdauer eines Protons darf nach deren Meinung höchstens 10^{31} Jahre betragen. Die experimentelle Untergrenze liegt aber bereits mehrere Größenordnungen darüber.

Gaßner: Dass man überhaupt experimentelle Daten zu derartigen Zeiträumen gewinnen kann, finde ich schon erstaunlich. Unser Universum existiert gerade mal 10^{10} Jahre. Der Trick besteht darin, dass man so viele Protonen an einem Ort beobachtet, dass eben doch statistisch innerhalb eines Jahres ein paar Ereignisse stattfinden müssten. Damit sind wir wieder bei Superkamiokande, der uns schon bei der Neutrinodetektion begegnet ist. In seinen 50.000 Tonnen hochreinem Wasser befinden sich 10^{34} Protonen. Deren unterschiedliche theoretischen Zerfälle, beispielsweise in ein Positron und ein Pion oder ein Antimyon und ein Pion, müssten jeweils eine charakteristische Signatur an den Photomultipliern hinterlassen, die sich von denen der Neutrinos deutlich unterscheidet. Bislang Fehlanzeige. Die Untergrenze für die Halbwertszeit reicht bereits an die 10^{35} Jahre heran.

Lesch: Es gilt eben doch: Diamonds are forever. Ist auch besser so, schließlich bestehen wir ja auch aus einer großen Menge an Protonen, rund 10^{28}. Wenn wir laufend radioaktive Zerfälle in unseren Körpern hätten, wäre das nicht lustig. Aber sag mal, hast du nicht eingangs von Vereinfachung gesprochen? Bislang erkenne ich nur doppelt so viele Teilchen und jede Menge zusätzlicher Dimensionen.

Gaßner: An manchen Stellen wird es tatsächlich einfacher. Wie gesagt: Die Stringtheorie dampft den Teilchenzoo ein auf Strings mit ein paar Schwingungsmustern und die Naturkonstanten werden reduziert auf die Lichtgeschwindigkeit, das Plancksche Wirkungsquantum und eine fundamentale Stringlänge.
Die SUSY wiederum schafft uns Divergenzen vom Hals. Drohen beispielsweise Korrekturterme durch virtuelle Teilchen immer weiter anzuwachsen, so findet sich zu jedem dieser Teilchen ein SUSY-Partner mit gleich großem Korrekturterm, aber umgekehrtem Vorzeichen. Die Hauptmotivation vieler Experimentalphysiker, fieberhaft nach SUSY-Teilchen zu suchen, dürfte jedoch eine andere sein: Offensichtlich sind sie schwer, sonst hätten wir sie längst mit Beschleunigern nachgewiesen. Zugleich lassen sie sich scheinbar nicht leicht von irgendetwas beeindrucken, sonst wären sie uns anderweitig bereits ins Netz gegangen.

Lesch: Mir schwant es dunkel. SUSY-Teilchen sind heiße Kandidaten für Dunkle Materie!

Gaßner: Teilchen können ohne weiteres, wenn überhaupt, nur in leichtere Teilchen zerfallen, ansonsten müsste man ja irgendwo Energie hernehmen für die Entstehung der zusätzlichen Masse. Auch SUSY-Teilchen bilden dabei keine Ausnahme. Selbst falls sämtliche dieser Teilchen bereits in der Frühphase des Universums zerfallen wären, so müsste das leichteste von ihnen – das sogenannte *Neutralino* – übrig geblieben sein. Ein elektrisch neutraler, einige hundert Protonenmassen schwerer Brummer – wie gemalt für Dunkle Materie.

Lesch: Im Gegenzug haben die Theoretiker dafür in ihrer Euphorie die Büchse der Pandora geöffnet.

Gaßner: Na ja, die Supersymmetrie würde als übergeordnetes Prinzip notfalls auch ohne Stringtheorie und somit ohne Zusatzdimensionen auskommen. Die freien Parameter im Standardmodell verfünffachen sich allerdings in jedem Fall. Trotzdem verbleiben alle String-, Superstring-, M- und sonst was für Theorien für sich genommen gültige mathematische Theorien. Die entscheidende Frage wird sein: Hat irgendeine dieser Theorien etwas mit unserer Realität zu tun? Die Frage, ob wir lieber von einem Welle-Teilchen-Dualismus ausgehen und punktförmige Phänomene renormieren oder 11 Dimensionen auf vier kompaktifizieren, scheint mir demgegenüber zweitrangig. Beides ist nicht wirklich vertrauenserweckend.

Lesch: So pessimistisch kenne ich dich ja gar nicht.

Gaßner: Also gut, dann abschließend noch etwas Positives zur Stringtheorie: Die Eigenschaften Raum und Zeit behalten ihre Bedeutung als Bühne bei. Zumindest das muss man ihr zugutehalten. Die Schleifenquantengravitation macht selbst davor nicht Halt und postuliert ein kleinstes Quantum für Raum und Zeit, gewissermaßen eine Raumzeitkörnung. Diese Körnchen werden aus Schleifen gewoben. Trennt man sie wieder auf, sind Raum und Zeit mit ihnen verschwunden.

Lesch: Noch so eine wilde Geschichte. Eine der größten Herausforderungen für sämtliche großen *Theorien von allem* ist ja wohl die Quantisierung der Raumzeit.

Gaßner: Deshalb ist mir persönlich die Schleifenquantengravitation wesentlich sympathischer als die Supersymmetrien oder M-Theorie. Die Welt um uns ist voll von quantisierten Größen, wieso sollten nicht auch Raum und Zeit ein kleinstes Quantum besitzen? Meinetwegen auch in Form von Schleifchen, die zu einem Raumzeit-Gitter gewoben werden, oder eine Art Raumzeit-Flüssigkeit aus einzelnen Fluiden.

Lesch: Was hältst du von *Quantenschaum*? Eine merkwürdige Vorstellung, dass unsere Welt auf Schaum aufgebaut ist.

Gaßner: Dann wäre es amtlich: Wir Wissenschaftler sind Schaumschläger. Aber ernsthaft, ein kleinstes Maß für Raum und Zeit hätte enormes

Potential. Man könnte natürlicherweise Divergenzen vermeiden, die bislang immer dann auftreten, wenn wir über beliebige Energien aufsummieren. Im Kapitel „Dunkle Energie" hatte ich das ja schon kurz angedeutet. Immer kleinere Wellenlängen tragen immer höhere Energien bei. Ohne untere Grenze für die Wellenlängen lässt sich die Divergenz nicht vermeiden. Bislang schneiden wir deshalb willkürlich bei der Plancklänge ab. Willkürlich deshalb, weil diese Grenze der Zuständigkeiten von Quantenmechanik und Allgemeiner Relativitätstheorie rein theoretisch motiviert ist und nicht zwangsläufig ein reales physikalisches Phänomen bedingen muss, das hier ein Abschneiden noch kleinerer Wellenlängen erlaubt. Wenn es aber Raum nur in kleinsten Portionen gäbe, dann könnten Wellenlängen unterhalb dieser Mindestausdehnung in unserem Universum nichts mehr beitragen und ihre Vernachlässigung wäre physikalisch gerechtfertigt. Das Summieren beziehungsweise Integrieren über beliebige Energien liefert dann ein endliches Ergebnis. Die Schleifenquantengravitation bietet neben der Plancklänge eine weitere, größere Ausdehnung, die als Übergang fungiert zwischen quantisiertem und kontinuierlichem Verhalten der Raumzeit.

Lesch: Wie sieht's denn hier aus mit experimentellen Beweisen? Schließlich sind sowohl die Plancklänge mit 10^{-35} Meter als auch die Planckzeit mit 10^{-44} Sekunden wirklich unmessbar klein. Kann man allerkleinste, winzigste Effekte derart aufsummieren, dass sie tatsächlich nachweisbar werden?

Gaßner: Die Schleifenquantengravitation könnte durchaus in Reichweite astronomischer Beobachtungen sein. Je älter die Objekte sind, die wir beobachten können, umso mehr wäre zu erwarten, dass sich eine Raumzeitkörnung in unseren Teleskopen niederschlägt, schließlich bewegt sich die Strahlung ja auf der Raumzeit. Die Körnung sollte also das Licht auf seinem langen Weg zu uns ein wenig in Mitleidenschaft ziehen. Diese minimale Brechung müssten wir erkennen können. Insbesondere bei gepulster, sehr harter Strahlung müsste sich ein Laufzeitunterschied ergeben, d. h. die Lichtgeschwindigkeit wäre bei Energien nahe der Planckenergie frequenzabhängig. Tatsächlich gibt es in den Daten des Blazars *Markarjan 501* im Sternbild Herkules einen ersten Verdacht. Das Schwarze Loch im Zentrum dieses 500 Mio. Lichtjahre entfernten Objektes erzeugt einen Jet nahe der Lichtgeschwindigkeit, der direkt in Richtung Erde zeigt. Das ist ein nahezu perfekter Versuchsaufbau zur Untersuchung gepulster harter Strahlung. Bereits vor 10 Jahren fand der amerikanische Physiker Floyd Stecker Unregelmäßigkeiten und am 17-Meter-MAGIC-Teleskop auf La Palma wurde 2005 ein Ausbruch des Blazars beobachtet, bei dem Photonen im TeV-Bereich vier Minuten später eintrafen als Photonen mit 500 MeV. Das Fermi Gamma-ray Space Telescope FGST wird hoffentlich Klärung bringen. Es ist auf Brutalos wie den Markarjan 501 spezialisiert.

Lesch: In der Zwischenzeit wird im Licht weit entfernter Objekte fleißig nach Unregelmäßigkeiten gesucht. Allerdings haben jahrelange Bemühungen anhand sogenannter *Airy-Scheibchen* bislang nichts ergeben. Null! Die Bilder von weit entfernten Galaxien sind total scharf und sogar Beugungsmuster konnte man nachweisen. Mit Hilfe dieser konstruktiven Interferenz lassen sich Störungen in der Intensität oder Phase ausschließen. Die Raumzeitkörnung, wenn es sie denn gibt, zeigt keinen nachweisbaren Einfluss auf die Strahlung.

Gaßner: Auch die sogenannte *Hawkingstrahlung* – so wir sie denn wirklich eines Tages messen sollten – hätte der Schleifenquantengravitation zur Folge ein charakteristisches Spektrum.

Lesch: Das klingt für mich alles sehr vage. Meine Prognose: Diese Theorien gehen alle baden – und zwar ohne Quantenschaum.

Gaßner: Konkreter und vielversprechender sind potentielle Abweichungen beim sogenannten *Greisen-Sazepin-Kusmin-Cutoff* (GZK-Cutoff). Darunter versteht man eine theoretische Obergrenze der Energie von Protonen, die einen weiten Weg zurücklegen müssen und trotzdem bei uns auf der Erde beobachtet werden. Theoretisch müssten Protonen mit Energien oberhalb dieser Grenze unterwegs in Reaktionen mit den stets vorhandenen Photonen der Hintergrundstrahlung verwickelt werden und dabei Teilchen produzieren. Das kostet Energie. Bei einer Protonenenergie zwischen 4 und $8 \cdot 10^{19}$ eV werden beispielsweise rund 20 Prozent der Energie in Pionen umgewandelt und darüber hinaus die Richtung des Protons verändert. Protonen können somit Energien oberhalb des GZK-Cutoffs nicht beliebig weit transportieren. Typischerweise sind sie auf ein paar hundert Millionen Lichtjahre begrenzt. Sollten wir also höchstenergetische Protonen oberhalb des GZK-Cutoffs beobachten, müssten sie von nähergelegenen Quellen stammen oder die Theorie der zugrundeliegenden Reaktionen müsste modifiziert werden. Die Schleifenquantengravitation sagt eine derartige Abweichung voraus. Das japanische Akeno Giant Air Shower Array (AGASA-Experiment bis 2004) hat Protonen oberhalb des GZK-Cutoffs gemessen, noch dazu nahezu isotrop. Neuere spezialisierte Teleskope warten jedoch noch vergeblich auf diese seltenen Ereignisse.

Lesch: In jedem Falle empfinde ich es als äußerst wohltuend, dass die Schleifenquantengravitation offensichtlich klare Aussagen trifft, die experimentell oder durch Beobachtungen zugängig sind. Das ist leider heutzutage nicht mehr selbstverständlich. Die Stringtheorie stellt sich dem wissenschaftlichen Gerichtshof erst gar nicht.

Gaßner: Lediglich ihre spärlichen Prognosen sind falsifizierbar. Beispielsweise sagt sie notwendigerweise voraus, dass sich die Naturkonstanten mit der Zeit verändern. In sämtlichen Experimenten erweisen sich die Naturkonstanten aber als äußerst konstant – daher der Name.
Manche Kollegen hoffen auch darauf, dass sich charakteristische String-Signaturen als Relikte der Inflationsphase in der Kosmischen Hintergrundstrahlung zeigen könnten.

Lesch: Gehört nun einer dieser Theorien die Zukunft oder werden auch sie Platz machen für Modelle, die noch nicht erdacht wurden? Was meinst denn du?

Gaßner: Ich halte es mit Mark Twain: „Es gibt zwei Augenblicke im Leben eines Menschen, in denen er nicht spekulieren sollte: Erstens, wenn er es sich nicht leisten kann und zweitens, wenn er es sich leisten kann.“

Lesch: Ich seh' schon. Es wird Zeit für einen neuen Meteoriteneinschlag in die Landschaft der Naturwissenschaft.

Gaßner: Wer weiß, vielleicht zeichnet ja genau in diesem Augenblick wieder jemand eine Gerade in ein Diagramm – es muss ja nicht unbedingt ein ehemaliger Preisboxer sein ...

Lesch: Die unstillbare Neugierde des menschlichen Geistes wird uns zu immer neuen Ufern führen. Das wusste bereits Aristoteles.

Gaßner: Ich möchte deine Euphorie ein wenig bremsen. Es geht mir um die Art und Weise unserer Beobachtungen. Sowohl da draußen in den Weiten des Alls als auch in der Welt des Allerkleinsten unterliegen wir stets dem *Beobachter-Selektionseffekt*. Wir überprüfen Theorien notgedrungen mittels theoriegetränkter Interpretation der Daten.

Lesch: Der Beobachter-Selektionseffekt ist eine Art blinder Fleck und lässt sich einfach erklären: Du fängst an einem See nur Fische einer bestimmten Mindestgröße und entwickelst daraus die Theorie, dass es eben keine kleineren Fische gibt. Eines Tages fragt dich jemand, wie du deine Fische fängst. Du antwortest ihm: „Mit einem Netz mit 10 Zentimetern Maschenweite." Da gibt dir der Andere zurück: „Dann musst du dich nicht wundern, dass du nie einen kleineren Fisch gefangen hast."

Gaßner: Das Netz, mit dem wir da draußen auf Informationsfang gehen, ist das Licht. Deshalb tun wir uns ja so schwer mit den Objekten, die damit nicht wechselwirken. In der Welt des Allerkleinsten weben wir ein Netz aus den Prognosen des Standardmodells. Und über allem thront die Mathematik, jede Form der Beobachtung wird mit ihr verquickt. Darauf wollte ich mit dem „theoriegetränkten Beobachten" hinaus. Es ist doch interessant, dass die Mathematik so mächtig ist bei der Beschreibung unserer Welt. Beide, die Mathematik und die Welt, beruhen offensichtlich auf einer gewissen Struktur. Diese Struktur der Welt erlaubt es letztendlich, dass Leben entsteht. Die Kontinuität in der Entwicklung und diese Strukturiertheit liefern die Basis.
Wenn du mal versuchst, eine Prognose für das Verhalten eines einzelnen Menschen zu berechnen, dann wirst du feststellen, dass die Mathematik dafür nicht geeignet ist.

Lesch: Da bin ich mir auch ganz sicher. Das menschliche Gehirn ist, das haben wir ja schon mal betont, tatsächlich die komplexeste Vernetzung, die wir im Universum bislang gefunden haben. Allein was in Ihrem Gehirn beim Lesen dieses Buches passiert, liebe Leserin und Leser, ist unfassbar – und das hängt nicht nur mit dem Inhalt zusammen.

Gaßner: Die Mathematik ist nicht geeignet, diese 1,4 Kilogramm aus Fett, Wasser und ein paar Spurenelementen erfolgreich abzubilden. Aber für die Beschreibung des Kosmos, in dem wir Menschen mitsamt unseren Gehirnen leben, ist die Mathematik bestens geeignet.

Lesch: Kleine Einschränkung: Nicht für alles! Sondern nur für das, was ich tatsächlich messen kann. Aber zum Beispiel nicht für mein Selbst, also meine unmittelbarste Erfahrung, die ich von der Welt mache. Meine Innenperspektive ist empirisch nicht zugänglich. Aber ich bin völlig davon überzeugt, dass es mich gibt, dass es dich gibt, dass es alle möglichen anderen Menschen gibt, deren inneren Zustand ich aber niemals empirisch wirklich festnageln kann, also durch eine Erfahrungswissenschaft mit Hilfe von Messmethoden. Ich bin einzig und allein auf meine Überzeugung angewiesen.

Gaßner: Überzeugung können wir nicht messen, auch nicht Begriffe wie Hoffnung oder Glaube. Das sind keine mathematischen Begriffe. Es prägt aber das reflektierende Leben eines Homo sapiens durchaus, dass er Hoffnung auf die Zukunft hat.

Lesch: Oder die Hoffnung, eine Mathematikaufgabe tatsächlich irgendwann einmal lösen zu können und nicht immer an ihr zu verzweifeln. Ich will damit sagen, die Mathematik ist als Instrument, als Strukturwissenschaft natürlich eine ganz überragende. Nicht zuletzt deshalb, weil viele unserer mathematischen Theorien völlig grundlos erfunden worden sind.

6.5 *Richard P. Feynman (1918 - 1988)*

Gaßner: Wer hätte das schöner sagen können als Richard Feynman: „Wissenschaft ist wie Sex. Manchmal kommt etwas Sinnvolles dabei raus. Das ist aber nicht der alleinige Grund, warum wir es tun.“

Lesch: Genau. Mathematik braucht kein Naturphänomen. Oder andersherum: Mathematiker brauchen keine natürlichen Phänomene, um sich Gedanken über irgendetwas machen zu können. Im Gegenteil! Sie versuchen sogar mathematische Theorien für Welten aufzubauen, die es überhaupt nicht geben kann. Zumindest nach Aussage der Physiker.

Gaßner: Den Mathematikern ist es freigestellt, sich jedes mögliche Szenarium vorzustellen, dagegen sind wir Physiker an scharfe Rahmenbedingungen gebunden. Wir befassen uns mit der Welt, so wie sie ist. Wir bestaunen das Orchester, das wir vorfinden, und stellen uns nicht die Frage, wie würde das Konzert klingen, wenn ein paar Instrumente mehr oder weniger beteiligt wären.

Lesch: Weil wir Physiker domestizierte Mathematiker sind. Wir sind wirklich gut erzogen. Welche Erziehungsmethoden haben wir? Diese knallharten Sätze von der Erhaltung gewisser Größen, der Energieerhaltung, dass also die Energie nur verwandelt werden kann, aber nicht erzeugt oder zerstört, dass Impuls nur verwandelt, aber nicht erzeugt oder zerstört werden kann und so weiter. Das ist das … – wie soll man sagen? Das Regelwerk, das diese Erhaltungssätze ermöglicht. Nur einen winzig kleinen Teil aller möglichen mathematischen Theorien können wir tatsächlich gebrauchen.

Gaßner: Ich formuliere es mal in einer Mischung aus Richard Feynman und Henry Huxley: Wissenschaft ist Imagination in der Zwangsjacke und ihre größte Tragödie ist das Erschlagen einer schönen Hypothese durch eine hässliche Tatsache.

Das Bemerkenswerte ist meiner Ansicht nach aber viel eher, dass wir auf diesem Wege immerhin mathematische Instrumente entwickelt haben, die die Stabilität dieser Welt erklären. Warum die Welt im Wesentlichen so bleibt, wie sie ist. Dass dieser Tisch hier vor mir nicht zerfällt und dass du nicht zerfällst.

Lesch: Wir nehmen eine erfolgreiche Lösung, nähern die ein bisschen oder extrapolieren sie ein bisschen. Da habe ich allergrößten Respekt vor der Mathematik. Aber eine Universaleigenschaft der Welt scheint sie mir nicht zu sein. Sie ist ein wichtiges Instrument, aber sie ist für mich nicht – wie es so schön heißt – die Causa finalis, die letzte Begründung der Welt. Die scheint mir nicht mathematisch zu sein.

Gaßner: Die Mathematik sagt uns erst mal nichts über diese Welt. Du hast ja gerade gesagt, dass sie viel mehr Möglichkeiten bietet, als die Welt wirklich darstellt. Da müssen wir schon aufpassen, gerade im Bereich der theoretischen Physik. Wir müssen aufpassen, dass wir uns immer wieder mal an einer Beobachtung festhalten können. Experiment und Theorie sollten Ping-Pong spielen oder – für einen Fußballfan wie dich – mit den Worten von Sepp Herberger: Nach dem Experiment ist vor dem Experiment. Wenn wir zu lange freihändig gehen, dann kommen wir leicht ins Stolpern.

Lesch: In der theoretischen Physik sind wir sicherlich an einem gefährlichen Punkt angekommen. Moderne Theorien leben von dem Glauben, dass die Grundkräfte kurz nach dem Urknall, bei entsprechend hohen Energien, in Form einer Urkraft vereinigt waren (siehe Abbildung 2.19). Dazu gibt es zunächst kein beobachtbares natürliches Phänomen. Weinberg und Salam haben mit der erfolgreichen Vereinigung der schwachen und der elektromagnetischen Wechselwirkung einen ersten Schritt in die richtige Richtung getan, letztendlich bleibt eine Vereinigung aller Grundkräfte jedoch Spekulation.

Gaßner: Da schwingt die Hoffnung mit, unser kompliziertes Weltbild ließe sich wieder vereinfachen. Zur Zeit der griechischen Philosophen war die Welt noch in Ordnung. Es gab vier Elemente, aus denen die Welt zusammengesetzt war: Erde, Feuer, Wasser und Luft. Mit den Naturwissenschaften wurden daraus 92 stabile Elemente. Dann gelang eine entscheidende Vereinfachung. Es zeigt sich, dass diese 92 Elemente aus drei Bestandteilen zusammengesetzt waren: Protonen, Neutronen und Elektronen. Die Freude war allerdings nur von kurzer Dauer. Alsbald gesellten sich neue Entdeckungen hinzu: Pionen, Myonen, Neutrinos, ein ganzer Teilchenzoo inklusive deren Antiteilchen. Zusammen mit etlichen Regeln und drei Grundkräften firmiert all dies unter dem Begriff „Standardmodell". Die vierte Grundkraft – die Gravitation – lässt sich leider noch nicht in dieses Gedankengebäude integrieren. Die Hoffnung nach Vereinheitlichung und Vereinfachung kann ich gut nachvollziehen.

Lesch: Teilchen hin, Teilchen her, das lass' ich mir ja noch alles eingehen. Aber hier ist die Rede davon, vier Grundkräfte zu vereinigen, die unterschiedlicher kaum sein könnten. Die einen wirken nur innerhalb eines Atomkerns, die anderen mit unendlicher Reichweite zwischen Galaxienhaufen.

Gaßner: Genau hier zeigt sich die Mächtigkeit des Higgsmechanismus. Kräfte werden grundsätzlich durch Teilchen vermittelt. Diese Eichbosonen werden dabei – vergleichbar mit einem Kurierdienst – zwischen den Wechselwirkungspartnern ausgetauscht. Die Eichbosonen der Schwachen Kernkraft sind sehr schwer, der virtuelle Kurierdienst hat entsprechend daran zu schleppen. Deshalb verfügt diese Grundkraft nur über eine kurze Reichweite. Das Austauschteilchen der elektromagnetischen Kraft ist das masselose Photon, ein mühelos zustellbares „Päckchen", entsprechend ist ihre Reichweite unendlich.
Wenn aber nun alle diese Eichbosonen im frühen Universum die identische Ruhemasse null hatten, weil eben noch kein Higgsfeld wirkte, um ihnen Masse zu verleihen, dann sind wir der Vereinigung der Kräfte einen großen Schritt näher gekommen.

Lesch: Aber für die Suche nach den n-dimensionalen Ultra-Theorien gibt es keinen natürlichen Anlass. Man muss eigentlich sagen – und das ist sehr ernst gemeint –, das ist experimentelle Mathematik!

Gaßner: Kurz vor seinem Tod 1988 hat Feynman zur Stringtheorie gesagt – frei übersetzt: „Es gefällt mir nicht, dass sie ihre Ideen überhaupt nicht durch Berechnungen überprüfen. Es gefällt mir nicht, dass sie keine Erklärung zu den Zahlenwerten des Standardmodells liefern. Es gefällt mir nicht, daß sie für alles, was nicht mit dem Experiment übereinstimmt, eine Erklärung zusammenbasteln, wonach sie dann sagen können: Ja, aber es könnte trotzdem richtig sein. Die Theorie verlangt z. B. zehn Dimensionen. Gut, vielleicht ist es mathematisch möglich, sechs davon einzurollen, aber warum nicht sieben? Die Gleichungen, die sie benutzen, sollten darüber entscheiden, wie viele Dimensionen eingerollt werden, und nicht ihr Wunsch nach Übereinstimmung mit dem Experiment. Es gibt keinen Grund, warum nicht acht der zehn Dimensionen eingerollt werden und nur zwei übrigbleiben, was in vollkommenem Widerspruch zur Erfahrung stehen würde."

Lesch: Wie so oft hat er den Nagel wieder mal auf den Kopf getroffen – und das vor fast drei Jahrzehnten. Seither hat nichts seine Argumente entschärft.

Gaßner: Wenn ich von 11-dimensionalen Räumen höre, in denen wir leben, fällt mir spontan Lessing ein. Ich zitiere: „Wer über manchen Dingen nicht seinen Verstand verliert, der hat keinen zu verlieren." Aber zum Glück haben wir in der Naturwissenschaft dann doch auch einiges Konkretes aufzuweisen.

Lesch: Wenn aber Stringtheorien experimentelle Mathematik sind, dann ist das zunächst einmal ein reines Ausprobieren innerhalb einer Strukturwissenschaft. Strukturwissenschaftliche Hypothesen müssen nicht an der Erfahrung scheitern können. Aber es macht Sinn, sich darüber Gedanken zu machen, es könnte ja vielleicht doch eines Tages was dabei herauskommen. Die Hoffnung stirbt zuletzt. Auf der physikalischen Seite haben wir aber noch nichts gefunden, von dem wir sagen könnten: „Aha, damit können wir dich – Stringtheorie – endgültig überprüfen."

Gaßner: Na ja, die Hypothese von den Zusatzdimensionen hat sich nahe der Planckwelt und damit außerhalb unserer empirischen Reichweite verschanzt. Trotzdem bin ich der festen Überzeugung, dass der menschliche Forscherdrang einen Weg finden wird, sie dort zu stellen. Einen ersten Hoffnungsschimmer könnten mikroskopisch kleine Schwarze Löcher geben, so wir sie denn nachweisen könnten. Allerdings wären sie Fluch und Segen zugleich. Sollten sie tatsächlich oberhalb einer bestimmten Energie auftreten, so würden sie dort eine Grenze für zukünftige Beobachtungen bilden. Gewissermaßen eine Wand, die uns den Blick auf schwerere Teilchen oberhalb dieser Grenze für immer versperrt.

Lesch: Dann macht es keinen Sinn mehr, Kollisionen mit immer höherer Energie zu produzieren - Pech! Wie würde man denn so ein Schwarzes Loch am LHC überhaupt erkennen?

Gaßner: Sie sollten sich durch ein extrem isotropes Ereignis verraten. Bei normalen Kollisionen sieht man anschließend einen Jet, d. h. irgendetwas in entgegengesetzten Richtungen davonfliegen. Entgegengesetzt, weil ansonsten die Impulserhaltung verletzt wäre. Wenn ein Proton von links mit einem identischen Proton von recht kollidiert, ist der Gesamtimpuls im Schwerpunkt null. Entsprechend muss das, was wegfliegt, wieder den Gesamtimpuls null haben – also in entgegengesetzter Richtung wegfliegen. Sollte nun ein Schwarzes Loch entstehen, erwarten wir, dass es innerhalb kürzester Zeit durch Hawkingstrahlung verdampft. Dieser theoretisch prognostizierte Verlauf sollte – wiederum aufgrund der Impulserhaltung – eine nahezu isotrope Verteilung zeigen, d. h. keinen Jet in zwei Richtungen, sondern irgendetwas in alle Richtungen verursachen. Daran könnte man Schwarze Löcher erkennen. Mit ihren großen Brüdern, den stellaren Schwarzen Löchern sind wir ganz gut vertraut. Es konnte zwar noch nie Hawkingstrahlung nachgewiesen werden, aber wir kennen die Zusammenhänge von Radius und Masse und wir wissen, welche Rolle die Gravitation dabei spielt.

Lesch: Wobei der Kollege Hawking zuletzt die Theorie der Schwarzen Löcher in Frage gestellt hat. Da muss ich aufpassen, dass ich mich nicht in Rage rede. Der hat doch offensichtlich von den Beobachtungen keine Ahnung, sonst würde er so was nicht formulieren. Es gibt die aktiven galaktischen Kerne, die Miniquasare, die kataklysmischen Variablen etc. Alles knallharte Fakten der beobachtenden Astrophysik, die nur mit der Existenz und vor allem der Wirkung von Schwarzen Löchern – teilweise stellar, teilweise supermassiv – anhand von Akkretionsscheiben und deren Rotationsverhalten erklärt werden können. Warum Hawking das alles zumindest indirekt bestreitet, verstehe ich nicht. Entschuldige, das musste ich jetzt mal loswerden. Aber zurück zur Suche nach Zusatzdimensionen mit Hilfe von mikroskopischen Schwarzen Löchern am LHC.

Gaßner: Die Gravitation fällt bei makroskopischen Objekten mit dem Quadrat des Abstandes ab, d. h. mit $1/r^2$. Mit Hilfe der Quantenfeldtheorie kann man nun zeigen, dass dieser Abfall allgemein von der Anzahl der Raumdimensionen N abhängt in der Form $1/r^{(N-1)}$. Sollten wir also mikroskopisch kleine Schwarze Löcher am LHC finden und sollten sie sich anders verhalten, als es die etablierte Theorie zu Schwarzen Löchern vorhersagt, dann könnte man aus diesem Andersverhalten zurückschließen auf die Anzahl der Raumdimensionen, die dort unten in der Welt des Allerkleinsten herrschen müssen, damit die Rolle der Gravitation wiederum ein schlüssiges Gesamtbild liefert.
Insgeheim hofft man damit auch die relative Schwäche der Gravitation gegenüber den anderen Wechselwirkungen erklären zu können und damit der Vereinheitlichung wieder einen Schritt näher zu kommen. Es wäre ja denkbar, dass die Gravitation in Wirklichkeit wesentlich stärker ist und der Eindruck ihrer relativen Schwäche dadurch entsteht, dass sie als einzige Wechselwirkung in die zusätzlichen kompaktifizierten Raumdimensionen hineinwirkt. In unseren drei makroskopischen Dimensionen würden wir – je nach Art und Weise dieses Hineinwirkens – vielleicht nur einen winzigen Bruchteil der tatsächlichen Stärke abbekommen. Auch deshalb sind Gravitonen in diesen Modellen geschlossene Strings, die topologisch nirgendwo festgemacht sind, während die Austauschteilchen der anderen Wechselwirkungen offene Fäden sind, deren Enden an unserer vertrauten vierdimensionalen Raumzeit haften, weshalb sie diese nicht verlassen können.

Lesch: Der Schlüssel zur Erforschung der zusätzlichen Dimensionen wäre demnach die Gravitation.

Gaßner: Das ist zumindest die Hoffnung. Vielleicht sind die potentiell aufgerollten Dimensionen größer als erwartet und wir erreichen mit dem LHC sogar kleinere Längenskalen. Unterhalb kompaktifizierter Dimensionen wäre die Gravitation stärker und die Bildung von Schwarzen Löchern begünstigt. Das würde die Zusatzdimensionen enttarnen.

Lesch: Ein bisschen viel „hätte, wenn und aber" für meinen Geschmack, aber warten wir's ab.

Gaßner: Natürlich klingt das ziemlich abgedreht. Aber im Umgang mit diesen Dingen muss man wirklich sehr vorsichtig sein, um nicht Opfer der eigenen mangelnden Phantasie zu werden. In jedem Falle sind wir gut beraten, wissenschaftlich Fairness walten zu lassen, solange es uns nicht gelungen ist, eine Hypothese – und kommt sie auch noch so wild daher – zu widerlegen. Vor einem Jahrhundert hat Albert Einstein berechnet, dass sich Raum und Zeit unter Anwesenheit von Materie krümmen, das hat den Leuten damals sicher auch nicht gefallen. Trotzdem sollte er bis heute recht behalten. Und als Michael Faraday zwischen 1831 und 1854 über unsichtbare Kraftlinien nachdachte und schließlich seine *Experimental Researches in Electricity* veröffentlichte, da erschienen diese Ideen ebenfalls sehr befremdlich. Hätte man sie damals einfach vom Tisch gewischt, würde die Welt heute, ohne Elektrizität, völlig anders aussehen.

6.6 *Michael Faraday (1791 - 1867)*

Lesch: Wir würden uns immer noch nass rasieren.

Gaßner: Der britische Premierminister William Gladstone fragte Faraday mal: „Ist ja schön und gut. Aber was bringt uns denn das alles, diese unsichtbaren Kraftlinien?" Faraday antwortete: „Sie haben recht. Ich weiß nicht, für was das einmal gut sein wird. Aber ich weiß, dass Sie eines Tages Steuern darauf erheben werden."

Lesch: Das nenne ich Weitblick. Apropos Weitblick, damit wären wir bei einer fundamentalen Frage angelangt: Ist noch Platz für Gott in der modernen Wissenschaft?

6.2 Ist noch Platz für Gott in der modernen Wissenschaft?

"Wer die falschen Fragen stellt,
sollte nicht auf die richtigen Antworten hoffen"
(Horst Kaltenhauser)

Gaßner: Das Higgsteilchen wird gern auch als *Gottesteilchen* bezeichnet. Weißt du warum?

Lesch: Der Nobelpreisträger Leon Ledermann hat 1993 ein Buchmanuskript zum Thema „Higgs" eingereicht. Um herauszustreichen, wie „verdammt" schwierig sich die Suche nach Teilchen gestaltet, hatte er den Titel „The God Damn Particle" (Das gottverdammte Teilchen) gewählt. Der Verleger strich kurzerhand das „Damn" und hat das Higgsteilchen dabei heiliggesprochen.

Gaßner: Dadurch ist ein sehr unglücklicher Zusammenhang entstanden. Bereits ohne dieses Missverständnis scheint vielen Menschen die Theologie dort zuständig zu sein, wohin die Naturwissenschaft noch nicht vorgedrungen ist. Dabei sind die Theologen seit jeher in einem unsäglichen Rückzugsgefecht verstrickt. Tatsächlich bewegen sie sich aber gar nicht auf demselben Spielfeld wie die Naturwissenschaftler, beziehungsweise wenn doch, dann spielen die einen auf dem Rasen Fußball und die anderen pflücken Gänseblümchen. Daraus einen Verdrängungswettbewerb zu konstruieren, ist falsch.

Lesch: Angesichts einer Naturwissenschaft, die bis auf die Plancklänge von 10^{-35} Metern vorgedrungen ist, lässt dieser Trugschluss Gott auf Bonsaigröße schrumpfen.

Gaßner: Das sollten wir unbedingt noch einmal ganz klar sagen: Naturwissenschaftler haben nicht die Kompetenz, über Glaubensfragen zu urteilen, auch wenn sich in jüngerer Zeit immer mehr dazu berufen fühlen.

Lesch: Dem schließe ich mich voll und ganz an. Ob ich Atheist bin oder nicht, das weiß nur Gott allein.

Gaßner: Naturwissenschaftler sind Innenarchitekten im Kosmos. Wir beobachten, vermessen und erforschen das Mobiliar. Über einen möglichen Erbauer des Gebäudes oder gar dessen Intentionen wissen wir nichts.

Lesch: Die Physik ist sinnfrei und gottfrei. In unseren Gleichungen taucht nirgendwo ein Gottesterm auf. Es gibt kein Integral von 0 bis 1 über den Sinn des Lebens oder eine Ableitung nach Gott. Deshalb ist die Physik aber nicht sinnlos noch gottlos.

Gaßner: Damit sollten wir es bewenden lassen. Sonst entsteht doch wieder der Eindruck, wir könnten oder wollten zum Reizthema etwas kundtun. Wer hätte es passender ausdrücken können als Robert Jastrow: „Es scheint, als ob die Naturwissenschaft niemals in der Lage sein wird, den Vorhang vor dem Geheimnis der Schöpfung zu lüften. Für den Wissenschaftler, der im Glauben an die Macht der Vernunft gelebt hat, endet die Geschichte wie ein schlechter Traum. Er hat die Berge der Unwissenheit erklommen, er ist dabei, den höchsten Gipfel zu bezwingen, und als er sich über die letzte Felskante emporzieht, wird er von einer Schar Theologen begrüßt, die schon seit Jahrhunderten dort sitzen."

Lesch: Gern wird ja auch folgendes Argument gebracht: Wenn das alles so genau zusammenpassen muss, damit es mit dem Leben funktioniert, dann ist das doch ein schlagender Beweis für einen Schöpfer. Der hat das alles so wunderbar gefügt. Aber ich erinnere an den Schimpansen und die Schreibmaschine. Egal wie unwahrscheinlich etwas ist, wenn man lange genug warten kann, wird es irgendwann auch passieren.

Gaßner: Wenn wir uns gar nicht zwischen zwei Hypothesen entscheiden können, bleibt uns in der Wissenschaft üblicherweise noch *Ockhams Rasiermesser*. Dieses Prinzip fordert, dass man möglichst sparsam mit

Anfangswerten und Randbedingungen umgeht. Mit anderen Worten: Bei mehreren Erklärungen zum selben Sachverhalt bin ich geneigt, diejenige vorzuziehen, die am einfachsten daherkommt. Aber jetzt frage ich dich: Welche Hypothese begründet die Feinabstimmung unseres Universums sparsamer: unendlich viele Universen oder ein Schöpfer?

Lesch: Frag mich nicht.

Gaßner: Überlassen wir die Antwort Chuang Tsu: „Niemand ist weiter von der Wahrheit entfernt als derjenige, der auf alle Fragen eine Antwort weiß."

An dieser Stelle sollten Sie noch etwas präziser sein...

6.7

6.3 Was bringt uns das Ganze jetzt?

Vom Spinnen-Totschläger zum Spinnen-Rausträger

Gaßner: Wir haben viel über das Leben gesprochen und über all die Voraussetzungen, die erfüllt sein müssen, damit Leben überhaupt zustande kommen kann. Das scheint mir eine wesentliche Erkenntnis zu sein: Die Feinabstimmung der Prozesse und der daran beteiligten Kräfte in unserem Universum ist von existenzieller Bedeutung – ein unsichtbares kosmisches Band, das zwischen all diesen Dingen, die wir beobachten, und den Voraussetzungen unserer eigenen Existenz besteht. Ausnahmsweise möchte ich jemanden zitieren, um ihm zu widersprechen. Ludwig Wittgenstein: „Wir fühlen, dass selbst, wenn alle möglichen wissenschaftlichen Fragen beantwortet sind, unsere Lebensprobleme noch gar nicht berührt sind." Aus meiner Sicht ist genau das Gegenteil der Fall: Alle wissenschaftlichen Fragen sind letztendlich mit unserer Existenz verbunden und es liegt an uns, daraus die geeigneten Schlüsse für unsere Lebensprobleme zu ziehen.

Lesch: Wie meinst du das?

Gaßner: Ein Universum ohne Sterne, Weiße Zwerge, Rote Riesen, Schwarze Löcher und all die anderen exotischen Objekte, die wir beobachten, wäre ein Universum ohne uns. Obwohl wir augenscheinlich große Unterschiede aufweisen, sind wir doch alle das Ergebnis der vier Grundkräfte. Für mich persönlich ist das die eigentliche Faszination der Astronomie. Damit ist natürlich auch Verantwortung – im Umgang mit Leben – verbunden. Und wieder einmal war es Immanuel Kant, dieser geniale Vordenker, der Zeit seines Lebens kaum über die Stadtmauern von Königsberg hinausgekommen ist, der den Nagel auf den Kopf getroffen hat: „Zwei Dinge erfüllen das Gemüt mit immer neuer und zunehmender Bewunderung und Ehrfurcht, je öfter und anhaltender sich das Nachdenken damit beschäftigt: Der gestirnte Himmel über mir und das moralische Gesetz in mir. Ich sehe sie beide vor mir und verknüpfe sie unmittelbar mit dem Bewusstsein meiner Existenz."

Ich kann von mir selber sagen: Seit ich mich mit diesen Dingen beschäftige, hat sich mein Umgang mit Leben auch im Alltag, im Kleinen verändert. Ich bin achtsamer geworden im Umgang mit Leben. Früher habe ich oft unbedacht Lebewesen getötet, beispielsweise „lästige" Spinnen. Heute fange ich sie unversehrt und befördere sie in den Garten. Eine Wandlung vom Spinnen-Totschläger zum Spinnen-Rausträger.

Lesch: Ich bin ein Spinnen-Sitzenlasser. Aber ernsthaft: Durch neue Erkenntnis seinen eigenen Blickwinkel zu verändern, sein Handeln zu hinterfragen und sich letztlich selber zu verändern, das ist eine echte Leistung!

Gaßner: Das hätte John Ruskin gefallen. „Der wahre Lohn für unser Bemühen liegt nicht darin, was wir dafür bekommen, sondern darin, was wir dadurch werden."

Lesch: Der spricht ein großes Wort gelassen aus. Man lernt unglaublich viel darüber, was früher alles passieren musste, damit Dinge heute passieren können: Ein Universum muss entstehen mitsamt einem Zeitpfeil, angefüllt mit Elementarteilchen. Bei der Zerstrahlung von Materie und Antimaterie muss ein rätselhafter Rest verbleiben. Die anschließende Strukturbildung obsiegt der Expansion. Staub verdichtet sich zu Sternen und Galaxien. In den Sternen wird eine Elementvielfalt fusioniert und Supernovae schütten sie wie ein Füllhorn aus in die Galaxien. Aus diesen Elementen bilden sich schließlich Planeten und darauf Leben. Da werden Rasierklingen auf Rasierklingen balanciert.

Gaßner: Und ganz oben auf diesen Rasierklingen, da sitzen wir und blicken staunend nach unten und wundern uns darüber, wie das alles zu unseren Gunsten zusammenspielen kann. Die Kräfte im Universum sind aufs Feinste justiert, um Leben zu ermöglichen. Symbolisiert wird dieses Kräfteverhältnis in den Naturkonstanten. Selbstverständlich spiegeln ihre Zahlenwerte nur das verwendete Einheitensystem wider. Das ändert aber nichts daran, dass es in jedem Einheitensystem eine lebensfreundliche Konstellation gibt und wir genau diese Zahlenwerte im Universum messen. Die Naturkonstanten sind vergleichbar mit geheimnisvollen Pins und Tans, mit denen wir an einem Automaten im Universum – dem Planeten Erde – Leben abheben können. Geben wir andere Konstellationen ein, verweigert der Automat seinen Dienst.

Lesch: Hoffentlich überziehen wir das Konto nicht zu weit.

Gaßner: Ich bin Optimist. Das Universum gleicht einem Casino mit dem Leben als höchstem Limit. Pausenlos ziehen wir den Jackpot und stehen ungläubig staunend vor unserem Glück.

Lesch: Trotzdem hat jede Glückssträhne mal ein Ende und Leben bleibt auch auf unserem Planeten stets ein Balanceakt auf dem Drahtseil. Wir sind sehr abhängig und wackelig in diesem großen Zirkuszelt.

Gaßner: Und das oft ohne Netz und doppelten Boden! Die moderne Technik suggeriert uns ein Gefühl der Sicherheit, fast schon Allmacht gegenüber der Natur. Dabei vergessen wir nur zu leicht, wie fragil unsere Lebensgrundlage ist. Intelligentes Leben ist nur innerhalb eines schmalen Korridors möglich. Albert Schweitzer hat uns bereits vor einem halben Jahrhundert ermahnt: „Wir leben in einem gefährlichen Zeitalter. Der Mensch beherrscht die Natur, bevor er gelernt hat, sich selbst zu beherrschen."

Lesch: Ein weiser Mann. Bevor wir hier alles kaputt machen, sollten wir nicht vergessen, dass die nächstgelegenen bewohnbaren Exoplaneten innerhalb eines Menschenlebens nicht erreichbar sind. Trotz all unserer Technologie und unserer Fähigkeit, Dinge zu durchblicken. Dieses Wissen und Bewusstsein muss einen zwangsläufig achtsamer im Umgang mit der Welt machen. Ich muss dir ganz ehrlich sagen, manchmal bin ich so richtig fertig von der Lektüre wissenschaftlicher Artikel. Was man alles so liest, beispielsweise über die globale Erwärmung, den Klimawandel. Und damit meine ich jetzt nicht diese Banalität, dass es wärmer wird und dass die Menschheit durch die erhöhte Emission von Treibhausgasen daran erheblich beteiligt ist.

Gaßner: Du meinst die physikalischen Details der Klimaforschung?

Lesch: Ja genau. Die Anwendung der Physik an allen Ecken und Enden der Klimaforschung. Ich greife mal ein Beispiel heraus: Die erhöhte Temperatur bewirkt tendenziell größere Schneekörner und das wiederum verringert ihr Rückstrahlvermögen.

Gaßner: Das heißt mehr Strahlungsenergie von der Sonne wird gespeichert und der Schnee wird noch wärmer.

Lesch: So ist es. Und ich sitze als Professor für theoretische Astrophysik in meiner Sternwarte und lese das, beschäftige mich mit den Zusammenhängen, überprüfe einzelne Aspekte und recherchiere in der Literatur. Für Physiker stellen sich die Probleme klar und verständlich dar, weil Klimaforschung letztendlich Klimaphysik ist.

Gaßner: Ich glaub ich weiß, worauf du hinaus willst. Ein Stück weit bewegen wir uns alle in diesem Spannungsfeld aus hochinteressanter Forschung am Rande des Universums einerseits und der hochrelevanten Forschung an der globalen Erwärmung, dem Ressourcenverbrauch und sonstigen Konsequenzen unseres irdischen Handelns andererseits.

Lesch: Genau. Was für ein Kontrast! Ich gehe aus meinem Büro, treffe die Kollegen und wovon ist die Rede? Dunkle Energie und Dunkle Materie – das ist alles irgendwo da draußen, weit weg von uns. Selbst die Sterne der Milchstraße sind ewig weit weg, wir wissen ja nicht mal, ob sie überhaupt noch existieren. Und hier bei uns schmilzt das Eis immer schneller! Und ich als Physiker mittendrin.

Gaßner: Ich verstehe dein Dilemma. Allerdings ist es prinzipiell auf alle Probleme dieser Welt erweiterbar. Könnten wir die Klimaerwärmung aufhalten, blieben beliebig viele andere hochrelevante Probleme übrig. Dann könnte man sich beispielsweise fragen, wie wir uns mit Dunkler Energie und Dunkler Materie beschäftigen können, solange wir es nicht schaffen, hier auf unserem Planeten Lösungen für Hunger, Krieg und andere soziale Katastrophen zu finden. Im Fall der Klimaerwärmung fällt es dir nur umso mehr auf, weil es ein physikalisches Phänomen ist. Damit fällt es direkt in unseren Zuständigkeitsbereich. Als Bewohner dieses Planeten sind wir jedoch für alle anderen Probleme gleichermaßen verantwortlich. So gesehen müsste sich auch der Bäcker, Landwirt und Richter die Frage stellen: Wie kann ich hier seelenruhig Brötchen backen, Felder bestellen und Recht sprechen, angesichts der Probleme dieser Welt. Ich glaube, speziell als Wissenschaftler besteht eine unserer wichtigen Aufgaben darin, die Ergebnisse der Forschung auszuhalten und sie in Mitteilungen an die Öffentlichkeit zu verwandeln, in die Köpfe der Menschen vorzudringen und sie zu sensibilisieren. Zum Glück gibt es ja nicht nur schlechte Nachrichten, sondern auch wunderbare wie die größte Geschichte aller Zeiten, die wir erzählt haben. Wer immer nur den erhobenen Zeigefinger vorgehalten bekommt, der wird irgendwann resignierend auf Durchzug schalten. Aber wen die Schönheit dieser Welt fasziniert, der wird zwangsläufig sein Handeln und dessen Konsequenzen überdenken.

Lesch: Das ist der zentrale Punkt. Die Welt da draußen ist so irre, so merkwürdig, so wunderbar und unfassbar, dass es uns vielleicht graust, aber wir auch voller Ehrfurcht und Respekt vor dem stehen, was man Schöpfung nennt.

Gaßner: Und genau darin liegt unsere Chance. Immer mehr Menschen machen sich Gedanken darüber, woher die Produkte kommen, die sie konsumieren, ob die Erzeuger gerecht entlohnt, Ressourcen sinnvoll eingesetzt und Tiere artgerecht gehalten werden. Selbstverständlich kann das nicht jeder leisten; wer finanziell mit dem Rücken zur Wand steht, dem bin ich nicht böse, wenn er stets das Billigste kauft. Aber immer mehr Leute haben die Wahl und genau die gilt es zu erreichen. Schritt für Schritt. Produkte, die heute nicht mehr gekauft werden, werden morgen nicht mehr produziert.

Lesch: Den Wettlauf mit dem Klimawandel werden wir bei diesem Tempo aber sicherlich verlieren.

Gaßner: Wer aufgibt, hat schon verloren. Oder mit den Worten von Ernest Hemingway: „Die Welt ist so schön und wert, dass man um sie kämpft."

Lesch: Sehr schön finde ich den Satz von dir, dass es auf diesem Planeten immer Leben geben wird, solange die Sonne friedlich scheint. Das stellt unsere menschlichen Verfehlungen in einen tröstlichen, übergeordneten Rahmen.

Gaßner: Der Kontrast zwischen Interessantem und Relevantem wirkt eben zum Glück auch in umgekehrter Richtung. Das kann in der Tat sehr tröstlich sein. Wenn es bei mir mal nicht so gut läuft und sich mein Wunschzustand mit dem Istzustand nicht zur Deckung bringen lässt, dann lasse ich mir gerne ein paar frische Photonen ins Gesicht scheinen und sinniere darüber nach, welche grandiosen Zufälle zusammenspielen mussten, damit es diese Sonnenstrahlen und mich überhaupt geben kann. Das ist mein persönliches Antidepressivum.

Lesch: Und frei von unerwünschten Nebenwirkungen. Die Gleichungen der Magnetohydrodynamik können auch ein geeigneter Zufluchtsort sein.

Gaßner: Auf kosmischen Zeitskalen sind wir ohnehin nur ein Spielball dieser Welt. Dieses Universum hat sich einen faszinierenden Luxus erlaubt. Aus seinem fortwährenden Materiekreislauf hat sich eine äußerst merkwürdige Form organisiert, die beginnt Fragen zu stellen: Woher kommen wir und wohin gehen wir? Aus der Gattung der Trockennasenaffen ist evolutionär eine Spezies hervorgegangen, deren Gehirn weit mehr leistet, als für das Überleben allein notwendig wäre. Mit dieser Redundanz begeben wir uns auf die Suche nach Antworten und finden uns im Kontext des fortwährenden Materiekreislaufs wieder. Vor 4,56 Milliarden Jahren ist unser Sonnensystem entstanden und nach Ablauf eines vergleichbaren Zeitraums wird es wieder vergangen sein. Bis dahin werden wir zumindest ansatzweise die Zusammenhänge begreifen, um am Ende unweigerlich wieder im Materiekreislauf zu verschwinden. Was für ein kosmisches Drama.

Lesch: Wenn das William Shakespeare gewusst hätte.

Gaßner: Das Phänomen „Leben" nimmt wirklich eine ausgezeichnete Rolle innerhalb der Schöpfung ein. Wir Menschen dürfen uns aber keinesfalls als alleinige Stadthalter intelligenten Lebens im Universum begreifen – wir sind es ja nicht mal hier auf der Erde. Unser Planet hat schon mehrere vermeintliche Herrscher erlebt, von den Prokaryonten über die Dinosaurier bis zu uns. Wir sind die ersten, die sich dieser Rolle bewusst geworden sind, das macht uns aber längst nicht zur Weisheit letztem Schluss. Vielleicht startet die Erde ja noch einen weiteren Anlauf – Evolution reloaded – und dann wird am Ende alles gut.

Lesch: Und wenn es nicht gut ist, ist es auch nicht das Ende. Oskar Wilde.

Gaßner: Vielleicht ist es ja evolutionär gar kein Zufall, dass wir über Gehirne verfügen, die uns all diese Erkenntnisse ermöglichen? Vielleicht ist Demut gegenüber unserer Welt und Achtsamkeit im Umgang mit den vielfältigen Lebensformen darin sogar dringend notwendig, um als Spezies langfristig zu überleben. Dann würden wir in unserem Handeln gerade von der Evolution verifiziert oder – hoffentlich nicht – falsifiziert.

Lesch: Es bleibt spannend als Lebensform auf diesem Planeten.

Gaßner: Und vermutlich weit darüber hinaus. Das Leben – dieser unnatürliche Materiezustand, der in unzähligen Facetten fortwährend gegen das Gleichgewicht ankämpft – ist wunderbar und rätselhaft zugleich! Ich mache nochmal einen Anlauf für ein Schlusswort. Kurt Tucholsky: „Lasst uns das Leben genießen, solange wir es nicht verstehen."

Lesch: Einverstanden! Schöner hätte ich das auch nicht sagen können und gegen deinen schier unerschöpflichen Zitatenschatz ist eh kein Kraut gewachsen.

Gaßner: Dann geb ich uns noch eines von Carl Schurz mit auf den Weg. Weil wir von den Sternen erzählt haben und an die Ideale der Leserinnen und Leser appellieren: „Ideale sind wie die Sterne. Wir erreichen sie niemals, aber wie die Seefahrer auf dem Meer richten wir unseren Kurs nach ihnen aus."

ANHANG

Bildverzeichnis

1.1 http://commons.wikimedia.org/wiki/File:Lemaitre.jpg

1.2 http://de.wikipedia.org/w/index.php?title=Datei:Nebra_Scheibe.jpg
http://upload.wikimedia.org/wikipedia/commons/d/d8/Nebra-5.jpg

1.3 http://nuclphys.sinp.msu.ru/persons/images/hoyle_fred.jpg

1.4 http://planck.caltech.edu/epo/epo-cmbDiscovery1.html

1.5 http://www.popsci.com/files/imagecache/photogallery_image/articles/Leavitt_henrietta_b1.jpg

1.6 Quelle unbekannt

1.7 J. M. Gaßner, basierend auf Wikipedia

1.8 J. M. Gaßner, basierend auf Wikipedia

1.9 H. Lesch und J. Müller: Sterne, C. Bertelsmann, München 2008, Abbildung 21

1.10 http://de.wikipedia.org/w/index.php?title=Datei:Redshift.png

1.11 J. M. Gaßner

1.12 http://de.wikipedia.org/w/index.php?title=Datei:Redshift_blueshift.svg

1.13 Hubble, E. P. (1929) Proc. Natl. Acad. Sci. USA 15, 168–173. (Copyright 1929, Huntington Library, Art Collections and Botanical Gardens)

1.14 http://www.universitaetssammlungen.de/wpdimg/Albert_Einstein.jpg

1.15 http://www.ita.uni-heidelberg.de/research/bartelmann/grav_lens.shtml

1.16 http://de.wikipedia.org/wiki/Datei:Drehung_der_Apsidenlinie.svg

1.17 http://www.famousquotesandauthors.com/pictures/sir_arthur_eddington.jpg

1.18 http://www.sjaa.net/eph/0711/retrograde-motion.jpg

1.19 http://www.scienceblogs.de/deutsches-museum/Blog_Bild3_KuT.jpg

1.20 http://www.lhc-facts.ch

1.21 http://www.astronomie.de/typo3temp/pics/a10f96c74c.jpg

2.1 J. M. Gaßner (Überlagerung von drei Fraktalen)

2.2 J. M. Gaßner, basierend auf http://en.wikipedia.org/wiki/File:Universe_expansion.png

2.3 http://planckausstellung.mpiwg-berlin.mpg.de/fotos/pressefotos/01PlanckPortrait_1905.jpg

2.4 http://de.wikipedia.org/w/index.php?title=Datei:Bundesarchiv_Bild183-R57262,_Werner_Heisenberg.jpg

2.5 http://www.lambaward.org/

2.6 http://www.aip.org/history/newsletter/fall2000/webphotos/casimir_hendrik_a2_lg.jpg

2.7 http://www.universetoday.com/wp-content/uploads/2010/01/500px-Casimir_plates_bubbles.png; J. M. Gaßner, basierend auf http://www.calphysics.org/images/casimir.jpg

2.8 http://de.wikipedia.org/w/index.php?title=Datei:Erwin_Schrödinger.jpg

2.9 http://caballo-doc.com/html/assets/images/Bild_atom_quark3.jpg

2.10 http://www.weltmaschine.de/sites/site_weltmaschine/content/e158/e170/e492/0804045_13-A4-at-144-dpi%5B1%5D.jpg

2.11 http://blog.tomtomella.com/wp-content/uploads/ferm.jpg

2.12 J. M. Gaßner basierend auf https://webspace.utexas.edu/cokerwr/www/bosonfermion.gif
und http://www.mpq.mpg.de/bec-anschaulich/html/bosonen-_fermionen.html

2.13 J. M. Gaßner, basierend auf http://www.focus.de/wissen/wissenschaft/bdw/tid-8337/entropie_aid_229994.html

2.14 J. M. Gaßner, basierend auf http://commons.wikimedia.org/wiki/File:3D_model_hydrogen_bonds_in_water.svg

2.15 http://www.walter.bislins.ch

2.16 J. M. Gaßner

2.17 http://www.walter.bislins.ch

2.18 J. M. Gaßner, basierend auf http://www.nature.com/nphys/journal/v7/n1/fig_tab/nphys1874_F1.html

2.19 J. M. Gaßner, basierend auf http://boojum.as.arizona.edu/~jill/NS102_2006/Lectures/Cosmology/23-04.jpg

2.20 J. M. Gaßner, basierend auf http://deadfix.com/wp-content/uploads/2011/04/monday.jpg

2.21 http://upload.wikimedia.org/wikipedia/commons/6/62/University_of_Queensland_Pitch_drop_experiment-6-2.jpg

2.22 J. M. Gaßner, basierend auf http://iktp.tu-dresden.de/tp/bilder/Big_Bang.jpg

2.23 J. M. Gaßner, basierend auf http://sci.esa.int/science-e/www/object/index.cfm?fobjectid=47339; http://wmap.gsfc.nasa.gov/media/081031/081031_1500B.jpg

2.24 http://bicepkeck.org/media/Dark%20Sector%20Lab__BICEP2.jpg

2.25 http://bicepkeck.org/media/Polarization-diagram-BICEP2.jpg

2.26 http://bicepkeck.org/media/b_over_b_rect_BICEP2.png

3.1 http://commons.wikimedia.org/wiki/File:Expansion_des_Universums.png

3.2 Credit: Jeff Hester and Paul Scowen (Arizona State University), and NASA/ESA

3.3 Credit: GALEX, JPL-Caltech, NASA, http://apod.nasa.gov/apod/ap120518.html

3.4 http://spacetelescope.org (NASA/ESA)

3.5 www.physics.uoregon.edu/~jimbrau/astr122/

3.6 Abb. 43: http://upload.wikimedia.org/wikipedia/commons/thumb/f/f8/CNO_Cycle_de.svg/2000px-CNO_Cycle_de.svg.png

3.7 http://de.wikipedia.org/w/index.php?title=Datei:Pauli.jpg

3.8/9 Credit: Kamioka Observatory, ICRR (Institute for Cosmic Ray Research), The University of Tokyo, http://www-sk.icrr.u-tokyo.ac.jp/sk/gallery/index-e.html

3.10 http://www.ps.uci.edu/~tomba/sk/tscan/pictures.html

3.11 http://icecube.wisc.edu/

3.12 www.physics.uoregon.edu/~jimbrau/astr122/

3.13 www.physics.uoregon.edu/~jimbrau/astr122/

3.14 NASA, ESA, and C. Robert O'Dell (Vanderbilt University).

3.15 Credit: NASA, ESA, C.R. O'Dell (Vanderbilt University), and M. Meixner, P. McCullough, and G. Bacon (Space Telescope Science Institute)

3.16 Credit: NASA/ESA and The Hubble Heritage Team STScI/AURA

3.17 Hubble Heritage Team (STScI/AURA/NASA/ESA)

3.18 Credit: Bill Snyder

3.19 Credit: NASA, ESA and the Hubble Heritage Team STScI/AURA)

3.20 Credit: NASA/ESA and The Hubble Heritage Team STScI/AURA)

3.21 Credit: NASA, ESA, Andrew Fruchter (STScl), and the ERO team (STScl + ST-ECF)

3.22 Credit: NASA, ESA, HEIC und das Hubble Heritage Team (STScI/AURA)

3.23 Credit: NASA/ESA, The Hubble Heritage Team STScI/AURA

3.24 Credit: NASA, ESA and the Hubble SM4 ERO Team

3.25 www.physics.uoregon.edu/~jimbrau/astr122/

3.26 http://upload.wikimedia.org/wikipedia/commons/thumb/e/e7/Auftragung_Bindungsenergie_gegen_Massenzahl.svg/2000px-Auftragung_Bindungsenergie_gegen_Massenzahl.svg.png

3.27 J. M. Gaßner, basierend auf essayweb.net/astronomy/images/stellar_evolution_large.jpeg

3.28 J. M. Gaßner, basierend auf http://www.cfa.harvard.edu/news/archive/pr0407image.html

3.29 Credit: Gammastrahlen: NASA, CXC, R.Kraft (CfA) et al.; Radiobereich: NSF, VLA, M.Hardcastle (U Hertfordshire) et al.; optischer Bereich: ESO, M.Rejkuba (ESO-Garching) et al., http://apod.nasa.gov/apod/ap080110.html

3.30 Credit: NASA, CXC, MIT, F.K. Baganoff et al. http://chandra.harvard.edu/photo/2003/0203long/0203long_xray.jpg

3.31 http://de.wikipedia.org/w/index.php?title=Datei:Triple-Alpha_Process.svg

3.32 Credit: NASA, ESA, and the Hubble Heritage Team (AURA/STScI)

3.33 http://www.aerospaceweb.org/question/astronomy/q0247.shtml

3.34 Credit: Lori Allen, Xavier Koenig (Harvard-Smithsonian CfA) et al., JPL-Caltech, NASA, http://www.starobserver.org/ap111120.html

3.35 J. M. Gaßner

3.36 NASA, ESA and the Hubble Heritage Team (STScI/AURA)

3.37 NASA, ESA, S. Beckwith (STScI), and The Hubble Heritage Team STScI/AURA)

3.38 NASA, ESA, the Hubble Heritage Team (STScI/AURA), and R. Gendler (for the Hubble Heritage Team). Acknowledgment: J. GaBany

3.39 NASA, ESA and the Hubble SM4 ERO Team

3.40 ESA/Hubble & NASA

3.41 http://lekradettest.files.wordpress.com/2009/12/immanuel_kant_2.jpg

3.42 http://commons.wikimedia.org/wiki/File:236084main_MilkyWay-full-annotated.jpg

3.43 http://www.hs.uni-hamburg.de/DE/For/Exg/Igm/absorption.jpg

3.44 Credit: NASA, ESA, G. Illingworth (University of California, Santa Cruz), R. Bouwens (University of California, Santa Cruz, and Leiden University) and the HUDF09 Team, http://

3.45 Credit: IAU/A. Barmettler

3.46 Credit: Planetary Habitability Laboratory (UPR Arecibo)

3.47 http://exoplanetarchive.ipac.caltech.edu/cgi-bin/ExoTables/nph-exotbls?dataset=planets

3.48 http://de.wikipedia.org/wiki/Datei:Niels_Bohr.jpg

3.49 Credit: Solar Dynamics Observatory (SDO)

3.50 http://de.wikipedia.org/w/index.php?title=Datei:Primera_foto_planeta_extrasolar_ESO.jpg

3.51 http://de.wikipedia.org/wiki/Datei:Lhborbits.png

4.1 http://commons.wikimedia.org/wiki/File:Creaci%C3%B3n_de_Ad%C3%A1m.jpg

4.2 Credit: NASA/NOAA/GSFC/Suomi NPP/VIIRS/Norman Kuring http://apod.nasa.gov/apod/image/1201/bluemarbleearth_npp_8000.jpg

4.3 http://de.wikipedia.org/w/index.php?title=Datei:NASA-Apollo8-Dec24-Earthrise.jpg

4.4 http://www.lpod.org/coppermine/albums/userpics/Goclenius%20AS08-13-2225.jpg

4.5 http://www.sterne-und-weltraum.de/news/wie-ist-der-mond-entstanden/1168095

4.6 http://www.schattenblick.de/infopool/natur/astronom/napla438.html

4.7 Credit: Jack Cook, Woods Hole Oceanographic Institution, Howard Perlman, USGS, http://apod.nasa.gov/apod/ap120515.html

4.8 http://www.uni-koeln.de/math-nat-fak/mineral/museum/sonder.htm

4.9 http://www.kijk.nl/files/2011/03/Stanley-Miller-UCSD-Archives.jpg

4.10 http://www.digitaljournal.com/img/1/5/1/7/7/5/i/4/3/9/o/UreyMillerExperiment.jpeg

4.11 http://de.wikipedia.org/w/index.php?title=Datei:Aminoacids_table.svg
http://www.allmystery.de/i/t40Qr8C_l4loc7_doppelhelix_DW_Wiss_253442p.jpg

4.12 http://www.nordcee.dk/uploads/images/Full_size/AustraliaBIF.JPG
http://ecosystems.wcp.muohio.edu/studentresearch/climatechange02/snowball/images/Snowball-fig9hoffschrag1999-Ironbands.jpg

4.13 http://voiceofrussia.com/2009/02/03/240490/

4.14 http://commons.wikimedia.org/wiki/File:Radiolaria3434.JPG

4.15 http://upload.wikimedia.org/wikipedia/commons/thumb/2/2a/Brothers_blacksmoker_hires.jpg/682px-Brothers_blacksmoker_hires.jpg

4.16 Credit: iStockphoto

4.17 Credit: Chester Harman; PHL at UPR Arecibo, NASA/JPL/APL/Arizona

4.18 http://en.wikipedia.org/wiki/File:Meganyctiphanes_norvegica2.jpg

4.19 http://german.cri.cn/mmsource/images/2013/04/27/6270079f93f74fd6851939c6ca77d06e.jpg

4.20 http://upload.wikimedia.org

4.21 http://wiedza.rolnicy.com/m/galeria/category/Bakterie-pod-mikroskopem/23.html

4.22 Quelle unbekannt

4.23 http://www.bigear.org/ohsmarkr/Wow-l.jpg

4.24 http://de.wikipedia.org/wiki/Datei:Hydrogen-SpinFlip.svg

4.25 http://1.bp.blogspot.com/_IoU3bEFUwWc/TSnxlTuYIUI/AAAAAAAAK9Q/2sx28PtCrbg/s1600/Jocelyn%2BBell%2BBurnell.jpg

4.26 http://de.wikipedia.org/wiki/Datei:Arecibo_message.svg

4.27 Credit: ddp

4.28 http://de.wikipedia.org/wiki/Massenaussterben

4.29 Credit: ESA/NASA & R. Sahai
http://spacetelescope.org/static/archives/images/large/potw1020a.jpg

4.30 Credit: NASA, ESA and Allison Loll/Jeff Hester (Arizona State University). Acknowledgement: Davide De Martin (ESA/Hubble)

4.31 Credit: X-ray: NASA/CXC/SAO, Infrared: NASA/JPL-Caltech; Optical: MPIA, Calar Alto, O.Krause et al., http://chandra.harvard.edu/photo/2009/tycho/

4.32 Credit: X-ray: NASA/CXC/Rutgers/G.Cassam-Chenaï, J.Hughes et al.; Radio: NRAO/AUI/NSF/GBT/VLA/Dyer, Maddalena & Cornwell; Optical: Middlebury College/F.Winkler, NOAO/AURA/NSF/CTIO Schmidt & DSShttp://chandra.harvard.edu/photo/2008/sn1006c/sn1006c.jpg

4.33 Credit: Röntgenstrahlung: NASA/CXC/SAO/J. Hughes et al., sichtbares Licht: NASA/ESA/Hubble Heritage Team (STScI/AURA); http://www.starobserver.org/ap120112.html

4.34 Credit: NASA/ESA and The Hubble Heritage Team (STScI/AURA)
http://spacetelescope.org/images/opo0320a/

4.35 Credit: NASA, ESA, and the Hubble Heritage STScI/AURA)-ESA/Hubble Collaboration. Acknowledgement: Robert A. Fesen (Dartmouth College, USA) and James Long (ESA/Hubble), http://spacetelescope.org/static/archives/images/large/heic0609c.jpg
Credit: X-ray: NASA / CXC / UNAM / Ioffe / D.Page, P.Shternin et al; Optical: NASA / STScI; Illustration: NASA/CXC/M.Weiss), http://apod.nasa.gov/apod/ap110305.html

4.36 Credit: J-P Metsävainio (Astro Anarchy)
http://apod.nasa.gov/apod/image/1208/NGC6888-hstpalMetsavainio.jpg

4.37 http://commons.wikimedia.org/wiki/File:Meteorit-chebarkul-macro-mix2.jpg

4.38 Credit: ESA/Rosetta/MPS for OSIRIS Team MPS/UPD/LAM/IAA/SSO/INTA/UPM/DASP/IDA

4.39 Credit: NASA/JPL-Caltech/Malin Space Science Systems

4.40 NASA/JPL-Caltech/MSSS, http://photojournal.jpl.nasa.gov/catalog/?IDNumber=PIA01180, http://photojournal.jpl.nasa.gov/catalog/PIA01211; NASA, JPL, Bildmosaik: astroarts.org

4.41 http://de.wikipedia.org/wiki/Datei:Taste_of_the_Ocean_on_Europa%27s_Surface.jpg

4.42 Credit: NASA, ESA, Z. Levay and R. van der Marel (STScI), and A. Mellinger http://apod.nasa.gov/apod/ap120604.html

5.1 J. M. Gaßner, basierend auf www.cern.ch und http://www.firenzemadeintuscany.com/it/itineraries/time-travelling/quattro-viaggi-e-una-scoperta/

5.2 http://apod.nasa.gov/apod/image/chandra_uc.gif

5.3 http://www.n-tv.de/img/44/4450126/O_1000_680_680_27296890.jpg

5.4 J. M. Gaßner, basierend auf S. Perlmutter, Physics Today, Vol. 56, Issue 4, pp. 53-62 (2003)

5.5 Credit: NASA, ESA and A. Riess (STScI)

5.6 http://spiff.rit.edu/classes/phys443/lectures/classic/perlmutter_a.jpg

5.7 http://www.RABE/toonpool.com

5.8 Credit: European Space Agency, http://spacetelescope.org/images/heic0404b/

5.9 J. M. Gaßner, basierend auf http://upload.wikimedia.org/wikipedia/commons/0/0a/Milkyway_pan1.jpg und http://www.raumfahrer.net/news/images/rotationskurve_galaxien_big.jpg

5.10 http://www.starobserver.org/ap090205.html, Credit: Röntgenstrahlen: NASA/CXC/R. Tuellmann (Harvard-Smithsonian CfA)et al.; sichtbares Licht: NASA/AURA/STScI

5.11 http://commons.wikimedia.org/wiki/File:COSMOS_3D_dark_matter_map.jpg

5.12 Abb. 117: Quelle unbekannt.

5.13 http://ww.weltmaschine.de/sites/site_weltmaslchine/content/e92/e70729/e70810/imageobject70812/0609031-A4-at-144-dpi.jpg

5.14 http://de.wikipedia.org/wiki/Datei:Standard_deviation_diagram.svg

5.15 http://www.weltmaschine.de/sites/site_weltmaschine/content/e161/e164/e694/0607006_02-A4-at-144-dpi.jpg

5.16 Credit: Hubble Heritage Team, J. Biretta (STScI) et al., (STScI/AURA), ESA, NASA, http://www.starobserver.org/ap071228.html

5.17 http://quantumaniac.tumblr.com/post/21022746679/peter-higgs-born-on-may-29th-1929-peter-higgs

5.18 http://phys.org/news/2013-10-englert-higgs-nobel-physics-prize.html

5.19 http://commons.wikimedia.org/wiki/File:PSM_V78_D529_James_Clerk_Maxwell.png

5.20 Credit: Ilse Sponsel

5.21 http://de.wikipedia.org/wiki/Standardmodell

5.22-5.29 http://cms.web.cern.ch und www.atlas.ch

5.30 Credit: www.nichtlustig.de

6.1 http://www.albatros-navigation.ch/aufmerksamkeit-bitte/

6.2 J. M. Gaßner

6.3 http://www.weltmaschine.de/sites/site_weltmaschine/content/e158/e171/e284/Supersymmetrie_A4.jpg

6.4 http://www.nobelprize.org/nobel_prizes/physics/laureates/2004/phypub4highen.jpg

6.5 http://24.media.tumblr.com/tumblr_l2mya345j21qz7xw0o1_500.jpg

6.6 http://upload.wikimedia.org/wikipedia/commons/d/d5/Michael_Faraday_Millikan-Gale-1906.jpg

6.7 Credit: Sidney Harris

Stichwortverzeichnis

I

J

K

Internetseite zum Buch
mit Erratum, Leserfeedback, Videoclips
und aktualisierten Beiträgen:

www.Josef-Gassner.de

Die Geheimnisse des Großen und des Kleinen,
des Makro- und des Mikrokosmos
finden Sie in über 1.500 Büchern, Hörbüchern
und DVD-Film-Dokumentationen des
Münchner Verlags Komplett-Media.

Kostenlose Kataloge liegen bereit.
(Tel. 089 / 6 49 22 77)

Einen schnellen Überblick gibt auch das Internet:

www.der-wissens-verlag.de